获得中央高校基本科研业务费专项资金资助（项目编

数理心理学
——人类动力学

The Mathematical Principle of Psychology
—The Dynamics of Human System

高闯 ◎ 著

吉林大学出版社
·长春·

图书在版编目（CIP）数据

数理心理学：人类动力学 / 高闯著. -- 长春：吉林大学出版社，2022.9
ISBN 978-7-5768-0591-8

Ⅰ. ①数… Ⅱ. ①高… Ⅲ. ①数理心理学—研究 Ⅳ. ① B841.2

中国版本图书馆 CIP 数据核字（2022）第 173405 号

书　　名：	数理心理学：人类动力学
	SHULI XINLIXUE：RENLEI DONGLIXUE
作　　者：	高　闯　著
策划编辑：	卢　婵
责任编辑：	赵黎黎
责任校对：	陶　冉
装帧设计：	三仓学术
出版发行：	吉林大学出版社
社　　址：	长春市人民大街 4059 号
邮政编码：	130021
发行电话：	0431-89580028/29/21
网　　址：	http://www.jlup.com.cn
电子邮箱：	jldxcbs@sina.com
印　　刷：	武汉鑫佳捷印务有限公司
开　　本：	787mm×1092mm　1/16
印　　张：	40.25
字　　数：	510 千字
版　　次：	2022 年 9 月　第 1 版
印　　次：	2023 年 1 月　第 1 次
书　　号：	ISBN 978-7-5768-0591-8
定　　价：	198.00 元

版权所有　翻印必究

《数理心理学》序

> 从更广义层面来说,每门社会科学的基础显然都是心理学。有朝一日,我们肯定能从心理学的原理推导出社会科学的规律。
>
> ——维尔弗雷多·帕累托
>
> (Vilfredo Pareto,1906)

"数理心理学"这个词汇,在传统心理学中比较少见,这就为理解它的设计初衷带来了困难。为此,我们就需要花一定篇幅来论述这本著作构架的初衷,也为后续更好地理解它的理论架构提供基础。

自文艺复兴以来的科学,从思辨转向为实证,依据研究对象,逐步演化为两种分类方向:自然科学与社会科学,并派生了三个基础理学:物理学、生物学与心理学。我们会惊奇地发现,它们都一致性地回答各自领域的根源性问题:

(1)自然物质世界的根源。

(2)生物世界产生的根源。

（3）心理与精神世界产生的根源。

这种惊人的一致性，不是一种偶然。物理学率先取得了革命性突破，从实验科学转型为理论科学，并实现统一性理论建构，前后不到100年。社会科学却步履缓慢，自其产生到当代的500多年间，始终徘徊在实验发展阶段，并未迈向统一性理论的大门。在学界，是否能够像物理一样，采用几个方程，统一心理学的争议，延续至今。这和这一学科需要的理论奠基的多样性有关，也暴露了这一领域进展的困难。

通常认为，科学心理学基于冯特、费希纳等人的自然科学倾向的、早期奠基性工作，进入了实验科学。这也是"实验心理学时代"的开启。通过实验方法，心理学获得了一系列经验发现并延续至今。之后的继任者，大多沿袭这一发展传统并成为主流传统。

而在心理学之外，其他领域关于心理量的系统、测量研究的时期，却早得多。例如，始于文艺复兴的美术中透视学测量的系列研究，这一成果并未纳入心理学体系之内。所以，追溯心理学科学发展的历史标定，都值得再次商榷。无论如何划分科学心理学的始点，心理学进入实验时代都是毋庸置疑的。

按科学发展的一般历史看，都会寻找普适性的理论结论，即寻找解释适合所有"研究对象"的普适性理论，这是一个标准的研究路线。也就是，在进入实验时代后，会进入理论的统一时期。物理学与心理学进展的巨大差异（从文艺复兴算起，则花费了500余年时间），显现了一个非常有趣的现象。

这类现象，考察非心理学科之外的社会学科，并最终上升为"社会科学"能否按"自然科学"发展的争论。以"物"为研究对象和以"人"

为研究对象的争议，贯穿至今。这也似乎成了一个难以逾越的鸿沟。

这样，"数理心理学"构造的初衷就慢慢显示了出来。数学的本质是对研究对象属性、运作、规则与规律的一种基本描述语言，或者说是规律借以表达的语言。没有数学，很难实现严格意义上的经验发现之间的相互关联，统一性离不开数学意义的度量、逻辑关联与架构体系，没有数学，一个学科很难进入真正意义上的科学。

"数理心理学"（the mathematical principle of psychology）的目标是：从数学原理出发，对既定心理经验理论进行重整，使心理学原来割裂、分散的概念、规则、弱关联的分散的经验理论，形成有意义联系的结构体，进而统合为架构体系。

它的基本设想是：确立为数很少的基本公设，从最基本的公设出发，用描述定律的数学命题的体系涵盖以往实验结论，演绎出众多的定律或者经验定律之间的逻辑关系，形成数理的逻辑架构。

这条路线，具有两个基本特征：

（1）发现心理的数学命题及其表述。这是把心理学转换为数学命题的前提，也就为心理命题的数学演绎奠定基础。

（2）心理学理论的命题关系，或者说命题之间的逻辑关系。确立了这个关系，也就意味着经验发现形成了关联性理论架构。

这两个特征，简言之，一个是"数"，一个是"逻辑关系"，构成了心理学理论构造的内涵，也就是"数理关系"。这个思想，就是心理学的统一性，它无法用以往的任何一个学术概念来承载。由此，命名为"数理心理学"，它将是革命性的。这也构成了本书理论构建的始点和动力源泉。

因此，这个"发起点"决定了：数理心理学并不排斥原有发现的"经

数理心理学：人类动力学

验发现"。它必定把以往的经验发现，纳入这一理论结构体系，使之成为这一理论体系之下的必要结论、推论与证据，形成逻辑的理论体系。进而确立心理学的"理论架构"，实现心理学的统一性任务。

"统一性"路线，是"数理心理学"坚持的基本立场和信仰，这也构成了本书的基本内核和基本内容。本书将通过数理概念逻辑、数学概念的表述，对已有心理学体系进行逻辑重构，其基本内容包括：

（1）心理学理论构造的方法哲学。

（2）心理运动现象及其表征的几何学，或者称为心理运动学。

（3）心理运动现象的动力学。

（4）心理动力系统结构与功能。

（5）心理动力系统的特征描述。

简言之，这些内容是对人脑的结构与功能、精神运动现象、动力现象的结构体系的数理重构。由此，"数理心理学"也就和"数学心理学"这一概念从本质上区别开来。而后者的目标则是仅仅以建立心理学的数学模型为目的。

这种重构，可能会成为心理学领域发展中的一个标志性事件。这也可能预示了一个分水岭：科学心理学从"实验心理学"步入统一性的、数理与定量意义的"理论心理学"时代。笔者想表达的是：从久远历史累积的经验中，建立"统一性"的心理理论架构的时刻到来了。一个具有心理学"力学"逻辑体系的门，可能被慢慢推开了。

如果说，文艺复兴以来的社会进步，主要是自然科学带来的，那么，下一个时期的社会进步，可能是"数理心理学"及其理论应用带来的。它可能驱动人类的行为数据行业、自然智能与人工智能行业的大发展。

换言之，从它的原初开始，以理论统一性为目的的"数理心理学"就和以往的所有学术学科、研究领域清晰地区分开来。这对科学界而言，预示着一场新的革命的开始。

高 闯

2013 年于孟菲斯大学（University of Memphis）

2015 年修订于华中师范大学

2017 年修于加州州立大学长滩分校（California State University, Long Beach）

2019 年再修于华中师范大学

《人类动力学》序

在"数理心理学"公设中,我们实际上建立了关于心理学的统一性纲领及其实施的路线图。这个基本路线图,也在事实上,为后继逐渐演进的理论所证实。这是一件非常有趣的事情。而反过来,数理心理学自身理论的构建,又在自己所发现的理论中进行反演,这构成了一种自洽,也为数理心理学的行进天然地获取到了前进的方法学。

在事件结构式中,时间和空间的关系,构成了"时空体系"、事件效应和时间和空间的关系,则构成了运动学,涵盖物理运动、生物运动、精神运动。而客体与客体之间的相互作用关系,则构成了力学。力与运动之间的关系,则构成了动力学,涵盖了所有的学科体系。这是事件结构蕴含的数理性,并可以延伸到人类科学知识与经验体系分类的本质。这一数理性,也反向证明了数理心理学公设中,对数理心理学学科分支设定的闭环(见《数理心理学:心理空间几何学》)。数理心理学包含了三个基本分支:

(1)心理空间几何学。这是描述精神运动必需的时空观念及其数理体系。

(2)心理运动学。即人类的行为模式的本质和描述,它构成了行为的现象学。

（3）心理力学。即人的动力系统的运动，与运动驱动动力之间的内在逻辑关系，用数理的方式建立联系起来，就构成了心理的动力学。

《数理心理学：心理空间几何学》，已经解决了第一个基础理论问题，也就确立了这一基础方向。这是一个关键性事件，它是我们迈向统一性实施的关键一步，成功而有效。

基于这一基础，确立心理运动学、心理力学也就成为一个关键。这是心理学统一性的核心困难，需要在对人的三种基本属性的逻辑关联中，完备地构造人的动力系统。因为任意一个单一动力系统的探索，都会在动力系统的构建中遭遇困难。即人类有生命的活体，是一个动力系统。在精神的控制下，实现各类事件的处理。把人看成一个整体，它又分为多个子类系统：

（1）人的生理动力系统。

（2）刺激驱动的动力系统。

（3）人的思维动力系统。

（4）人的精神动力系统。

（5）人的运动系统。

这样，用任何一个简单概念，来理解人的力学问题，都显得狭义。这就是提出人类动力学（the dynamic of human system）的基本动机。这样，建立一个关于人的动力系统的技术路线也就显现了出来。

沿着这一路径的最终揭示，我们将分步骤确立关于人的力学体系，并最终形成关于人类个体的心理力学理论。

为此，本书在继承"数理心理学：心理空间几何学"理论的基础上，继续推进人的动力体系的数理理论的构建。考虑到整个数理心理学体系的完整性，它的理论主要包含几个核心部分：

（1）人的经验的本质。

（2）人的行为模式。

（3）心理力学。

第一个部分，回答人的行为模式背后的基本心理动因。第二个部分，回答人的行为模式的描述和行为模式的群体的度量。第三个部分，则把行为模式、人的行为背后的动因等，建立数理描述体系，也就构成了心理力学。

高　闯

2021 年 5 月于华中师范大学南湖

目 录

精神运动学：精神运动状态

第1章　观察者参照 ·· 2
  1.1　事件特征量 ·· 3
  1.2　观察者参照 ··· 14

第2章　精神运动 ·· 24
  2.1　心理事件状态量 ··· 25
  2.2　心理事件运动 ·· 29
  2.3　精神状态 ·· 31

精神运动学：经验结构与功能

第3章　经验研究基本问题 ··· 40
  3.1　经验内容根源：客体 ·· 44

3.2 经验物质载体 ······ 50

3.3 经验研究基本问题 ······ 58

第4章 经验结构 ······ 61

4.1 经验结构 ······ 62

4.2 经验结构度量 ······ 77

第5章 经验功能：因果律 ······ 83

5.1 事件发生条件 ······ 84

5.2 系统规律 ······ 91

5.3 事件因果律 ······ 98

5.4 事件因果属性频率测量 ······ 105

精神运动学：行为模式

第6章 个体社会属性 ······ 110

6.1 社会属性 ······ 111

6.2 社会属性矩阵 ······ 117

第7章 行为模式模型 ······ 122

7.1 行为模式模型 ······ 125

7.2 模式本质与分类 ······ 129

第8章 自然作用行为模式：时间行为模式 ······ 138

8.1 天文时间周期性 ······ 139

8.2 生物日周期行为模式 …………………………………… 141

8.3 生物年周期行为模式 …………………………………… 152

第9章 自然作用行为模式：空间地理行为模式 ………… 161

9.1 温度带分布周期性 ……………………………………… 162

9.2 降雨量分布周期性 ……………………………………… 167

9.3 地球生物关系模式 ……………………………………… 171

9.4 地域资源行为共通模式 ………………………………… 176

第10章 社会经验偏好模式：社会角色模式 ……………… 189

10.1 经验对象模型 …………………………………………… 191

10.2 社会结构功能模式——权利 …………………………… 196

10.3 社会角色模式 …………………………………………… 208

第11章 社会经验偏好模式：社会交流模式 ……………… 237

11.1 社会相互作用模型 ……………………………………… 238

11.2 社交交流心理通信模型 ………………………………… 243

11.3 社会交流强度模式 ……………………………………… 252

11.4 社会群体交流模式 ……………………………………… 258

11.5 媒介事件内容属性模式 ………………………………… 262

11.6 事件功能新异追求行为模式 …………………………… 265

11.7 反馈评价行为模式 ……………………………………… 268

11.8 事件执行的行为模式 …………………………………… 272

11.9 行为系统行为模式小结 ………………………………… 276

第 12 章　社会经验偏好模式：人际关系模式 ……………… 280

12.1　社交目标利他模式 …………………………………… 282
12.2　社交中信息暴露模式 ………………………………… 291
12.3　人际关系模式理论意义 ……………………………… 303

第 13 章　认知经验偏好模式：认知自控模式 ……………… 305

13.1　事件竞争反馈控制 …………………………………… 306
13.2　事件欲望反馈控制 …………………………………… 310
13.3　事件资源条件不确定性反馈控制 …………………… 315
13.4　事件因果逻辑判断反馈控制 ………………………… 319
13.5　自我效能反馈控制 …………………………………… 322
13.6　自我反馈控制模式小结 ……………………………… 328

第 14 章　认知经验偏好模式：认知风格模式 ……………… 330

14.1　认知加工场景 ………………………………………… 331
14.2　经验认知与度量：价值观与思辨 …………………… 336
14.3　事件结果的预测模式：想象 ………………………… 342
14.4　事件动力规则洞察：美学 …………………………… 344
14.5　认知控制评价加工模式 ……………………………… 349

第 15 章　认知经验偏好模式：归因模式 …………………… 354

15.1　归因因素 ……………………………………………… 355
15.2　九型人格的本质 ……………………………………… 369

心理动力学

第16章 广义作用力 — 374

- 16.1 广义力概念 — 377
- 16.2 力的构成要素 — 384
- 16.3 动机动力过程 — 387

第17章 刺激驱动力 — 391

- 17.1 感觉编码与变换 — 392
- 17.2 刺激驱动力 — 397
- 17.3 刺激驱动注意模型 — 401

第18章 思维惯力 — 409

- 18.1 思维惯力 — 410
- 18.2 思维惯性模式 — 417

第19章 动机作用力 — 436

- 19.1 客体功能与需要 — 437
- 19.2 动机度量 — 450
- 19.3 动机作用力 — 457
- 19.4 动机叠加原理 — 465
- 19.5 传统动机作用力回顾 — 478

第20章 行为作用力 — 483

- 20.1 行为制动与供能系统 — 484

- 20.2 动力系统功能特征 …… 491
- 20.3 行为作用力 …… 497
- 20.4 目标分离原理 …… 506
- 20.5 有意注意模型 …… 512

第 21 章 生理驱动力 …… **517**

- 21.1 心脏动力 …… 517
- 21.2 身心映射 …… 522

第 22 章 心理反馈系统 …… **526**

- 22.1 社会评价 …… 527
- 22.2 事件反馈评价 …… 532
- 22.3 态　度 …… 540
- 22.4 情绪过程 …… 547

第 23 章 心理动力过程 …… **555**

- 23.1 心理结构模型 …… 556
- 23.2 心理功能结构关系 …… 565
- 23.3 基本心理过程 …… 569

第 24 章 能与劳 …… **576**

- 24.1 功与劳 …… 576
- 24.2 资源守恒律 …… 579

第 25 章 社会科学统一性 …… **585**

- 25.1 规律的规律 …… 586

25.2 唯物与主观能动统一 …………………………………… 590
25.3 力学作用律 ……………………………………………… 593
25.4 科学统一性 ……………………………………………… 594

参考文献 …………………………………………………… **601**

致　谢 ……………………………………………………… **622**

第一部分

精神运动学：精神运动状态

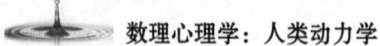

第1章 观察者参照

　　物质运动、社会运动、精神运动是三类基本运动形式。在哲学中，占据重要地位。运动的本质是物质变化现象的体现。

　　在自然科学中，采用几何学的方式，并在不涉及物体本身的物理性质和加在物体上力的情况下，描述和研究物体位置随时间的变化，形成了一个关键学科：运动学（kinematics），它是重要的力学分支之一。物理学的运动学是这一分支的杰出代表。

　　在精神研究层次，精神运动的理念已经深入人心。但是，由于缺乏与心理运作相对应的"心理空间"理论做支撑，使得精神运动中的"对象"，无法在空间中进行观察，精神对象在心理空间中的位移变化无法表示。因此，对精神运动的数理描述，无法形成独立数理体系。

　　有趣的是，心理空间几何学，是这一路线的关键奠基。它使我们获得了一个可以表征"心理概念量"的数理空间。这将使得原来比较抽象的精神运动，因为心理量的表征而具体、真实。

　　客体之间的相互作用，诱发了事件。事件的"属性"信息，按照结构化编码，被调制进入人的神经通信系统。事件的物理属性和社会属性信息，被对称地映射到心理空间，事件的任何一个属性信息的变化，都会引起对应的心理量的变化，在心理空间中，心理量具有自己的"位置"。位置的变化使我们利用已有的"矢量数学"来描述精神运动成为可能。在心理空间数理基础之上，讨论精神运动也就成为一种必然。我们把研究精神运动的分支方向，也就统称为"心理运动学或精神运动学"。它将成为"数理心理学"的重要理论分支之一。

在上述数理基础上，从个体而言，观察者就可以基于个体的视角，去观察物理客体、生物客体、社会客体的属性量在心理空间中的变化，从而知觉到物理的运动效应、社会的运动效应、精神的运动效应。

1.1 事件特征量

我们在"心理空间几何学"中，已经涉足"物质量"和"心理量"之间的关系。它们满足对称不变性。这是我们在空间几何学中取得的一个关键发现。

在这一基础上，客体相互作用诱发的事件要素的属性信息，将通过作用介质的编码，把事件的结构信息，送入人的信息系统。事件的变化的本质，是事件的属性信息的变化。确切地讲，是事件的变量信息在心理空间的变化。要在几何学中，讨论事件的信息变化，就需要对事件、属性、变量、个体对事件的变化效应的侦测等建立基本数理逻辑。

1.1.1 属性量

一个具有物质意义的事物：客体、生物、人与社会，总是有许许多多的特征、性质与关系，我们把一个事物的性质与关系，都叫作事物的属性。简言之，是物质对象性质与物质对象之间关系的统称。例如，客体的形状、颜色、气味、美丑、善恶、优劣、用途等。大于、小于、压迫、反抗、朋友、热爱、同盟、矛盾等都是事物的关系。那么，对事物的刻画，只要抓住事物的属性，也就可以了。从科学的角度看，任意一个科学的分支，都需要研究清楚三个基本问题：

（1）研究对象（客体）的结构和功能，也就是结构与功能属性。

（2）客体与客体之间的相互作用关系，也就是力学属性。

（3）客体与客体相互作用产生的效应（结果），也就是运动属性。

上述属性量之间的数理逻辑关系，也就是因果属性。

上述三个问题，从本质上讲，是对物质属性揭示的三个本质问题。对这些属性进行描述的参量，也就是"属性量"。

一旦抓住了物质属性，也就是抓住了"事件"（见事件结构式）发生的结构要素的量值，就可以预判、促发、控制事件的发生、发展或者趋势。这也构成了科学研究的基本价值。在物理学、生物学、社会与心理学研究中，均遵循这一规范。

1.1.1.1 物理属性量

在我们生活的世界中，物理的客体具有物质的属性，物体和物体之间发生相互作用关系，构成了"物理作用关系"。这些属性和关系，是由物理学来揭示的。

物质结构和功能被物理学列为基本问题。例如，星际天体结构、地球物理结构、分子结构、晶体结构等，围绕这一问题，发现了很多物质的结构和功能属性。例如，气味、状态、融化、凝固、升华、挥发、熔点、沸点、硬度、导电性、导热性、延展性等。

相互作用是一种基本作用关系，包括客体与客体的力学作用、电磁作用、引力作用等。在物理学中，相互作用被定义为"力"，从力的角度，来研究相互作用的属性，力也就成为一个属性量。

第一部分 精神运动学：精神运动状态

在相互作用中，客体会发生各种各样的效应，例如，客体在空间中的运动。客体在空间的运动特征和模式，就构成了物质运动的运动属性，被称为运动学。在物理学中，运动的属性包括宏观运动、电磁波动等。把上述各个属性变量，连接在一起，就构成了"动力学"，也就是动力学属性。从时间的角度出发，物质的属性量可以分为以下几类：

1.1.1.1.1 事件产生的物质根源

任何事件的发生，都离不开产生事件的"物质客体"，客体是物质性的，这也意味着产生的事件也是物质性的。在事件的结构式中，也包含了这一论断，即任何事件的结构表达式中，都包含了物质客体这一要素。

1.1.1.1.2 传播物质性根源

物质客体诱发的"事件"，需要物质传递出去，才能成为消息。或者说需要对应的载体，没有载体的事件的传播，是行不通的。例如，人类所能获得的声音事件，是通过空气介质进行传播的，空气中包含的微观粒子，通过相互作用，形成声波，传递各类声音事件。一旦传递的物质通道被截断，则声音将无法传播，声音事件也将无法传递出去（Godin，2007）。如图1.1所示，音叉振动过程中，驱动周围的空气运动，传递声音事件。当把一个电铃放置在一个抽成真空的容器中时，声音传递的空气通道被截断，我们将听不到电铃的铃声。

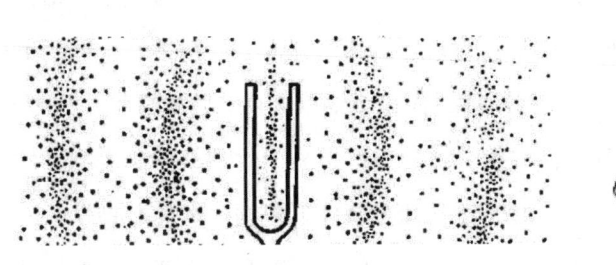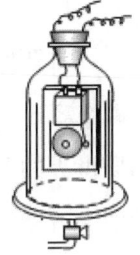

图1.1 声音事件传播

事件，经过物质载体，与人体感觉系统发生相互作用，通过人体神经系统的"感觉器"，采集到事件"信息"，从而形成"心理事件"。事件的传递介质与感觉器之间的作用，是"物质"之间的相互作用。因此，进入人的神经系统的"信息事件"，是物质作用引起的事件。这里需要强调的是，有些和人产生作用的事件，并不通过中间介质传递，而与人体直接发生相互作用。例如，按压人的身体部位，按压作为一个行为事件，直接和人体的感觉神经相互作用，产生作用，进入人体的神经。

1.1.1.1.3 客体相互作用的物质性

客体间发生相互作用，往往借助物质的介质。在自然科学中，这类现象尤为普遍，例如，引力作用、电磁作用等。在社会中，同样会发生社会意义的相互作用，例如，人类个体之间，通过语言符号携带的语义信号，相互传递关于事件的信息，从而产生相互作用。这是一类社会作用。

上述三点表明，物质事件的产生，物质载体的传递，以及与人体的相互作用，被人体的传感器进行采集，事件才最终被神经表征和编码，成为经验可以识别的事件，而事件本身又反过来塑造人的经验并可能成为人的经验的一部分。这构成了人类经验产生的"物质根源"。

1.1.1.1.4 事件结构属性

我们讨论了事件的结构式，这个结构式，清晰地刻画了物理事件、社会事件、个体心理事件具有的结构。在数理意义上，通过这个结构式，我们看清了三者在事件结构上的共通性和差异性——精神性。这是事件具有的基本属性之一——结构属性，而每个要素又具有物质属性。

物质世界的事件，按照客体类型可以分为物理事件、生物事件、具有精神性的人或动物的心理事件与社会事件。根据《数理心理学：心理空间几何学》（高闯，2021），这四类事件，可以合并为两种"事件结构式"的基础表达形式：

第一部分　精神运动学：精神运动状态

$$E_{phy}=w_1+w_2+i+e+t+w_3+c_0$$
$$E_{psy}=w_1+w_2+i+e+t+w_3+bt+mt+c_0 \quad (1.1)$$

其中，w_1、w_2、i、e、t、w_3 分别表示物质客体1、物质客体2、客体之间相互作用的介质、事件结果、时间、地点、上述各个要素初始值。这类事件的客体，不具有精神性，即从事任何事件不具有目的性。它包括物理事件、生物中非精神性事件，用 E_{phy} 表示。

与上述事件相区分，w_1 和 w_2 必须至少有一个具有精神属性的人或者动物，它们是具有目的的事件的发起者。bt 表示行为动机目标物，mt 表示内在动机目标物。这就构成了人、动物、社会的心理事件或社会事件，用 E_{psy} 所示。它们的运算满足布尔运算法则。

1.1.1.1.5　物质属性量

事件结构中的任意一个要素，都具有物质属性，也就是性质。一个具体事物，总是有许许多多的性质与关系，我们把一个事物的性质与关系，都叫作事物的属性。对属性进行命名的量，我们称为属性量。例如，在物理学中，电阻是导电物体对电流产生阻碍能力的一个电学属性。在社会学中，社会具有社会结构属性，权利、义务、权限等是社会岗位具有的社会属性。

1.1.1.1.6　物质属性集合

为了便于讨论属性的数理描述，我们用 p_{ij} 表示事件结构要素中，第 i 个要素具有的第 j 个属性。由于要素具有多个属性，那么，根据事件结构式，我们把各个要素的属性写成一个集合：

$$P_i=\{p_{ij}\,|\,j=1,\cdots,n\} \quad (1.2)$$

$i=1,\cdots,m$，其中，m 表示事件结构要素的总个数。P_i 则称为属性集合。

在某个具体的事件中，p_{ij} 具有的值，我们记为 $v_{ij}(p_{ij})$，则属性就可以用一个矢量来描述，我们称为"属性矢量"，记为 V_i，则 V_i 可以表示为：

$$V_i = \begin{pmatrix} v_{i1}(p_{i1}) \\ \vdots \\ v_{ij}(p_{ij}) \\ \vdots \\ v_{in}(p_{in}) \end{pmatrix} \quad (1.3)$$

在人类知识的探索中，就是根据变化的属性变量 $v_{ij}(p_{ij})$ 中，寻找到对应的物质属性 p_{ij}。而观察到的 $v_{ij}(p_{ij})$，属于观察到的现象，属于现象学研究范畴。自然观察和科学实验观察都是源于对现象学的观察。

1.1.1.2 生物属性量

生物的客体兼具物质的属性和生物的属性，生物既和物理物之间发生相互作用，也和生物之间发生相互作用，生物的属性和关系的揭示，由"生物学"来回答。

在生物学中，生物被作为研究对象，是揭示植物、动物和微生物的结构、功能、发生和发展规律的科学。

生物结构和功能是生物科学中首要关注的基本问题之一。生物结构和生物属性，是生物的重要属性的体现。例如，细胞的结构、植物的结构、动物的生物组织和结构、人的生物组织和结构。

生物和环境之间以及生物和生物之间，可以发生相互作用关系，这种关系，可以是物质作用关系，也可能是社会性作用关系。例如，资源承载量关系：一个地域的生物的生存，需要一定的资源做支撑，所有生物个体消耗的资源总量无法超越这一地域的资源上限。这是生物个体和物理资源之间的一种作用关系。

生物性行为表现为多样性，这是生物生命活动的结果，这是一种生物学属性。在客观上，需要我们对这一现象属性进行描述。在分形科学中，曾经发展了一种形态学理论，用分形的观念，统一描述生物的多样性。这是物种多样性刻画的一种方法。

1.1.1.3 社会属性量

人与精神性动物，都具有社会性，也就是人与精神性的动物都生活在社会结构中。为了维持社会结构的存在，人类社会建立了相应的规则体系与社会关系，保证社会结构的有效运行。关于社会结构及其属性的研究，属于社会学的研究范畴。

在社会学中，人类社会的结构和功能，是社会科学关注的基本问题。随着人类社会的发展，人类社会的结构逐步演化出了两种代表性的社会结构：（1）金字塔的威权管理结构；（2）人际平等的平权结构（也就是民主式的社会结构）。阶级、社会分工等都属于社会结构学的研究范畴。

不同的社会群体，具有各自团体利益，这构成了社会组织间交往的动机性。由于社会动机的存在，社会中的利益团体发生相互作用，从而构成了社会作用的动力系统，属于社会力学属性。

当社会群体发生相互作用时，就会产生社会运动，社会运动是社会动力表现出的运动属性，可以表现为团体之间的竞争和协同。在极端的情况下，有可能表现为暴力的形式，从而形成社会革命。把社会力、社会运动等建立逻辑关系，就属于社会动力学。它揭示的是社会学的动力与动态之间的关系属性。

1.1.1.4 精神属性量

人在自然界中生存，要与物、人、群体等发生相互作用，并从事各种社会化的活动。精神活动是驱动人类个体从事各种社会活动的基础。

人类个体通过认知系统的感知、推理、判断、决策、学习、创新等，获取社会事件的物质属性信息、社会属性，从而感知事件并具有从事某一事件的动机、情感体验、评价、动机等。它的机制与原理由心理学来回答。

在心理学中，心理的结构和功能是心理学研究的基本问题。心理结构和功能就构成了心理的基本属性之一。

在功能和结构的基础上，人类个体和外界事件之间发生相互作用，从而构成了多种动力关系，例如，刺激驱动、思维惯性、精神动力等，它是人的精神系统具有的力学属性。

精神是三大基本运动（物质运动、社会运动、精神运动）形式之一。在心理空间中，我们可以观测到各类物质属性的映射量，这些量的位移的变化，将构成物质的运动学属性的描述，我们把这类属性的研究称为精神运动学。

在精神运动属性量、力学量、心理空间属性的基础上，就可以建立这些量之间的关联关系，就构成了心理学的动力学属性。上述的各个属性量，就构成精神属性量。

1.1.2 变 量

客体与客体发生相互作用，诱发事件。事件的各个要素的属性的特征，会随着事件的不同而发生变化，也就是特征发生了变化，特征变化对应的"属性"，称为"变量"（variable）。世界的多样性在于，事件要素的同一类属性的特质的不同，构成了千变万化的世界。科学研究的最大意义，就是在千变万化的特征中，寻找到"属性"。

基于上述分析，依据研究的对象，属性变量，也就可以分为"物理类变量""生物类变量""人与社会类变量"。

1.1.3 概念量

概念是反映客观事物本质属性与共同特征的"思维形式",也就是客观"属性"对应的心理观念,考虑到属性的特征是变化的特征量,特征量本质也是属性量。这样,与观念量对应的概念,实际也是一个主观的"变量"。人的一切思维活动的最终结果是形成概念和掌握概念,并在概念之间建立起内在联系,形成知识体系,指导认知世界。

客观世界的物质属性之间存在关联关系,导致表示属性量联系的心理量之间也存在关系,它们之间的关系,满足对称性关系。[①]

从事件结构式出发,任何事件的要素,都具有自己的客观属性。而心理需要形成对应的观念,来描述这些属性。按照事件的发生逻辑与模式,事件又分为:事件的发生条件,相互作用,相互作用效应和结果,这些都是事件发生时,应具有的属性。需要有对应的"条件观念"、相互作用的观念(规律或者规则)、效应观念来支撑这一体系。而上述事件发生的条件、相互作用与结果的关系,是所有与事件发生表现出来的一种属性,也就是因果律。同样这一客观属性,也需要在人的观念中具有对应观念:归因概念。这样,我们就可以得到客观属性、主观概念之间的对应关系,如表1.1所示。

表1.1 属性量、概念事件的对应关系

	客观属性	主观概念
事件结构	要素的属性	要素属性的观念
事件发生关系	事件发生条件	条件观念
	相互作用	相互作用观念(或者规律、规则的观念)
	事件效应结果	效应观念
事件条件、相互作用、结果关系	因果律	归因观念

[①] 高闯. 数理心理学:心理空间几何学[M]. 长春:吉林大学出版社,2021:333.

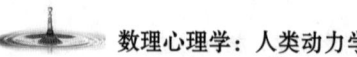

1.1.4 特征值关系

当有了事件、属性、变量、概念之后，我们就可以讨论这几个量之间的数理关系与联系。我们需要确立四个基本逻辑：

（1）属性描述。事件是客体之间的相互作用，进入人的神经通信系统的是事件结构要素中关于属性的信息。这个信息，我们定义为 p_{ij}，也就是第 i 个要素的第 j 个属性。属性是物质的属性，不以个人的主观意志为转移。而事件的发生中同样需要这些要素的信息，依照表 1.1，统一用 p_{ij} 来表示。

（2）概念描述。根据认知对称律，所有的属性，必然地需要与之相对应的心理概念相对应，我们把对应的变量，记为：c_{ij}。

（3）特征值。属性的量值会因不同的客体或者事件而发生变化，这就出现了变量，这就意味着描述属性的概念必然是一个变量，描述特定要素属性的值，我们称为特征值，记为：v_{ij}。这在各个学科中，都普遍存在，例如，电压、电阻、电流均是"电学概念"。而电阻又同时是一个属性量。

那么，对于每个事件、每个事件发生、因果关系的概念量，都可以用一个特征值集合来表示，用以区别于其他的事件、每个事件发生、因果关系。我们称为特征值集合，表示为：

$$\{v_{ij} \mid i=1, \cdots, n; j=1, \cdots, m\} \qquad (1.4)$$

其中，n 表示要素的个数，m 表示属性的个数。

（4）事件差异。事件之间的差异，是事件的属性对应的特质值的差异，也是一个事物区别于其他事物的差异。我们把同一事件要素的同一属性，不同特征值的差异表示为：

$$\Delta v = v_{ij}(o_k) - v_{ij}(o_l) \qquad (1.5)$$

其中，k 表示第 k 个物体，l 表示第 l 个物体。

自此，我们就确立了一个事件要素、基本属性、概念量、变量及特征量之间的数理逻辑关系：$p_{ij} \rightarrow c_{ij} \rightarrow v_{ij} \rightarrow \Delta v$。这是物质与心理对应关系的一种直接体现，也是心物关系的体现。

从物质属性到变量的关系链条，实际回答了一个基本的关系：由物到心的数理逻辑关系。也就是，在人的心理运作的各种概念变量，是人的思维活动的直接体现，而概念量是由物质的属性来决定。脱离"物质对象"而确立的"概念"是不存在的。

在亚里士多德时期到20世纪中叶，许多不同学科的学者都认为：概念由一组必要且充分的属性所定义（Geeraerts，1986）。从上述观念来看，这一经典观点包含了合理性。

之后，对概念的理解发生了重大转变，心理学家认识到：一组没有关联的特征并不能充分地描述一个概念，概念中还包含丰富的因果信息（Markus et al., 1988; Kunda et al., 1990）。这和我们提到的表1.1中的观念相符合。

无论如何，对称性关系建立后，从属性量、概念量、变量与特质值之间的数理逻辑中，来理解人的心理加工逻辑，就完全成为一种可能。

1.1.5 物质属性特征

把什么样的特征，定义为属性，这是一个难题。从物质属性的角度看，我们所观察到的，往往是由物质属性表现出来的现象，也就是变量的值。变量的值千变万化，并表现出复杂性，而唯有属性不发生变化。这就意味着，属性是物质现象之下，最稳定的特征和特性。

1.1.5.1 共通性

基于上述分析，我们定义：事件要素中，具有的共通性的特征，称为

要素具有的属性。因此，"共通性"是物质属性的基本特征。具有相同属性的事物就形成一类，具有不同属性的事物就分别地形成不同的类。由于事物属性的相同或相异，客观世界中就形成了许多不同的事物类型。

1.1.5.2 稳定性

属性和特性，属于要素的本质，因此，它一般情况下不发生变化，具有稳定性。也就是，具有长期保持不变性的能力。

1.2 观察者参照

当人类个体或者群体，一旦建立了描述外界的"概念体系"之后，就具有了描述外部对象的"心理变量"体系。一个用以反映客观世界的知识体系就具备了。

在个体的知识体系基础之上，人类个体就可以观察世界，也就具有了观察世界的视角。作为观察者，人类个体需要建立自己的参考系，对世界进行"度量"，也就是评价。客观世界被度量的量，也就转换成为主观的心理变量的"评价"。

对客观世界（物理世界、生物世界、人与社会）的观察，需要设置观察的参考或者参照（reference）。

这意味着，由于人的参与，在人表征的"物质空间"和"心理空间"中，开始有了参考系和参考零点。由于参考的存在，人的评价才具有了相对性的意义，评价才得以存在。参考系如此之重要，但是，在心理的理论体系构造中，却长期被忽视。这需要我们从心理加工的角度，重新审视"参考系"问题，为精神运动奠定基础。

第一部分　精神运动学：精神运动状态

1.2.1 物理中的参照效应

物理运动是基本运动形式之一。对物理世界运动效应的观察，需要设立参考零点。在运动学中，首先设立参考零点或者参照点，任何一个物体相对于这个参考点的位置变化，就构成了空间的位置变动。从相对位置的变化，就可以考察物体的运动。在运动学中，如果我们把参考的点的坐标记为$(x_0, y_0, z_0)_h$，这个点的位置往往和观察者存在关联。经过一段时间 t 后，空间任意一点的坐标位置为(x, y, z)。那么，物体在空间的位置变化可以用矢量来表示：

$$r = \begin{pmatrix} x-x_0 \\ y-y_0 \\ z-z_0 \end{pmatrix} \qquad (1.6)$$

根据数理心理学认知对称性原理，物体在物理空间发生变化的效应，会对应地转换为心理量，则上式就可以表示为：

$$r' = \begin{pmatrix} x'-x'_0 \\ y'-y'_0 \\ z'-z'_0 \end{pmatrix} \qquad (1.7)$$

事实上，客观的世界是不存在参考点的。由于人的个体观察的介入，我们需要设定参照系。人才能根据相对位置的变化，来观察到物体变化的效应。这种物理的空间变化效应，也就转化为人可以知觉到的量，而成为心理量的变化。一旦成为心理量，它就成为人的"度量"的一部分。

除了上述空间属性量之外，还存在其他各种形式的物理属性量和对应的心理量[①]，它的参照点的表述形式和上述形式相同。上面的两个式子就

---

① 高闯. 数理心理学：心理空间几何学［M］. 长春：吉林大学出版社，2021：333.

数理心理学：人类动力学

需要修正为：

$$r=\begin{pmatrix} x-x_0 \\ y-y_0 \\ z-z_0 \\ \vdots \\ p_j-p_{j0} \\ \vdots \\ p_n-p_{n0} \end{pmatrix} \quad (1.8)$$

$$r'=\begin{pmatrix} x'-x'_0 \\ y'-y'_0 \\ z'-z'_0 \\ \vdots \\ p'_j-p'_{j0} \\ \vdots \\ p'_n-p'_{n0} \end{pmatrix} \quad (1.9)$$

其中，p_j 表示第 j 个属性，p'_j 表示第 j 个属性对应的心理量，n 表示一共具有的属性的个数。

◎科学案例

物理参照

飞机投弹是战争中常见的行为。当飞机飞行到指定空域时，就可以利用投弹技术，把炸弹释放出来，轰击指定的目标物。在飞机上和地面上，观察者观察到的炸弹的轨迹并不相同。在地面上的观察者，以地面为参照。炸弹被抛出后，做抛体曲线运动。这是地面上的观察者观察到的物理效应。如果观察者在飞机上，在忽略空气阻力的情况下，在水平方向上，炸弹和飞机的速度近似相同。这时，炸弹在飞机的正下方垂直下落。

这个案例表明，在观察物理效应时，观察者会选择不同的参考点，来观察物理世界，观察参考点不同，观察到的效应也就不同。

第一部分 精神运动学：精神运动状态

物理的效应，经过人的神经信息的编码进入人的信息系统后，观察者会根据自己的参考点，给出评价。物理世界中的物理运动的效应，也就转换为人的个体评价。我们观察到效应，是人的一种主观评价量。

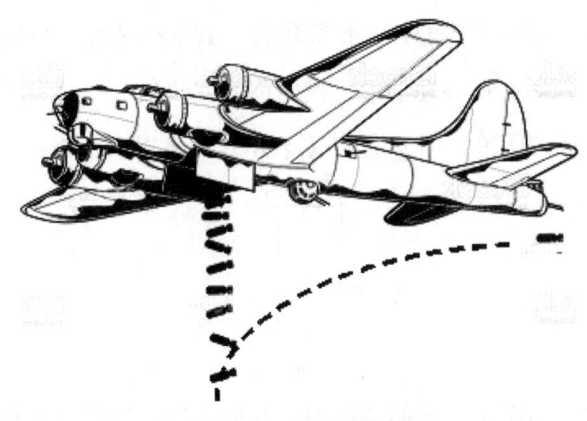

图 1.2　飞机投弹轨迹

1.2.2　社会参照效应

人不仅在物理环境中生存，同时他也在社会的环境中生存，即和社会群体发生交往。社会中存在的人类个体和群体，是一种物质客体，具有自己的社会属性、生物属性和物理属性。对社会属性的描述，满足心理空间的表征理论。社会属性的存在物，需要我们用社会属性进行度量。同样，社会属性的度量，需要我们采用一个参照。参照的标准会有几个关键性的种类：个体社会属性参照、群体社会属性参照、他人社会属性参照、自我社会属性参照。这些参照的不同，会导致不同的观察者的效应。

1.2.2.1　个体社会属性参照

在社会中，每个人都会具有自己的社会属性，这些社会属性同时也是人的主观精神驱动的结果，因此，它同时也是社会的主观概念量，可以表示为 c_i（其中 i 表示第 i 个社会属性）。人类个体具有的社会属性的值也就

表示为 v_i（其中 i 表示第 i 个社会属性），它是人类个体区别于其他个体的特征。因此，我们把个体具有的社会属性值，就可以用一个集合来表示：

$$\{v_i | i=1, 2, \cdots, n\} \quad (1.10)$$

这个集合，就是个体的社会特征集合。其他个体往往根据这一集合，形成对个体的判断。在心理学中，我们称为"印象"。对于同一个个体，我们把已经形成的印象，用矢量 r_{im} 来表示，则可以表示为：

$$r_{im0} = \begin{pmatrix} v_{10} \\ \vdots \\ v_{i0} \\ \vdots \\ v_{n0} \end{pmatrix} \quad (1.11)$$

由于在很多情况下，我们往往把已经形成的印象作为参照，进行个体的社会属性对照，因此，我们用下标 0 来表示。任意一种情况下，引起的印象的改变，就是和这个参照引起的差异。这个差异量，就可以表示为：

$$\Delta r_{im} = \begin{pmatrix} v_1(t) - v_{10} \\ \vdots \\ v_i(t) - v_{i0} \\ \vdots \\ v_n(t) - v_{n0} \end{pmatrix} \quad (1.12)$$

其中，$r_{im}(t) = (v_1(t) \cdots v_i(t) \cdots v_n(t))$ 是经过一段时间后形成的印象。在心理学中，第一次效应、锚定效应等都是为了形成第一印象 r_{im0}。为后续的人的印象的认知，提供基本参照。这是在个体印象中，基本参照的数理意义。

1.2.2.2 社会群体属性参照

对于社会群体，人类也往往形成对某一群体的"印象"，即"刻板印象"(stereotype)(Hilton et al., 1996; Hamilton et al., 2014),它是一个重要的研究领域。它是对群体的人的社会属性的整体描述。当我们提起任意一类群体时,总是对这类人的群体的社会属性的描述。这一现象,在社会群体中整体存在,并非常普遍。在中国,社会群体对山东人的刻板印象是豪气、爽快、讲义气、实诚、酒量大等,对河南人的刻板印象是狡猾、心思多,对湖北人的印象是"九头鸟",对上海人的印象是"小资"等。这实际上已经暗示了一个基本的规则,大家一旦把某个人划入文化的地域时,就会与这个地域的人的"刻板印象"联系在一起,使之成为具有可以判断社会属性的一个参考,也就是参照。这样,刻板印象的数理意义就显示了出来。从本质上讲,群体的人的社会属性和个体的社会属性是相同的,都可以理解成"人"。那么,我们把群体的刻板印象,用矢量表示为:

$$r_{strrotype0}=\begin{pmatrix} v_{s10} \\ \vdots \\ v_{si0} \\ \vdots \\ v_{sn0} \end{pmatrix} \quad (1.13)$$

我们把经过一段时间 t 后,以 $r_{strrotype0}$ 为参照,个体对群体或者个体形成的印象 $r_{im}(t)=(v_1(t) \cdots v_i(t) \cdots v_n(t))$ 与之形成的差异就可以表示为:

$$\Delta r_{im}=\begin{pmatrix} v_1(t)-v_{s10} \\ \vdots \\ v_i(t)-v_{si0} \\ \vdots \\ v_n(t)-v_{sn0} \end{pmatrix} \quad (1.14)$$

在认知上,我们可以看到一个基本的数理意义,刻板印象对认知的巨大贡献是提供了基本的参照系,使得认知有据可依,并迅速使得个体或者群体,具有自己的社会属性值,起到引导作用,这在认知科学的研究中，已经得到了证实（Hilton et al.，1996；Hamilton et al.，2014）。

1.2.2.3 他人社会属性参照

他人社会参照，我们也称为第三方参照，即以在社会中存在的任意一个第三方的社会属性作为参照系，进行社会属性的对比。在中国文化中，我们经常听到"比上不足，比下有余"，就是这一现象的关键代表。

我们把任意的第三方的社会属性特征值表示为：$r_{third0}=(v_{t10} \cdots v_{ti0} \cdots v_{tn0})$，那么，任意一个具有社会属性的人类个体，与之相比较形成的差异量，可以表示为：

$$\Delta r_{else}=\begin{pmatrix} v_{else1}-v_{t10} \\ \vdots \\ v_{elsei}-v_{ti0} \\ \vdots \\ v_{elsen}-v_{tn0} \end{pmatrix} \quad (1.15)$$

其中，$r_{else}=(v_{else1} \cdots v_{elsei} \cdots v_{elsen})$ 表示其他的任意的一个人或者一个群体的社会属性。

1.2.2.4 个体自我社会属性参照

生活在社会中的个体，除了上述三种基本的数理参照系之外，也可以以自己作为参考的依据，来判断个人的发展变化情况，并对自己产生自我的激励机制。我们把某个时间点，作为参考零点（或者参照点），个体对自我形成的社会属性的印象，记为：$r_{self}=(v_{self10} \cdots v_{selfi0} \cdots v_{selfn0})$，经过一段时间后，个体对自我形成的社会属性判断为：$r_{self}(t)=(v_{self1}(t) \cdots v_{selfi}(t) \cdots v_{selfn}(t))$。那么，个体对自我的社会属性变化的差异变化量就可以表示为：

$$\Delta r_{\text{self}} = \begin{pmatrix} v_{\text{self}1}(t) - v_{\text{self}10} \\ \vdots \\ v_{\text{self}i}(t) - v_{\text{self}i0} \\ \vdots \\ v_{\text{self}n}(t) - v_{\text{self}n0} \end{pmatrix} \quad (1.16)$$

1.2.3 认知评价本质

在我们生存的世界中，人类个体基于各种需要或者目的，参与社会化活动，从而发生各种相互作用关系：人与物的相互作用、人与人的相互作用、人与社会的相互作用。相互作用关系，也就构成了社会关系。社会属性就是一切社会关系的总和。

根据事件结构式，任意一种有人参与的"相互作用"的事件，都是基于某种目的和利益。因此，对社会作用关系的划分，也就转换为对"社会目的和动机的性质的划分"。这种划分，也就是对利益的划分。

而事件的万物都有"功能"，可以满足个体和群体的需要。在社会演化的过程中，就形成了对社会关系的群体性看法，也就是社会大众对利益的群体看法，以及合理获取这些"功能目标物"时的事件采取的"作用方式"（方法或者途径），也就是"社会标准"，并使之成为事件发生时的行为参照。因为个体的差异性，个体会相对这个参照产生差异性的理解。例如，上面提到的"社会群体属性参照"。在这种情况下，个体就会获得行为的指导性策略，来指导行为事件的可执行与否。

从数理上讲，就是一个事件的执行，个体会对事件的所有要素及其属性进行促成事件发生的"价值"的评估，也就是各个要素对事件发生的贡献，也就是价值量，它构成了社会属性的本质。

我们把上述所有的属性（物理属性、生物属性、社会属性）对应的价值量，记为：V_{ij}。它的参照值记为 $V_{\text{reference}-ij}$。例如，以观察者为参考点，

数理心理学：人类动力学

一个物理的距离 d，我们个体给出的距离评价为"很远"或者"很近"等，实际是一种价值评价。即当我们说很远时，是指我们如果到达目标物的话，需要花费很大的精力。这就是一个价值判断。

我们把社会群体的群体参照（可以通过常模来进行测量），表示为：

$$V_{\text{reference}} = \begin{pmatrix} V_{\text{reference}-i1} \\ \vdots \\ V_{\text{reference}-ij} \\ \vdots \\ V_{\text{reference}-in} \end{pmatrix} \quad (1.17)$$

个体对每个要素的价值判断量记为 $A = \begin{pmatrix} V_{i1} & \cdots & V_{ij} & \cdots & V_{in} \end{pmatrix}$，它代表个体对一个由价值的目标物的各个属性的评价，则两者之间差异量可以表示为：

$$A - V_{\text{reference}} = \begin{pmatrix} V_{i1} - V_{\text{reference}-i1} \\ \vdots \\ V_{ij} - V_{\text{reference}-ij} \\ \vdots \\ V_{in} - V_{\text{reference}-in} \end{pmatrix} = \begin{pmatrix} \Delta_{i1} \\ \vdots \\ \Delta_{ij} \\ \vdots \\ \Delta_{in} \end{pmatrix} \quad (1.18)$$

Δ 令 $\Delta = \begin{pmatrix} \Delta_{i1} & \cdots & \Delta_{ij} & \cdots & \Delta_{in} \end{pmatrix}$，它反映了个体之间的差异的一个量。因此，当不同的个体，对同一个社会属性进行评价时，Δ 可以不同，也就表现为个体之间的评价差异。因此，由上式我们得到：

$$A = V_{\text{reference}} + \Delta \quad (1.19)$$

当有了这个表达式时，我们就可以发现一个有趣现象：

（1）对于任何一个有价值的目标物，个体对其价值可能不同。但是，对于一个相对稳定的社会群体而言，群体的价值参照相对比较稳定。这使得这一标准成为一种相对的参照。

（2）个体的价值判断相对于群体可以存在各种差异，它们之间的差异，成为个体的评价。这就使得个体化评价的差异，在群体参照中有据可依。例如，在超市中的物品的价格，总是有人认同，而有些人则选择放弃。

万物的属性，在对于人的需要方面，都表现为功能性，能满足人类个体的需要，这就构成了价值，而价值的标准，同样需要参照来进行比对。评价的表达式，建立了群体价值标准、个体之间的差异与评价之间的关系。这一数理表达方式，将在后续的行为模式研究和动力学的研究中，被广泛使用。

第 2 章 精神运动

从哲学出发，运动包含四类形态：物质运动、生物运动、社会运动、精神运动。物质运动是人类个体最能直接探测和感知的，它的描述首先和我们的空间环境融为一体，而成为我们可以直接观察的部分。

而精神的抽象性，使得精神运动成为抽象描述对象，长期保持着神秘特性。因此，对精神运动的探索，也就成为精神研究中最为"神秘"的领域之一。

数理心理学认知对称性打开了一个窗口，它把"物质客体"之间相互作用的事件的属性信息，映射到心理，使得"客体"的运动转换为"心理量变化"，也就是精神运动。精神运动，也就是"事件"信息的变动。这些事件包括现场事件、历史事件和未来事件，也包括身体内部的事件和外部事件。精神运动也就具有了"对象"，不再是抽象物。

心理空间，提供了一个数理的心理信号的表征空间，外界物理事件的属性空间映射到心理，就会形成心理量的表征空间。自然世界的物质运动事件、社会事件，就会在心理空间中被表征。外界事件的变化，就会引起心理表征的变化。在心理空间中，观察精神的变化，也就成为可能。

第一部分　精神运动学：精神运动状态

心理空间提供了一个几何学的工具，讨论精神运动的形式，并讨论精神运动与物质运动关系（物理空间运动）也就成为可能。

这种数理构造，使得讨论精神运动成为一种必然。我们把研究精神运动的分支方向，统称为心理运动学或精神运动学。它必将成为心理学的新的兴起方向。

只有在运动学的基础上，我们才能对可观察的心理变化现象进行定量化，才能构造心理事件变化的运动学指标，构造刻画心理运动现象的状态、特征，精神运动的动力性才会展现出来，心理运作的现象才可能可视化与定量化。

自此，精神运动学，将作为一个新的始端，精神运动的描述将完全进入定量阶段，这也将开启把精神科学研究纳入科学统一性的新阶段。

2.1　心理事件状态量

外界的"自然物理事件""社会事件"是客观存在的事件，经过对称性变换，被心理表征，事件的各个要素的属性信息，被对应的心理量表示和表征，这时的事件，就成为心理表征的"事件"，我们称为"心理事件"。

心理过程，也就是心理事件的变化过程，对应着心理事件在空间中的变化。这个过程，也是心理变化的过程，由于有了心理空间几何学，这时，就需要引入矢量几何，来描述心理过程。根据我们前文的心理度量衡假设、语义度量衡假设等，我们构造的空间，属于均匀刻画的空间，因此，满足矢量几何成为最为基本的要求。

以此为基础，我们就可以构造心理事件、语义事件运行的空间几何矢量。根据这些矢量，来了解心理过程变化。

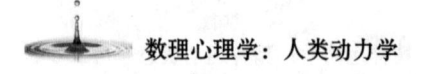

2.1.1 心理事件

由于存在对称性，物理的事件、社会的信息，可以对称地转换到心理空间中，这就意味着，外界事件的信息，可以被对应的心理量进行表征。那么，这时的事件，就转换为了"心理事件"。因此，心理事件的结构和外界事件的结构会保持一致，并依然保持以下形式：

$$E_{phy}=w_1+i+e+w_2+t+w_3+c_0$$
$$E_{psy}=w_1+i+e+w_2+t+w_3+c_0+bt+mt \quad (2.1)$$

其中，w_1、w_2、i、e、t、w_3 分别表示物质客体1、物质客体2、客体之间相互作用的介质、事件结果、时间、地点、上述各个要素初始值。这类事件的客体，不具有精神性，即从事任何事件不具有目的性。它包括物理事件、生物中非精神性事件，用 E_{phy} 表示。

与上述事件相区分，w_1 和 w_2 必须至少有一个具有精神属性的人或者动物，它们是具有目的的事件的发起者。bt 表示行为动机目标物，mt 表示内在动机目标物。这就构成了人、动物、社会的心理事件或社会事件，用 E_{psy} 所示。它们的运算满足布尔运算法则。

2.1.2 心理事件矢量

在心理空间中，或者语义空间中，每个心理事件的属性信息的心理量的特征值，我们都可以写为：v_{ij}（第 i 个要素第 j 个属性）。我们把这些心理量的值，作为位置坐标，就会得到一个位置的矢量。

$$\boldsymbol{r}_{m-event}=(v_{11} \cdots v_{ij} \cdots v_{mn}) \quad (2.2)$$

这个矢量，我们称为"心理事件矢量"。其中，m 表示事件要素的总个数，n 表示属性的总个数。在这个矢量中，它的位置坐标遍历所有属性。

2.1.3 心理事件位移

外源性事件或者内源性事件的属性信息发生变化时，就会引起对应的心理事件结构要素的心理量的特征值发生变化，使得"心理事件"在"心理空间"中的位置坐标发生变化，也就是事件发生了变化。我们以任意一个时刻作为事件的计时零点，记为 t_0。经过一个时间 Δt 后，事件从 t_0 时刻变化到 $t_0 + \Delta t$。那么，前后两个时刻，心理事件或者语义事件空间中的位置变化为：

$$\Delta \boldsymbol{r}_{\text{m-event}} = \boldsymbol{r}_{\text{m-event}}(t_0 + \Delta t) - \boldsymbol{r}_{\text{m-event}}(t_0)$$

这里必须说明的是，两个时刻的事件可能不是同类事件，也可能是不同事件。因为，当事双方也是一个空间变量。前后时刻，两个空间位置矢量的差，我们定义为位移，称为"心理位移"，在语义空间中产生的位移，我们称为语义位移。

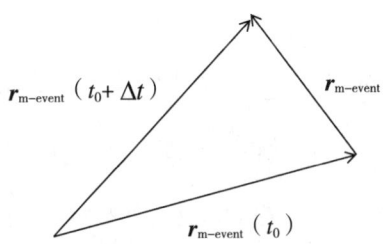

图 2.1 心理位移矢量

注：在 $t_0 + \Delta t$ 时刻的心物事件的空间位置矢量与 t_0 时刻的空间位移矢量的差 $\boldsymbol{r}_{\text{m-event}}$，称为心理位移矢量。

当不同时刻的位移矢量，按时间先后以此进行排列，就构成了心理事件的变动过程，如图 2.2 所示。一个心理运动的事件，在不同时刻的空间中，空间位置坐标的变化，就构成了心理事件的运行轨迹。

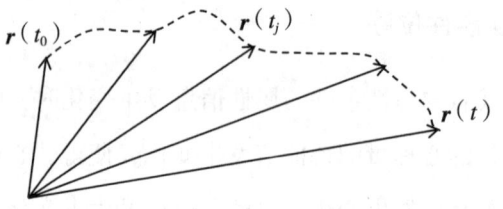

图 2.2 心理运动轨迹

注：不同的心理事件，在空间中对应了不同的位置矢量，心理矢量在空间的位置变化，构成了心物事件的运行轨迹。运动的时间分别记为：t_0，…，t_j，…，t。

在对应空间、语义空间中，任意两个心理事件对应的矢量，满足数学意义的矢量叠加原理。这个部分的矢量几何见高等数学，不再进行展开。

2.1.4 心理事件状态量

心理事件不断发生变化，这时就需要描述这类事件运行状态的参量：事件变化速度和加速度，由此我们定义经过时间，心理事件的平均运行速度为：

$$v_{\text{m-event}} = \frac{\Delta r_{\text{m-event}}}{\Delta t} = \frac{r_{\text{m-event}}(t_0 + \Delta t) - r_{\text{m-event}}(t_0)}{\Delta t} \quad (2.3)$$

当时间 Δt 趋近 0 时，我们就得到心理事件运行的即时速度

$$\begin{aligned} v_{\text{m-event}} &= \lim_{t \to 0} \frac{r_{\text{m-event}}(t_0 + \Delta t) - r_{\text{m-event}}(t_0)}{\Delta t} \\ &= \frac{d r_{\text{m-event}}(t)}{dt} \end{aligned} \quad (2.4)$$

同样，我们可以得到心理运行的加速度为：

$$\begin{aligned} a_{\text{m-event}}(t) &= \frac{d v_{\text{m-event}}(t)}{dt} \\ &= \frac{d^2 r_{\text{m-event}}(t)}{dt^2} \end{aligned} \quad (2.5)$$

自此，我们就得到了心理事件在空间中变化的心理参量。这些参量，将成为我们理解整个心理过程的基本参量。我们把位置矢量、速度、加速

第一部分　精神运动学：精神运动状态

度定义为心理事件运行的状态参量。记为：

$$(r_{\text{m-event}}(t), v_{\text{m-event}}(t), a_{\text{m-event}}(t)) \qquad (2.6)$$

2.2 心理事件运动

物理事件，是感知觉系统把物理事件转换为感知觉表达的事件。这个心理过程，是心理事件中最为基本的过程，人的后续事件的变动与表达，都建立在这个事件的基础之上。由此，物理事件的运动，是我们首要研究的运动形式。物理事件的运动刻画与表述，也就是心理过程中的第一类运动形式。

2.2.1 物理运动

"物理事件"是"物理客体"在物理空间中的运动形式，也是驱动感知觉的物质基础。在物理学中，物理客体被简化为质点。在宏观、低速运动情况下，满足牛顿定律。

图 2.3　质点运动

注：在物理学中，所有事件的客体都被看成具有质量的点，也就是质点，质点的运动轨迹，构成了物理运动的运动基本形态。

根据物理空间几何学，任意选定一个参考零点。就可以建立三维空间，物体在空间中位置坐标的变化，就构成了客体在空间中的运动。

在物理空间中，若质点的位置坐标为 (x, y, z)，则从零点开始，指向质点的矢量就可以写为：r。则该质点的运动速度与加速度就可以记为：

$$v = \frac{dr}{dt}$$

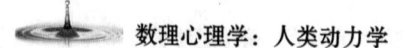

$$a = \frac{d^2 r}{dt^2}$$

若质点的质量为 m，则根据牛顿公式，满足第二定律：

$$F = ma$$

则对上式进行积分，并带入初始条件，就可以得到质点在空间中的运行轨迹：

$$F = m\frac{d^2 r}{dt^2}$$

2.2.2 感知觉运动

物理事件，经感知觉变换后，就转换为心物事件，也就是物理事件。这个事件是由外部事件驱动，也就是刺激驱动的事件。

物理客体的物质信息，被感知觉系统表示（表征）后，就转换为心理客体，也就是感知觉客体。客体运行的空间，也就是感知觉空间。

感知觉空间，包含两个子空间：（1）与物理空间对应的三维空间；（2）物质属性空间。

物理客体的空间变化、属性变化都会引起这两个空间的位置变化。为了描述感知觉的变化，我们同样定义感知觉客体的空间坐标为：

$$(x_1, \cdots, x_j, p_1, \cdots, p_k)$$

其中，x 表示客体在感知觉空间中三维空间坐标，p 表示属性空间的坐标。由此，我们可以把从零点开始，指向客体空间位置的矢量定义为位移矢量 r_s。

2.2.3 感知觉运动降维

感知觉空间中，感知觉客体的空间是一个高维空间。在实际中，就会涉及降维（降低维度）。例如，一个物体颜色始终保持不变。这时，对应的属性空间的坐标就是常数。这时，客体在感知觉空间中的变化，就是由三维空间坐标变化引起的。这时，就可以降低维度，物理事件在感知觉空间中的位置变化，就可以仅仅考察 $(x_1, \cdots, x_j)$ 坐标。这就达到了降低维度的目的。

2.2.4 感知觉运动状态

在感知觉空间中，若客体位置坐标为 $(x_1, \cdots, x_j, p_1, \cdots, p_k)$，则该质点的运动速度与加速度就可以记为：

$$v_s = \frac{d\boldsymbol{r}_s}{dt}$$

$$\boldsymbol{a}_s = \frac{d^2\boldsymbol{r}_s}{dt^2}$$

在只有三维空间（降维）情况下，上式可以进一步化为：

$$v_s = \boldsymbol{i}\frac{dx_s}{dt} + \boldsymbol{j}\frac{dy_s}{dt} + \boldsymbol{k}\frac{dz_s}{dt}$$

$$\boldsymbol{a}_s = \boldsymbol{i}\frac{d^2x_s}{dt^2} + \boldsymbol{j}\frac{d^2y_s}{dt^2} + \boldsymbol{k}\frac{d^2z_s}{dt^2}$$

我们把运动速度量和加速度量作为感知觉空间中，物理事件的状态量。

2.3 精神状态

我们面临一个不断变化的世界。事件的信息不断发生变化，心理事件状态变量和心理空间提供了一个描述的数理工具。在不断变动的心理运动中，还会存在一些特殊的心理状态。这些特殊的心理状态，投射出大脑的某些特殊功能。因此，我们有必要讨论一些特殊的精神活动状态。

2.3.1 沉寂态

我们这里将不再区分上述各类事件，而统一用下标 b 来表示，b 是英文 brain 的缩写。脑不加工任何信息，$r_b(t)=0$，$v(t)=0$，$a(t)=0$，这是一种极端理想的脑状态。在这种状态下，心理加工矢量 $r_b(t)=0$，$v(t)=0$，表明脑信息系统不加工任何信息，$a(t)=0$ 表明，脑系统没有任何驱动心理加工的力量。这是一类特殊脑状态，处于睡眠状态（非梦状态）的大脑，处于这类特殊状态。

2.3.2 稳定态

心理加工系统试图对恒定事件（外源性或者内源性信号）持续进行加工，这时，心理加工矢量 $r_b(t)$ 为常数，不随时间发生变化，人脑处于这样的加工状态，我们称为稳定态。我们连续注视一个物体时，心理表征的事件不发生变化，这时心理事件对应的位置矢量是个恒定值。例如，当人双眼注视同一目标物时，信号保持稳定状态。

2.3.3 扰动态

设定一个微扰刺激Δr_b，由于微扰活动存在，会造成心理加工目标的偏离，这种状态称之为微扰状态。

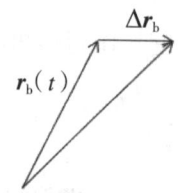

图 2.4 脑加工微扰态

注：脑加工的恒定刺激，由于微小的扰动，会造成加工的微小偏离，这种状态，称为微扰状态。

第一部分　精神运动学：精神运动状态

◎证据与案例

静　修

在人类历史上，中西文明都包含"静修"，探索心灵的奥秘，建立与生命本源的联系。David Fontana 说：静修即摈弃心理聒噪的干扰，体验无边际的心灵本质。若心灵总被欲望与思绪这些浮云所遮蔽，那么就只能感受到遮蔽心灵的浮云，不能感受心灵的本质（冯塔纳，1999）。"静修"是我国儒释道三家都注重的修养身心的方法。《道德经》《圣经》《古兰经》和《吠陀》甚至古埃及考古的坐像中都有"静修"的记载。人类文明经过几千年的发展，"静修"这一人特有的行为延续至今。将"静修"与科学结合起来，或可使两者皆焕发新的生机。

"关注静修"（meditation）（West, 1987；Wallace et al., 1972；Acabchuk et al., 2021）是静修的一种，努力将注意力坚定地集中于一个单纯的对象上，如只集中注意于呼吸。当发现自己的注意转移时，要立刻觉察，并把注意返回到客体（呼吸）。在这种情况下，思维的信息加工活动降到极低，或者近似为 0。这时的脑活动，主要是脑的自发脑活动。静修大多会导致脑电波减缓，α 波增加。高级静修者的脑电波会更慢，出现深度放松状态的 δ 波。

因此，专注静修者通过特殊的自我心理操练，试图达到一种"脑真空"的特殊状态。而脑真空态就是一类特殊的脑系统的微扰状态。

图 2.5 静修

注：将注意力集中于一单纯对象上。这时的脑活动，主要是脑的自发脑活动和引起脑变化的微小扰动。这种状态，是一类特殊的脑状态。

2.3.4 振动态

心理加工的信号，在时间上具有周期性质，时间周期记为 T。那么，这时的脑状态加工矢量满足以下关系：

$$r_b(t) = r_b(t+T) \quad (2.7)$$

也就是说，脑的活动，不断要回到初始状态。这种状态，我们称为脑振动态。例如，在双眼竞争中，人的知觉到物体，在两个目标物之间不断跳跃，使得信号在两个空间矢量之间，不断发生反复变化。

◎ 证据与案例

知觉竞争

知觉竞争是一类特殊的知觉运动（精神运动）现象。在知觉过程中，需要依据经验，对客体的空间构成要素赋予含义。对于同一个视觉刺激而言，赋予其的空间构型的含义可能不同，"两可图"就是这种常见的视觉刺激。以"两可图"为例，当以白色区域的"杯子"为目标物时，视觉刺激（图 2.6）中的其他信息就是背景。当以黑色区域的"人脸"为目标物时，

第一部分　精神运动学：精神运动状态

视觉刺激（图 2.6）中的其他信息就是背景。因此，在不同的空间构型含义中进行切换的过程中，知觉会发生变动的现象，这类现象，称为知觉竞争现象。

知觉竞争是在经验驱动下，同一视觉刺激的空间构型含义在发生变化（切换），这将导致精神运动状态的改变。在心物对称性变换中，当物质世界的空间语义属性的特征值不一样时，心理世界中的概念（心理量）的值也不一样。当物理事件的属性特征值不同时，对应的心理事件的概念（心理量）也不同，也即该心理事件在心理空间的坐标位置不同。

以格式塔心理学"两可图"（Hamlyn，1957）为例，由于不同的目标物在物质空间中的空间构型含义不同，也就是说，知觉到"杯子"的心理事件的心理空间位置与知觉到"人脸"的心理事件的心理空间位置不同。当眼睛在不同的目标物之间切换，就会出现"知觉竞争"。这两种不同的知觉，在眼动中，必然伴随眼动注视点的变化。这种知觉竞争（切换）状态在时间上具有周期性，这种状态，称为脑振动态。

图 2.6　"两可图"的知觉竞争现象

注：在知觉竞争中，人知觉到的物体，在"杯子"和"人脸"两个目标物之间不断跳跃，使得心理事件的矢量坐标不断发生反复变化。

2.3.5 跃变过程

人脑中推断、现场观察等状态，是一个心理事件不断变换的状态，这个过程中，心理事件不能维持在某一状态不变，而处于持续的改变中，这种状态，我们称为心理跃变过程。

◎证据与案例

悟的过程

"顿悟"在中国禅宗中早已存在，禅宗六祖慧能提出"顿悟成佛"的观点：顿悟见性，即心即佛，一悟永悟。即在沉思冥想的禅定中，瞬间的顿悟是大跨度、跳跃式的非理性思维活动。瞬间的顿悟，如电光石火般短暂易逝。顿悟过程，即心理跃变过程。

现代心理学认为，"顿悟"是一个瞬间实现问题解决的心理过程，并伴随强烈的"啊哈"体验（Metcalfe et al., 1987；Segal, 2004）。心理学家科勒最早开始探究黑猩猩的顿悟学习，开启顿悟研究的先河。广为流传的阿基米德发现浮力定律的故事也是一种"顿悟"体验。相传有位国王请阿基米德测算皇冠中的含金量问题，阿基米德百思不得其解。在某天洗澡的时候，他突然发现浮力定律，赤裸地跑到街上大叫"我找到了"。可见，这种顿悟伴随着强烈的"啊哈"主观体验，也是心理跃变的结果效应。

顿悟式的问题解决含有"突发性""直指性"和"持续性"三个特征："突发性"是指顿悟式的问题解决瞬间实现；"直指性"是指正确的问题解决是直接的而非试错的结果；"持续性"是指顿悟"一学即会、一悟永悟"（罗劲，2004）。研究发现：顿悟问题解决之前，被试的答案接近感均毫无增强，直到突然意识到正确答案的瞬间，"接近感"才有明显提升（Metcalfe et al., 1987）。因此，顿悟的过程是心理跃变的过程，从"思维僵局"状态瞬间跃变到"啊哈体验"状态。

图 2.7　黑猩猩"顿悟学习"

注：心理学家科勒最早进行了黑猩猩顿悟学习的研究，发现"顿悟"是一个瞬间实现问题解决的心理过程。

第二部分

精神运动学：经验结构与功能

第3章 经验研究基本问题

如果回顾整个认知体系信息处理的功能方式，我们就可以得到一个基本结论：外部的事件信息与认知加工出来的功能信息，满足对称性规则，也就是心物之间的映射关系。这里的物指自然世界（涵盖物理和社会）。

人类在认知自然世界时，进化的认知系统是一个"开放的系统"，可以通过自身体系的改造，达到不断认知世界的目的。即：

（1）人类认知系统可以不断认知自然世界。

（2）人类认知系统可以预知自然世界。

（3）人类认知系统可以不断改造自身经验系统（学习与创新）。

人的认知系统的开放根源性，最终源于知识体系工作机制的开放性。即通过不断打破旧的对称，实现新的对称，并实现人类知识系统的增加。在经验知识的驱动下，人类个体的认知系统得以对事件感知、推理、判断和决策。精神运动也就是"经验与知识"驱动下的"心理事件"的运动。

这意味着，我们需要在知识与经验基础上，来理解精神运动的内因，或者精神运动的数理体系。

人的经验和知识是对人的外界对象的表征。以知识与经验表达的对象

第二部分　精神运动学：经验结构与功能

为依据，人类的知识体系分化为三大理科系统：物理学、生物学、社会学与心理学。又以这些知识为对象，分化出了对称性理论。而这些都是"人造物"，即人的主观精神产物。精神运动的机制，就是在这些人造物的基础上（在人的知识系统中），寻找到人的精神运动的数理机制。

因为表征对象的存在，人类的知识，就不再是抽象物。以符号为载体的知识，也就具象而真实。这是心物映射的基本前行路径。当我们把知识作为研究对象时，需要确立几个基本的路线关系：

（1）知识表征的对象是物质对象（物理、生物、社会、人），以及这些客体之间形成的相互作用关系、事件结构。

（2）知识必然以某种物质作为载体。符号是知识的载体，也就必然地表达某种"含义"，或者是"语义"。意义必然和物质对象相联系，而不是抽象的神秘物。

（3）世界的结构性（物质结构性），表现为：物质结构、生物结构、社会结构、认知与精神结构。客体作用普存性，导致事件信息的结构性。普适性，意味着作用规则的普适性和规律的存在，意味着编码规则的普遍性存在。

（4）人的经验知识从来不是特定的某事某物，从其产生开始，就注定了它的结构性和普适性。

在上述路径上，我们要基于以往建立的人的精神机制的理解，来考察、建立关于知识的本质的数理体系。回顾前期的工作，我们会惊喜地发现：事件结构、心理空间几何学、认知变换不变性，已经铺平了这个道路。

通过认知的规则，我们得以看到：人类在长期演化的过程中，形成的规则的精巧与迷人，也得以展示出自然智能系统进化的完美和完备。它通过看似不可能的数理性，将哲学、神学、自然科学、精神科学等诸多领域均高度关注的问题，在一点上全景式展开。

 **数理心理学：人类动力学**

这一始点，也奇妙地将我们推到了唯物与唯心哲学的根本分歧点上，来讨论物与精神连接的接口问题。可以想象，将会有众多学科会因这一问题的揭示，被广泛卷入与参与进来，将因为这一发现而可能平息以往的历史性争议。

把经验作为研究对象的理论蓄积已经完备，我们就可以在心物的基础上讨论经验知识，进而理解知识与经验驱动的行为、行为模式。

经验知识是人类对物理对象、生物对象、人类自我精神对象、社会群体对象等的主观认知，并与之产生相互作用的认知。它的内容，逐步演化出了浩瀚的体系，并又以个体的知识、科学知识的体系呈现出来。经验知识表示的对象是有规则的，或者是有规律的。这在客观上导致，经验内容也要表达这种规则性。规则性决定了人类在指导与物、生物、人之间的行为互动中，具有稳定性。心理学的研究表明，人的行为和特质具有稳定性，并表现出模式化，或者形成了行为模式。这就是说，人的行为模式，是经验作为内因的一个稳定结果。

经验是理解精神行为与认知的基础（Zimbardo et al., 1975）。经验作为人的知识，既包含了人对世界的知识表示（对物理世界的知识、对生物世界的知识、对人的社会的知识、对自我的知识），也包含人类个体行为方式（行为模式）的知识。因此，对人的经验的数理性的理解，是揭示我们精神活动的基石。

从本章之后，我们将进入"数理心理学"理论构造的又一关键性内容，讨论经验内容本身的数理性，即人类的知识是如何驱动人类的"行为"。知识本身的数理性是什么？这个问题包含两个基本问题：

（1）由"事件"发展起来的人类知识，其本身的数理结构本质是什么？

（2）经验知识的数理规则如何转换为人的经验，从而成为驱动人的行为？

第二部分　精神运动学：经验结构与功能

从这两个基本问题出发，展开的问题包括：

（1）经验内容的数理规则（或者知识的数理性质）。经验或者知识，是人类个体或者群体对所生存"世界"（物理物、生物、人类个体或群体）对象的表达。把经验和知识作为研究对象，即把经验或者知识的"内容"作为研究对象，发现知识和经验背后的基本数理规则，是经验研究核心问题。而经验内容是精神活动的直接驱动者（心理空间只是对现场事件表达的内容之一）。而在此基础上，还要更加深入了解经验内容本身，才有可能揭示人类行为多样性背后的社会行为的数理规则。

（2）行为模式的数理规则。人的经验，具有稳定性，经验驱动了人的行为，并表现出稳定性，就构成了人类个体或者群体的行为模式。行为模式是人的经验内容驱动的行为外化。揭示行为模式的数理性，就是揭示经验运作的规则性。这就为经验内容驱动的行为描述，找到了新的突破口。

（3）人格特质数理性。人在行为模式中，呈现出行为稳定性。并在同类模式中，也表现出因个体不同产生的行为差异性，这一特性，也就是人格特质。这种关联关系，决定了"特质"与"行为模式"之间的数理关联。寻找这一数理逻辑，渴望能够阐述清楚"人格特质"模型的数理性及其根源。

（4）文化模式数理性。文化具有长期稳固性，从本质上讲，文化内容是人类知识与经验，并内化成人类个体知识，支配我们的行为模式。在物质形式上表现出多样性。文化模式统一性模型的构建，也就构成了人的经验的统一性模型，回答人的经验的"社会性"。

这意味着，建立了数学的"事件"的人的认知加工规则之后，我们要开始深入人类经验的内容体系中，理解人的经验、知识的本质，并用这一本质，来理解人类个体和群体的稳定性行为。这将是一个有趣的、有意义的探索。

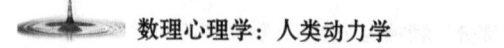

这种数理理论一旦构造成功，它将具有理论和实践意义。例如：

（1）人类个体差异的多样化。它受经验驱使，并在稳定经验支配之下，表现出行为模式现象上的多样。经验本质的内核将使我们脱离现象学的复杂，进入数理实质的理解，而这种理解往往是简单的。

（2）人类社会的多样性。它受人类经验驱使，并在稳定的社会经验支配之下，表现出社会行为现象上的多样。在理解经验内容的基础上，我们才有可能理解多样化的人类行为活动，寻找到潜藏在经验背后的普适性行为规则。各种模式化社会行为，并以各类外在物质形式表现出来，例如，历史建筑、居身文化、宗教文化等。

（3）理解心理事件信息加工本质。心物空间、恒常性空间、符号语义空间是心理事件运行的心理空间。它构成了我们理解心理事件活动的整个数理基础。确切地讲，心理空间理论也恰恰是人的经验活动的表征和度量空间。但是，只有在理解"人类经验"的基础上，我们才能理解驱动心理事件的内在逻辑，也就是心理事件的加工与运行本质。

对于上述几个基本问题的回答，我们将分为多个章节，逐次论述，并建立关于经验表示的统一性理论，以确立这一领域的数理性。

3.1 经验内容根源：客体

经验，从本质上讲，就是人类知识或者个体知识，既可以存储在人的记忆中，驱动人的行为活动，又可以以物化的形式，通过建筑、宗教、艺术等各种社会存在物的形式表现出来。这提示，经验知识与物质之间存在天然的关联，它需要我们研究经验内容产生的基本根源。

从心理学意义上讲，经验，就人类个体意义而言，指人类同客观事物相互作用过程中，通过感觉器官获得的关于客观事物的现象和外部联系的认识。就人类整体而言，则是人类群体在社会化活动中，不断累积的对世界的认知与认识。

因此，经验和知识具有双重属性：

（1）它是关于客观物质对象的知识，具有客观性。

（2）它是个体对客观物质对象的认知，具有主观性。

这两类属性，注定了经验知识，具有与"物质客体"的对应性。为了更确切分析这个问题，我们有必要从人类个体与自然物理世界、人类社会的相互作用中，来理解经验的内在含义，并以此为基础，逐步探索经验知识本身的描述数学。

3.1.1 人类活动本质

人类在社会化活动中，既表现出精神的特性，也表现出物理的特性。这两种特性，使得人类的社会化活动，表现出两种基本的性质：（1）人类个体之间的相互作用；（2）人类个体与物理世界之间的物质相互作用，如图 3.1 所示。

（a）人类个体之间相互作用　　（b）人类个体与物理世界之间的相互作用

图 3.1　人类活动的两种形式

注：人在参与社会化活动中，参与了两种基本的活动形式：（a）人类与人类个体之间发生的相互作用，即人类个体之间，会进行各种形式的信息交流、物质交换等活动，从而发生相互作用。（b）人类个体与物理世界发生的相互作用活动。在从事社会化活动中，人与自然界的物理存在物也会发生相互作用，这部分满足自然科学的基本原理。

3.1.1.1　人际相互作用

人类的活动，是一种群体性互动。在社会化活动中，人和人之间，基于不同的动机，进行交流与物质交换。通过外在的信息，传递到人的精神世界，在心理层次发生相互作用。

从信息加工角度讲，个体感觉系统通过采集，获得他人释放的事件的信息，从而发生知觉、推理、决策等一系列动作，并诱发行为反应（陈永明 等，1989）。因此，个体与个体之间的相互作用，从本质上讲，是一种心理加工与心理过程的运作，是一个心理的动力运作过程。关于心理的动力过程，我们将在后续的章节中进行讨论。

3.1.1.2 人与物相互作用

人不仅作为一种精神存在物，同时也是一个物理存在物。在作为物理存在物时，与自然界之间也发生相互作用。例如，人在搬运货物时，搬运货物的力量要大于货物的重量达到平衡，才有可能把货物搬起。这个规则，满足物理学规则。这些规则，不以我们的主观意愿为转移。图3.2演示了利用杠杆撬动重物的杠杆原理，取自阿基米德对杠杆原理理解的一句名言：给我一个支点，我就能撬动地球（Dijksterhuis，1987）。杠杆是人类社会化改造中，人类的一个基本工具，对这一基本工具的使用，满足物理的自然科学规律。在日常生活中，这种工具被普遍采用，渗透到人类生活的各个方面，如图3.3所示。

图3.2 杠杆作用

注：1824年，发表在《机械学》杂志上的杠杆原理。体现了阿基米德的思想：给我一个支点，我就能撬动地球。

第二部分　精神运动学：经验结构与功能

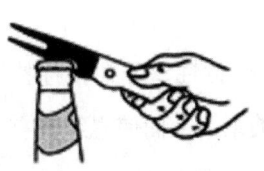  

图 3.3　各类杠杆的使用

注：在日常生活中，人类基于不同的目的诉求与需要，利用各种杠杆工具，实现与自然界的相互作用。

3.1.2　经验内容来源对象

人类个体在社会化活动中，会和各种类型的对象发生相互作用，对象不同，也就意味着经验的内容形式不同。由此，从经验表征的对象出发，人类具有经验的内容形式的划分，也就不同，具体地讲，主要包括：

3.1.2.1　物质对象

人类交往的对象，首先是一种"物理客体"的存在物。物质性是这一对象的基本特征与特性。了解这些物理特征、特性与运作规则，是人类经验的一类重要来源。这类人类的经验，在自然科学中，取得了极大成功，并派生了各类自然科学的分支学科。

3.1.2.2　生物对象

生物对象，也是人类交互作用的一类重要对象。这类对象，构成了一个相对独立的生物物质系统，对外实现开放式的交换，具有生物的特征、特性与运作规则。对这类知识的理解，是人类经验的一类重要来源。这类对象包括：植物、动物、人等。

3.1.2.3 人与社会对象

在生物群体中,人与某些动物又往往具有精神特性,并在精神特性支配下,形成群体之间相互作用的社会结构和社会关系,从而使思维具有了社会特性。人类的各类经验是驱动人与动物精神运作的根源动力。对这类社会性行为及其内在支配的精神运作规律的揭示,也是对人类自身经验的揭示。

3.1.2.4 基于对象的经验内容

在这里的划分,我们首先不关注人类个体经验与科学知识的差异。那么,以物质为研究对象的人类与个体的经验,则构成了"物理学"及其相关学科的知识体系。它是人类群体的一类重要经验知识。

对人、动物、植物等对象的生物系统的运作规则的揭示,则构成了"生物学"及其相关学科。生物学是人类的经验形式之一。例如,生理学、解剖学、动物学、植物学等。

人与社会个体交往的经验(也包括动物社会交往),则属于社会性经验,是人类个体或者群体对"人类社会"的认知。原则上属于"心理学"及其相关学科的范畴,是人类的另外一类重要的经验。

从这个意义上来讲,人的经验的划分,也就相对清晰起来。这也决定了,在科学发展的过程中,科学的理学体系包括三个理学(物理学、生物学、心理学)的基本原因。

◎科学案例

物理学经验

在科学史上,物理学是人类自然科学发展的典范,代表了自然科学发展的最高成就。它理应成为人类经验发展的一种典范。

在这个发展过程中,牛顿的《自然哲学的数学原理》是经典力学发展的、划时代的、里程碑式的巨著,也是人类掌握的第一个完整的、系统性的宇宙论和科学理论体系。它的基础性、普适性、统一性导致其影响遍布经典自然科学的几乎所有领域(Newton et al., 2004)。

这一认知,直接改变了"社会生产力",并诱发了社会关系变革。也就是成就了"工业革命"并诱发了一系列社会体系的变革。爱因斯坦说:"至今还没有可能用一个同样无所不包的统一概念,来替代牛顿的关于宇宙的统一概念。而要是没有牛顿的明晰的体系,我们到现在为止所取得的收获就会成为不可能。"

3.1.2.5 经验对象与事件关系

图 3.4 《自然哲学的数学原理》

注:1687年,牛顿出版了《自然哲学的数学原理》,是以"统一性"观念为指导,对自然科学进行的全方位论述。它是人类对自然科学认知经验的一大突破。

在"心理事件"章节中,我们把事件按"客体"划分为:物理事件、生物事件、社会事件、心理事件等。这些自然界与社会存在的各类事件"客体",既是独立于经验的"外在物质客体",也是人的经验表达物。经验既要表达这些"客体",又要表达这些各类物质客体对应的"事件"。

也就是说,在人的经验内容中,由于"物质客体"与"人"长期相互作用,而形成的"经验",天然由"物质事件"而决定。在前文的对称性理论中,也验证了这一基本事实。这也决定了经验来源的分类。

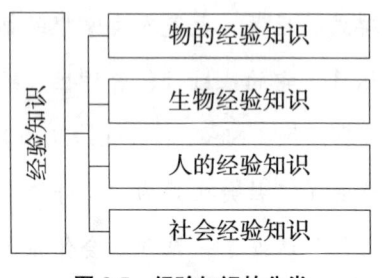

图 3.5　经验知识的分类

注：经验知识分为关于物的经验、关于生物的经验、关于人类自身理解的经验、关于社会的经验知识。每一类知识又分别构成了一个学科体系：物理学、生物学、精神科学、社会学。

3.2　经验物质载体

人类的经验知识，是精神的直接产物，并通过各类物质意义的符号表现出来，也就构成了人类经验的物质外化。这些物化的存在物，是人类保存经验的基本形式。了解人类经验的物化形式，不仅可以了解不同时期的人类的经验，也可以了解不同地域、不同时代的精神状态的差异。因此，本节我们将探讨经验的物化表现形式。

经验，既有个体意义的，也有社会群体意义的。因此，人类的经验表示形式各种各样。它既存在人的头脑信息中，又存在于记录人脑信息的外在信息载体中，也存在于人与社会互动的外在物理物中。经验展现的丰富多样性，源于人类个体与自然界、社会人与人之间的丰富互动。或者说，整个社会都是人类经验的"物质表达物"。

这提示，需要对经验的"存在形式"进行探讨，才能从根本意义上理解，经验对人类群体和个体发展的积极意义。

3.2.1　个体经验存储

神经是人类个体的信息处理系统，认知是神经系统的基本功能。人类认知功能包括：感知觉、推理与决策等，这些认知功能的实现，是由存储在"长时记忆"中的人类个体的"个体经验"来驱动的。也就是说，"个体经验与知识"是人类经验的存储形式之一。通过长时记忆存储的人类个体的知识体系的存在，才使得人类个体的精神运作与物质躯体运作成为可能。

3.2.2 社会经验存储

人类个体经验，需要通过某种形式与载体习得。这就使得必须有某种形式的经验，起到教育与示范的目的，这就是社会经验。

人类社会的物质存在物，就信息科学而言，具有符号的意义，也就是说，可以作为物质符号，从而成为人的信息系统可以感知的信息符号。因此，人类加工过的任何物品，都是经验的物质外显，同时，又具有符号学的意义，成为经验示范的一种特殊形式，对后来的人类个体，起到教育的目的。社会存在物的教育功能，是社会经验的一个基本功能。从这个意义上讲，社会物质存在物，也是人类社会经验存储的一种特殊形式。这些形式包括下面这些形式。

3.2.2.1 口　授

口授是一类重要的经验传递形式，它通过个人的语言传递给下一代群体。在没有文字的族群中和动物中，都能观察到这一经验的传递与表达形式。这类信息的表达形式，往往是有限的，信息的传递量也是有限的。

3.2.2.2 文　字

个体的或者群体的经验，被总结出来，在社会群体中得到认可、传播，又被用媒介的方式记录下来，不断被人类群体传播、传承，成为精神财富的一部分。这部分经验，往往以文字（符号）的方式，被记录下来，也成为人类文明的一部分。自从有文字开始，人的经验的大范围传播、共享才成为一种可能。

文字是一类特殊的符号，记录人类各个时期的个体、群体的经验。例如，诗词、歌曲、散文等各类文学体裁，法律制度、历史事件等，是我们了解古代社会的最重要知识体系，它不仅是人类知识的一种存在形式，也是重要的信息传递载体。人类个体一旦习得文字，就可以获得文字本身所承载的人类经验。

◎ 科学案例

《孙子兵法》竹简

1972年山东省临沂县（今临沂市）银雀山出土《孙子兵法》竹简。此批竹简整简、残简共4942枚，并有数千残片。《孙子兵法》竹简共300多枚，与《孙子兵法》同出土的还有《孙膑兵法》。这些兵法，是人类对战争经验的总结，标志着对这一经验的认知成熟。（冯云章等评注，1997）

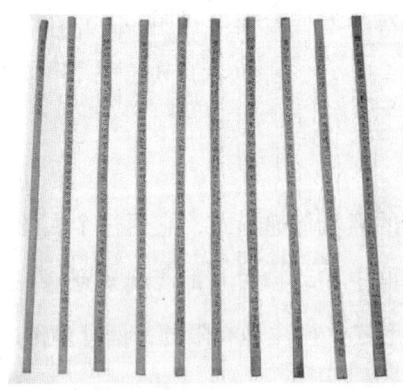

图3.6 银雀山汉墓出土的《孙子兵法》竹简（复原模型）

注：该兵法是对当时战争经验的直接总结，并作为文字记录下来，是人类经验的一个重要部分。

3.2.2.3 社会活动的物理存在物

人与自然和社会发生交往和互动，本质是在经验的基础上，进行的社会活动。这时，人的经验就会通过物的再造形式，展现出来。这时的社会物理存在物，就是人的经验的展现。所以，社会活动的物理存在物，是人的社会经验，从心理的精神，外化为"物"的"物化"展现形式。例如，在建筑学中，人类根据对建筑的功能的理解不同，产生了不同的文化样式，既满足人居身的需要，同时又满足一定文化教育意义的需要。建筑的构造，是人类经验在居住这一环节的物质外化。

社会建筑本身，既具有建筑本身承担的本身功能，也具有承载经验的功能。例如，世界个体的古建筑神庙、家族祠堂、皇家神庙等，不仅具有建筑本身的功能意，也通过其符号学意义，传递各种社会学信息（汪丽君，2005）。

图 3.7 建筑是人类经验物质化的外显

注：人类在满足各类功能上，建立了各式各样的建筑样式。各类样式的建筑物是经验的一种物质外显的载体。

同样，在世界性的建筑中，又承载了文化教育的功能。例如，中国古文化中的家族祠堂、宗庙等都具有家族教育传承的功能。西方的宗教殿堂之类，也担负了同样的基本功能。

各种社会活动的物理存在物，就符号化的意义而言，由于传递的信息不同，又可以分为以下几种：

3.2.2.3.1　社会权威树立

在世界范围内，社会都是分结构的。社会群体结构中，由于经济利益和统治、管理的需要，树立某种类型的权威，是社会建筑物中，采用符号学方法，传递信息的一种普遍手段。

例如，各地的官僚建筑，一般都高大、厚重，从物理感知上，难以撼动，从符号学意义上来讲，比喻权力与权威不可动摇。

3.2.2.3.2　社会关系连接

社会结构的构成包括：家庭结构、组织结构、国家结构。每个结构中，都赋予身在其中的人类个体一个特殊的"社会功能角色"。社会个体之间发生相互作用，就形成了"社会关系"。社会关系是社会结构的功能的直接反映。例如，在家庭结构中，个体会扮演丈夫、母亲、子女等角色。

在社会经验中，往往通过某类特殊的物质形式，强调这一社会关系。例如，家族祠堂、家庙、宗庙或家族墓地等，示范各种形式的社会关系存在。

3.2.2.3.3　社会模式示范

在社会中，也往往把某种特定的社会行为模式，作为一种典范，而成为一种教育的资料。例如，英雄祠堂、贞节牌坊等，都是将某类特定的社会模式，作为一种典范，通过建筑的形式固化下来，成为社会模式的示范，它是社会经验的一类特殊保存形式。

3.2.2.4　人类人际交往物

社会中的个体，在社会化活动中，参与人际交往活动，获取基于个体、群体的生存、新人、交际规则、安全、美学、同伴等个体赖以生存的知识、技巧等经验，这部分经验，又通过人际交往的形式展现出来，例如，外向 -

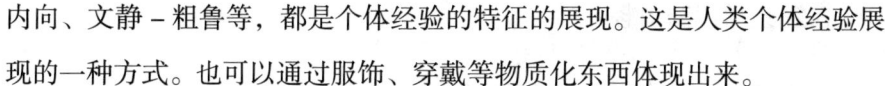

内向、文静－粗鲁等，都是个体经验的特征的展现。这是人类个体经验展现的一种方式。也可以通过服饰、穿戴等物质化东西体现出来。

3.2.2.4.1 社会活动

设定特定日期的社会活动，也是人类经验的存储形式之一。这些社会化的活动，既包括人类活动的行为模式（农历规定的农业活动），也包括特定节日的纪念活动，如清明节等。这些活动，也是人类经验传承的一种特殊方式。

3.2.2.4.2 社会传承制度

人类社会制度，是社会演化过程中，社会结构、家庭结构、组织结构等构成的对人群的管理、治理的关系制度。这部分制度，作为社会物化的形式，存在于人群组织等结构中，并往往又作为权力的形式体现出来。例如，国家有国家制度、家庭制度。

人类社会群体往往保留了特定的社会制度，并在一定时期内保持稳定。稳定地传承这些制度，是社会经验需要传递的。例如，古埃及保留的法典，通过石刻的方式保留下来。中国古籍记录的各类国学记录的礼教制度等，都是传承的社会制度。它也是一类特殊的社会经验。在我国历史上，由孔孟之道形成的国家、家庭等的宗法制度，长期影响我们的社会群体，并作为文化的部分，不断传承下来。这部分知识，也是作为一部分经验，存在于我们的人类社会群体中。

当然，人类的社会经验还会有很多种形式，我们不在此列出。总而言之，任何人类的加工物，成为物质实体的时候，都是人类个体或者群体的经验的物质外显。它不仅具有了物质外壳形式，同时又具有符号学意义，从而成为可加工的信息，进而具有教育与示范意义。这就可以理解：在世界范围内，会存在大量古代社会遗迹存留的意义。它是人类经验的载体和存储。

3.2.3 经验功能

人类和人类个体获得的经验内容，不断在人类群体中传承，驱动着人类个体和群体不断发展。这也意味着：经验担负着重要的内在驱动动力功能。经验的功能性，也就成了一个有趣的课题，了解经验对个体及社会发展的功能，是经验研究不可回避的问题。经验的功能，需要从个体意义和群体两个角度来考察。

3.2.3.1 经验的认知功能

从个体意义上来讲，经验是存储于人脑中的知识和技能。人的几乎所有认知过程，都离不开经验。经验构成了人的智力活动的核心。从这个意义上讲，缺乏经验和知识的人类认知行为是行不通的。

人的神经系统，是人类认知功能的"信息"处理通路，或者说是信息系统处理的"硬件系统"，而经验则是驱动神经系统认知加工的功能软件与数据系统。

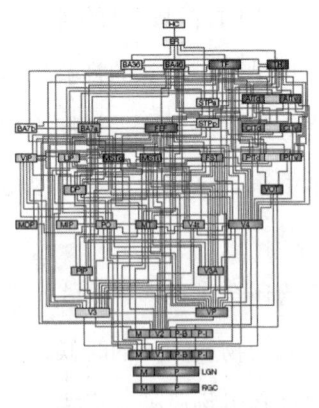

图 3.8 人的神经网络

注：人脑的神经系统，由神经核团和连接的神经，构成了一个传输信息的网状系统，构成了不同的功能单元，完成不同的认知功能。神经系统，构成了信息加工与传递的基本物质系统（Felleman et al., 1991；Fröhlich, 2010）。

第二部分 精神运动学：经验结构与功能

从群体意义上而言，经验通过某种载体形式表现出来，成为一种社会存在物。从信息意义上而言，社会存在物，又是一种社会符号。作为社会符号存在的经验，对于社会而言，具有一项基本的功能：教育与经验传递。

符号化的社会经验，通过其表达的符号含义，对经历其中的人，传递特定的信息内容与意义，从而达到示范和教育意义，达到维护政权制度、规则，传递知识等目的。在很多古建筑、古文化中得以表现，并在一定时期内，表现出稳定性。在世界范围内，都可以观察到这一现象。

图3.9 中国故宫

注：故宫是中国皇家建筑的代表。中国的皇家建筑，多以高大、厚重为主，并配以各种凶恶猛兽。从符号学与语义上而言，则往往透露皇权的至高无上、不可侵犯，令人生畏。

图3.10 古埃及狮身人面像

注：狮身人面像是古埃及皇权的一类典型标志物。通过把皇权和动物威猛形象相结合，表达皇权至上的威严，不容侵犯。这是一类共通的皇权权威表达的物质符号，对一代代人进行皇权示范与教育。

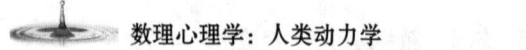

3.3 经验研究基本问题

就心理学而言，经验对人的认知功能的作用与意义，是不言而喻的。它成为心理学研究中最为核心的内容之一，并贯穿了心理学发展的早期历史和心理作为科学发展的历史。从更广的意义上来讲，人类社会的发展历史，也是经验发展与驱动的历史。把经验作为研究的对象，已经不是一个新鲜的主题。它贯穿在所有学科传授、探索的知识体系中。知识既是我们人类的知识，也是人脑处理信息时具有的操作功能。把经验作为研究的对象，所面临的基本问题是：什么是经验的基本问题。这需要我们回到基本的方法哲学中，来探讨这一基本问题。

3.3.1 经验对象

经验也就是知识。确切地讲，是我们认识各类"物质客体"所获得的对"物质对象"的知识体系。人的经验体系，可以分为个体的经验体系和人类经验体系。个体的经验是个体在生活过程中，形成的知识体系，而人类知识体系，则是群体形成的知识体系。无论哪类知识体系，都是对外在物质世界和自我的一种认识。

在人类早期社会乃至到农业社会，人类个体和群体的经验知识发展缓慢。到了资本主义社会，才开始了专门开发人的经验知识的生产部门：研究与研发，人类知识才得以突破性地发展。知识产权、知识创新作为一个全新的概念，得到了重新诠释。在这里，我们不区分个人经验和科学知识，而作为同一概念来处理。

经验作为知识内容，具有描述的物质对象，即经验知识的内容，是对物质对象的表达。从物质对象出发，知识所表达的对象包括：物质对象、生物对象、人类群体和个体自身。这就导致经验本身既是一个研究对象，又和上述对象之间存在对应关系。从这一角度出发，对人类的知识体系进行梳理，我们可以把知识内容，分为几个大类，如图 3.11 所示。

（1）物理知识。即关于物质对象的知识系统。

（2）生物知识。即关于生物对象的知识系统。

（3）人与社会知识。即关于人类个体的精神运作与群体运作的知识系统。

（4）经验知识的编码。经验知识都是通过符号来进行编码和表达的。因此，经验的编码涵盖语言学与信息学（对编码信息度量的科学）。

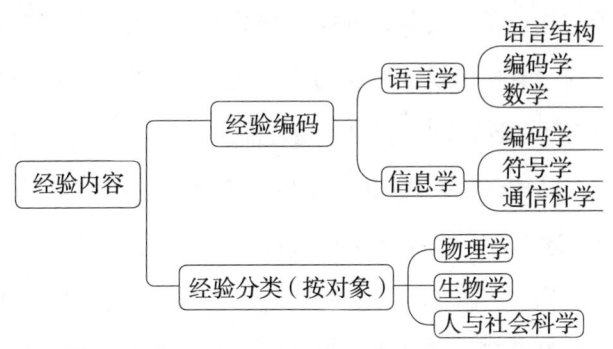

图 3.11　经验内容

注：经验内容，按其表达的对象，可以分为物理知识（物理学）、生物知识（生物学）、人与社会知识（人与社会科学）。而经验又通过符号来进行编码，经验的编码又包括语言学和编码信息的度量科学（信息学）。从这个意义上讲，人类的经验的内容，也是科学发展的内容。

经验的内容，无论个体是自发习得的知识体系，还是系统教育习得的知识，都会驱动人类个体的行为活动。而知识的编码系统的稳定性，使得人类个体或者群体，在社会化活动中表现出稳定性，从而表现出"行为模式"。这构成了我们后续研究经验知识内容的基本主线。

3.3.2　经验结构

从研究哲学而言，任何研究的物质对象，都是由内在的基本物质单元构成，这些基本"独立单元"构成了物质的基本结构。在经验的研究中，我们把经验作为研究对象，探索经验构成的基本结构，也就构成了探索的第一个主题。

从基本方法学而言，物质是任何对象研究的基本问题。同理，对经验而言，经验结构是经验研究的基本问题。

3.3.3 经验结构功能

物质对象的构成单元之间，依据某种关系连接在一起，就可能实现某种功能。依据这一基本公设，经验功能单元之间，也必然存在某种功能关系，依据它们之间的连接性，实现经验功能。功能与结构是连接在一起的，这就需要我们在结构与关系认知的基础上，理解经验结构具有的基本功能。

因此，由上述而言，经验的结构与功能，也就构成了经验研究中的"基本问题"。这也构成了本部分（经验研究）的核心主题之一。根据这一内在逻辑，把已有经验研究的基本假设和知识逻辑联系起来，并确立这一领域研究的"基本数理框架"。

第二部分　精神运动学：经验结构与功能

第4章　经验结构

经验知识，是对我们认知的世界的表征或者表示。认知的对称性，决定了经验知识所表达内容基于物质的对象（包括物理的、生物的、社会的），并使自然世界规则与主观心理变量之间满足对应性。自然世界的因果律通过认知变换，进入主观认知的信息中。

自然世界的规则性，通过物质性载体，转换为进入人脑"事件"的信息，并进入人的精神世界，最终成为人的经验内容。人类个体和群体，通过对未知对象发生的事件的信息的获取，获取客体的"因果律"信息，不断获得新的内容，从而使人类个体和群体对外界的认知扩大，同时使人类个体和群体的知识不断增加。从这个意义上讲，自然界的物质性、规则性是驱动人类经验演化的源源不断的动力和动因。

这提示，在人类经验中，蕴含了由于自然有序的规则性所塑造的"经验规则性"。也就是说，把经验作为一种"存在"，经验本身也就成为一种"客体"。把经验作为客观存在的客体，从一般的方法论角度出发，就会具有自己的"结构"和"功能"。

经验的本质就是关于各类物质对象的"因果律"，在因果律指导下，

数理心理学：人类动力学

从事各类事件。这也是经验作为信息驱动认知系统的根源。因此，它也就成为经验功能之一。因果律我们在前文已经讨论。

在现今的经验体系中，存在两大体系：自然科学知识体系、社会科学知识体系。它们都是人类个体或者群体具有的经验。在事件结构式、认知对称性定律、因果律的基础上，就可以讨论人类知识的结构性问题。它是经验研究的基本问题之一。

4.1 经验结构

根据物质的属性量，在人的知识与经验系统中，需要有对应的心理变量来描述属性量，这就是人的概念和观念，它是人的主观变量。对属性量进行测量，在主观上，才会有在概念的基础上，产生的评价量。从这个逻辑中，我们才可以看到，概念或者观念在认知中起到的关键作用。这需要我们构建和概念建立有关系的数理逻辑。在知觉中，我们已经对人的"概念"和"观念"的数理问题，进行了初步的讨论，这是一个良好的开端。它的本质是对知识和经验的调用。但是，在知觉部分，我们并未对事件的属性和观念之间的关系展开讨论，这需要我们根据对称性，逐步建立对应性。

4.1.1 属性与概念对称关系

事件结构中的第 i 个要素的第 j 个属性记为 p_{ij}，它是不以个体而存在的客观量。在概念中，我们提出了"概念"的定义：概念是"系列事件"（或者某类事件）中，相同要素具有的共同、共通的特征、本质属性。在这里，我们把系列事件（某类事件）称为：事件族（event family）。事件族又可以分为"物理事件族"和"社会事件族"。

在这里，我们进一步把这个概念修正为：概念是"系列事件"（或者

第二部分 精神运动学：经验结构与功能

某类事件）中，相同要素具有的共同、共通的特征、本质属性的主观描述变量。之所以这样强调，而是强调"概念"的主观特性，也就是"概念"是一个"心理量"，记为 c_{ij}。这就意味着，客观属性量和主观概念量之间存在对应关系。由于属性是独立的，我们把第 i 个要素的第 j 个属性，用一个矩阵表示，就可以得到一个属性矢量 $\boldsymbol{P}_i$，则属性矢量可以表示为：

$$P_i = \begin{pmatrix} p_{i1} \\ \vdots \\ p_{ij} \\ \vdots \\ p_{in} \end{pmatrix} \tag{4.1}$$

同样，每个属性量会有一个概念量与之相对应（在已有的经验中）。我们对应的概念，也可以得到一个矢量：

$$C_i = \begin{pmatrix} c_{i1} \\ \vdots \\ c_{ij} \\ \vdots \\ c_{in} \end{pmatrix} \tag{4.2}$$

根据认知的对称性，则两者之间存在一个对称性变换，满足以下关系：

$$\begin{pmatrix} c_{i1} \\ \vdots \\ c_{ij} \\ \vdots \\ c_{in} \end{pmatrix} = \boldsymbol{T} \begin{pmatrix} p_{i1} \\ \vdots \\ p_{ij} \\ \vdots \\ p_{in} \end{pmatrix} \tag{4.3}$$

在人类的经验中，还存在对外在世界不能认知的部分，因此上式是不完备的，由此该矩阵可以修正为：

数理心理学：人类动力学

$$\begin{pmatrix} c_{i1} \\ \vdots \\ c_{ij} \\ \vdots \\ c_{in} \\ \vdots \\ c_{iun} \\ \vdots \end{pmatrix} = \begin{pmatrix} T & \\ & T_{un} \end{pmatrix} \begin{pmatrix} p_{i1} \\ \vdots \\ p_{ij} \\ \vdots \\ p_{in} \\ \vdots \\ p_{iun} \\ \vdots \end{pmatrix} \quad (4.4)$$

其中 p_{iun} 表示我们未知的物质属性，T_{un} 表示未知的矩阵转换，c_{iun} 表示未知的概念和观念。这样，我们就建立了属性和概念之间的逻辑关系。这和认知变换的形式本质相同。通过这个变换，我们就确立了经验概念和外界属性之间的对称关系。

又由于在客观世界中，属性的量值会因不同的客体、不同的事件而发生变化，这就出现了变量。因此，对于具体的事件，上述属性与变量关系，实际上就成为对应的特征值的变换。如果，属性的特征值记为：v_{ij}，那么，对应的概念量特征值记为：v'_{i1}。上述的矩阵就可以表示为：

$$\begin{pmatrix} v'_{i1} \\ \vdots \\ v'_{ij} \\ \vdots \\ v'_{in} \\ \vdots \\ v'_{iun} \\ \vdots \end{pmatrix} = \begin{pmatrix} T & \\ & T_{un} \end{pmatrix} \begin{pmatrix} v_{i1} \\ \vdots \\ v_{ij} \\ \vdots \\ v_{in} \\ \vdots \\ v_{iun} \\ \vdots \end{pmatrix} \quad (4.5)$$

从这个表达式中，我们实际上得到了一个基本的观念。在我们观察到的事件中，我们首先观察到的并不是属性本身，而是属性表现出来的特征值，也就是"现象"。而科学研究的本身，是根据观察到的特征值，去寻找到"现象"背后的属性，以及属性量之间的关联关系。

4.1.2 共通性经验表征：概念

物质的共通性，决定了经验体系中，需要表达这种共通性，共通性表述：属性共通性。它可以是物质的属性的共通性，也可以是运作规则的共通性属性。它是人类经验的一种表述形式，从心物角度看，物质属性是物理量，对应的经验量就是心理量。

4.1.2.1 概念与构型

无论描述性知识还是程序性知识，都会以特定的经验形式表现出来。这种特殊的形式，在思维科学中，给定了特定的术语：概念、规则与定律。在描述性知识的数理定义与程序性知识的数理定义上，我们将更加容易理解思维的特定内容形式：概念、规则和定律。

通常认为，概念是人们反映同类事物共同本质属性的思维形式。它是反映客观事物本质属性的一种抽象，某一概念，就是某一类客体对象、现象本质属性，在经验中反映（陈琦 等，2011）。

概念是"系列事件"中，各个要素具有的共同、共通的本质属性。在这里，我们把系列事件称为：事件族（event family）。

$$E(1)=w_1(1)+i(1)+e(1)+w_2(1)+t(1)+w_3(1)+bt(1)+mt(1)+c_0(1)$$
$$E(i)=w_1(i)+i(i)+e(i)+w_2(i)+t(i)+w_3(i)+bt(i)+mt(i)+c_0(i)$$
$$E(n)=w_1(n)+i(n)+e(n)+w_2(n)+t(n)+w_3(n)+bt(n)+mt(n)+c_0(n)$$
(4.6)

其中，i 表示第 i 个事件，一共有 n 个事件。根据这个式子，概念所指的属性，不是具体指一个事件要素所具有的特征值，而是系列事件要素具有的共同特征。当这个特征，具有了普适性，适用于所有事件，这个概念，也就转换为科学概念。

数理心理学：人类动力学

◎证据与案例

质点概念

在物理学中，"质点"是一个非常重要的概念，它忽视了所有物体的大小、几何形状，都简化为一个"点"来处理，这就是物理学将研究对象简化，并迅速抓住问题的本质（Morse et al., 1953；曹茂盛 等，1994）。这个概念，从本质上讲，是将事件中的"主体"要素进行简化的结果，是自然物理对象中，所有主体都具有的一个属性。抓住了这一属性，物理学问题就能够简化。

◎证据与案例

社会作用力

社会作用力，是社会心理学中一个重要的概念（Rogers, 2011）。在社会交往中的人，通过各种联系，发生相互之间的动力作用，这个动力作用，是一种相互作用效应。把这一效应抽提出来，就是一个"社会力"的概念。这一概念，是处于社会中，发生社会交往的人之间，都具有的一个属性。

4.1.2.2　规则与定律

概念之间是相互联系的，当通过一种关系，建立概念之间的联系，就形成了规则，在科学研究中，就形成了定律或者规律。

◎证据与案例

牛顿力学定律

牛顿提出了三大定律，其中，牛顿第二定律可以表示为：

$$F=ma$$

其中，动力 F 是事件要素中的相互作用，这是一种作用属性。质量是客体的惯性属性，加速度 a 则用来描述质点的运动的属性（常利，1987）。这些概念，通过牛顿第二定律给定的方程式，联系在了一起，并形成了定律（Thomson，1867）。这是一项重要的内容发现。

◎证据与案例

韦伯定律

韦伯定律是心理物理学中一个重要关系式（韦伯著；张旺山译，2013），该关系式可以表述为：

$$\frac{\Delta I}{I}=c$$

其中，I 是一个物理量，当该物理量发生变化时，且恰恰知觉到 ΔI 量时，满足上述关系，c 为常数。这个量，是进入感觉通道的物理事件对应的物理量。它是从所有的同类事件中，抽提出来的一个属性。

4.1.2.3 内涵与外延（概念、规律，都有自己使用的范围）

概念及其之间的关系，构成了事件属性及其规律。由个人通过有限事件，获得的经验，往往都具有一定的局限范围，这时，获得的概念的经验都是有限的，我们称为"生活概念"。而经过大量的、严格检验的、目的以适用"所有同类事物"（普适性）为目标的科学研究的属性，我们则称为"科学概念"。从认知的本质上来讲，它们是相同的。由此，概念所使用的范围，就构成了外延。概念所阐述的属性，称为概念的"内涵"。

4.1.2.4 概念的分类

概念（concept）是人们反映同类事物共同本质属性的思维形式。每个概念都有它的内涵（本质属性）和外延（使用范围）。

$E=$ 主体 $A+$ 相互作用效应 $+$ 主体 $B+$ 时间 $+$ 地点 $+$ 条件

数理心理学：人类动力学

对所有要素的本质所具有的共同特征性进行抽提，也就构成概念。这反映出，人具有一种能力：能在不同的事件之间，抽提事件中最为本质的属性。

在人的知识体系中，概念必然伴生以下概念：

（1）事件对象概念：质点、钢铁、杠杆、车、鸟。

（2）事件对象属性描述概念。

（3）事件作用及描述的概念：我国刑法包括主刑、罚金、剥夺政治权利。

（4）时间概念、观念。

（5）地点概念：我班级的同学，有来自南方的，有来自北方的。

（6）条件概念。

4.1.3 概念关系：规则

把概念关联在一起，就构成了一种"关系"。概念和概念之间的关系，都是一种人造物，或者说是人的精神的主观精神产物。在概念关系上，会存在很多的同义语。自然规律、社会规律等都是概念之间的关系，这是由于知识划分对象不同而造成的。当然，在人的自然形成的概念之间的联系中，并不一定是规律的，我们统称为日常观念，即规律是概念之间科学的连接方式，也是事物相互作用和有关物理现象（或者过程）中，内在必然联系，通常称为定律、定理、原理、方程等。从知识角度讲，规律是概念之间的必然联系。规律是在知道某些事件发生的条件基础上，对事件发生的结果的一种预测。

4.1.4 经验结构

通过上述论述，我们可以得到一个基本的结论，经验知识是有其描述

第二部分 精神运动学：经验结构与功能

的物质对象的。这个物质对象，需要一个普适性的概念，来对它进行描述。例如，物理学的"质点"概念，囊括了宇宙中的所有物质实体。再如，人是描述人类社会中运作的一个物质载体，囊括了具有精神意义的"人"这一群体。这样，我们就会找到对应的知识要表述的"客体"概念。客体和客体发生相互作用，就构成了事件，这时的事件，是涵盖所有"对象"的事件表述式，这时的事件，我们称为"概念事件"。它包含了所有囊括在"概念对象"中的"客体"。

$$E=C_{object}(A)+\text{Interaction}+C_{object}(B)+\text{effect}+\text{Where}+\text{Time}+\text{Condition}+bt+mt \tag{4.7}$$

这里的 C_{object} 表示用概念描述的客体。对于物理事件，最后两项不存在；对于社会事件，则保留。这个事件的表达式，我们称为"概念事件"。

为了描述概念事件，我们需要建立一系列的概念，来表征概念事件中蕴含的规则，也就是规律性。从结构上讲，就是建立概念之间的关系，如图4.1所示。也就是说，对于经验来讲，概念是经验构成的基本要素。它们之间的关系，则构成了规律。这就是经验的基本结构。换句话说，概念之间的数理关系，构成了基本规则和规律。概念和规则（规律与自我规则），使得经验具有预测特性。由此，也就使得人具有了认知的功能特性。

这就暴露了一个基本的事实，对于经验内容来讲，概念是经验知识的要素，概念之间的关系，就构成了概念之间的关系规则。两者共同形成了知识结构。从这个意义上讲，作为人的精神产物的经验知识，也是"客观存在的对象"。

数理心理学：人类动力学

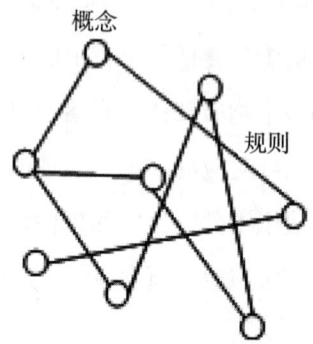

图 4.1　经验基本结构

概念之间的规则，分为两种形式：一种是人类个体依据个体生活过程中，积累起来的经验知识；一类是在科学研究中，经过大量事实积累起来的人类知识。这两者既相互区别，又存在联系，有时在某种程度上等价。在当今社会，通过科学研究形成的知识体系，越来越专业化和职业化，通过专业化的教育获取这一体系，已经成为人类个体获取知识的主要途径。

◎证据与案例

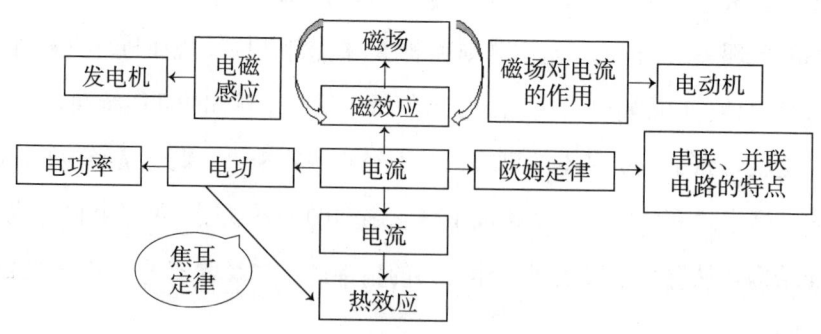

图 4.2　物理学中电学的知识图谱

注：不同的电学名词概念构成了图谱中基本结构要素，这些箭头反映了概念与概念之间的关系。根据图谱，能够很清晰对知识点进行知识、记忆和预测。

4.1.5 经验功能属性

在外界信号转换为心理信号的"对称性变换"中，我们讨论了一个基本事实：物理世界的事件经感知觉加工后，转换成心理事件，外界事件的因果性也就转换成心理事件的因果性，因果律保持不变，从而我们的大脑能够认知外界事件。也就是由物质决定心理的"唯物论"是正确的，它已经不是一个哲学的信仰，而变成了一个数学可以证明的必然结论，即物质决定了心理并塑造了心理。

自文艺复兴以来，或者包含更长时间的自然科学发展的历史，已经揭示了一个普遍性事实：物质世界具有共通性属性，且满足普适性的物质规律。而社会科学的局部领域或者大多数领域，也在不断地揭示社会科学具有的共通性及其运作规律。这些共通性，必然通过物质性，塑造人类的经验，并在经验中表现出来。描述性经验知识和程序性经验知识，是这类经验的典型代表。

4.1.5.1 经验属性：描述性知识

经验首先要满足对事件表达的需要，即当事件进入人的精神世界中，需要经过经验的驱动，识别这些事件。也就是提出事件的结构要素并合成事件。在事件中，每个结构要素，都具有自己的属性。只有把这些属性表示出来，才能识别出这些要素。例如，事件客体的大小、形状等。这意味着：在人的经验系统，必须具有描述"事件要素"的经验体系，这类经验知识被称为"描述性知识"。

4.1.5.1.1 描述性知识数理定义

描述性知识（declarative knowledge）亦称"事实性知识"，是指作为事实回忆之基础的知识，包括各种事实，提供有关认知对象是什么、具有什么特征的静态信息。其主要反映事物的性质、内容、状态和事物变化发展的原因（彭聃龄，1988）。由此，我们可以得到"描述性知识"的数理定义：描述性知识是事件结构要素属性的集合。

4.1.5.1.2 描述性知识数理表述

我们可以根据事件结构式，把描述性经验定义为：经验是（自然、社会、生物、精神）事件构成的各个要素属性描述、运作规则的集合。

由于每个事件要素，具有多个属性，因此，事件的属性的本质，是属性的集合。即：

$$P_i = \{p_{ij} | i=1, \cdots, n; j=1, \cdots, m\} \quad (4.8)$$

如果把 P_i 作为一个要素，那么，根据事件结构式，我们就又可以得到一个关于属性 P_i 的集合。这个集合是对事件的要素的属性的描述，我们把这个集合记为：

$$E(e) = \{P_i | i=1, 2, \cdots, n\} \quad (4.9)$$

e 是英文词"经验"的缩写（experience），在有人的参与中，又可以增加目的的要素集，n 表示事件要素的个数。

例如，"红色"是对物质客体的可视化属性的描述。红色是一个描述量。它是我们提取到的客体具有的一类属性，也就成为我们的一类经验。此外还有"大小""质量"等。在社会科学中，我们把"人"作为事件的客体，对他人形成的"刻板印象""功能固着"等都是对属性的描述。也就是说，上述定义的事件要素属性集，是适合于自然科学与社会科学的"描述性"知识的数理表述。

4.1.5.1.3 描述性知识功能

描述性知识是人类知识的一种，从事件的结构来看，它的基本功能，是对事件构成要素具有的属性进行刻画。从数理角度讲，是对构成事件的要素属性的变量进行度量。例如，我们看到的红色，是一个变量，但是，

第二部分 精神运动学：经验结构与功能

不同的物体，红的程度并不相同。人的视觉可以有效区分这种差异性，并通过经验表现出来，从而达到人类对事件的认知。这就暗示了描述性知识的基本功能：是人类个体和群体对事件要素属性的功能性刻画，是人类个体或者群体对事件认知的一部分。

4.1.5.2 经验属性：程序性知识

各类运行的事件，前后之间，或者并发之间，发生着关联性，从而形成事件的时间序列。例如，到医院看病，由一系列事件来构成：

（1）选择门诊。

（2）挂号。

（3）就诊。

（4）检查。

（5）复查。

（6）拿药。

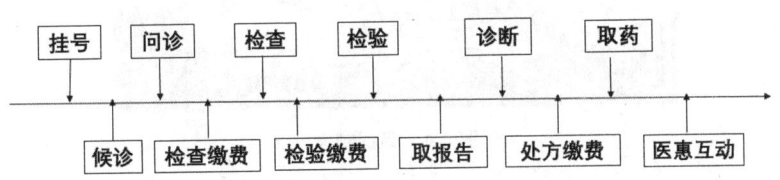

图 4.3　去医院看病的详细流程图

注：每一个环节都是一种程序性知识，都是关于怎么做的知识，整体的环节也是一种程序性知识。

在稳定的社会场景中，某类问题解决的程序性知识，尤为常见（彭聃龄，1988）。人类社会个体，在适应社会生存中，不断积累这类程序性知识，并形成了门类，包括：

（1）居身型程序性知识。这类知识主要满足自身的生活需要。例如，做某种饭菜的配料与加工程序、穿衣服的流程、做卫生的流程等。这些知识构成了我们的日常行为习惯。

（2）工作型程序性知识。这类知识主要满足我们的工作需要，是工作技能的一部分。掌握这门知识的人，也被称为技术工人，或者工程师。

（3）出行知识。任何人类个体，都需要出行。在出行过程中，可以依赖步行、交通工具等的掌握。例如，驾驶技术，是一门在各种交通情况下，操作交通工具的程序性知识。

（4）社交型程序知识。在我们生活的社会中，人类群体之间、个体之间，都在发生着各种各样的交往性行为。在这些交往性行为中，遵循着各种由文化带来的礼仪制度、宗法制度、社会制度、道德制度规定的行为事件的程序，就构成了社交性程序知识。

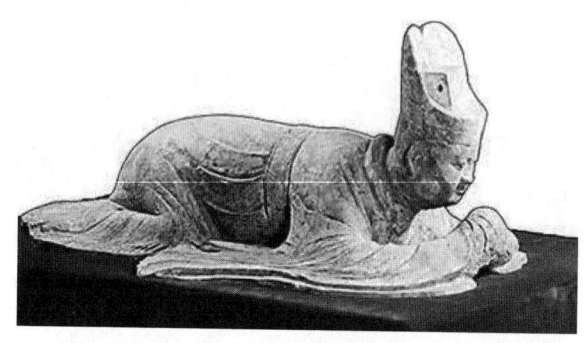

图4.4 跪拜制度

注：跪拜礼是古代的一种交际礼仪。古人认为，不跪不叫拜。拜，在古代就是行敬礼的意思。后来沿袭为一种等级制度，民国时期废除，多以握手称好代替（李为香，2014）。

在一定时期内，生活的物理环境的稳定性、社会稳定性，会使得程序性知识具有稳定性。而成为人类活动的一项基本经验。随着社会的发展，有些程序性知识，又消失在人类发展的历史中。因此，程序性知识是人类群体或者个体，掌握的一项基本技能。在现代生活中，很多自动化的系统，都精巧地利用程序性知识，来作为应答系统。例如，我们的信用卡系统，一旦遇到了问题，在拨通这些应答系统时，系统会按顺序列出你遇到的问题，并给出解决的方案。这个方案，就是程序性知识。成熟性的企业，在客服中，往往都搭建了这样的系统。

4.1.5.2.1 程序性知识数理定义

程序性知识功能，给我们树立了一个最为基本的含义：它是在某类场景下，具有的一类事件及其时间序列的规定。这也暴露了它的基本本质：程序性知识是系列事件的规定。我们设定某一场景，或者程序性事件发生的条件，统一记为 s，显然，条件是事件发生的前提的规定。在这一条件下发生的事件，我们记为 $E(t)_i$，其中，t 代表时间，i 代表在同一时刻发生的并行事件的编码，$i=1, 2, \cdots, n$，n 为整数。则某一程序性知识 p_e 可以用集合的方式，表示为：

$$p_e=\{E(t)_i \mid i=1, 2, \cdots, n\} \qquad (4.10)$$

在每个人生活的社会场景中，都面临了重复场景，且我们又往往面临"相通"的场景。这就使得处理相通的场景，可以采用类似的处理方案，这就构成了相通性的处理方案。这也是人类知识的相通性的来源。在现实中，我们面临的场景，可能不是一个单纯的社会场景，就需要我们启动多类程序性知识，这类程序性知识，我们称为"复合程序性知识"，它是一系列程序知识构成的集合。把 p_e 进行编号，记为 p_{ej}，则得到 p_{ej} 的集合 P_e。

$$P_e=\{p_{ej} \mid j=1, 2, \cdots, k\} \qquad (4.11)$$

其中，k 为整数。

4.1.5.2.2 程序性知识功能

在稳定的社会场景中，我们面临着同一类问题，这些问题情景随处可见。解决这些场景中的问题，是由一系列事件和逻辑上关联的事件构成的，关于这些事件的知识体系，就构成了程序性的知识。稳定的社会场景，在我们稳定的生活中随处可见。从认知角度出发，具有以下功能：高效处理问题场景。当形成稳定的程序性知识时，一旦面临的场景重复出现，就可以重复启动这一程序性知识，将提高人处理问题的加工效率，而不需要每次都要组织处理信息。

4.1.6 经验分类

围绕"物质"对象，建立不同经验结构体系，就形成了不同知识门类。以知识发展为目标，已经构成了当代人类活动的主要部分。当我们建立人类经验与知识门类时，我们需要对这一门类进行划分，在科学上，已经形成了自己的一套标准，包括现象学与动力学。在自然科学和社会科学中，都存在各自的现象学和动力学，如心理动力学、社会动力学。

4.1.6.1 现象学

经验表征，总是有对应的物质"对象"。物质对象在相互作用中，一直处于运动状态，所表现出来的现象，需要对应的概念进行描述，这类概念和概念之间的联系，就构成了对"现象"描述的经验知识体系。这一知识体系，我们称为现象学。

例如，在物理学的运动学中，我们建立了"速度 v、加速度 a、位移 s、时间 t"这些概念，它们之间的关系，可以用运动学方程联系起来。在匀加速直线运动中，它们之间的关系是 $s=\frac{1}{2}at^2$。

4.1.6.2 动力学

物质对象所表现出的运动现象，其背后都有其支配的原因，这些因素，就构成了一些基本观念，也就是概念。把这些概念关联在一起，就构成了动力关系，也就是动力学。例如，在物理学中，影响物体运动状态改变的原因包括物体质量 m，外界物体对该物体的作用力 F，运动状态改变和两者之间的关系是：$F=ma$。这就是在自然科学中存在的基本动力学关系。

4.2 经验结构度量

概念是经验知识的基本要素，规则是概念之间的基本关系，两者构成了经验内容知识结构。而概念又具有共通性的属性，这提示，对经验的刻画与描述，也就是对共通性属性的描述。揭示这一性质，就是对经验本身的揭示。

从数理科学讲，我们对客体属性的理解，就是对其共同性质的理解。对于经验知识而言，共通性就是其基本属性。因此，如果对经验进行度量，也就是要对"共通性"属性进行度量。这是把经验进行数理突破的基点。这也暗示了在经验体系的内部，蕴含了经验度量的某种量度。这需要我们从经验获取的规则中，寻找人类经验属性的基本量度。这构成了本节的主题。

4.2.1 属性经验表示——概念

任何经验知识，都有其表征的对象，例如，物理对象、生物对象、人等。当确定了对象之后，就要对对象的现象学、动力学进行构造，这时，就需要对应的概念和概念关系，形成描述的体系。概念是这一知识体系的要素，且概念具有共通性。这个共通性是由描述对象的共通性来决定的。而概念是满足某种属性的所有客体形成的共通性属性。由此，我们可以通过集合论的方式，来讨论概念。

物质意义的客体，会有很多属性，把某种属性，用一个概念来表示，记为 C_i，其中 i 表示第 i 个属性。具有这个属性的客体记为 O_j, $j=1,\cdots,n$。

则 C_i 是一个集合，记为：

$$C_i=\{O_j|\ j=1,\ \cdots,\ n\} \tag{4.12}$$

也就是说，C_i 是所有客体 O_j 具有的共通性属性。满足这一类属性的客体，在客观上构成了一个集合，也就是一个"类"。类的范围越大，也就是满足这一属性的客体越多，这一概念的普适性也就越广，如图 4.5 所示。

事实上，在现实社会中，任意一个物质意义的客体 O_k，往往具有多个属性。也就是说，这一客体，是不同的概念集合中的元素。那么，这一客体 O_k，也就是多个概念集合的交集，如图 4.6 所示。在这种情况下，写成数学表述式为：

$$O_k=C_1\cap C_2\cdots\cap C_i\cdots\cap C_n \tag{4.13}$$

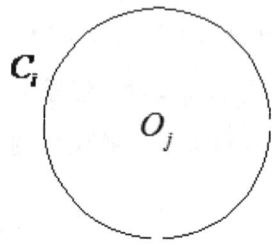

图 4.5　概念集合

注：满足某一属性 C_i 的客体 O_j，形成一个集合，这个集合我们称为概念集合或者概念。

而反过来，客观描述某一客体 O_k，需要从 $C_1\cdots C_n$ 构成的完备集合，如果缺省任何一个完备集合，都不能完整描述客体。为此，我们把描述客体的概念集，称为客体的构型（configuration），或者图式（schema），记为：

$$O_k=(C_1\ \cdots\ C_i\ \cdots\ C_n) \tag{4.14}$$

第二部分 精神运动学：经验结构与功能

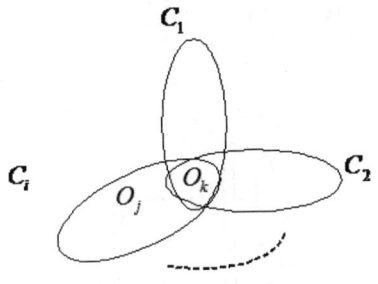

图 4.6 客体属性集合

注：在现实中的某个客体，往往具有多个属性，这一客体也就属于不同的概念集合。客体和不同的概念集合之间，也就构成了交集关系。

4.2.2 概念度量：类

概念是对物质属性的描述，并构成了一个数学集。这个数学集中的所有元素，实际上就是具有共通性属性的"类"，这个类就是对应的概念。这意味着，任何一个"概念"，都有其适用的范围，这个概念的范围就是用"类"来度量。这意味着以概念、规律或者规则的形式表现出来的人类知识，也可以用"类"来度量，或者用范围来度量。

如图 4.7 所示，$e_1 \cdots e_n$ 表示一类事件及其要素，它们具有的属性，用 $E(e_1)$ 来表示，则 $E(e_1)$ 可以表示为：

$$E(e_1) = \{ \text{事件要素} | \{ \text{属性集} \} \} \quad (4.15)$$

那么，事件 e_n 所表示的范围，就是该经验知识，所适用的范围，掌握了这一知识，就具有了处理这一范围内事件的能力。知识发现，或者提取出来的"类"，就是该经验知识适用的范围。从这个意义上来看，在人类经验中，"类"的本质是经验范围度量的一个基本量。

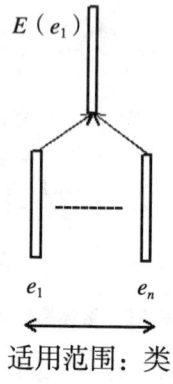

图 4.7　经验范围：类

关于类的概念，在科学研究中，也经常适用这一概念（Sokolov，2010）。例如，自然科学和社会科学，就是一个种类的划分。物理、化学、生物等，是自然科学中，对"对象"划分的一个亚类概念。对应的社会科学中，语言学、心理学、艺术等，也是一种亚类概念。总之，类是度量知识适用范围的一个基本量。

4.2.3　经验结构度量：独立性和完备性

不同经验知识，总是使用一定的范围，它的度量就是"类"。把不同的种类知识，在更高级别的类，进行合并，并发现更高层级的知识体系。依次类推，知识的类之间，就构成了知识体系，并形成结构，如图4.8所示。

例如，在物理学统一之前，在物理学的各个领域，人类发现了独立的知识体系。这是一种"门类"知识。天文学、几何学、运动学都属于某个具体门类。但是，当牛顿确立了牛顿定律体系后，这些独立门类的知识，就被合并为更高门类的形态知识。也就是说，不同门类的知识，经过某种逻辑，联系在一起，就构成了知识体系和结构。

类的知识体系的贯通，构成了知识结构体系。类的扩大，意味着知识体系的扩张，也意味着知识的系统性和结构性的产生。知识的结构（或者

第二部分 精神运动学：经验结构与功能

经验结构）的完备性，就构成了经验度量的另外一种量度。

例如，我们人类个体可以掌握很多种类的经验知识，如果没有形成深度的知识结构体系，并不意味着我们有系统性的知识。这时，个体的知识面可以很宽，但是不深入，也就是博而不专。同样，我们具有某一门类的知识，可以做到专而不博。这提示：度量经验的结构性中，对应的两个心理学度量量是专与博。

我们把某类知识所在的类，用一个集合来表示，在这个集合中，包含亚类知识。因此，任何一个类，我们表示为：C_{ij}。其中，i 表示类所在的层级，j 表示同层次中的类，如图 4.8 所示。则不同的种类之间存在以下几种集合关系：包含、大于、小于或等于。这样，我们通过类，就可以度量人的经验丰富程度。

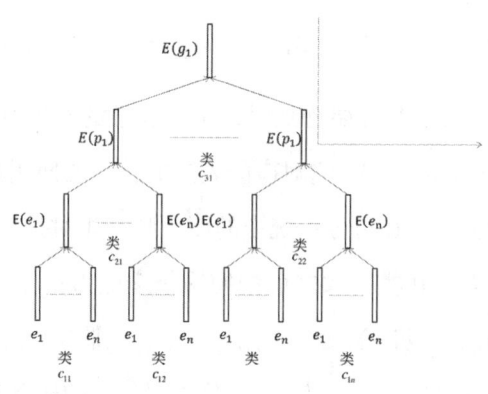

图 4.8 经验结构

注：不同的层级意味着"事件"的共同性属性的不同。不同的层级的共同性也不同。这也意味着，在不同的层级的经验也是不同的。

从上述论述中，我们可以得到一个基本的概念，任何一个上一层级的概念 $C_{i+1, j}$ 是由下一级概念的集合 $C_{i, j}$ 来构成的。而要形成一个完整的概念集合 $C_{i+1, j}$，就需要包含所有 $C_{i, j}$，即要求 $C_{i, j}$ 必须是完备的。它们之间的集合关系满足：

$$c_{i+1,j}=\{c_{i,j}|\ i=1,2,\cdots,m;\ j=1,2,\cdots,n\} \quad (4.16)$$

这时，我们称 $c_{i,j}$ 为子概念。即在同一个层次中，这个集合必须穷尽所有元素。完备与否是度量某个概念的标准。也就是说，在对经验的任意层级的一个概念进行度量的时候，就是要考虑子概念是否穷尽了所有子概念元素。对于任何一个子概念，它们之间又是独立的，即具有独立性。

4.2.4 熵易原理

"类"意味着，事件结构属性的共通性，或者在概念描述上也具有了共通性。概念又往往通过对应的符号来进行表达。我们把任何一个概念对应的符号记为 $S_{bi,j}$。它会形成一个符号集合。我们把这个符号集合记为：S_b。

$$S_b=\{S_{bi,j}|\ i=1,2,\cdots,m;\ j=1,2,\cdots,n\} \quad (4.17)$$

当"一个类"的子类开始增加时，由于属性的共通性，这时，共通性的概念 $c_{i,j}$ 的使用范围将扩大。它对应的表达的符号的使用范畴也就会变大。这就意味着，符号 $S_{bi,j}$ 在符号系统中的使用频率相对扩大之前的使用频率将增加。我们把 $S_{bi,j}$ 在类扩大之前的使用频率记为：f_{before}，符号范围扩大后的频率记为：f_{after}。这时满足：：$f_{after} > f_{before}$。那么，这个符号对应的信息量将满足：$S_{after} < S_{before}$（S_{after} 与 S_{before} 分别表示类的概念扩大前和扩大后，概念对应的信息量）。这个原理，我们称为"熵易原理"。

熵易原理意味着，一个类的概念在扩大使用后，由于符号使用的频率的增加，符号携带的信息量开始下降，这时，我们对新领域的知识的理解，也就变得更加容易。这种现象在"类别"现象中经常发现。

第二部分　精神运动学：经验结构与功能

第 5 章　经验功能：因果律

在我们所生活的自然物质世界和社会世界中，每一时刻都发生着各种"事件"。事件既是物质世界（自然的或者社会的）客体相互作用的显现形式，同时，事件又作为客观性的信息，输入人脑（心理学称为刺激），之后，被人的知识和经验进行表达，而成为人的主观性的认知物和精神存在物。作为信息的"事件"是人类客观世界（物理世界、社会世界）与主观世界的连接性物质载体。

物理事件、精神事件代表了人类知识来源的两个最为根本的方向。前者称为自然科学知识，后者称为社会科学知识。人类个体和群体对这两类知识的获取和理解之后，内化为个体的经验知识，从而驱动个体的社会性行为。

这就在客观上需要，建立自然科学知识结构、社会科学知识结构和思维逻辑之间的功能关系。这样，"经验知识"的精神功能性也就具备了。

事件结构式，为我们提供了一个普适意义上的事件的统一表达式。我们人脑获取信息的统一化表达，也是从这一基本结构实现信息的统一性编码。自然世界、社会世界关于客体事件的属性的信息，也就通过这一统一

性的结构,被调制进入人脑的信息系统。人类对世界的认知的经验也就从这一统一的结构式中获得。这在前文的认知对称性中已经进行了回答。

事件结构式既表达了事件发生的构成要素,也提示了另外一种基本逻辑关系:结构式中的各个要素,实际也是事件发生的条件。只有事件条件达到完备时,事件的发生和重复性也就成为一种必然,这时,事件发生的"必然性"也就被显现了出来,必然性也就是因果性。这时,我们会惊奇地发现,我们所熟悉的一个"俗语":因果,有可能因为事件结构式的发现,成为一种数理表达。而这一表达式,将涵盖自然科学与社会科学,而成为科学律的一部分(科学律也即科学规则应该满足的定律)。

经验知识的本质,就是建立事件发生的条件和结果之间的因果关联,它构成了科学的基本逻辑,也构成了思维的基本逻辑。这样,因果律的形式和存在就成为"思维"的一种最为基本的形式,它的形式本身就构成了知识体系的内在逻辑。

同时,因果律的数理表达,将把一条抽象的哲学信仰,转变为一种普世意义的数理表达。这是一条哲学定律。它不仅存在于自然科学的信仰中,也存在于社会科学的某些信仰体系中,并实现科学、宗教、文化等多个领域的跨越。而从数理性上,来揭示这一哲学意义的定律,这将是令人极度好奇且兴奋不已的。我们将在这一章,阐述事件的因果律的数理表达。

5.1　事件发生条件

在我们生存的世界中,我们需要面临形形色色的事件,例如,自然物理事件、生物事件、社会事件等。在纷繁鲜活的各类事件中,人类个体既置身于这些事件当中,又是事件的观察者,甚至是事件操纵者。无论事件处于什么状态,或者人类个体在事件中扮演什么角色,一个有趣的问题就是:事件到底基于什么来发生?是什么原因,即便是同样的事件,也会表现出纷繁的多元性和多样性？

这些问题，趋于一致性地指向事件发生的条件。这就在客观上要求：在数理上，找到事件发生条件的数理定义和表达，为我们了解和建立"事件条件"和"事件结果"之间的关系，奠定基础。

5.1.1 事 件

如何定义事件条件，这需要我们回顾事件结构式。在数理心理学中，事件的结构式表示为：

$$E_{phy}=w_1+w_2+i+e+t+w_3+c_0$$
$$E_{psy}=w_1+w_2+i+e+t+w_3+bt+mt+c_0$$

（5.1）

其中，w_1 和 w_2 表示客体，i 表示客体之间的相互作用，e 表示相互作用效应或者事件发生的结果，t 表示作用的时间，w_3 表示相互作用的地点，bt 表示行为动机，mt 表示内在动机，c_0 表示相互作用发生时，上述各个要素的初始值，具体地讲，就是 w_1、w_2、i、e、t、w_3 的初始值。

第一个表达式，是物理事件的表达式，对于自然界中任何存在的物质客体，都具有物质属性，作为物质属性的客体之间，可以发生相互作用，就构成了物理事件。

例如：两个物体 w_1 和 w_2，初速度分别为 v_1 和 v_2，相向发生运动，会发生物理碰撞，这一过程，就构成了一个标准的物理事件（如图5.1所示）。

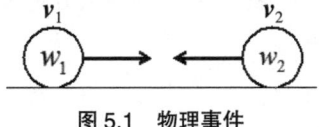

图 5.1 物理事件

注：两个客体 w_1 和 w_2 发生碰撞，通过直接接触，发生相互作用，构成了一个物理事件。

在物理学中，w_1 和 w_2 代表了事件结构式中的两个客体，碰撞时发生的力学的碰撞效应，其中 v_1 和 v_2 就构成了事件发生的初始条件。在碰撞的前后发生的事件和规则，可以用物理的方法学，对这一事件进行前后结果的预测。

第二个事件，则构成了社会事件，或者称为心理事件。在这个表达式中，w_1 和 w_2 至少有一个是具有精神意义的客体，如人或者动物。

当具有精神意义的客体作为事件要素时，精神意义的客体总是基于一定的社会目的去执行某种事件。这时人的动机性就表现为内在动机和外部动机。每个客体都会具有各自的初始条件，例如，人的性格、能力、掌握的资源条件等。它的构成要素，就满足社会事件的表达式。例如（图 5.2），男女之间的恋爱关系，是男性个体和女性个体之间发生的相互作用。恋爱中的男女为获取对方的信任，并形成恋爱关系，构成了社会交往的动机。他们发生的相互作用，其性质，也就是"恋爱关系"。

图 5.2 人际交往

注：恋爱中的男性和女性，择偶就构成了他们之间相互的心理动机，并通过行为的方式表现出来，也就是行为动机。两者之间的人力资源，也就构成了他们各自的个体社会属性的初始条件。

5.1.2 事件条件

事件结构式，把事件发生过程中，事件包含的独立要素都表达了出来。这些要素构成了一个完备集。根据事件的两类划分，第一类事件（物理事件）

第二部分 精神运动学：经验结构与功能

的完备集合，表示如下：

$$\{w_1, w_2, t, w_3, c_0\}_{phy} \tag{5.2}$$

第二类事件的完备集合，为社会事件，它的完备集合表示为：

$$\{w_1, w_2, t, w_3, bt, mt, c_0\}_{psy} \tag{5.3}$$

在某一时间区间（用 t 表示）、地点范围内（用 w_3 来表示），客体 w_1 和 w_2 通过相互作用 i，诱发某种效应 e（也就是事件结果）。

在人类个体和群体生活中，人们都试图揭示的规则是：事件发生的结果 e 是如何被诱发的？并满足什么样的规则？从数理上讲，就是事件包含的各个要素与 e 之间的逻辑关系是什么？我们首先以物理事件为例，来讨论这个关系。我们用以下关系式来表达：

$$\left.\begin{array}{c}w_1\\w_2\\t\\w_3\\c_0\end{array}\right\} \to \boxed{\text{system}}_{phy} \to e \tag{5.4}$$

w_1 和 w_2 是两个客体，客体所在的物质系统和客体之间构成了一个系统。客体之间发生相互作用，并满足一定的规则，这个规则就是系统内部运作的自然规律，我们把这个系统及其规则统一用 $\boxed{\text{system}}_{phy}$ 来表示。在这一运作规则下，客体相互作用，产生了效应 e（也就是结果）。或者更确切地讲，$\boxed{\text{system}}_{phy}$ 就是相互作用的规则。因此，我们把这一关系表示为：

$$\boxed{\text{system}}_{phy} = i \tag{5.5}$$

因此，上式的关系就可以改写为：

数理心理学：人类动力学

$$\left.\begin{array}{c}w_1\\w_2\\t\\w_3\\c_0\end{array}\right\} \to i \to e \quad\quad\quad (5.6)$$

在物理学中，系统中客体与客体之间发生的相互作用，被称为"力"，因此，上述的机制，相互作用的机制也就是力学机制。在物理学中，关于在不同相互作用中，产生的力学机制，有清晰的论述，我们就不展开讨论。在这一逻辑下，w_1、w_2、t、w_3、c_0 就构成了物理事件发生的条件。在任意一个物理事件中，这些事件发生的条件必不可少。这时，这些条件和系统发生的相互作用的力学规则，就构成了事件发生的"因"，e 就是事件发生的"果"。

为了便于理解，我们用一个物理案例，来说明物理系统中的上述逻辑关系，如图 5.3 所示。飞机投弹是一个物理性事件。作为一个"事件"，我们可以选择在地面进行观察，也可以选择在飞机上进行观察。这时，事件发生的时间我们分别记为 t_g 和 t_p，观察的位置为 w_g 和 w_p。飞机投弹后的事件的结果是：炸弹、地球引力发生相互作用的结果。如果我们从地面观察投弹的事实，在不考虑空气阻力的情况下，观察到的结果 e 是：炮弹做抛体曲线运动。如果在飞机上观察，则观察到的效果 e 是：炮弹在飞机的正下方垂直下落。

在这个案例中，事件的两个客体 w_1、w_2 分别是炸弹、地球。相互作用 i 就是引力作用，事件发生的观察点 w_3 分别是地面观察点 w_g 和飞机观察点 w_p。产生的结果的效应 e 分别是抛物线和垂直直线。

在相互作用中，地球和炮弹构成了一个相互作用的力学系统。这个系统满足的作用规则是 $F=mg$，也就是牛顿力学规则。

第二部分 精神运动学：经验结构与功能

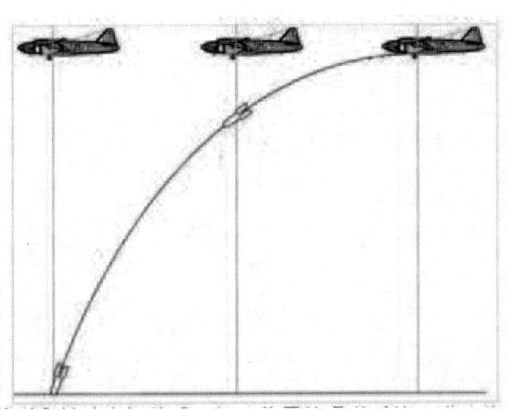

图 5.3 炸弹和地球之间构成了相互作用的力学系统，满足物理学力学关系

在这个过程中，w_1、w_2、i、t、w_3、c_0（包括炸弹释放时的初速度、释放的初始位置、释放时的初始高度），构成了观察到的事件发生的条件，而地球和炮弹之间满足的牛顿力学的物理学规律，则是发生这一事件时的客体（炮弹、地球、飞机）所在物质系统的作用的规则 $\boxed{\text{system}}_{phy}$。

同样，对于有人参与的社会事件，上述关系同样满足。我们把社会事件中发生的因果关系表示如下：

$$\left.\begin{array}{c} w_1 \\ w_2 \\ t \\ w_3 \\ bt \\ mt \\ c_0 \end{array}\right\} \rightarrow \boxed{\text{system}}_{psy} \rightarrow e \qquad (5.7)$$

在这里，w_1、w_2、t、w_3、bt、mt、c_0 是有人参与的社会事件的发生条件。社会事件发生的条件、社会系统及其运作规则记为：$\boxed{\text{system}}_{psy}$。事件发生的系统运作规则，也就是客体与客体之间发生的相互作用规则，因此，我们把这一社会相互作用规则记为：

$$\boxed{\text{system}}_{psy} = i \qquad (5.8)$$

上述的逻辑关系就可以重新表述为：

$$\left.\begin{array}{c} w_1 \\ w_2 \\ t \\ w_3 \\ bt \\ mt \\ c_0 \end{array}\right\} \to i \to e \qquad (5.9)$$

这时，社会事件发生的条件和社会系统发生的规则，就构成了社会事件发生的"因"，社会事件发生的效应 e 就构成了社会事件发生的果。

例如，在现代和古代的婚姻制度中，是对人进入家庭关系时，男性和女性的相互作用关系的一种约定。在现代社会中，由于公平关系，男女直接约定"一夫一妻"作为一个社会的法律制度。而在古代，则存在"一夫多妻"制度。这是人作为客体时，所在的社会系统存在的相互作用规则 $\boxed{system}_{psy}$。在不同的社会规则作用下，产生的人与人之间的作用结果 e 分别是："一夫一妻"和"一夫多妻"现象。它也构成了不同社会下人类个体追求的不同的行为动机和内部动机。

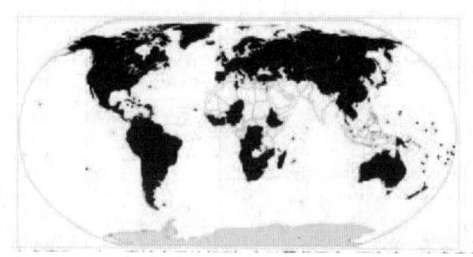

图5.4 一夫多妻和一夫一妻社会系统规则

注：在世界范围内，还存在一夫多妻的规则。这种制度一旦被所生活区域的人群认可，就成为人的个体的一种知识经验，驱动人的婚姻性行为，从而成为行为模式的根本原因。一夫多妻制也就成为一种社会系统的规则。当男性和女性婚姻条件成熟时，驱动婚配行为结果（一夫一妻或者一夫多妻）出现的系统的规则原因因素。

第二部分　精神运动学：经验结构与功能

综上所述，当我们看上述推导过程时，可以清楚地看到一个令我们惊讶的结果，无论社会事件，还是自然物理事件，任何一类事件发生的条件，都被清晰地定义了出来。条件和事件发生的系统的运作规则，共同构成了事件发生的结构的因，因果性也就通过数理的形式体现了出来。这为我们讨论科学的因果律提供了基础。这样，我们把物理事件、社会事件发生的条件，统一记为：

$$C_{phy}=（w_1, w_2, t, w_3, c_0）$$
$$C_{psy}=（w_1, w_2, t, w_3, bt, mt, c_0）$$
（5.10）

C_{phy} 表示物理事件发生的条件，$C_{psy}=（w_1, w_2, t, w_3, bt, mt, c_0）$ 表示社会事件发生的条件。

5.2　系统规律

当我们具备了某种事件发生的条件时，事件就会在既定条件下开始演化，不同的条件导致不同的演化结果。这是物理事件或者社会事件都要满足的规则。事件的条件是事件演化的一个前提。而事件发生的客体，都处于一定的物质系统中：物质系统、生物系统、社会系统。客体所在的物质系统，具有自己的运作的基本规则，也就是规律。

不同性质的事件，因客体的不同，属于不同的物质系统，并按照不同的物质系统的规则进行运作。运作的规则，也就构成了规律。通俗地讲，物质系统的规则包含物理学规律、生物学规律、社会与心理学规律。

从这一角度来看，人类的经验知识也就是：人类所认知到的物理学规律、生物学规律、社会与心理学规律。

因此，由客体相互作用诱发的"事件"的时间演化过程，又由所在系统的规则和规律进行支配，成为支配事件演化的内在机制。寻找物理系统、生物系统、社会系统的规则或者规律，也就成为整个人类科学发展追求的终极目标之一，它也构成了人类社会不断发展中的一个内在动机。这些知识体系，内化为个体的知识体系之后，也就成为驱动人类个体和群体进行社会活动的内因，因此，认知事件发生的系统规则在事件中的角色也就尤为重要。

5.2.1 系　统

任何事件发生的物质客体，都具有其所存在的物质环境和系统（物理系统、生物系统、社会系统）。在每个物质系统中，客体之间发生相互作用，受所在系统的物质作用所支配，物质作用遵循的规则性，也就构成了规律，并通过客体的相互作用事件的现象表现出来。系统就构成了一个基本性概念。在我们通常生活的物理系统、生物系统与社会系统，可以观察到这种现象。

在物理学中，一个自由落体的小球和地球之间，就构成了一个物质系统。在这个系统中，地球对小球产生吸引作用，也就是地球引力。引力是地球和小球两个客体之间的相互作用。这是物理系统具有的规则：万有引力引起的相互作用规则。

在物理学中，常见的物质作用方式包括引力作用、电磁作用、分子作用形式等。每个形式作用下，都具有各自系统作用的基本规则。例如，在引力作用体系中，满足牛顿三大定律；在电磁作用下，满足电磁作用的定律，也就是麦克斯韦方程组；在分子作用下，满足量子力学的狄拉克方程等。

任意给定客体在上述系统中发生的条件，就可以利用上述的作用定律进行演算，这就是系统的作用的规则。

同样，在人际交往的社会中，同样存在社会性的系统。在人类发展的不同阶段，社会系统具有不同的物质形态，依次划分为五个发展阶段：狩猎社会（社会1.0）、农业社会（社会2.0）、工业社会（社会3.0）、信息社会（社会4.0）、大数据和人工智能社会（社会5.0）（Salgues，2018）。

在人类发展的最早期阶段，社会发展相对落后。通过狩猎方式，俘获动物是人类活动的一项重要内容，这个时期人类的知识技术主要是狩猎的知识和技术，这构成了基本的社会物质生产方式，与之相适应，发展了社会的分配、管理制度，也就是狩猎社会的系统，也就是社会1.0系统。

随着社会发展，农业技术开始发展起来，人类开始学会了种植植物，并获取植物生长过程中产生的各类食物，并演化为了农业，农业活动成为社会存在的一项重要内容。在这个体系下，逐步开始演化了围绕农业活动开展的生产、分配制度和社会管理制度，由此形成了农业社会系统，也就是社会2.0系统。

在农业社会末期，人类发现了蒸汽动力技术和内燃机技术，成就了第一次工业革命，人类社会开始从农业社会逐步转入工业社会。人类活动开始由体力化生产逐步转向机械化生产。生产财富的能力得到极大加强，对财富分配影响巨大的《国富论》应运而生。与之相适应的社会管理体系也开始发生变化，这样就形成了工业社会的社会管理体系和系统，也就是社会3.0系统。

在20世纪50年代，以美国为首的西方工业，注意到了信息技术的重要性，开始发展通信行业，二极管技术、芯片技术等通信行业开始发展起来，与之相伴随的互联网技术，也开始发展起来，并在世界范围内开始普及，人类开始进入信息社会时代。在信息时代，人类处理信息的速度加快，很多社会活动变得高效而便捷。数字孪生城市开始诞生，人类开始由现实空间进入虚拟空间，社会生活环境发生巨大变化。围绕信息时代的社会管理制度也开始变化。这就构成了由物理社会和孪生城市社会共同存在的社会系统，也就是社会4.0系统。

数理心理学：人类动力学

在当代，随着信息化社会的进一步加强，社会管理的自动化程度需要进一步提高，人类的活动需要智能化的管理设备和探索，也就是人工智能。人工智能进行社会管理的时代开始到来，急切需要对应的社会管理体系与这一社会形态相适应，也就是5.0的社会系统。

综上所述，在不同的人类发展时期，人的社会系统是不同的，在不同的发展阶段，人类的技术方式不同，社会物质分配方式不同，社会的生活方式不同，社会的管理方式也就不同，在不同的社会制度下，就形成了不同的社会系统，也就形成了不同的规则运作体系。

图 5.5　社会发展的不同阶段

注：在社会 1.0 阶段，人类发展了狩猎技术，并形成狩猎的社会形态。在社会 2.0 阶段，人类发展了农业技术，并形成了农业社会。在社会 3.0 阶段，人类发展了内燃动力技术，进入了工业社会。在社会 4.0 阶段，人类发展了信息技术，并进入了信息社会。

第二部分　精神运动学：经验结构与功能

无论哪种形态的社会系统，当个体处于社会系统中时，都会受社会系统的制度的制约，对人的行为产生作用，影响着人类的社会交际行为。在人际中，相互作用的方式，又通过信息的传递与编码（语言：口语、书面语、体态语等）发生人与人之间的相互作用。语言作为信息的载体，是人类个体之间相互作用的基本介质。人类个体所处的社会系统的基本作用规则，通过语言而发生了相互作用。这是社会规则的一种体现。

当然，人类个体又具有物理的属性，所以，我们有具有物质作用的规则，例如，人类个体具有体重。这是人类个体和地球之间的物质作用诱发的。

5.2.2　系统作用规律

任何意义的物质系统，都会具有自己的作用规律和规则。当客体身处系统中时，就会受系统规则（规律）所支配。

就人类个体而言，它具有以下几个方面的属性：

（1）作为物理物的人。

（2）作为生物物的人。

（3）作为精神系统存在物的人。

（4）作为社会存在物的人。

这种区分，是把人类个体置于不同物质系统时的一种区分。即把人类个体置于不同的物质系统时，受不同的物质系统的规则所支配。

在第一种情况下，人类个体首先是一个物理存在物，在作为物理存在物运作时，个体满足的规则，就受物理规律所支配。这部分知识，一旦被人类个体掌握，就成为人类个体的经验和知识的一部分，并用于指导我们改造物理世界，以达到满足我们生活中的某项需要。

摔卧式跳高是运动竞技中常用的一类跳高方式。在这个方式中，运动员在跳高通过横杆时，弯曲身体，使身体的重心相对较低，在极限状态下，能够通过横杆，达到跃杆的目的（如图5.6所示）。这个跳跃规则的核心是由物理学的重心所决定的。这时的人类个体，是作为物来出现的，它处于地球和人类个体组成的物理系统中，受物理系统的物理学规律所支配。跳高的规则是物理学规则的一个全方位体现。在竞技中的技巧充分利用了物理学规则。在运动科学中，充分利用物理学规则的还有撑杆、台球等。

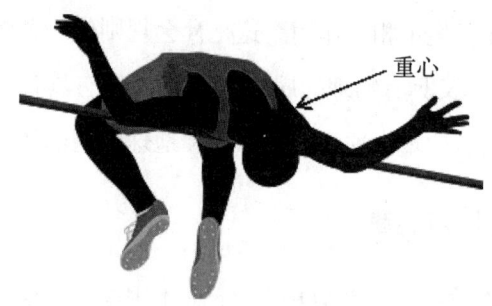

图5.6　摔卧式跳高

注：摔卧式跳高是运动员常用的一种跳高方式，在这种方式下，运动员弯曲自己的身体，并通过横杆。重心相对比较低，即使在横杆很高的情况下，运动员也能通过横杆。这个规则是由物理学的重心所决定的。

在第二种情况下，人类个体是一个生物个体。人类个体具有的生物性行为，一部分受到物理学的制约，从而形成了生物物理组织，其表现出来的行为，遵循物理学规则，同时，它又要维持生物体自身的生物特性，从而受生物学规则所支配，这些就构成了人体的生理部分。例如，人的肺组织，是一个弹性体，不断发生反复性的弹性形变，实现人类个体的内外气体之间的交换。而肺和心脏之间，构成了一个循环系统。心脏把新鲜的血液输入四周，形成动脉输出，并通过静脉回流，并经肺循环，实现血液氧气交换，这是一个生物性的循环性行为。这类行为，是生物体特性。

在第三种情况下，人类个体在生物性的生理支持下，进行来自外界和内部的信息处理。从功能层次上讲，就是"事件"进行处理，实现对事件的感知、判断、决策和执行，同时激发个体的情感变化等，这些就构成了人类的精神活动行为。在人类个体的全生命周期中，这类行为就构成了人类的大部分生活（睡眠中存在部分精神行为如做梦）。精神性行为，是人类个体的神经系统，在对生物体进行控制时，由认知系统表现出来的功能性行为，或者说是神经系统表现出的功能性行为。

在第四种情况下，人类个体处于社会系统中，人与人之间发生相互作用，并构成了社会性交往。在社会系统中，人类个体之间的相互作用，受社会的规则所约束。社会规则又作为社会人类的知识，被人类个体所习得，成为个体经验的一部分，从而驱动人的精神性行为。这类规则，是人类群体在适应物理系统、生物系统、社会系统的过程中，不断形成的社会规则体系，并在社会生活规程中不断演化，并在一定时间内保持稳定性。规则的稳定性，意味着人类经验知识在一定时间内保持稳定性，使得由人类知识驱动的人类的行为保持稳定性，表现为"人类的行为模式"。人类的行为模式，也就构成了文化的构成要素，并以物化物的形式保存下来。因此，对文化的研究，实际上也就构成了对社会结构、社会行为、社会规则制度的研究。

5.2.3 系统与作用规则分类

基于上述分析，我们可以得到一个简单的结论，人类个体处于不同的系统中，也就受不同的物质系统的规则所支配。人类个体在对应系统中生存时，也就不断发现这些规则，并慢慢习得这些规则。这些规则，也就构成了人类群体和个体的知识体系，一旦被个体习得，就构成了个体知识，并驱动个体的精神性行为。简言之，个体的所有精神性行为及行为模式，是个体习得的经验的外显。

因此，驱动人类行为的作用的规则，也就被分为以下几个种类：

（1）物理学规则（或规律）。

（2）生物学规则（或规律）。

（3）心理学规则（或规律）。

（4）社会学规则（或规律）。

在这里必须强调的是，上述的所有经验规律，都是人类经验的一部分。在人类科学中，它分属于不同的学科。但是，从心理角度而言，这些知识一旦被习得，就会作为人类个体的知识，植入人的"记忆"系统中。在这些知识的驱动下，指导人的社会化活动。这是各类科学知识。这就是规则和人的精神性行为之间的逻辑关系。

5.3　事件因果律

我们从事件结构式出发，得到的事件发生的条件、客体所在的物质系统、系统的规则和规律。这就给我们提供了一个基本契机，即理解客观世界发生的各类事件的结果（物理事件、生物事件、社会事件）与上述两个关键要素之间的客观逻辑。也就是事件的结果和条件、规则之间的关系，这就是因果律问题。

因果，是佛学中一个古老观念，后被引入自然科学，成为自然哲学的基本定律和基本信仰之一。而因果律不仅发生在自然科学中，还发生在有人参与的社会事件中。这就需要我们立足于上述讨论的数理表达之上，来讨论因果律。

而恰巧的是，我们得到了事件的普适性表达式，定义事件发生的因和果，从数理结构上表述"因果律"，也就成为可能。特别的是，事件的结构式，包含物理事件、社会事件的普适表述形式，这时，讨论普世意义的因果律也就成为一种必然。

更为重要的是，人的经验系统，是基于客体之间发生的相互作用，而发展起来的知识体系，因果律一旦确定，这就在知识体系中，为确立人的

第二部分 精神运动学：经验结构与功能

经验的因果结构和因果推理奠定了基础。这样客观世界的因果律，会因为与人的经验知识体系之间的连接性，而成为人的推理逻辑的一部分，为理解人类知识体系的结构提供了天然的切入点。

5.3.1 自然因果律

物理事件是我们在自然物理世界中，面临的第一类事件。从本质上，它是物质客体参与的客体与客体之间发生相互作用时的现象表现。自然科学的基础理论，就是对这一事件的整体性概括，并在此基础上的进一步发展。

对于自然现象中的物理事件，任何一种特定事件的发生，都具有发生的条件 $C_{phy}=(w_1, w_2, t, w_3, c_0)$。在事件发生的过程中，客体 w_1 和 w_2 所在系统的规律，我们记为 $\boxed{system}_{phy}$，也就是自然科学中的各种科学规律和规则。这时，事件发生的条件 $C_{phy}=(w_1, w_2, t, w_3, c_0)$ 和系统本身的物理规则 $\boxed{system}_{phy}$，就构成了事件结果 e 的"因"，这就是自然物质世界的因果律，也是 5.5 式表示的基本含义（如图 5.7 所示）。

根据上述的逻辑，相互作用 $\boxed{system}_{phy}=i$，条件 $C_{phy}=(w_1, w_2, t, w_3, c_0)$ 和结果之间应该满足以下数理关系：

$$e_{phy}=f(w_1, w_2, t, w_3, c_0, i)_{phy} \qquad (5.11)$$

为了便于区分，我们把这里的物理事件的结果，用下标 phy 来表示。也就是事件发生的结果是条件和系统规则的函数"f"。这个表达式，我们称为物理事件的因果律。

我们可以从一般物理学中，来理解因果律含义，如抛体运动。假设质量为 m 的质点，初速度为 v_0 向外抛出。小球受到地球的吸引，发生抛体运动，可以形成各种抛体的曲线：平抛、斜上抛或竖直上抛。无论哪种曲线，各类抛物的形式，都是质点和地球构成的系统中，质点和地球两个客体相互作用的结果。在这里，小球任意一个时刻、任意所在的空间位置，就构成了事件发生的结果。

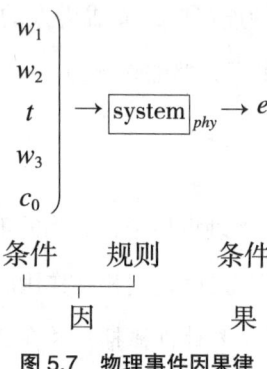

图 5.7 物理事件因果律

注：事件发生的条件和客体所在的物理系统相互作用的规则（规律），构成了物理事件发生的原因，事件发生的结果，就构成了"果"，也就构成了物理事件的"因果律"。

在这里，小球、地球、相互作用的规律、时间、地点就是任意一个事件发生的条件。

5.3.2 社会因果律

在我们生活的社会中，同样存在社会的因果律。在人类社会的演化中，在不同社会发展的各个阶段，我们都规定了特殊的社会制度，这个制度是作为社会的"人"存在时，需要遵循的基本制度，包括法律制度、伦理制度、文化制度等各种类型制度，成为各类事件条件具备时，社会事件发生和禁止的一般性规范。根据社会事件发生的条件和社会系统需要遵循的规则，我们把社会因果律表述如下，如图 5.8 所示。

对于社会中发生的社会事件，任何一种特定事件的发生，都具有发生的社会条件 $C_{psy}=(w_1, w_2, t, w_3, bt, mt, c_0)$。在事件发生的过程中，客体 w_1 和 w_2 所在社会系统的规律，我们记为 $\boxed{system}_{psy}$，也就是社会运行中遵循各种社会规则和社会科学规律。这时，事件发生的条件 $C_{psy}=(w_1, w_2, t, w_3, bt, mt, c_0)$ 和社会系统本身的社会规则和规律 $\boxed{system}_{phy}$，就

构成了事件结果 R_e 的"因",这就是社会事件发生的因果律,我们称为"社会因果律"。

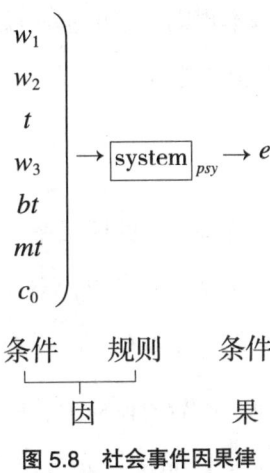

图 5.8 社会事件因果律

注:事件发生的条件和客体所在的社会系统的规则,构成了社会事件发生的原因,事件发生的结果,就构成了"果",也就构成了社会事件的"因果律"。

根据上述的逻辑,社会事件的相互作用 $\boxed{system}_{phy}=i$,社会事件的条件为 $C_{psy}=(w_1,w_2,t,w_3,bt,mt,c_0)$,它们和社会事件结果 e 之间应该满足以下数理关系:

$$e_{psy}=f(w_1,w_2,t,w_3,bt,mt,c_0,i)_{psy} \quad (5.12)$$

也就是事件发生的结果是条件和系统规则的函数。为了便于区分,我们加了下标 psy 表示社会事件。这个表达式,我们称为社会事件的因果律。

在事实上,因果律也会存在一种变形表达形式。一般情况下,相互作用的本质,也就是"力"(见后文的广义作用力),我们用 F 来表示,事实上,它是一个矢量。那么,事件发生的结果,就可以写为:

$$e_{psy}=F(w_1,w_2,t,w_3,bt,mt,c_0)_{psy} \quad (5.13)$$

换句话说,事件发生的本质是一种力学关系。如果是非人参与的事件,则上述表达式,就可以修改为:

$$e_{phy}=F(w_1, w_2, t, w_3, c_0)_{phy} \qquad (5.14)$$

这两个公式清晰地表明，"力学律"的本质就是"因果律"。在自然科学中，力学规则是一种基本规则，它的本质就属于因果律。这也是自然科学始终坚持"因果律"的根本原因。

◎科学案例

物理学中的因果律

以物理学中常见的抛体运动为例，以抛射点为坐标原点，设 $t=0$ 时，物体速度为 v_0，任意时刻质点加速度为：$\boldsymbol{a}=-g\boldsymbol{j}$。

速度：$v=v_0+\int_0^t \boldsymbol{a}dt = (v_0\cos\theta_0\boldsymbol{i}+v_0\sin\theta_0\boldsymbol{j})-gt\boldsymbol{j}=v_0\cos\theta_0\boldsymbol{i}+(v_0\sin\theta_0-gt)\boldsymbol{j}$，也即 $v_x=v_0\cos\theta_0$，$v_y=v_0\sin\theta_0-gt$，位移矢量：$\boldsymbol{r}=\boldsymbol{r}_0+\int_0^t \boldsymbol{v}dt=v_0t\cos\theta_0\boldsymbol{i}+(v_0t\sin\theta_0-\frac{1}{2}gt^2)\boldsymbol{j}$，即 $x=v_0t\cos\theta_0$，$y=v_0t\sin\theta_0-\frac{1}{2}gt^2$。曲线运动可看作若干个独立的分运动叠加。从运动方程中消去时间 t，得到抛体运动的轨道方程：$y=\tan\theta_0 x-\dfrac{g}{2v_0^2\cos^2\theta_0}x^2$ 为抛物线方程。

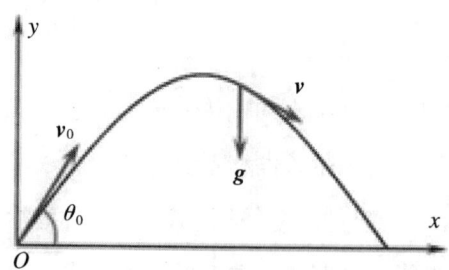

图 5.9 抛体运动轨迹

物理学中的因果律，也就是力学律的普适性表达是 $e_{phy}=F(w_1, w_2, t, w_3, c_0)_{phy}$，其中 w_1 代表物体，w_2 代表地球，在某初始条件 C_0 下，物体 w_1 与地球 w_2 在某时刻 t 和某地点 w_3 发生相互作用 F，力学律（因果律）的作用规则为 $F=ma$。

第二部分 精神运动学：经验结构与功能

抛物线方程 $y = \tan\theta_0 \, x - \dfrac{g}{2v_0^2 \cos^2\theta_0} x^2$ 是抛体运动这一事件的因果律 $e_{phy} = F(w_1, w_2, t, w_3, c_0)_{phy}$ 的具体的数理表达形式。抛体运动这一事件发生的因是各种元素的初始条件和力学作用规则，具体来说，既包括物体的初速度 v_0 也就是初始条件 C_0，也包括 w_1、w_2、w_3 这些元素的初始状态（初始条件），还包括力学律的作用规则 F。这些因会导致抛体的运动轨迹也就是事件发生的结果，在此例中体现为抛体特定的运动轨迹。

5.3.3　因果律发现的意义

客观世界的运作是"客体"相互作用发生的各类"事件"。物理事件、社会事件，把客观世界的"运作"的事件的构成，用结构的形式表达了出来。这意味着，客观世界关于"物"和"精神"的运动的事件的统一表达式找到了。这为我们理解各类知识体系（自然科学知识体系、社会科学知识体系）提供了基础，为构造统一性的经验的结构提供了可能性。如果我们试着去看它们背后的连接性，它的重大理论意义也就会凸显出来。

5.3.3.1　客观事件与主观事件连接

事件结构式是一个广泛意义上的数理表达形式，它把客观世界的表达概括成一个统一性的形式，同时在人的经验表征和认知结构中，也对应地对这结构进行组织和表达，满足结构的对称性。这个式子也成为理解自然科学与社会科学理论统一性的一个基石。它也顺便回答了自然科学与社会科学的相通性，为自然科学与社会科学知识体系的交叉性研究提供了哲学意义的支撑。

5.3.3.2　认知对称性变换

诺特定理（Noether，1918），从哲学层面回答了规律的规律，它是最

数理心理学：人类动力学

高的哲学法则。这一规则在自然科学中被大量使用，并在自然科学中取得了巨大的成功。在物理学领域，围绕对称性的研究，形成了专门的对称性理论体系。而把对称性规则利用到人的认知规则中，并形成了认知对称性理论，则回答了客观世界的事件及其信息体系和主观性的知识表征之间满足对称性。这样，客观世界的属性和主观世界的知识之间的逻辑关系也就建立了起来。

对称性形成的信息连接关系，回答了人类认知客观世界的可能性，承认了人的认知层次的不断提高，并同时承认了人的认知的主观能动性，在人的主观认知的不断突破下，人类经验知识体系不断提高。详见数理心理学"认知熵增原理"。

5.3.3.3 因果律的哲学

由于对称性的存在，事件发生的因果关系得以被对称的转换进入人的知识体系，客观世界的因果律被变换到人的认知系统中，并天然地包含在人类个体从客观世界获取的信息中，从对称性的事件信息中，认知各类事件的因果法则，也就成为人的知识经验体系的一种必然。这就又带有一定的主观性。在心理学中，个体对事件的因果分析，被称为"归因分析"。不同的人，由于对外界客观世界的"因果律"认知不同，可能出现的归因分析的结果并不相同。这就为在客观世界因果律基础上，分析个体之间的"归因分析"的心理活动，提供了基本的参照。

综上所述，事件结构式、对称性定理、因果律，是我们理解客观世界和精神世界不可或缺的三个哲学规则。这种基础性质，决定了这三条哲学规则是理解人类知识和认知规则的最高规范。

第二部分　精神运动学：经验结构与功能

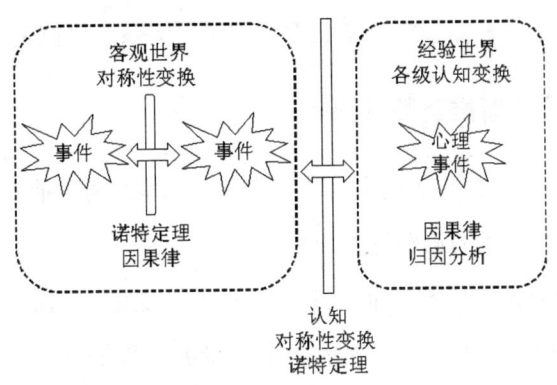

图 5.10　客观世界与精神世界的对称律、因果律关系

注：因果律的本质在于回答了事件发生的条件、规则和结果之间的数理逻辑关系。它是我们在科学研究中，坚持的一个基本性哲学定律。这一逻辑结构，使得我们获得了所有科学哲学之上的一个普适意义上的、哲学意义的数理规则。在为数不多的几个哲学定律中，可以被数学化的也就是"对称性"定律，由德国数学家诺特发现。它是社会科学与自然科学定律所满足的一个规则，即规律的规律是什么的数学表述。无论是自然科学还是社会科学，都遵循这一基本规范。同样，无论是自然科学还是社会科学，我们同样坚持因果律的哲学规范。从这一意义上讲，因果律是科学的规则的一个基本规范，具有重大的哲学意义。客观世界（物理世界和社会世界）的运作满足"因果"关系。而客观世界发生的事件又在人的精神世界产生对称性映射（认知对称性），这一因果关系也被对应地转换到人的认知系统中。人类个体认知事件、事件条件、系统规则、事件结果之间的逻辑关联，称为归因分析。这就为理解人类个体的知识结构中的"因果"关联的主观性特征和规则，提供了基本的切入点。而归因分析，是人的认知系统的基本功能。

5.4　事件因果属性频率测量

因果律展现了事件中，事件发生的条件、事件发生的系统的规则、事件的结果之间的数理逻辑关系。不同的对象和系统之间的因果逻辑，也就构成了不同的科学学科。因此，科学研究的本质，也就是揭示各种形式的"因果规则"，它是因果律的数理表现形式。当具备了这种数理逻辑之后，

数理心理学：人类动力学

我们还需要建立一种测量学，来测度"因果"关系。这就是贝叶斯推断。

5.4.1 贝叶斯推断数理原理

Thomas Bayes（1763）提出贝叶斯定理。当涉及两个抽象的随机变量，贝叶斯定理就是初级的概率论的结果。

假设我们有两个随机变量 A 和 B。其中，变量 A 的值用 a 来表示，b 表示变量 B 的值，$p(a,b)$ 表示两个变量的条件概率，$p(b)$ 是变量 B 的边缘概率。

以先验分布或主观概率为前提，在柯尔莫哥洛夫概率公理体系下，得到以下关系：从数理角度描述两个概率之间的关系，如 $p(a|b)$ 和 $p(b|a)$。

由概率论可知：

$$p(a,b)=p(b|a)p(a) \tag{5.15}$$

$$p(a,b)=p(a|b)p(b) \tag{5.16}$$

由上述两式可得：

$$p(b|a)=\frac{p(a|b)p(b)}{p(a)} \tag{5.17}$$

其中 $p(a)$ 为先验概率，$p(a|b)$ 为后验概率，这就是贝叶斯定理。

5.4.2 贝叶斯推断

根据因果律，影响事件发生的因素，包括事件的条件和事件发生的规则，它们共同构成了影响事件发生的结果。当事件的"因"相同时，事件的结果会反复出现，也就是"可重复性"。因也就构成结果发生的动力因素。事件随事件发生的变化，也就构成了事件的过程。

在现实中，我们总是对事件的"动力过程"给出"因"与"果"之间关系的推理，也就是假设。因素变量和预期结果变量之间的逻辑关系，

第二部分 精神运动学：经验结构与功能

记为：h_0，也就是零假设。同样，也会存在一个备择假设 h_1，也就是一旦 h_0 不成立的情况下的一个假设，它的本质是排除方法。这样，由因果规则决定的事件发生的结果，就通过"概率"的方式体现了出来。

因此，我们把在 h_0 成立的情况下，事件结果发生的概率记为：$p(h_0)$，也就是先验概率。也就是，我们在未实验或者实践的情况下，发生的事件的概率。

同样，一旦一个事件被反复促发，就会得到事件结果发生的真实的概率，它源于我们测量的实验数据 d。这时，我们就会得到一个概率，也就是我们在有数据的情况下，h_0 成立的概率，我们记为：$p(h_0|d)$，也就是后验概率，如图 5.11 所示。

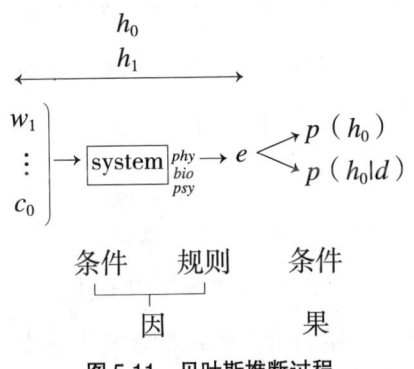

图 5.11 贝叶斯推断过程

注：一个事件发生的过程，满足因果关系。对因果关系提出的假设分为零假设和备择假设。在未实验或者实践的情况下，在零假设成立情况下，事件发生的结果的概率为先验概率。在实验后，事件的结果经测量得到的概率为后验概率。先验概率和后验概率之间的关系，满足贝叶斯推断。

根据贝叶斯定理（Bayes，1763），先验概率和后验概率之间的逻辑关系，满足关系：

$$p(h_0|d) = \frac{p(d|h_0)\,p(h_0)}{p(d)}$$

从图式的关系可以看出，先验概率的本质是对零假设发生的概率的一种判断。在实验获取数据后，后验概率则是对零假设的一种检验。也就是在基于测量数据的基础上，来判断零假设成立的确信程度。贝叶斯推断建立了先验概率和后验概率之间的逻辑桥梁。而零假设和备择假设都是对因果关系的一种预设，从这个意义上讲，贝叶斯推断的本质，实际是对预设因果律的检验。即通过实验的方法，来检验预测的因果规则的合理性。也就是说，贝叶斯推断是"因果规则"成立与否的测量方法。

5.4.3　贝叶斯推断数理本质与意义

综上所述，我们就得到了一个非常有意义的测量因果律的间接测量方法。即在因果规则不知道的情况下，对因果规则进行假设，在因果规则先验概率为知道的情况下，就可以通过实验数据的测量，得到对零假设成立与否的后验概率。一旦不能达到确认程度，就选择备择假设。从这个意义上讲，贝叶斯推断的本质，实际是对"预设因果规则"的检验，也是对"预设因果规则"的一种"概率"测量方法。这样，我们就得到了"因果律"的一种测量方法。贝叶斯推断的数理本质也就找到了。它的这一特性的发现，也因因果律的数理本质的出现而重新焕发了理论的生机。这样，贝叶斯推断，将不再是一个孤立的经验发现，而成为人类经验知识的因果性的一种度量方法。因果律也是各个学科普遍遵循的一种哲学指导原则，贝叶斯推断是对因果规则的频率测量方法，这就很容易理解，为何贝叶斯推断在各个科学领域被大量采用。

第三部分

精神运动学：行为模式

第6章　个体社会属性

人类个体的认知系统加工的信息，包含物质属性信息和社会属性信息。在心理空间中，我们大量地讨论了人类物质属性信息。独立属性的完备集合，构成了物质空间，它的心理量的表达部分，构成了心理空间。两个空间，满足对称性关系。人类个体又是社会的存在物，它同时具有社会属性。社会属性的信息，是心理空间的一个重要子集。

人的社会属性，是人的社会性的体现。人类个体，既是社会属性信息的加工者，又是社会属性的体现者。这就意味着，我们需要从两个维度，研究人类个体具有的社会属性：

（1）人是处于社会结构中的人，社会结构及其功能关系是社会属性的直接体现。社会结构的功能属性是人的社会性的根源之一。

人类个体，在社会结构中，扮演着不同的角色，实现社会结构设计的功能。因此，人类的个体既是社会结构的组成者，又是社会结构功能的实现者。这就意味着，社会结构与功能的属性，既独立于个体而存在，又通过个体所承担的社会角色功能而体现出来。从个体的角度来观察，个体也是社会结构与功能属性的载体。这也是人类个体具有社会属性的原因，也就是社会性的根源。

（2）人类个体对社会事件进行信息加工。从数理上讲，社会事件具有独立的信息结构。任何一类社会属性事件，必然通过信息的结构体现出来。这就意味着，人类个体在参与各类角色中，依据社会结构规定的功能属性，进行各类事件处理，发生人与人之间的相互作用。人类的社会属性的信息，必然通过事件的信息结构体现出来。这是一个心理认知的属性。

这就意味着，我们至少需要从两个方面，来解构人类个体的社会性属性。有趣的是，我们建立了社会事件结构的数理基础，为讨论这一社会属性奠定了核心基础。在此基础上，我们将建立关于人的"社会属性"讨论的基本根基。

6.1 社会属性

社会事件的结构属性、社会结构与功能属性，是处于社会中的个体具有的两个关键性属性。它也是处于社会中的人具有的社会性。当我们一旦确立了这两个属性，作为我们理解个体的社会属性，就需要对这两个社会属性进行度量和刻画。这一节，我们将根据已经建立的数理基础，来确立这两个基本社会属性。

6.1.1 社会事件属性

人类个体，处于社会结构中，扮演各种社会角色，处理各种社会事件。社会事件是社会属性的载体与体现者。而社会事件，具有结构性，每个结构要素又具有自己的独立性。这就意味着，社会属性必然在社会事件的独立结构中表现出来。因此，需要我们对事件结构，从社会性上进行解构。

6.1.1.1 事件属性

事件是客体与客体之间发生的相互作用。对事件的社会性的探索，包含三层含义：（1）相互作用属性；（2）信息属性；（3）个体能动属性。

6.1.1.1.1 相互作用属性

客体与客体之间的相互作用，是一种力学属性（见后文广义作用力），包含物理的力和心理力。考虑到社会性，相互作用的属性，又可以分解为三个方面的属性：

6.1.1.1.1.1 力学属性

任何人类的个体，都是基于一定的内在动机（mt）与行为动机（bt），从事各类事件。也就是个体和个体之间发生了相互作用。动机就构成了个体具有的基本社会属性。由于这一社会属性的存在，使得人类的个体，具有目的和目标性，在从事各种事件的活动中，不会失去方向。个体和个体之间的相互作用，是一个具有大小、方向指向、施力物体、受力物体、力学作用点力 F，这一属性，称为力学属性。在社会事件中，这一力学属性，就构成了人类个体的动机性。

6.1.1.1.1.2 社会关系属性

社会事件中发生的相互作用，都具有目的性，也就是基于一定的利益关系而建立的作用关系。在社会学中，被称为"社会关系"。由于社会事件的发生，均具有目的性，这就意味着社会关系具有"利益属性"。即相互作用关系的社会属性的本质，是"社会利益关系"，在事件结构式中，用 i 来表示。

人类个体，基于某种目的，与其他客体发生相互作用，包括人与物的相互作用，人与生物的相互作用，人与人的相互作用，人与社会组织的相互作用。它的社会根源性，体现了它的利益根源性。个体通过掌握的自然科学规则或社会科学规则，与其他客体发生相互作用关系。因此，相互作用的关系，是个体具有的一种基本社会属性。

6.1.1.1.1.3 社会因果属性

在社会事件中，相互作用的关系，也是一种"因果关系"。因果关系的本质是一种力学关系，即影响事件的要素、力之间的数理关系。在科学中，也称为"动力学关系"，它的本质是因果律的一种体现。个体的经验知识的本质，也就是因果规则。在因果律的指导下，个体从事各种事件，从而在行为上表现出因果指导的规则性。因此，社会事件发生的因果属性，就成为人类个体的社会属性之一。在前文因果律中，我们已经讨论了这个关系，如 $e_{psy}=F（w_1, w_2, t, w_3, bt, mt, c_0）_{psy}$、$e_{phy}=F（w_1, w_2, t, w_3, c_0）_{phy}$。

6.1.1.1.2 信息属性

社会事件的结构式，每一个要素，都包含了事件的信息。因此，事件的信息属性，包含了两个方面的属性。

6.1.1.1.2.1 事件要素信息不确定性

事件的信息，是对事件要素的不确定性的消除。因此，事件的信息属性，是信息的不确定性属性。它通过信息量来度量。人类个体从事的事件的要素的信息，在进入人的认知系统后，总是部分地满足对称，并随着认知加工的深入，而不断提高对称度。在这个过程中，人的信息量开始增加，对事件的确定性判断也就逐步增加（见认知对称性原理和认知熵增原理）。这是人类个体在对"事件"的信息加工中，表现的一种属性。它是人类个体在从事各类事件时，表现出来的一种社会属性。

6.1.1.1.2.2 事件要素特征值正负性

任何一类社会属性，都具有正负性。即任何一类社会属性，对社会发展均具有功能上的推动或者抑制作用。它会通过社会的标准、规则、道德等标准体现出来，正负性也就成为一类认知加工的信息属性。

人类个体从事的事件的要素，在进入人的认知系统后，事件各个要素

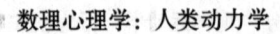

对应的物质世界的客观属性量,就转换为心理表征的心理量,它们之间满足对称性关系(见认知对称性原理)。每个事件的属性对应的特征值,也就转换为心理表达的特征值(见经验结构)。无论是物理属性的特征值还是社会属性的特征值,因为观察者参考的存在,都存在正负性(见观察者参照)。事件要素特征值的正负性,就构成了一类社会属性。

6.1.1.1.3 能动属性

个体在社会岗位中,从事一定社会性角色,从而体现出社会分工的功能。从社会事件的结构要素来看,个体在社会结果中功能性的体现,表现为两个方面:

(1)事件结果。它是社会功能的直接体现。

(2)个人的能力。事件的结果的最终的促发,是具有能力的人来实现的。

从这个逻辑上来看,个人能力和事件的结果就存在等价关系。这个关系,我们就称为"个体能动属性关系"。

任何人类个体参与的社会性事件,一旦发生,就会产生一类基本事实。这时,就需要个体对这类事实的结果变化进行评估和评价,以指导个体在将来事件中所采取的策略。而事件的结果,又是具有一定能力的人所促发的结果。因此,对事件结果的评价,反过来又可以通过个体在执行事件时的能力评价表现出来。因此,事件的结果,就构成了人类个体从事社会事件时,表现的一种社会属性。以某一时刻 t_r 的事件为参照,任何一个事件在 t_0 时刻,其要素发生了变化,则事件发生了变化,也就是事件的结果发生了变化。

$$\Delta E = E(t_0) - E(t_r)$$

第三部分　精神运动学：行为模式

$$=\begin{pmatrix} w(t_0)_1 \\ w(t_0)_2 \\ i(t_0) \\ e(t_0) \\ w(t_0)_3 \\ t(t_0) \\ mt(t_0) \\ bt(t_0) \\ c(t_0)_0 \end{pmatrix} - \begin{pmatrix} w(t_r)_1 \\ w(t_r)_2 \\ i(t_r) \\ e(t_r) \\ w(t_r)_3 \\ t(t_r) \\ mt(t_r) \\ bt(t_r) \\ c(t_r)_0 \end{pmatrix} = \begin{pmatrix} w(t_0)_1 - w(t_r)_1 \\ w(t_0)_2 - w(t_r)_2 \\ i(t_0) - i(t_r) \\ e(t_0) - e(t_r) \\ w(t_0)_3 - w(t_r)_3 \\ t(t_0) - t(t_r) \\ mt(t_0) - mt(t_r) \\ bt(t_0) - bt(t_r) \\ c(t_0)_0 - c(t_r)_0 \end{pmatrix} \quad (6.1)$$

基于上述分析，我们从事件结构式中的属性，就得到了它的基本社会属性。它包含6个基本子类，并构成了一个完备集，见表6.1所示。

表6.1　社会事件的社会属性完备集

社会事件属性	子类	社会属性度量
相互作用属性	心理力学属性	F
	社会关系属性	i
	社会因果属性	$e_{psy}=F(w_1, w_2, t, w_3, bt, mt, c_0)_{psy}$
信息属性	事件要素信息不确定性	$-\sum p_i \log p_i$
	事件要素特征值正负性	$(+ -)$
能动属性	事件结果或个体能力	$\Delta E = E(t_0) - E(t_r)$

6.1.2　社会结构和功能属性

人类社会发展中，逐步演化出社会结构和功能，并使得社会的结构和功能逐步细化和分化。人类个体在社会结构中的不同岗位中，从事各类功能性活动，从事各类事件，从而发生各种人际的相互作用，个体在从事各种事件的过程中，对事件结果进行评价。这一结构，决定了任何人类的个体，在从事这些活动中，都会具有这些属性，我们称为社会结构和功能属性。根据事件结构式和人际交互规则，社会结构属性应该包含以下几个维度：

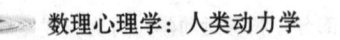

6.1.2.1 岗位与角色匹配属性：尽责性

在社会发展中，社会化分工逐步细化，人类个体从事的功能逐步细化出来，也就出现了专业化的分工。人类的个体，在掌握一定知识和技能之后，从事某一社会的岗位，并实现岗位所设定的功能。个体所从事的这一功能性社会分工，也就是"社会角色"。人类个体可以从事多种社会角色。

对于社会结构而言，由于功能性需要，会设定岗位所需要的基本技能、职责、权限等。个体在从事这一岗位角色时，就存在个体对这一岗位的认同，在精神动力作用下，从事这一活动，从而表现为一定的责任性，这构成了一种社会属性，我们称为尽责性。

6.1.2.2 人际交流属性：外向性

从事一定社会角色的人类个体，在岗位中需要与他人发生相互作用。也就是说，人类个体基于社会角色的功能性需要，与其他个体发生信息的互动。在互动中，交流和事件要素属性相关信息，在交往中，个体往往表现出一定的偏好特性。换言之，个体在社会交往中，信息交流构成了一类基本社会属性。它是所有处于社会交往的人类个体都具有的一种基本社会属性，我们把这种属性，称为"外向性"。

6.1.2.3 人际利益关系属性：宜人性

社会结构中交往的个体，发生各种各样的利益关系。由于这一关系的存在，社会交往的个体，会在与他人交往的事件中，考虑事件交往中的各个要素，从而站在他人角度考虑问题。这一属性，就构成了人类个体在他人中受欢迎的程度。这个社会属性我们称为"宜人性"。

6.1.2.4 事件反馈属性：神经质

按照事件发生的时间先后，事件分为历史事件、当前事件、未来事件。人类个体在从事各种事件时，需要通过对历史事件、当前事件的信息评估，通过评估信息的参照，来指导未来的事件。这个过程，就构成了事件的反馈过程。事件的反馈过程的本质，也就是对事件的要素的属性的信息的反馈和评估。这是人类个体，在从事任何社会结构化的事件中，都具有的一种属性，我们把这一类属性，称为"神经质"。

6.1.2.5 社会经验偏好属性：开放性

所有的社会化事件，都是在经验的基础上，对事件的处理。在事件的处理上，个体会形成长期的经验和偏好（也就是习惯）。这些偏好包括动机的偏好、相互作用的偏好、事件要素特征值偏好、对事件结果发生的偏好等。这些偏好由于经验的存在，而成为一种社会经验的偏好而固化下来，并最终成为一种社会属性。我们把这类属性，称为社会经验偏好属性，也就是"开放性"。

6.2 社会属性矩阵

在人的社会性方面，我们找到了两个基本的维度。这样，根据这两个维度，我们就可以用数理的方式，来描述人类个体具有的社会属性。

6.2.1 社会属性矩阵

基于上述论述，我们就得到了两个基本的社会属性的维度：精神动力维度、社会结构与功能维度。这就意味着，社会属性表现为二维性质，由此，我们把任意一个社会属性量表示为：sp_{ij}。其中，i 表示社会结构与功能属性，j 表示社会事件属性。这样，人在社会中的社会属性就可以表示为：

$$P_{soc}=\begin{pmatrix} sp_{11} & \cdots & sp_{1j} & \cdots & sp_{16} \\ \vdots & \cdots & \vdots & \cdots & \vdots \\ sp_{i1} & \cdots & sp_{ij} & \cdots & sp_{in} \\ \vdots & \cdots & \vdots & \cdots & \vdots \\ sp_{51} & \cdots & sp_{5j} & \cdots & sp_{56} \end{pmatrix} \quad (6.2)$$

一个个体具有的属性和多个维度有关系，我们就称为张量。因此，这个矩阵，我们也称为"社会属性张量矩阵"。

人类个体一旦从事某一社会性的岗位，并按照社会规则进行行动，就具有了社会属性，在长期的训练中，行为慢慢固化而成为行为模式。这时，社会的属性也就会在个体中被固化下来，而成为个人化的社会属性。这就意味着，个人化的社会属性，也就有一个与上述社会属性相对应的矩阵，我们称为"个人社会属性张量矩阵"P_{ind}。P_{ij}表示个体具有的社会属性。

$$P_{ind}=\begin{pmatrix} p_{11} & \cdots & p_{1j} & \cdots & p_{16} \\ \vdots & \cdots & \vdots & \cdots & \vdots \\ p_{i1} & \cdots & p_{ij} & \cdots & p_{in} \\ \vdots & \cdots & \vdots & \cdots & \vdots \\ p_{51} & \cdots & p_{5j} & \cdots & p_{56} \end{pmatrix} \quad (6.3)$$

而不同的人类个体，所具有的个人社会属性也不尽相同，也就是存在个体之间的差异，即具有个体化的特征，我们称为社会属性的特征值。为了便于区分，我们把个体具有的各个社会的特征值记为v_{ij}。那么，个人化的社会属性值，也就构成了一个特征值矩阵。我们记为P_v。

$$P_v=\begin{pmatrix} v_{11} & \cdots & v_{1j} & \cdots & v_{16} \\ \vdots & \cdots & \vdots & \cdots & \vdots \\ v_{i1} & \cdots & v_{ij} & \cdots & v_{in} \\ \vdots & \cdots & \vdots & \cdots & \vdots \\ v_{51} & \cdots & v_{5j} & \cdots & v_{56} \end{pmatrix} \quad (6.4)$$

随即的问题就是，对于人类的个体而言，如何获得上述矩阵中的各个变量值。在心理学的经典研究中，已经积累了这个矩阵值的计量方法，如五因素模型（McCrae et al., 1992；Wiggins, 1996；McCrae et al., 1987；

第三部分　精神运动学：行为模式

Digman，1990；McCrae，2017）和大五人格（De Raad，2000；Roccas et al.，2002；Cobb-Clark et al.，2012；Schmitt et al.，2007；Soldz et al.，1999）。这个矩阵中每个值的含义和五因素模型、大五人格模型相对应，我们将在后续章节中详细论述。基于这一结果，我们把这个矩阵，也称为"社会人格张量矩阵"，如表6.2所示。在表6.2中，横向就和人格属性矩阵中列相对应，竖向就和人格属性矩阵中行相对应。那么，表6.2中的任意一个对应的值，就是人格矩阵中，人类个体具有的属性值。

这一矩阵，是基于事件结构式、事件因果律、认知对称性原理等数理心理学理论的基础上，又获得的一个推论。尽管，五因素模型和大五人格模型是从词汇学中得到的。但是，语言与语义的编码，使得人的社会属性模型，天然地蕴含在人类使用的语言编码中。这样，五因素和大五人格模型中，5与6的含义也就清晰起来了。从社会属性的两个基本维度出发，得到的结果与词汇学的经验发现相契合，并不是一个偶然结果，它实际是心理理论架构过程中，规律的必然性的一种体现。这样，就把人格研究的一个关键性成果，纳入社会属性研究的体系中，使之成为心理理论架构中的逻辑的一部分。这样，人格经验发现的成果，将不再是一个孤立物关系的发现。

表6.2　社会属性的两个维度

结构与功能属性 社会事件属性	尽责性	外向性	宜人性	神经质	开放性
心理力学属性	成就动机	刺激寻求	利他	冲动性	尝新
社会关系属性	自律	热情的	顺从	愤怒和敌意	价值观念
社会因果属性	条理性	独断性	同理心	脆弱性	思辨
事件要素特征值正负属性	责任感	积极情绪	信任	自我意识	感受丰富
事件要素特征值信息不确定性	审慎	悦群性	坦诚度	焦虑	想象
能动属性	能力	活力	谦逊	抑郁	艺术性

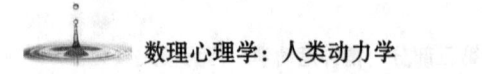

6.2.2 社会归因属性

我们能够认知这个世界，并根据认知世界获得的经验知识从事各种活动，都是基于经验知识的。从本质上讲，人类个体或群体的经验和知识，都是关于世界的"因果律"的知识（见因果律）。这是由知识与经验的功能性本质决定的。这就意味着，客观世界发生的任何一类事件，都遵循一类因果律知识。而人类个体认知这类知识，或者利用这类知识，都会按照个体的因果分析偏好，来进行因果分析，也就是归因分析（Attribution Analysis）。从这个意义上讲，客观世界的运作满足因果律，个体就会具有归因分析。归因分析，是人类个体普遍具有的一种社会属性。我们把这种属性，称为个体归因属性。

根据因果律规则，因果中包含条件要素、规则要素、事件结果要素。处于社会环境中的人类个体，在长期的生活中，会形成各自的归因偏好，从而具有个体的偏好属性。包括：

（1）从事事件的客体的社会结构和角色的归因偏好；

（2）执行事件中的事件要素信息把控的归因偏好；

（3）事件结果的目标导向的归因偏好；

（4）事件发生的因果关系关注的归因偏好；

（5）事件行动过程中做事成本关注的归因偏好；

（6）事件发生时，客体之间利益交换的归因偏好；

（7）事件发生时，对个体抑制因素进行释放的归因偏好；

（8）对事件发生时，事件要素具备的信息可靠程度把握的归因偏好；

（9）对事件发生时，参与事件的利益个体的利益的重要性的归因偏好。

这里的九种分类和九型人格的人格类型相对应。这也就找到了九型人格的数理本质,关于这一问题,我们将在后文中进行论述。

综上所述,我们把人格的经典发现,都纳入人的社会属性的研究中,从而全面揭示了人的社会属性的本质,使得这一领域具有了系统的理论架构体系。

第 7 章　行为模式模型

事件、心理空间、认知变换、经验集合四个关键性理论，确立了认知加工的基本数理规则。这是人类个体具有的普适性规则。

在这些环节中，经验（也就是知识），是驱动认知加工的内因，也是人与人之间差异产生的根源之一。

经验与集合论的结合，使经验描述获得了一个数学表示。它的数理性也就逐步清楚起来。而经验是"内容"性质的，即经验知识因"对象"而存在，有描述的对象，也就是物质对象（自然的、社会的）。

自然与社会的对象，都具有物质属性。物质属性的共通性，用"概念"来描述。这是概念得以存在的物质根源。概念之间的联系，构成了规则。概念和概念之间的联系规则，构成了人类的经验知识。概念与规则的稳定性，源于物质属性的共通性、普适性与属性的恒定性，即物质属性的客观性、稳定性决定了经验知识的稳定性，这是我们坚持的基本思想。每次新概念、新观念、新方法、新思想、新理论体系的产生，都是人类新知识的增加，也就是经验的增加。

某种属性的稳定性，意味着某种认知的稳定性，认知的稳定性也就是

第三部分 精神运动学：行为模式

认知模式的稳定性，而稳定的认知模式驱动的人类行为，也会具有稳定的模式，也就是行为模式。这是人类行为模式产生的知识的根源性。

这就为人类行为模式的研究，提供了一个基本路径，在人类的知识经验中，寻找到行为模式数理描述的基本根源。事件及其信息本质，指出了一个基本的方向，在事件的经验知识体系中，构造的人类知识，是人类认知活动背后的根源。这需要我们首先清楚经验的基本理论构造，并有机会反思人类经验的基本体系。

由此，这为经验研究提供了一个基本契机。人类发展史，也是人类经验知识发展史，在一定时期内保持稳定。

人类个体和群体在知识驱动下，进行各类社会化行为，并实现对社会的改造，又表现为主观能动性。经验的稳定性，使得我们在社会化改造的行为，也必然地表现为稳定性。那么，被改造的内容也就因为稳定的经验而表现出规则性，也就是行为模式的物化形式具有规则性。换言之，行为模式也必然以物质性体现出来。

经验内容，从本质上讲，是对物质世界（包括人类自身）的表征。按功能性又分为描述性知识、程序性知识（彭聃龄，1988）。从科学角度看，任何一个"物质对象"的经验内容体系，包含三个方面：

（1）物质对象的结构和功能。任何经验要表达的研究对象，都具有自己的结构构成，并具有伴生的功能。

（2）物质对象的现象学或者运动学。根据朴素的唯物哲学，任何物质对象都是运动的，在运动中都会表现出各类特征，描述物质现象的特征，也就构成了现象学或者运动学（Qutoshi，2018）。

（3）动力学。自然物质现象和社会现象的发生，都有内在的或者外在的支配因素，影响着运动现象。建立因素和物质现象之间的数理关联性，就构成了动力学（Shabana，2001）。

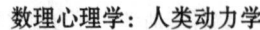

这三类内容体系，贯穿在整个人类社会发展的任意一个领域，在这些领域的推动者，都自发地或者自觉地，沿着这一路径，确立这一领域的内容体系。这些内容体系，不断在人类个体的传承中，被修改、再造。从经验演化看，人类社会发展史，也是人类经验知识发展史。它是人类对自然界、人类社会、自我等认识、改造中发展起来的"认知内容"，并逐步形成的内容体系。

从精神意义上讲，一旦具备某类经验知识，我们就可以有效识别这类"客体"及对应的"事件"，并对"客体"将要发生的行为进行预测。由此，经验知识影响着我们的感知觉、推理、判断、决策功能的发挥。经验通过人的认知过程、人的行动而显现出来，并通过对物质的改造而物化。这暗示了一个理解人类行为及其模式（精神行为模式）的基本路径：

（1）经验知识内容是驱动人类行为的内因。个体的行为，需要在经验内容中分离与表达出来。这是精神现象数理描述的根本任务之一。例如，思维障碍是典型的知识内容局限造成的思考方式之一。

（2）认知模式，行为模式认知与编码。经验内容，总是通过人的躯体的物质外壳，进行表达和物化（例如言语、运动动作等），也就是经验内容作为信息的传递和表达。因此，人类个体或者群体行为现象的表达与编码，也构成了精神现象描述的另一基本任务。

对各种物质现象的表达，则形成了不同的"构型"或者"图式"。物质世界的规则性、共通性，使得物质的运作规则具有模式化特征，这是动力系统稳定性表现之一。这一属性，可能通过经验的表达表现出来，并形成稳定的人的认知行为模式。在了解人的真正精神动力时，需要在概念与构型的基础上，理解人类经验的内容与模式。

第三部分　精神运动学：行为模式

7.1 行为模式模型

在心理学的发展过程中，人类经验的内容与经验驱动的行为模式，一直是一个迷人的课题，引导各个领域的探索者，对这一问题进行探讨。围绕行为问题的研究，一度成为一个时期的流派。

在这一领域，人们一直试图通过一系列的技术、技巧的操作，操控、预测人的行为。巫术、魔术、催眠、社会建筑、宗教、仪式、社会治理、商业定价、销售活动、广告投放、产品设计、战争宣传、动员等各个领域，展现出多样的人类稳定行为，并成为个人管理、群体管理、人际管理、国家管理的部分，有的甚至被固化。它是人类社会通过摸索，对行为模式预测与操作的成功。

在人类行为中，经验的稳定性，导致了行为的稳定性，才有可能表现为行为的模式，甚至社会行为的模式。确切地讲，它是人类系统发展过程中，精神系统的稳定性的体现。这是人类动力系统与个体动力系统综合作用、平衡的结果。

这也提示：在我们清楚了经验的本质后（概念和概率之间的联系）。我们应该锁定经验的基本内容，通过经验内容性，来理解社会中的人。

从个人意义上讲，人的行为驱动动力系统，包括：（1）生物的物理系统，构成了人的生物机械动力系统，这在人的生理科学中，得到系统阐述。（2）人的神经信息系统，它构成了生物机械系统的控制系统。这在神经科学中，得到系统论述。（3）人的精神动力系统，它的核心是人的经验系统，驱动人的整个精神活动，经验是这一系统的基本驱动根源。这是心理学研究中，广泛关注的核心。它由人类个体的经验系统决定。

经验内容的内稳特性，决定了人类行为是稳定的，行为又通过行为"事件"表现出来，也就在事件的稳定性中表现出来。

这就和前文建立的数理"事件"的理论关联了起来。由事件角度出发，来研究人类行为模式，给我们奠定了一个天然的数理根基。

从数理角度出发，"事件"是有结构的。事件的稳定性，必然通过结构要素的稳定性体现出来。这意味着：从事件结构式中要素的稳定性，可能会得到人的行为模式。在这一节，我们将逐步开展两个问题的探索，从人类的经验知识和行为模式之间的关系，逐步确立人的行为模式的数理描述。

7.1.1 模式问题

什么是模式？这是一个难题。一般情况下，模式被理解为"主体行为"的一般方式，包括科学实验模式、经济发展模式、企业盈利模式等，是理论和实践之间的中介环节，具有一般性、简单性、重复性、结构性、稳定性、可操作性特征（陈世清，2010）。并有观点认为：模式在实际运用中必须结合具体情况，实现一般性和特殊性的衔接并根据实际情况的变化随时调整要素与结构才有可操作性（陈世清，2013；陈世清，2010）。这仍然是一个抽象的定义。但是，这些定义，给了我们有趣的建议，模式是"主体"（客体）的一般性"行为"（彭漪涟 等，2011）。这需要我们回到"事件"来讨论模式数理意义，并对模式做出有效的数理定义。

7.1.2 行为现象模型

任何模式，都是事件发生的行为方式，也就是客体的行为方式。这类方式，具有一般性意义，意味着可重复性和稳定性。物理事件的结构式和心理事件的结构式，是所有事件的概括。

在事件结构式中，独立要素 w_1、w_2、w_3、t、c_0（初始条件）、bt、mt，都可以作为事件发生的条件（在这里，我们把事件结构式中的条件项，

第三部分 精神运动学：行为模式

记为 c_0，以便于区分）。我们把上述的独立要素，统一记为 c_i，客体之间发生相互作用的机制为 i，我们把这一逻辑关系，用图 7.1 来表示，其中 n 表示条件的个数。也就是在各类条件下，客体之间发生相互作用，产生了效应 e，也就是事件的发生方式。

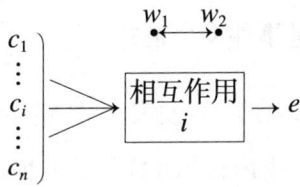

图 7.1 事件发生的模式

注：任何事件，只要 w_1、w_2、t、c_0、bt、mt 要素都相同的情况下，相同的相互作用一旦促发，就会产生相同的作用效果，这就构成了事件发生"模式"。

对于任何一个事件，在条件相同、相互作用机制相同的情况下，产生的结果也会相同。也就是说产生的结果效应 e 会反复出现。这就是事件发生的模式（涵盖物理事件和社会事件）。

这个模型，是从事件的一般定义出发，而得到模式模型。由于事件的一般定义式的普适性，也就决定了这个模式的普适性。我们把相互作用关系，用函数 f 来表示，则上面的模型可以表示为：

$$e = f(c_1 \cdots c_i \cdots c_n) \quad (7.1)$$

这个函数式的含义是：事件发生的效应，是事件的条件函数。当这些条件重复出现时，是统一的，事件结果 e 也就理应重复出现，这就构成了"事件发生模式"。

当条件相同时，也就意味着，每个条件是一个常量，效应必然相同。我们用 C 来表示常数，则上面的式子可以改写为：

$$C_e = f(C_1 \cdots C_i \cdots C_n) \quad (7.2)$$

C_e 表示效应为常量。

数理心理学：人类动力学

任何模式，都是某一事件的物质客体，在运作中，表现出来的稳定现象。因此，我们把行为模式定义为：物质客体在相互作用中表现出来的稳定现象。从事件角度看，就是在某类条件一定的情况下，同样事件反复发生的现象，称为行为模式。这个定义，包含了几层含义：

7.1.2.1 行为模式是事件发生模式

行为模式，是客体参与的、反复发生的"事件"所表现出的稳定特征。稳定性，是物质作用中，由内在相互作用的守恒机制决定的。本质上讲，模式的稳定，也就是事件所表现出的稳定。而事件是有结构的，每个结构要素是独立的，事件的稳定特征，也就是构成要素的稳定特征。

7.1.2.2 行为模式意味着预测

模式，是在条件一定情况下，事件反复发生。这意味着，只要条件满足，模式就会出现，这意味着行为模式的"可预测性"。可预测是所有科学研究追求的目的之一。

7.1.3 模式模型的意义

有了行为模式数理表达式，我们就可以从根本点上，来区分和研究各种各样的行为模式。这使行为模式研究，有了最为基本的数理依据。这也具有很重要的理论与应用价值，包括：

7.1.3.1 模式研究的数理依据

行为模式的数理表达式，第一次从数理机制上，揭示了模式的数理表达，将使所有的行为模式遵循这一基本规则，也为所有行为模式数理研究的可能性，提供了基本契机。

7.1.3.2 模式的动理机制

行为模式的表达式，暗含了行为学中基本动理因素，即所有稳定的现象，均来自稳定的相互作用。这意味着：通过寻找稳定行为模式背后的因素，可以逐步找到模式的稳定原因。

7.1.3.3 模式区分和研究开辟新起点

行为模式的定义式，从根本上和以往的非数理研究区分开来。它在数理意义上，明确了客体之间的相互作用，只有存在相互作用的客体，才会有稳定模式存在的可能性。客体及其相互作用的性质，决定了模式之间的区分。我们也将根据这一模式，来研究和区分与人有关的行为模式。

7.2 模式本质与分类

从动力学角度看，任何一种形式的行为背后，都是由支配其后的动力因素及其动力性质决定的，或者说是由事件构成的要素及其相互作用决定的。支配人的行为模式背后的基本动因，是这种动力性。

而人的行为背后，天然地包含了自然物理因素、社会生物因素、人际因素。这提示了，从相互作用关系中，可以区分人的"行为模式"。

事件表达式，是对自然和社会物质的客体，精神活动的物质客体之间，相互作用关系，相互作用的效应的高度抽提和概括。这就提供了一个基本提示：

（1）事件数理定义式，包含了事件现象（相互作用效应）背后的支配因素；

（2）事件的模式（也就是行为模式）也就必然地包含了事件因素的相互作用效应；

（3）寻找到了基本效应，也就找到了行为模式背后的基本根源，或者行为模式背后的本质；

（4）由此，从相互作用的性质出发，就可以归类相互作用，并进而理解人类行为模式的性质。

7.2.1 相互作用性质

想要理解人类的经验，就需要理解三种基本的作用效应关系。我们生活的世界，暗含了三个作用的要素：物质、生物、人。这三个要素构成了事件发生的客体。这些客体之间的相互作用关系，包含了三类性质的相互作用关系。

7.2.1.1 物质–物质相互作用

物质之间的相互作用，构成了物质事件，或者称为"物理事件"。这一事件性质的公式，表示为：

$$Event = object1 + object2 + interaction + effect + time + where + c_0 \quad (7.3)$$

物与物之间的相互作用，构成了物理世界的基本作用关系。它属于"物理学"的研究范畴。在物理学界，相互作用包括引力作用、电磁作用等。它是宇宙中普遍存在的物理作用关系。人首先可以作为"物理"的存在物，满足"物理"的作用关系，并与之相适应。

7.2.1.2 物质–生物相互作用

在自然物理世界生存的生物，独立构成了一个开放的独立系统，并与物理世界之间发生着各种交换，也就发生了相互作用关系，包含两个层次的相互作用。

7.2.1.2.1 物质交换相互作用

在自然界生存的生物体，要维持生物体的运作，就要从物理世界中获取给养，生物和物理世界之间的物质给养交换关系，是一种物质连接关系，也就构成了一种相互作用关系。在农业生产中，同种作物，在不同地域、不同地质、光照等条件下，生长的良好程度，是这一关系的直接反映。

7.2.1.2.2 信息交换作用

除了物质交换关系之外，有些生物体（动物），还需要不断感知外界的信息，外界物理的信息，通过生物体的采集、感知，对生物体发生作用。这是一种信息作用关系。携带信息的物质可以是各种形式的信息传递物质，例如，光介质、声音介质、化学介质（味觉）等。

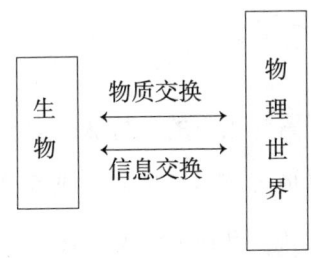

图 7.2 物理 – 生物相互作用

注：生物的独立个体和外界物理世界之间，发生了两种交换关系：物质交换关系、信息交换关系，以这两种关系为纽带，二者发生相互作用。

7.2.1.3 生物 – 生物相互作用

生物是我们这个世界的一类特殊的客体存在。生物又可以分为植物、动物与人类。这些生物体之间，因为某种关系的存在，而发生作用关系。我们把这类关系，也列为一类重要的关系。而我们重点关注人与人之间的生物作用关系。这是心理学的主要关注领域。

7.2.2 行为模式作用关系分类

自然世界的相互作用关系，揭示了客体之间发生的种类和性质。而各类行为客体之间，由于相互作用，发生着不同性质的行为，进而可以表现出各自的行为模式。行为模式是在动力因素及其作用关系支配下，表现出的"现象学基本规则"。由此出发，行为模式也就理所当然地分为三个大的种类。

7.2.2.1 物质－物质行为模式

物质客体之间的相互作用，属于自然科学研究的范畴。其所有理论产生的根基，根源于物理学，在物理科学中，把研究的问题分解为三个方面：

（1）运动学；

（2）动理学；

（3）动力学。

现象学是描述动力因素作用下的，特殊的运动形态的学科分支。这一学科，试图描述各类特殊形态的运动现象，或者说运动模式。也就是物质的行为模式。我们常常接触到的运动模式包括：

（1）匀加速运动；

（2）圆周运动；

（3）简谐运动。

这些运动构成了基本的运动模式，其他复杂的运动模式，都是这些简单运动模式叠加的结果。如图 7.3 所示，是简谐振动的振动模式。

简谐振动，一类简单振动模式，在不考虑能量损失的情况下，简谐振动表现出稳定的周期性，满足正弦形式的振动模式，这是典型的物理行为模式。

第三部分 精神运动学：行为模式

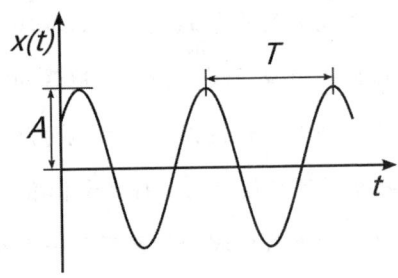

图 7.3 简谐运动

注：在机械物理学中，做简谐振动的物体，在空间中振动，表现出往复的周期性，满足正弦振动。简谐振动就是一种机械运动的行为模式。

7.2.2.2 物质-生物行为模式

自然界的物质世界、具有独立生物个体的生物系统，都是相对独立的开放系统。在现实中，依赖某种关系，发生相互作用，对各自的系统产生影响，并可能形成特定的行为方式。这些方式包括：

（1）由物质关系生成的物种分布模式；

（2）由物质与生物作用形成的信息传递模式。

上述现象，在生物学和人体的生理、心理科学中，都可以观察到这些现象。

例如，从赤道向两极延伸，形成了由于地域变化的热带群落、温带生物群落、寒带生物群落等现象。这是一种特定的生物行为模式。特别的，由某个地方的物质资源导致的生活在其中的生物资源的承载量，是典型的物理与生物之间作用的实例。

◎科学案例

生态承载力

生物学家将承载能力定义为某一特定物种在特定环境中能够无限期生存的最大数量（Weisman，2013）。它最初被应用于相对简单的人口环境，例如，某地可以维持承载能力的牛羊的数量。这取决于特定地区的条件和资源，以及所考虑的物种的消费习惯。由于某地区的可用资源和物种的消费习惯都会随着时间的推移而变化，因此承载能力总是在变化。承载能力是在这些不断变化的条件下可持续性的一种衡量标准。

生态承载力的提出对于承载力理论的研究是一个很大的进步。随着生态失衡的加剧，严峻的生态危机促使科学家从系统的整体来看待生态问题。20世纪70年代后，Honing等提出了生态承载力（Stere et al.，2018）。

生态承载力是指在某一特定环境条件下（生存空间、营养物质、阳光等生态因子的组合），导致某种个体存在数量的最高极限。生态承载力较多地关注生态系统的整合性、持续性和协调性，生态承载力的提出为实现由单纯支撑人类的社会进步变成促进整个生态系统和谐发展的进步奠定了基础（Morozova et al.，2019）。

Honing和Guderson等在此基础上，通过十多年的努力，初步建立了生态承载力的理论模型。理论模型的建立为定量研究生态承载力奠定了基础。

同样，在动物、人与生物相处的过程中，形成了信息传递关系。即动物或者人类可以依赖特定的传感器，通过自然界的物质作用，形成稳定的信息采集模式。我们在前文的心理空间几何学中，论述了这些作用的模式。在后面的论述中，我们将重点阐述这些模式。图7.4显示了蝙蝠的探测模式。飞行中的蝙蝠，会发射一种声波，这种声波遇到障碍物或者猎物时，自动发生反射，并被蝙蝠探测到。蝙蝠利用这一特性，可以避开探测物并捕捉猎物。这是一类典型的生物感知模式。

第三部分 精神运动学：行为模式

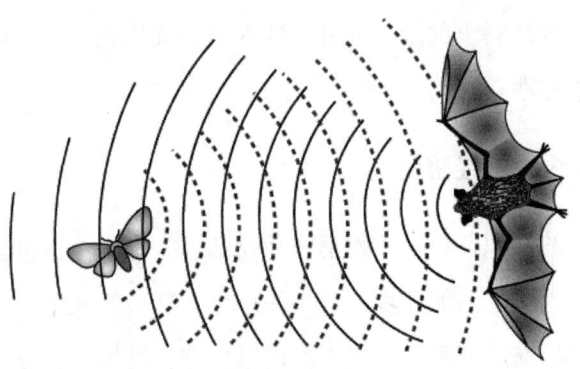

图 7.4 蝙蝠探测方式

7.2.2.3 人际行为模式

社会中的人，基于某种心理动机，发生人际交往。在交往中，个体受经验驱使，表现为各类交往行为。在社会交往模型中，我们已经区分了这种人际交往关系。人际交往的相互作用关系，包含了物质关系和信息关系。这是人际作用中的基本力学关系。而最终这些关系，都是信息作用关系。

7.2.3 行为模式的经验种类分类

人的行为模式，从最终的根源讲，是人的经验驱动结果。经验也就是人的知识，而知识是面向对象的。从对象上讲，人的经验知识主要包括五类，也意味着至少存在五种形式的行为模式。

7.2.3.1 物的经验

关于物的运作的经验与知识，也就是自然科学的知识，是人类经验知识的重要部分，这些知识包括理学知识、工程学知识等，这些知识又以技术的形式体现出来，渗透在我们日常的生活中，并指导人类的生产、生活活动，从而引导人类个体有效地使用这些知识，特别是现代工业文明道路之后，物的经验与知识更加渗透进入我们的生活，指导着我们对生活和社会的改造。在自然科学的很多领域，这些经验知识都已经量化，从而表现出了极大的优越性。

7.2.3.2 生物的经验知识

关于生物的知识，包括植物学、动物学、生理学，也包含人自身生理知识的认知。人所生活的环境，也是一个生态环境。从生态环境中，人类获得各种形式的物质资源，使得人类得以生存、繁衍。它成为人类生活的必要福利。人类关于生物学知识的每个突破，都使人类的生存空间得到极大的突破。例如，棉花的种植传入中国后，中国的人群分布开始变化，有了御寒材料，人类的活动与居住，开始向寒冷地区进行扩展。

图 7.5 物的经验知识

注：关于物的经验和知识，包括理学知识、工程学知识等。这些知识作为经验的一部分，渗透到我们每个人的生活中，指导我们的生产、生活等。

7.2.3.3 社会经验知识

人类社会的群体，在演化中，按照社会分工的不同，逐渐分化出了社会结构，并按照制度的约束，形成稳定的社会体系。社会结构体系的变化、演化，由社会科学的内在动力与规则所支配，并不以个人的意志为转移，从而使得社会结构作为一个对象而存在，并成为人的经验知识的一部分。人在社会中生存，受这一社会结构体系的制约和制衡，从而表现出社会性。在人的行为模式中，受这一经验体系的制约，构成了社会心理学的研究体系。

7.2.3.4　人际交往知识

人际交往，是人类在社会中的基本活动方式。在交往中，人类个体之间，完成信息的传递、物质的交换并逐渐建立稳定的社会情感关系。因此，具有人际要素的交流系统，也就成为人的知识表征对象，从而具有关于"交际"的各类知识，指导交际中的人际交往模式。人际交往知识，也就构成了人类个体和群体的一类重要经验。

7.2.3.5　自我知识

人的精神活动系统，不仅要完成对外界的认知、生物体与物体的认知、人际交往的认知，在这些认知过程中，我们还需要对自身的精神活动过程进行认知，也就是说，自我也是一个认知的客体。关于自我的认知，是个体经验具有的一类重要经验，并成为我们知识表征的一部分。这部分知识，也必然构成了我们自我活动过程中的一类行为方式，成为我们对人类行为模式研究中的必然部分。

数理心理学：人类动力学

第8章 自然作用行为模式：时间行为模式

生存在地球上的生物物种，从表面看来，表现出了各种形式的生物多样性。人类作为一种特殊的生物物种，也包含其中。

按照物理规律的支配规则，地球及其所在的太阳系，构成了一类特定的天文系统，这一系统的运行，表现出物理的模式化特征和周期循环特性，并影响了整个星球的生物特征。地球生物的物种，长期适应这一特性，进而进化出了生物行为的"时间"行为特征，并在人类行为本身体现出来，成为经验进化的一部分。

在这类模式中，首先表现为"时间"调制的行为模式，即表现为时间上的周期性，并形成了生物体具有的特殊节律——生物钟节律。生物钟节律是自然界与生物（包括人类）之间发生相互作用，逐步形成的一类由自然界因素调节和支配的行为模式。它是物质-生物相互作用直接导致的结果，是人类适应自然进而进化的、生存性基本行为模式，普遍存在于整个人类群体中。

这是一类有趣的、普遍存在的生物行为模式。在本节，我们将从物理学、生物学、心理学角度，来讨论这一基本行为模式。并讨论这一模式，在社会化活动中，对人类经验塑造的影响。也就是说：人的社会化活动中的很多事件，也考虑到生物的周期因素，在设计中，保持了生物的周期性，具有同步性作用。这种作用方式，我们称为生物钟－社会化行为模式。

8.1 天文时间周期性

自然界中的时间周期性，来源于天体运行的周期性。天体运行的周期性，通过物质间的相互作用关系，反过来又影响到人类生存环境的周期性，并进而影响人类活动，使人类活动表现出周期性，也就是周期性模式。这意味着，我们需要从天文的周期性的最初根源开始，从天文与人文的关联关系中，逐步梳理出人类时间行为模式的特征。天文的时间周期性，也就理所当然，成为人类行为模式研究的始点，它也构成了人类经验的一部分。

8.1.1 宇宙起源

根据当前的科学研究和广泛观测，天文学界认为：一百多亿年前，宇宙的源点——奇点发生了一次大爆炸（Big Bang）并产生了宇宙（Ade，2016）。这个模型，被称为大爆炸模型。大爆炸模型，得到了科学研究证据的广泛支持（Edwards，2001；Feuerbacher et al.，2009；Wollack，2010）。

大爆炸之后，宇宙开始了漫长时间的演化。大爆炸后4亿年，产生了第一颗恒星，并经过漫长的时间演化，演化出现代的宇宙结构。18世纪，伊曼纽·斯威登堡、伊曼努尔·康德和皮埃尔－西蒙·拉普拉斯提出"星云假说模型"，认为：太阳系的形成和演化始于46亿年前一片巨大分子云中一小块的引力坍缩。大多坍缩的质量集中在中心，形成了太阳，其余部分摊平并形成了一个圆形星盘，继而形成了行星、卫星、陨星和其他小型的太阳系天体系统。地球生物赖以生存的星球开始慢慢形成，生命时代开始到来。

8.1.2 地球公转周期

太阳系是银河系的一个子系统，是由太阳引力约束，而形成的天体系统。在这个系统中，由八大行星构成：水星、金星、地球、火星、木星、土星、天王星、海王星。每颗行星围绕太阳做椭圆形轨道运动，并各自保持一个周期，也就是行星公转的周期。地球是围绕太阳运动的第三颗行星。地球围绕太阳公转的时间周期为一个恒星年，需时 365 日 6 时 9 分 10 秒或 365.2564 日。为了后续研究的方便，我们统称为一年。

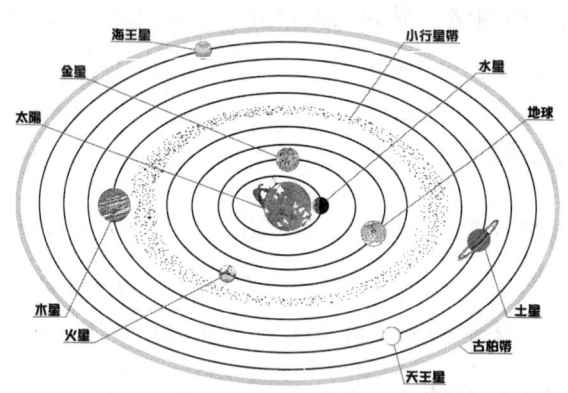

图 8.1　太阳系结构

8.1.3 地球自转周期

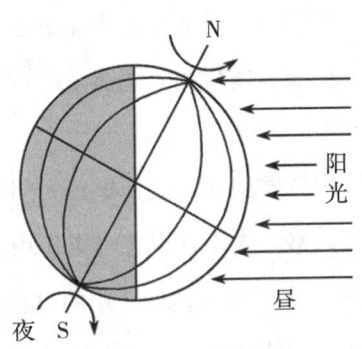

图8.2 地球自转

地球除了围绕太阳进行公转之外,还进行着自转。地球北极和南极的极点连线构成了旋转轴,地球围绕这个旋转轴发生自转。在自转过程中,光线直射的一面就构成了白天,阳光不能直射的一面就构成了黑夜,旋转一周,就形成了一次黑夜的循环,其周期也就是1天,约23时56分4秒。在不同的地域,看到的太阳升起和日落的时间也不同,则用区时来进行区分。在地球上一共划分了东西12个时区,共计24个时区,来区分不同地方的时间差异。不同地域的时间差异,导致了生物活动的时间差异。

在我们生存的地球上,由于地球公转、自转引起的天文时间周期性变化,是引起生物变化、人类活动变化的两类主要因素。

8.2 生物日周期行为模式

天体运动的周期性变化,导致天体和地球之间的相互作用,发生周期性变化,进而影响生物活动,使生物活动表现出周期性,也就是生物节律。生物的节律性活动,是生物周期性行为模式的直接反映。因此,对人的行为模式的研究,生物节律模式是行为模式中重要的一种节律。

8.2.1 地球自转调谐作用机制

地球自转的结果，导致太阳对地球的光能量辐射强度发生变化，使得地球表面的大气温度、地表温度受到太阳能量的调节，它的周期是一个天文日。

在这个过程中，地球自转因素，成为导致太阳对地球辐射、地球温度变化、生物变化的调节因素。太阳辐射充当了作用的联系介质。或者说是在24小时内，地球自转，在太阳与地球作用的过程中，充当了调谐因素。

也就是，到达地球上的能量信号，如果地球不发生自转，那么，到达任一点的能量是均匀的。但是，由于地球自转，到达同一点的能量开始变化，变成了携带地球自转的调谐信号，如图8.3所示。在地球上接收到能量后，空气温度与地表温度也开始对应变化。地球物理科学的研究成果，也揭示了这一变化，如图8.4所示（顾颖，李亚东，姚昌荣，2016）。

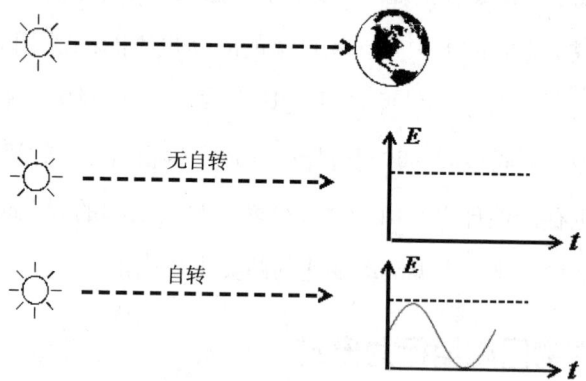

图8.3　地球自转对太阳能量的调谐作用

注：太阳发出的信号，由于地球的自转，到达地球上同一点的能量信号，会发生强度上的波动变化，成为被调制的能量信号。

第三部分 精神运动学：行为模式

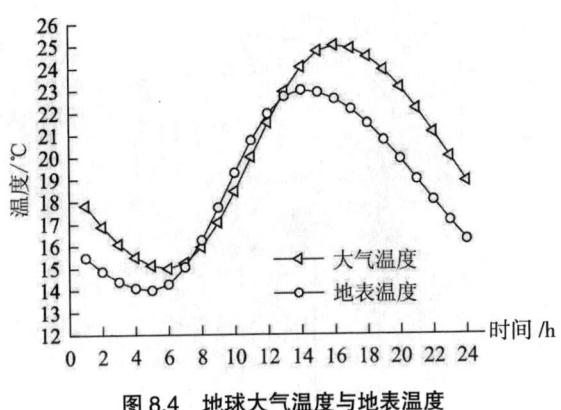

图 8.4 地球大气温度与地表温度

注：在地球上，接受来自太阳的能量，由于地球的自转，地球空气的温度和地表温度，会随着一天的时间发生变化。图中的横坐标表示时间，纵坐标表示温度。空气温度和地表温度，是受地球自转调节的信号。

8.2.2 人的太阳日生物解调模型

人的生物系统，是信号可以解调的信号系统。人的眼球的一部分感光细胞，与人体的生物钟相连接，也就是松果体（SCN）。该神经核团，可以分泌一种化学物质——褪黑色素。褪黑色素具有见光分解的特性。光线强时，浓度减少；反之，浓度增加。也就是说，在一天之内，SCN通过褪黑色素这一介质，解调自然界的光线调节变化。

数理心理学：人类动力学

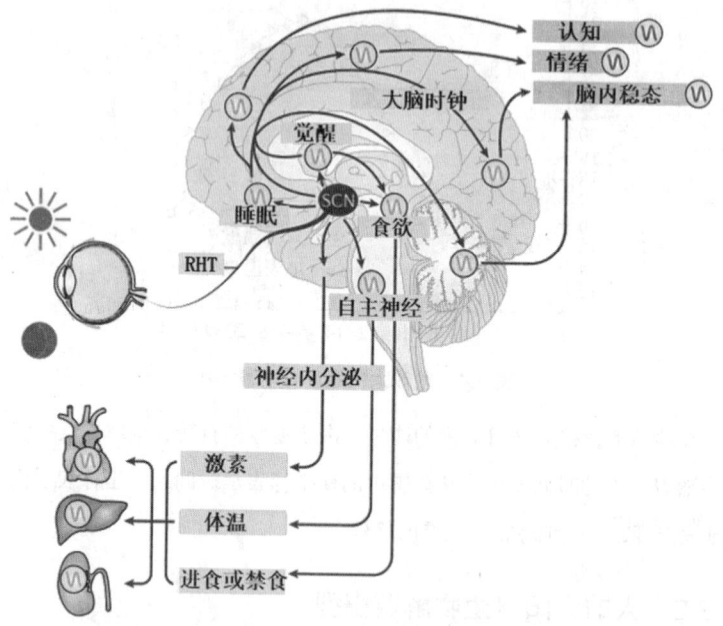

图 8.5 人体的生物钟调节（Hastings et al.，2018）

注：人体眼球的神经感光细胞，接收来自太阳的光线，与 SCN 相连接，也就是人体的生物钟。生物钟分泌一种见光分解的化学物质——褪黑色素。没有光线或者比较弱时，褪黑色素浓度增加，反之变少。通过这一机制，感知一天的光线变化。

  根据这一机制，我们可以看到一个有趣的信息解调关系的模型。太阳是信号的发出者，地球通过自转，起到了一个调制器的作用，这时，传输到地球表面。地球自转的运动，成为调制器。人脑接收到这一信号，通过眼球的感光细胞和 SCN 构成系统，对这部分信号进行解调，成为解调器。这一模型关系如图 8.6 所示。

第三部分　精神运动学：行为模式

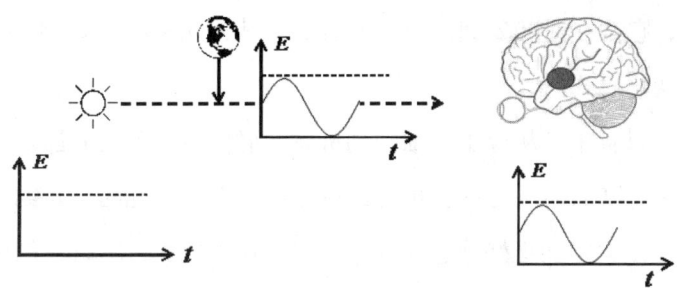

图 8.6　太阳生物解调模型

注：太阳是信号的发出者，地球通过自转，对光能量进行解调，使得太阳光能是携带调制信号的能量信号。人体通过眼球及 SCN 构成的光学系统，负责解调这部分光信号。

被解调后的光信号，在人体内调节人的生理机能。其中一个最为基本的模式就是：一天之内的醒睡事件项的变化（24 小时内的循环，不含睡眠内的时项变化）。图 8.7 显示了由生物钟调节的 24 小时内周期性循环的节律（Kondratova et al., 2012）。这在医学与神经科学内，得到广泛的证明。

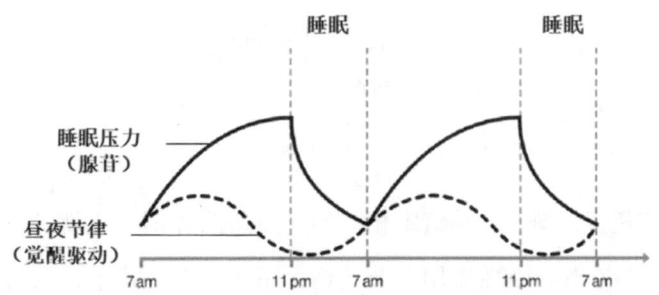

图 8.7　生物钟调节的睡眠周期（Borbély et al., 1999）

注：在医学与神经科学中，醒睡的变换，被认为是生物钟调节的节律性变化（Nestler et al., 2001）。我们认为，这种节律的变化，是太阳日周期的解调机制造成的。

8.2.3　生物钟日行为模式

由于地球自转对太阳光能的调节，产生了一种有趣的周期性行为模式，这种模式，对人类行为影响意义深远。我们把这种模式，命名为生物钟日

·145·

数理心理学：人类动力学

行为模式，它是一种以 24 小时为时间单位，表现出来的机体活动一贯性、规律性的变化模式。

在生命过程中，从分子、细胞到机体、群体各个层次上都有明显的时间周期现象，其周期从几秒、几天直到几月、几年（Hines，1998）。广泛存在的节律使生物能更好地适应外界环境。这类模式，不以我们个人意志为转移，是自然界物质能量与人体相互作用的结果。

从事件发生的因果关系式和行为模式式中，我们分析这类行为模式。考察以下的因果关系式，在生物钟行为中，自然界太阳形成的太阳历，周期性的调节光线，也就是通过这一光学介质和人发生相互作用。w_1 和 w_2 分别代表太阳和人类个体。系统的相互作用就是光线强弱对人的生物钟的调节，从而产生人类个体"醒睡"的周期性调节。

$$\left. \begin{array}{l} w_1 \\ w_2 \\ t \\ w_3 \\ bt \\ mt \\ c_0 \end{array} \right\} \rightarrow \boxed{\text{system}}_{psy} \rightarrow e \quad (8.1)$$

当设定任意时刻 t_0，并给定相同的光照条件 c_0 时，人就会发生醒和睡的行为 e（不考虑心因性作用调节的情况下）。在上式中，在给定相同条件 w_1、w_2、t、w_3、c_0，醒和睡的行为就会反复发生，并且表现出周期性。如果 t_0 是指以任意时刻的计时零点，τ 是指时间周期，由于节律的存在，则存在以下关系：

$$e(t_0+n\tau)=e(t_0) \quad (8.2)$$

其中，n 为整数。对于一天为循环单位的周期性循环事件，可以进一步写为：

第三部分　精神运动学：行为模式

$$e(t_0+n \cdot 24h) = e(t_0) \qquad (8.3)$$

其中，h 表示小时，这一模式，是对人类影响意义深远的模式。

8.2.4　生物钟日行为模式意义

24 小时为时间周期的生物节律，是生物节律中最为基本的一种模式。这一节律模式，不仅影响着人类的行为，几乎影响着地球上大部分的行为，包括生长行为，意义深远。我们将主要讨论对人的影响的意义。

8.2.4.1　生物生长循环

生物日常的生理性活动，会遵循这一基本模式，并按这一节律进行循环，在植物、动物、人的生命循环的周期性现象中，都可以观察到这一基本现象。

8.2.4.2　人的生活模式

人的基本的 24 小时的生理循环模式，提供了一个基本生理约束条件，进而影响到人的社会化行为，并在社会化行为中，也表现出一些行为上的周期性。我们将在后续讨论这一规则。

这一意义的图示，可以概括在图 8.8 所示的图示中。任意一个时刻发生的事件，经过 24 小时，就可以发生重复现象。

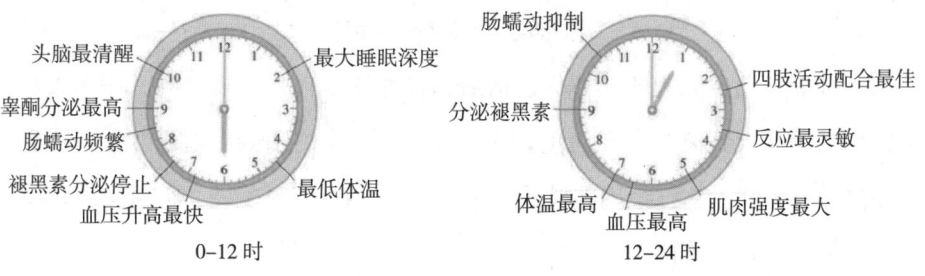

图 8.8　生物钟（24 小时）对人的行为的变化的影响

注：在图中表示的事件，在 24 小时生物钟的调节下，都存在 24 小时的周期。

8.2.5 生物钟节律种类

现代科学研究表明，有 12 个与生物钟相关的基因，受生物钟支配，会使人的活动分为高潮期和低潮期，两者之间为临界期（Edgar et al., 2012）。在高潮期时，人的思维敏捷、具有逻辑性、情绪高涨、体力充沛、创造力强、心情愉快且乐观，可以充分发挥自己的潜能；低潮期，思维迟钝，情绪低落，耐力下降；临界期时，人的判断力较差，容易出差错（Vitaterna et al., 2001）。这些关键性的周期分为三类：

（1）体力周期；

（2）情绪周期；

（3）智力周期。

按周期的长度，体力周期为 23 天，情绪周期为 28 天，而智力周期为 33 天，如图 8.9 所示。

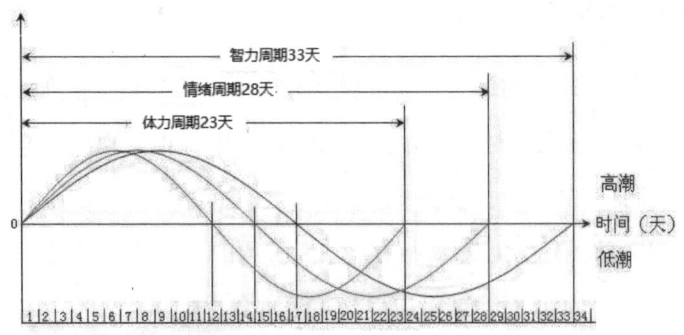

图 8.9 三种基本生物节律

科学长期研究表明：体力、情绪和智力的变化是有规律的，一个人从出生之日起，到离开世界为止，这个规律自始至终不会有丝毫变化，不受任何后天影响。这三个周期模式，又称为"生物三节律"，即"体力节律、情绪节律、智力节律"。

由此，这三种生物节律的行为模式可以表示为：

第三部分　精神运动学：行为模式

$$e(t_{b0}+23n)=e(t_{b0})$$
$$e(t_{e0}+28n)=e(t_{e0}) \quad (8.4)$$
$$e(t_{i0}+33n)=e(t_{i0})$$

其中 i、e 和 b 分别是英文 intelligence、emotion、body 的缩写，n 为整数。

从上可以看出，这类生物节律受自然界 24 小时支配的生物钟影响，是自然界与人类作用过程中，人类适应这种变化而进化出来的一类节律现象，也可以说为一类"行为模式"。它是自然界引起的，身体机能变化和精神活动并发的现象（Hines，1998）。

此外，除了这些节律外，还存在其他形式的节律：月节律。月节律约为 29.5 天，主要反映在动物的发情和生殖周期上，每个人的周期可能会出现差异。这个周期模式我们记为：

$$e(t_{p0}+29.5)=e(t_{p0}) \quad (8.5)$$

其中，p 为英文词 pregnant 的缩写。

8.2.6　生物钟 – 社会化行为模式

由于生物节律存在，导致人的社会化生活活动与设计，也会考虑生物周期律。这类模式，不受生物节律支配，依赖后天培养，在一定时间误差范围内，和生物周期保持同步。这类行为，我们称为"生物钟 – 社会化行为模式"。包括以下几类：

8.2.6.1　起居行为时间模式

围绕起居的行为模式，是一类典型的带有生物钟周期性的行为。这类行为并不受生物钟影响，带有后天训练的性质。包括：

（1）起床、上床刷牙；

（2）洗脸、洗澡；

数理心理学：人类动力学

（3）早晚运动；

（4）早餐、晚餐时间排布。

这些事件，如果用事件 E 来表示，则对具有模式化生存的人而言，都可以表示为：$e(t_0)=e(t_0+24h \cdot n)$。其中，h 是小时，n 是整数。这些行为的周期性和模式化也就被表示了出来。

8.2.6.2 出行时间模式

出行，是社会化活动中的人，具有的一类普通化的行为方式。起居与出行的规则，同样可以形成模式化，在时间上形成模式化的特征。在工业化社会，人类的活动，由于集约化生产和运行，大规模有组织、有计划的社会活动结束了家庭单位制的生产活动，更加强了出行的行为模式。这类时间模式，以上班群体为标准，尤其表现为一定的稳定性。

在社会化活动中，早晚发生的交通繁忙、交通拥堵时间，是人类出行模式周期性的一种典型表现。

图 8.10　上下班拥堵周期性

注：每天上下班的拥堵时刻，是具有出行活动周期的人类行为模式。

如果我们把每日的上下班时间记为 t_0，上下班的事件记为 E，则在不考虑其他因素的情况下，每日拥堵的时间模式，就可以表示为：$e(t_0) = e(t_0+24h \cdot n)$。其中，h 是小时，n 是整数。

8.2.6.3　工作行为时间模式

工作时间的启动，是另外一种标准的时间周期模式。在每个标准化的公司、企业、政府等组织，都有工作时间开始的严格规定，并日复一日执行。这类行为，表现出与自然运作上的周期律，也体现在人的行为模式钟，具有一定的周期性。

上述和生物钟有关系的社会化行为模式，都可以作为一类标准的行为模式，满足以下公式：

$$e(t_{s0}+n\tau) = e(t_{s0}) \qquad (8.6)$$

其中，n 为常数，这里的时间周期 τ=24 小时。在实际的测量中，会存在一定范围内的误差。从这些周期性的事件行为模式中，我们可以看到日周期对人类社会活动的行为的巨大影响。

8.2.7　生物钟行为模式修正

当我们有了标准化的时间行为模式的表达式后，在该表达式中，我们可以看到一个关键的时间量：计时时刻。这是一个非常有趣的时间项，我们会发现由于这个时间始点不同，个体的行为模式上存在差异。这表明包含了新的因素，需要对行为模式进行修正。

8.2.7.1　时差修正

由于地球的自转和形状两个因素，地球上不同的位置，日出和日落的时间并不相同，这一现象使得各个地域生活的人群，自然的计时并不相同，也就使得大范围空域空间中，无法采用统一的计时零点，不同的地域采用了各自的自然计时，也就是"时差"。

时差的出现，使得人类个体和群体，无法在时间的行为模式上实现同步。群体角度看，处于黑夜中人类个体的行为和处于白天的人类个体的行为显然不同。也就意味着，统一的行为模式数理表达中，需要对时间项进行修正：

$$e(t_0+\Delta\tau_0+n\tau)=e(t_0) \qquad (8.7)$$

其中，t_0是任意位置的计时时刻，$\Delta\tau_0$是其他位置和这一地理位置形成的自然时间差异。n为整数，τ为时间周期。

8.2.7.2 个体差异

个体之间，同样的一些行为（例如，刷牙时间），可以因为个体时间行为偏好不同，也会存在差异，因此，行为模式的个体之间的一致性，还需要对个体的行为时间进行修正，以便于观察到符合整个人类群体的一致性。用t_{I0}表示个体之间，同一行为的时间差，则具有的统一性行为模式的表达式，可以修正为：

$$e(t_0+t_{I0}+\Delta\tau_0+n\tau)=e(t_0) \qquad (8.8)$$

这样，不同地域，不同个体差异的个体具有的同一行为模式，就具有了统一的数理表达形式。

8.3 生物年周期行为模式

地球除了自转以外，还存在以年为周期的行为模式，这一活动，同样影响着地球生物的变化，并影响人类活动的变化。年周期变化中的社会化活动，有些社会化活动成为一种文化的模式行为。因此，年周期行为，同样是一类周期性行为模式。

8.3.1 地球公转调谐作用机制

地球公转的结果，导致太阳对地球的相对位置，在南北回归线之间来回往复运动，使得投射到地球上同一点的光能量辐射强度发生变化。这一循环的周期是以年为单位的。

在这个过程中，地球公转因素，是导致太阳对地球辐射、地球温度变化、生物变化的调节因素。太阳辐射充当了作用的联系介质。从信息科学角度看，在一年之内，太阳与地球发生作用的过程中，地球的公转，充当了调谐因素，调制辐射到地球上的能量的变化。

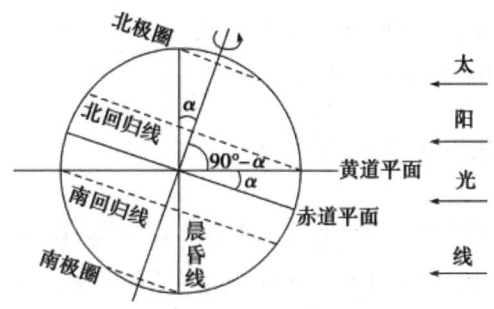

图 8.11 地球公转模式

注：地球公转导致太阳在南北回归线之间发生周期往复运动，形成太阳对地球能量辐射的调谐因素。

8.3.2 太阳年生物解调模型

按照地球自转的规则，地球公转的变化，同样会形成太阳辐射能量的周期性能量变化，公转本身就成了信号调谐的因素，如图 8.12 所示。这一机制，我们称为太阳年生物解调模型。

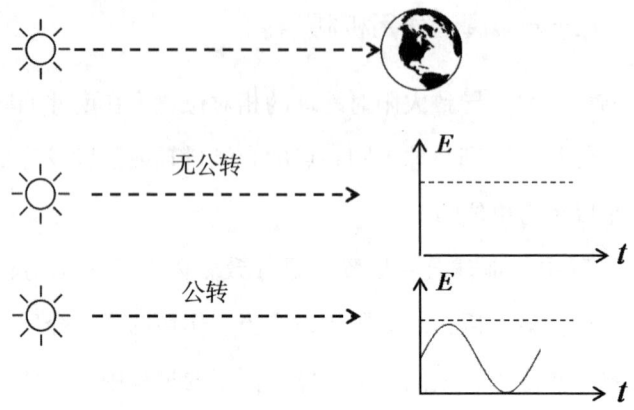

图 8.12 地球公转对太阳能量的调谐作用

注：太阳发出的信号，由于地球公转，到达地球上同一点的能量信号，会发生强度上的波动变化，成为被调制的能量信号。

8.3.3 生物年行为模式

在生物界，年周期变换的最重要结果，就是产生了四季的变化：春、夏、秋、冬。四季的变化，是一年中，太阳能量变化的四相。在生物性行为中，围绕这一循环结果的变化，产生了重要的生物活动模式。依据上述同样的推理过程，我们可以得到同样的基于年为周期的行为模式的表达式：

$$e(t_0+ny_e)=e(t_0) \tag{8.9}$$

其中，n 为整数，y_e 为年。太阳导致四季能量变化，在生物界的三个层次上，都可以观察到行为模式的周期性变化。例如，植物的四季变化、动物的四季变化、人类活动的四季变化。

（1）植物的四个季节的生长形态变化；

（2）动物的四个季节的活动的变化；

（3）人类活动的四个季节的变化。

8.3.3.1 植物生长年循环模式

在地球上，大多数植物，都表现出四季变化的形态学模式。在春天，植物开始发芽、生长，并开始下一代生命的孕育。在夏季，气温继续上升，植物开始茂密生长，生命活动旺盛。秋季，气温下降，植物的生命活动开始降低，树叶干枯，并逐步脱落。冬季，气温下降，生命生长活动终止，大部分植物处于冬眠状态，期待来年的生命悸动。

图 8.13　植物生长周期模式

注：四季是地球公转调谐的结果，由于这一调谐作用，导致生命周期按年循环，分为春、夏、秋、冬四个季节。这是生命周期的四个生命相。

8.3.3.2 动物活动年循环模式

在动物性行为中，其直接或者间接食物的来源，源于植物的能量获取，也就导致能量获取的能量传递季节性调剂，使得动物的活动，同样表现为周期性的行为模式，表现为生殖行为、生长行为、迁徙行为等。由年驱动的动物的行为模式的变动性，是驱动动物行为变化的一类基本动力。

8.3.4　生物年 – 社会化行为模式

人类活动中，农事活动是人类获取食物的直接性活动。植物或者动物周期性变化的行为，也就影响着人类农业活动的运作，形成了一类社会性的周期性行为模式，并延伸到很多深层次的社会性行为。因为地域的不同，

数理心理学：人类动力学

形成了特殊的文化模式。

在我国，二十四节气（The 24 Solar Terms）是一类典型的文化周期性模式事件，如图8.14所示。它是指中国农历中表示季节变迁的24个特定节令，是根据地球在黄道（地球绕太阳公转的轨道）上的位置变化而制定的，每一个分别相应于地球在黄道上每运动15°所到达的一定位置（沈志忠，2001）。

二十四节气具有很长的历史，起源于先秦时期。在汉代，则开始用于指导农事活动。它把太阳周年运动轨迹划分为24等份，每一等份为一个节气，始于立春，终于大寒。因此，这部立法的规定，是古代中国农耕文明的集中反映（中国新技术新产品，2009）。

而围绕二十四节气进行的"农耕事件"，也具有和该立法同步的周期性。如果把节气作为一个事件，周期用年来计，则节气事件，具有周期性，是一类时间周期性行为模式。

根据农历，中国的农民进行着周而复始的劳作活动，这是一类典型的按照历法进行的行为模式（牟重行，2011）。这类行为模式是人类经验模式化后，在人群中普遍被接受的经验，内化成了人的经验的一部分，并维持至今。

图8.15是一幅典型的春耕图，它描述了特定季节的人的行为模式，在广阔的地域中存在，是一类典型的社会群体具有的模式。

第三部分 精神运动学：行为模式

图 8.14 中国二十四节气

注：它把太阳周年运动轨迹划分为24等份，每一等份为一个节气，始于立春，终于大寒。

图 8.15 行为模式：春耕

注：在春天进行耕种，是一类典型的农业社会模式。按照特定时间点，社会群体集群爆发的周期性行为方式。

节日，是另外一类具有文化周期性的行为模式。在历史上，为了纪念各类活动，形成了特定地域约定的文化庆祝方式。节日，是指生活中值得

·157·

数理心理学：人类动力学

纪念的重要日子，是世界人民为适应生产和生活的需要而共同创造的一种民俗文化，是世界民俗文化的重要组成部分。

各民族和地区都有自己的节日。一些节日源于传统风俗，如中国的春节、中秋节、清明节、重阳节等；有的节日源于宗教，比如，基督教国家的圣诞节；有的节日源于对某人或某件事件的纪念等。

中国是个多神信仰国家，有些神话传说和历史人物被奉为神明加以崇拜和祭祀，产生了一系列大大小小的民俗节日。如：

一月五日路头神生日；

一月八日诸星下凡，有祭星祈岁风俗；

一月二十日天穿节，北京白云观举行庙会，做煎饼置屋上补天穿；

一月二十五日仓生日，祀仓神，可保粮丰囤满；

二月一日太阳生日，祀太阳神；

二月二日龙抬头日，又为土地神诞辰，是日雨为社翁雨；

二月三日文昌帝君诞辰，有文昌庙会；

二月十二日花王生日，祭花神，有花神庙会；

三月三日北极星君诞辰；

三月五日大禹生日，有禹王庙会；

三月六日麦王生日，是日天晴麦可丰收；

三月十五日龙王节，祀龙王，有龙王庙会；

三月二十八日东岳大帝诞辰，有东岳庙会、泰山庙会；

四月十二日毒蛇生日，祀蛇王，雨则麦坏；

四月二十八日药王诞辰，祀神农，有药王庙会；

五月十三日关帝诞辰，别称关公单刀赴会日，有关帝庙会；

六月十三日（一说五月七日）鲁班诞辰，木石泥瓦等行业祀鲁班先师，举行鲁班会；

第三部分　精神运动学：行为模式

六月二十三日雷公诞辰，祀雷公；

六月二十四日二郎神诞辰，祀二郎神；

七月七日七夕节，又称乞巧节、鹊桥会，拜祭牛郎织女，是日雨称洒泪雨；

八月五日万寿节，又称圣节，祀皇帝生日；

八月二十七日圣诞节，孔子诞辰，有祭孔庙会；

十月一日牛王神生日，祀牛王；

十二月二十三日祭灶节，别称灶君升天日，祭灶神。

上述这些节日，都具有文化事件的周期特性，内化为人的经验，驱动人的行动，并表现为依赖这些时间点的周期性模式。

在世界范围内，围绕这种天文时的周期性，产生了社会意义的文化事件，具有时间上的周期性，即经过一个稳定的时间周期，就会爆发，并形成一个稳定的"时间模式"。我们把这类事件的周期记为 τ，设任意一次文化事件的发生时刻为 t_0，则具有时间周期的文化事件，存在以下关系：

$$e_{\text{culture}}(t_0) = e_{\text{culture}}(t_0 + n\tau) \quad (8.10)$$

其中，n 为整数。

8.3.5　八卦中的时间模式

八卦是中国古文化的典型代表，在八卦中包含了事件的基本要素，并用圆周的循环来标记事件"周而复始"。周而复始也就意味着周期性。在《推背图》中，"万物循环"被作为一个基本内核，并提了出来。而这个循环性的含义之一，就是"时间周期性"。24小时的周期性，是自然的24小时的周期性，同时，也包含"人与天"相互作用的周期性，即"天人合一"的诠释含义之一。人的24小时周期循环是这一基本含义之一。同样，中国的二十四节气，也被标注在八卦中，这两个计时的要素，是对公转与自转时间要素，及其行为模式的直接阐述（牟重行，2011）。

8.3.6 时间行为模式小结

通过上述论述，我们可以看到一个基本的事实，在地球上，由于天文系统的时间调谐作用，导致地球上的物理事件、生物事件、人类事件，具有时间上的周期性，从而使这些事件具有时间上的周期性循环的模式化特征，可以用统一性的事件公式来表示：

$$e(t_0+t_{I0}+\Delta \tau_0+n\tau)=e(t_0) \quad (8.11)$$

其中，n 为整数，τ 为事件发生的时间周期。事件可以是物理事件、生物事件或人的活动事件。在人的活动过程中，任何一个由经验驱动的，具有时间周期性的活动，都可以用同样的方式来记录。

第三部分 精神运动学：行为模式

第9章 自然作用行为模式：空间地理行为模式

人类从原始的社会部落，转变为现代意义的社会群体，都与特定地域联系在一起。空间地域，与特定的天文地理、土壤环境、水分滋养、海拔条件等系列资源环境联系在一起，形成特定的地理资源环境，构成生物与人类的生存环境和条件，也就是一方水土。

在自然资源环境条件下，人类从资源环境中，获取生存与演化的资源，不断扩充自然资源提供的物质资源限制，获得生存的空间，并演化出了形态各异的人文地理的行为模式。从本质上讲，是人类个体或者群体与物理资源、生物资源之间相互作用中，形成的行为模式关系。这类行为模式，具有典型的文化地域特征，也就是文化地理模式。在民间，一方水土，是对文化地理行为模式的典型概括。文化地理，是人文研究中重要的分支，并形成了人文地理学。人文地理资源，已经成为现代社会开发的丰富资源。在长期的研究与地理资源的开发中，文化模式或者行为模式的差异性、丰富多样性、生态多元性，是这一领域旺盛生命力的源泉。

这些行为模式和空间存在关联，我们称为地域行为模式。地域行为模

式是人类生存过程中，人类文化多样性的具体体现。而我们研究这一要素的动机，仍然要从模式化中，寻找到这些文化地理现象上的共通性。这一现象，也构成了人类经验的一部分，是影响经验形成的根本要素之一。基于这一分析，我们需要从物理空间环境因素诱发的差异性中，寻找到空间行为模式的共通性，分析出人的行为模式的共通性，并找到地域模式的一致性，揭示在经验的增长系统中，这一动力要素。

9.1 温度带分布周期性

在人类行为方式的多样性中，存在一类因地域不同而产生的多样性，我们称为空间因素。从数理上讲，这一因素包含在事件结构式中。形同前文讨论的时间要素，空间要素形成文化地域的差异性，来源于多个因素的作用，需要逐步地进行分解。其中最重要的一条，就是天文因素。

在天文学意义上，地球构型的不同，接收来自太阳能量产生了差异，从而驱动地球的物理生态、生物形态和人类形态的变化。这是时间因素不能解释的。所以，我们首先，从这一要素开始，研究行为空间分布周期模式。

9.1.1 地球温度带分布

地球可以近似看成一个球形，地球弧形的分布形态，使得地球面向太阳时，同一经线上的点，接收到的太阳的能量并不相同（Baker, 2000）。

第三部分 精神运动学：行为模式

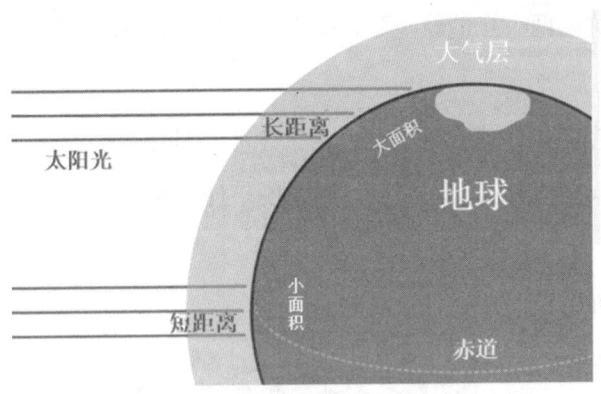

图 9.1 地球能量分布与太阳直射关系

注：地球是一个弧形，由于弧形的存在，导致同样能量的太阳辐射能量，在不同的纬度，投射的面积不同，能量分布也就不同，地表温度也就不同（Frederick et al., 1989）。

由于空间位置要素的变动，这就导致了地球表面能量出现差异。如图 9.1 所示，太阳距离地球比较远，可以认为到地球的光线是直射。这时，同样辐射的能量，投射到地球上时，高纬度地区投射的面积比较大，低纬度地区投射的面积比较小。这就导致地球上不同纬度地区，单位面积上接收到的能量并不相同，从而影响到地表的温度。

地球物理观察的结果显示，这一能量差异的直接结果，使得地球上产生了不同的温度带（Temperature zone），如图 9.2 所示。这是以赤道为分界线，形成的南北半球的对称性能量分布。

从事件结构式来看，这是太阳和地球之间发生光学作用的一种结果。地表的温度是太阳和地球两个客体之间发生作用而产生的作用效应 e_s。

如果我们把地球作为理想球体，并不考虑地表变化，如果把赤道平面作为参考平面，南北两极极点连线垂直于参考平面，地球的半径记为 r，地球半径在赤道面投影的极坐标记为 θ，和南北两极的联系记为 φ，则地球上任意一点的球坐标就可以记为：(r, θ, φ)。那么，在温度带上，

数理心理学：人类动力学

关于赤道对称的两个点的球坐标，就可以写为：(r, θ, φ) 和 $(r, \theta, \pi-\varphi)$，如图 9.3。

如果，把温度（或者气温）作为一个平均性事件，只考虑太阳直射的情况下，它们应该具有相同温度。则温度事件满足以下关系：

$$e_s(r, \theta, \varphi)_T = e_s(r, \theta, \pi-\varphi)_T \qquad (9.1)$$

这是地球的空间对称性造成的。

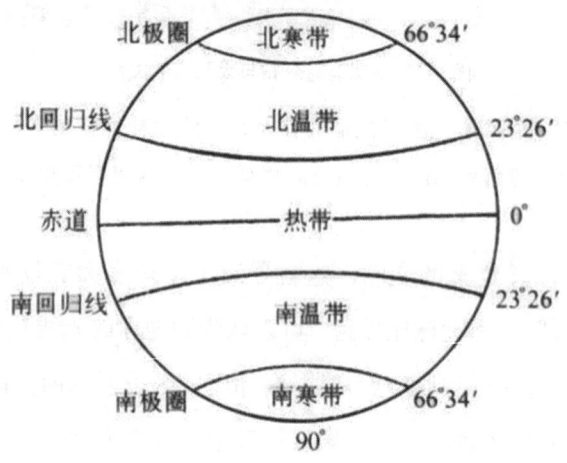

图 9.2　温度带划分

注：在地球上，从地球赤道出发，在天文地理上，依据能量的分布，分别被划分为热带、温带、寒带。南北半球形成对称分布。

第三部分　精神运动学：行为模式

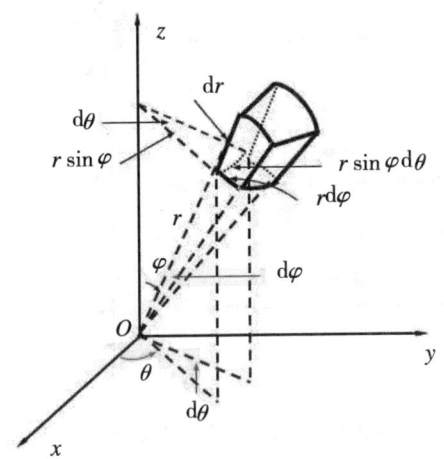

图 9.3　球坐标系

注：如果我们采用球坐标系，地球的半径设为 r，赤道平面为 x-y 平面，任意一点的半径在赤道平面上投影的角坐标记为 θ，半径和南北两极之间的夹角记为 φ，则地球上任意一点的球坐标可以表示为（r, θ, φ）。

9.1.2　地球空间调谐模型

地球空间曲度导致的对称性，是空间分布中的一个对称性，使温度带具有了对称性分布。温度带是温度分布的一种平均性效应的分布，它直接反映了地域的能量分布状况。也就是说，在太阳作用下，地球曲率成了影响能量分布的一个独立调谐参数。根据这一思想，我们可以得到一个形同地球自转和公转的调谐模型，如图 9.4 所示。

也就是在太阳辐射地球的过程中，由于地球弧度因素存在，地球弧度充当了能量调谐因素，是导致太阳对地球辐射、地球温度变化、生物变化的调节因素。太阳辐射充当了作用的联系介质。这也是地球上构成温度带的直接原因。

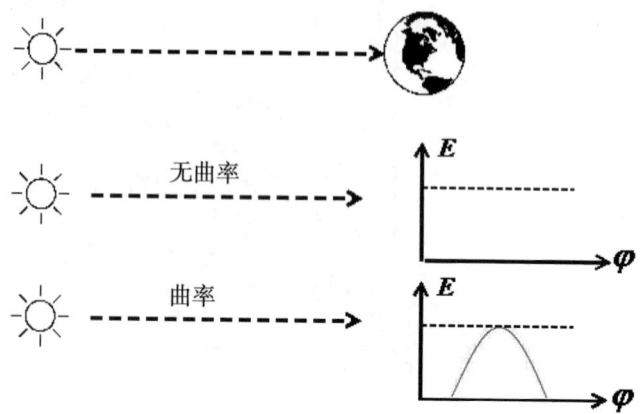

图 9.4 地球弧度对太阳能量调谐作用

注：太阳发出的信号，由于地球的弧度，到达地球上同一点的能量信号，会发生强度上的波动变化，成为被调制的能量信号，并左右半球对称分布，形成温度带。

9.1.3 地表对称破缺

地球的天然形状的对称性，是一种几何对称性，它是影响地球温度与能量分布的首要因素。但是，地球表面又存在起伏，起伏的地表，仍然会导致温度的变化，我们在高山地区的海拔的改变，可以感受到能量的变化。这一变化，又引入了新的因素，对称性发生了改变。这时，地表起伏的改变，意味着坐标 r 与 θ 的改变。在引入这一因素时，我们仍然不考虑在上述之外的因素，引起的地表能量的改变。在上面地表能量的式子，可以修正为：

$$e_s(r, \theta_1, \varphi)_T = e_s(r, \theta_2, \pi-\varphi)_T \quad (9.2)$$

即半径相同（海拔高度相同），满足南北对称（关于赤道对称），空间中满足旋转对称的点，能量分布相同。在这种情况下，r 成为一个影响地表温度的新的因素。上述这些因素，是由于地球本身的几何形状的变化，导致的地表温度与能量的变化因素。一旦明确了这种对称性，我们就可以利用这种关系，来讨论生物分布的行为模式。

9.2 降雨量分布周期性

水是生物的生命物质之一，直接对生物生命产生影响。在地球上，大部分分布着海洋，通过水循环输送到陆地，形成降水。降雨量受地球自转、风带、地质条件等天文地理因素影响，具有分布的周期性。在地理科学中，对降雨量的分布及其成因，已经有过详细的论述，这里，为了后续讨论降雨量对人类行为模式的影响，我们仍然来增加这部分知识的讨论。

9.2.1 降水的风动因素

空气对流形成的风动因素，是地球水循环的动力输送因素。风动的动力又受太阳、地球自转影响，从而构成自身的空气动力体系。太阳热动因素、地球自转因素，将是我们讨论的重点。

9.2.1.1 太阳热动作用

地球表面是大气层，大气层受地球与太阳的热动作用，形成各类气候现象。来自太阳的能量，通过辐射，到达地球，其中一部分能量首先被大气吸收。达到地球后，能量一部分又被地表吸收，使得温度上升。在这个过程中，地球还存在能量损失的因素，主要源于地球对太阳光能的反射和辐射。在地球表面，云层、地表可以通过反射，把能量反射回宇宙空间。地球本身和空气本身也是一个热源，对外太空进行辐射，从而使得地球温度下降。这两个因素使得地球表面温度处于波动变化中，产生生物适宜的温度，这个过程，如图 9.5 所示。

数理心理学：人类动力学

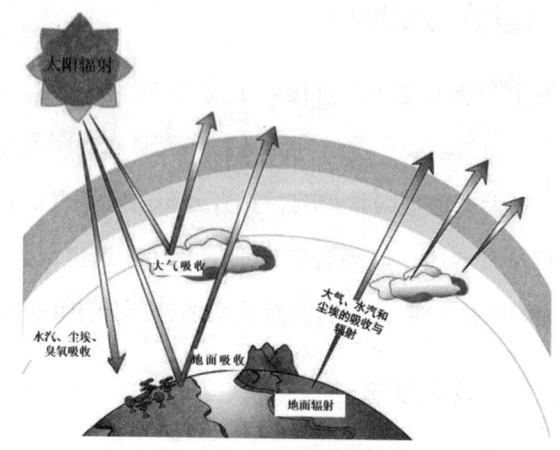

图 9.5　太阳对地球的热动作用

注：地球接收来自太阳的能量，一部分被大气吸收和反射，另外一部分被地表吸收和反射。吸收的能量构成了地球升温的因素，反射和自身辐射出去的能量，成为地球降温的因素。图片源自 Steve Ackerman and John Knox. US Department of Energy（ARM）。

9.2.1.2　地球高压与低压

地球是一个球体，弧形的分布，导致接收到的太阳的能量并不相同，也就是地表的温度不同。越是接近太阳直射的区域，能量越高，反之也就越低。在高温度区域，空气吸收地表的能量，温度上升，从而形成上升气流；在温度低的区域，则形成下降气流。从外围大气来看，温度较高的高空区域，由于气流上升，热动动能比较大，压力较大，也就是高压区；与之相反，气流下降的区域，则形成低压区。高压区和低压区的压力不平衡，驱动空气流向低温地表对应的高空区域。而在地表，地表温度高的区域，空气的上升，导致地表空气稀薄，气压降低。而较冷的地表，空气下降，地表气压压力增加，从而形成高压区，驱动地表气流流向温度较高的地表。这两种方向相反的气流，互为依托，形成了空气对流现象（白光润，2006），

第三部分 精神运动学：行为模式

如图9.6所示。

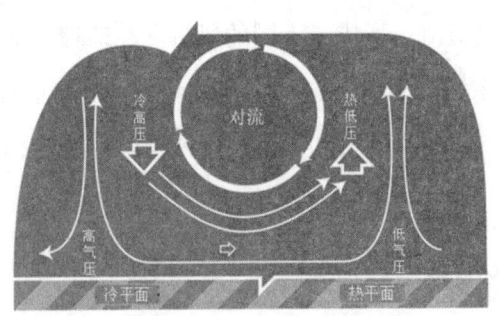

图9.6 高压和低压形成

注：地表温度不同，高温的地表，对空气进行加热，使得空气热能增加，热动动能增加，空气上升，在高空形成高压区。反之，低温的地表，在高空就形成低压区。高压和低压的存在，使得高空区的高压区空气向低压区流动，而在地表，冷空气则流向温热地表补充空气。采自https://www.e-education.psu.edu/emsc100tsb/node/329。

9.2.1.3 地球气压带与风带

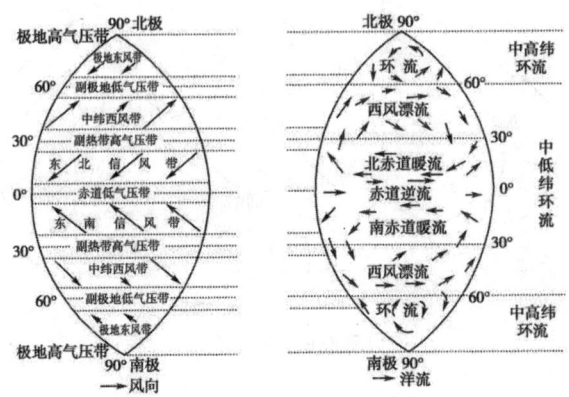

图9.7 地球气压带和风带

注：从地球表面，依次形成了赤道低气压带、副热带高气压带、副极地低气压带、极地高气压带。由于地球自转影响，风带则具有了非南北倾向的风带：信风带、西风带、东风带。

在地球表面，基于太阳提供的能量，地球表面，形成了不同的气压带，包括赤道低气压带、副热带高气压带、副极地低气压带、极地高气压带。气压带之间的空气对流，形成了不同的风带。在地理科学上，风带分为信风带、西风带、东风带（J.Park et al., 1984）。在空气流动过程中，由于地球自转影响，风向并不是南北朝向，而是具有一定倾斜方向，如图9.7所示。

9.2.2 降水的水循环模式

地球上大量的水体是海洋，受到太阳照射，水体受热蒸发，形成云。来自海洋的风力，驱动云向大陆运动，随着海拔的升高，气温逐渐下降，来自海洋的水汽温度开始降低，并逐渐形成降水，陆地上的水，则通过江河汇聚，又流向大海，从而构成了水的循环（申文瑞，2014）。水是生物的生命物质之一，水的循环，孕育了生物的发展，如图9.8所示。

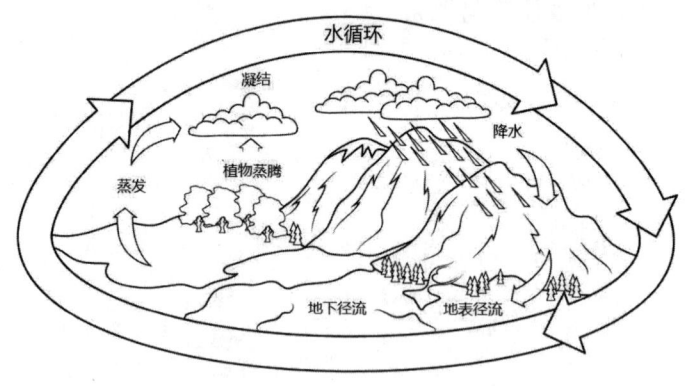

图9.8　水循环

9.2.3 降水量分布特征

在水循环过程中，每个地域的降雨量并不相同，地质科学研究表明，降雨量受水循环过程中的各个因素影响，从而在地域上产生规则性。一般的情况下，降雨量具有径向分布特征和风向分布特征。

在水循环输送的过程中,降雨的影响,从大洋输送到陆地的降水,会随着降雨,水汽量减少,降雨量逐步减少,从而表现为径向特征,如图9.9所示,在世界范围内,都可以观察到这一现象。同时,降雨量还受地表影响,一般情况下,迎风面的地表,地势抬升,造成空气上升,空气温度下降,诱发降水。从而,迎风面降水低于背风面降水。

把降雨量用 E_r 来表示,考虑到径向特征,并考虑到纬度方向的风带、地质的影响,则降雨量是 r, θ, φ 三个变量的函数,可以表示为:

$$E_r = f(r, \theta, \varphi) \qquad (9.3)$$

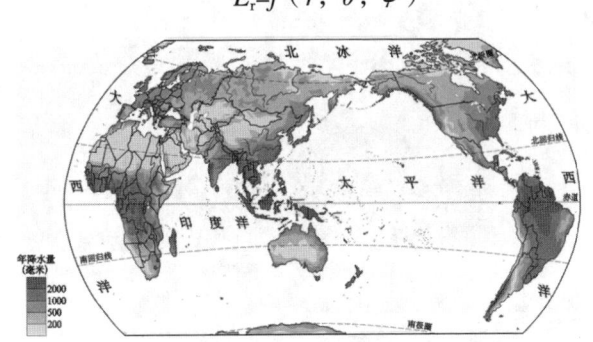

图9.9 世界的降雨量分布

注:在世界范围内,都具有径向的特征,并同时受风带、地势影响。

9.3 地球生物关系模式

受温度因素、土壤因素、水分等影响,地球上的植物、动物分布表现出一定的行为模式。而人类生存又依赖于地球能量分布、植物分布与动物分布,它们的模式化,进而影响到人类分布的模式化。在第一节中,我们主要考察了温度因素,其他因素我们并未列入重点。我们这里仍然沿着温度与能量这一主线,来考察地球上生物的行为模式,也就是温度与能量模式。之所以把这一模式列为首要模式,这是因为能量是万物的物理动力、生物生理动力的最终根源,而温度是热力动力的直接反映指标。

9.3.1 植物纬度与海拔分布模式

地球地表的植物，受太阳温度与能量的影响，在地表上表现出纬度分布特性，也就是一种生长分布的模式。从低纬度地区开始，向高纬度地区逐步增加的过程中，单位面积上的地表接收太阳的能量开始下降，受这一调节因素影响，在地表上植物的分布表现出种群的变化。

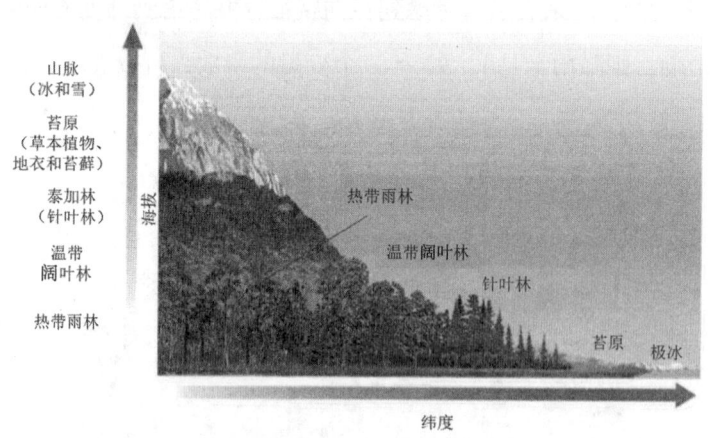

图 9.10　纬度和海拔对植物分布的影响

注：随着纬度的升高，植物带依次分布了热带雨林、温带阔叶林、针叶林、苔原植物。同样，这一分布模式，随着地球海拔高度的增加，也表现出同样的模式。这两种模式，都是由太阳能量的调节因素引起的。采自 https://www.latitudegeography.org/stage-6-geography-bridging-course.html。

如图9.10所示，是纬度和海拔对植物分布的影响效应。横向表示纬度，纵向表示海拔。随着纬度的增加，在单位面积上，太阳辐射的能量减小，地表温度降低。地表的植物，获取太阳辐射的能量，驱动自身生长，受这一因素调节，植物带表现出带状特征，依次为热带雨林、温带阔叶林、针叶林、苔原植物（白光润，2006）。这一行为模式的分布特征，随着海拔增加，表现出同样的非分布特征。

第三部分 精神运动学：行为模式

9.3.2 生物生态关系：食物链

不同的植物，形成了植物的种群群落，构成了其他生物的食物来源，从食物链来看，植物居于食物链的最底端。不同的动物之间，按照生物链的层级，又分为初级消费者、二级消费者、三级消费者等。在生物链中，人类是整个生物链的顶端。这是人类在长期进化中，不断演化的结果。在不同的层级之间，每个生物除了满足自身的生理需要之外，还会由于生理活动，造成能量的消耗而排出生物体外部。也就是不同生物层级之间，在传递能量消耗时，能量并不能等量传递。不同层次之间的种群的动物数量，逐步减少。

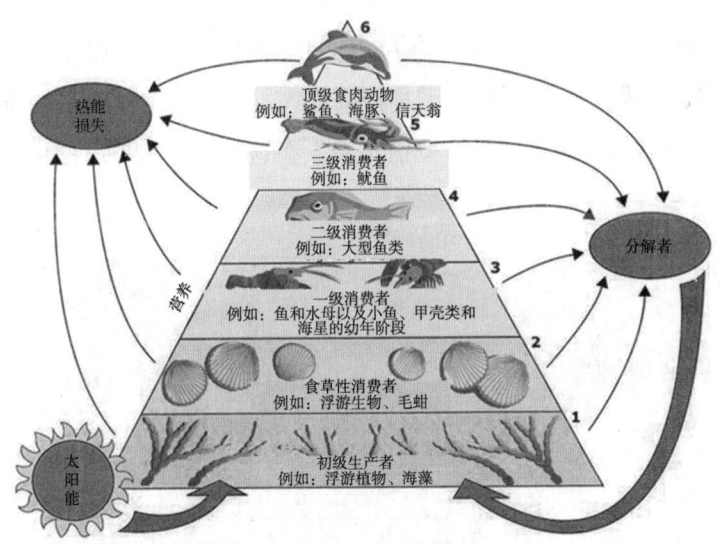

图 9.11 能量金字塔

注：在食物链中，植物是所有动物的食物的来源。对于任意一个生态系统，由于食物的消费层级不同，动物被划分为一级消费者、二级消费者、三级消费者等。在不同层级之间，动物满足自身生理需要，一部分能量被传递给下一级生物，一部分在生理活动中消耗，能量传递过程中，并不是等量的。采自 https://www.sciencelearn.org.nz/images/144-marine-trophic-pyramid。

数理心理学：人类动力学

这就决定了，在生物活动过程中，受基本的食物链关系制约。食物链是生物之间的关系连接。从数理本质上讲，食物链是食物之间的一个基本作用关系，它是能量输送的传递介质。

9.3.3 生物生态系统

以不同的植物为食物基础、依据食物链关系为连接，不同的独立生物连接在一起，相互影响，构成了生物系统。按照不同的地域生态，生物系统可以划分为不同的种类。

9.3.3.1 温带雨林体系

在植物分布的模式中，针叶林是一类特殊的植物带。以这一地域的植物系统生态为基础，构成了特定的食物链系统。图 9.12 是北美洲，温带针叶林这一类针叶林生物系统的食物链关系。在这里，我们不讨论每个个体生物与生态系统之间的个体差异关系。

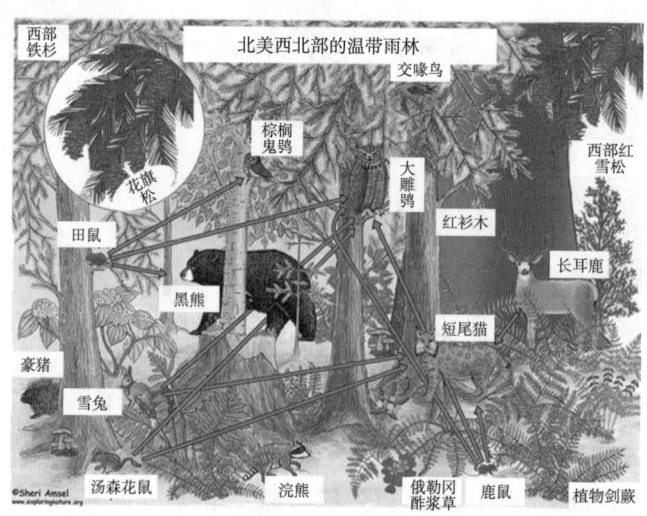

图 9.12　针叶林生物系统中的食物链结构

注：采自 http://wiringblog.today/northwest-forest-biome-diagrams.html。

9.3.3.2 热带雨林生态体系

在热带，能量充足，水分充足，形成了特定的热带雨林。这里植物一般高大茂密，生长速度快，提供了丰富的食物。这就使得这里的动物数量繁多，种类丰富。各类生物之间，依据生物链，也就构成了自己的特定生态链体系。图 9.13 是一个热带雨林的生态体系的图。

图 9.13　热带雨林生态系统

注：采自 http://y4rainforest.blogspot.com/2015/05/food-web.html。

9.3.3.3 寒带苔原生态体系

在寒带，气温比较低，这一地域的植被相对荒芜。植物提供的食物数量相对较少，以植物为食物的动物数量降低，在这一地域生存的动物，构成了寒带的特有生态体系。

数理心理学：人类动力学

图 9.14 寒带生物系统

注：在寒带，气温降低，植被相对荒芜。植物提供的数量减少，导致动物的种群数量减少。采自 https://www.exploringnature.org/db/view/Grade-2-2-LS4-Biological-Evolution-Unity-and-Diversity。

9.4 地域资源行为共通模式

在特定的物理地域，是生物赖以生存的场所。物理的地域环境，接收太阳提供的基本能量，并转换为生物的能量，进而生成生物的生态系统。也就是说，由太阳光能提供的生物能量系统，提供了生物赖以生存的物理环境，而生物生态塑造的生态环境，构成了人类生存的两大基础。这构成了人类生存的资源基础。

在第一节与第二节中，我们讨论了生物受到地球环境资源的制约，而形成的物质资源关系。任何一种人类的人群，都生活在一定资源环境中的物理环境中，从环境中获得自身生存与发展的必要资源。在任意一个地域，在一定技术水平下，都存在资源的容纳能力，也就是资源承载能力。

资源获取和突破资源承载能力的探索，构成了人类发展过程中探索的一个基本主题，也逐步演变为一种人类具有的行为模式。人类生存方式的

第三部分 精神运动学：行为模式

多样性，受到这一物理环境因素的制约，也就构成了地域特色。而隐藏在地域背后的人类行为方式，也就表现为模式化特征。从数理心理学角度，研究这一问题，就是研究地域背后的行为模式问题。在文化地理行为模式中，我们需要探索人类个体和群体，在资源获取方式上的行为方式，以便理解人类具有地理文化经验。

9.4.1 资源承载能力约束

生物资源承载力是指在给定食物、栖息地、水和其他必需品条件下，环境所能够承载的最大的生物种群数量（Hui，2006）。最初，它们用来研究一个土地上，可以饲养的动物的数量。后来，这一观念，被扩充到人类人群的承载研究。

一个地域的生态系统，是一个自组织的开放系统，即要为生物系统提供给养，又要消化掉生物系统产生的废弃物。具体地讲，一个地域系统的生物给养的物质因素包括：食物源、水、原材料供应及同类或者相似的代替物。系统产生的需要消耗掉或者自我修复掉的代谢物包括代谢废弃物、损坏的废弃物等。

Paul R. Ehrlich（1920）提出了一个方程，用以研究生态系统中的承载力问题（Ehrlich et al.，1971）。

$$I = P \cdot A \cdot T \quad (9.4)$$

其中，I 代表消耗，也就是对环境的影响因素。P 代表人群的数量，A 代表人均消耗，T 代表技术。

最理想化的一个数学形式 Logistic 增长曲线。例如，在图 9.15 所示的一个鱼群构成的生态系统中，按食物链结构会构成一个层级化的结构。随着时间的增长，生态群体中的任何一个种类数量都在扩大，生态系统的最大承载量为一个最大数（承载量）（如图 9.15 横线所示）。在增长过程中，

数理心理学：人类动力学

鱼群的氧气消耗量开始增加，对食物消耗增加。随着鱼群数量的增加，又意味着单个鱼的空间占用减少、传播疾病的概率增加等。这些因素综合在一起的结果，就使得鱼塘具有一个鱼群的最大承载量，制约着整个总群的发展。种群随着时间的演变曲线，满足 Logistics 曲线。这种方式，也被推演到人类群体的分布。

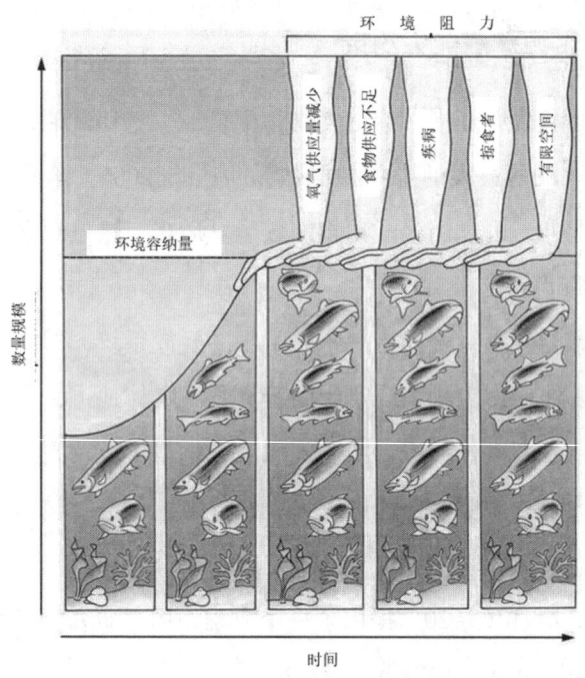

图 9.15　鱼塘生态系统的最大承载量

注：这些资源因素综合的结果，导致鱼群的承载量具有一个上限，也就是资源承载量。采自 http://schoolbag.info/biology/concepts/115.html。

9.4.2　服装保暖性能模式

获取生存与发展的资源，是所有生物都具有的基本动力性。在和自然环境适应的过程中，人类表现出了各种有趣的行为方式，包括行为模式上的差异性和多样性。在模式中，既有不依赖于地域共同性的特征，也有因地域资源差异而导致的行为模式差异。获取资源的行为模式，可以体现在人类个体和群体的各种生活中，例如，吃、穿、住、行、用等。

9.4.2.1 服装保暖纬度模式

服装的物理功能之一是其提供的保暖功能。世界各地的服装，都会考虑这种功能。而地域分布导致的温度差异与资源差异，会影响这种功能的展现和使用。我们把这一因素和温度带结合在一起，一个有趣的模式就会展现出来，即衣服的保暖功能性，会受温度带调节，从而表现为模式化特征。

为了排除一些干扰性因素，例如，人工的干预（取暖条件等），我们采用一些相对干扰性因素比较小的历史服装案例，来说明这一事实。这里，我们以热带雨林气候、温带气候、极地严寒气候三种条件，来说明地域变换导致的气候变化，导致的服装保暖功能的改变，我们以冬季作为观察条件（冬季气候，各个温度带之间气候差异巨大）。

在亚洲地区，越南是典型的热带雨林气候，气候炎热潮湿。为了适应这一气候特征，服装一般利于身体散热，越南传统服装"长袄"（也叫奥戴），是一种历史宫廷女性服装，服装飘逸、宽松，适合热带雨林气候，并受到当地居民喜爱，如图9.16。

数理心理学：人类动力学

图 9.16　越南长袄（袄黛）

注：起源于 18 世纪顺化广南国的宫廷服装，于 19 世纪和 20 世纪初演变成五身贵族长袍。后经现代服装设计师设计，逐步演化为越南国服。该服装所用材质，适合越南热带雨林气候，而成为该气候下女性欢迎服装。采自 https://clipartxtras.com/。

中国北方地区，属于典型的温带气候，相对热带而言，四季明显。在冬季，气温相对较低，居民一般穿厚冬衣作为保暖服装。相对热带的服装而言，这一着装方式发生明显改变。图 9.17 是清朝末期官员，李鸿章带领手下参与八国联军的谈判。在该照片中，李鸿章及其手下，身着冬季服装。冬季厚棉服明显，具有明显保暖特征。这种差异性，和热带地区的服装的保暖差异性，表现明显。

因纽特人，是蒙古人的一个分支，属于黄色人种。经过长期的历史，迁居到极地地区。极地属于严寒地区，温度极低，在这种温度条件下生存，需要极高的保暖条件。为了适应这一气候特征，因纽特人多以打猎为主，获得的动物毛皮，利用密实的皮质，进行身体保暖。图 9.18 是因纽特人在冬季拍的照片，展示了这一生活的风格。

第三部分 精神运动学：行为模式

图 9.17　身穿冬服的李鸿章

　　各个地域的服饰，其保暖特性，是一个地域性表现出来的变化方式。从本质上讲，地球纬度变化，引起地表接收的太阳能量发生变化，从而引起地表温度变化，从而影响人对温度的感知，并体现在服装的保暖性能上。如果把保暖作为一个事件，记为：E。则保暖事件，应该表现为纬度特性。同一纬度带上的两个坐标分别记为：(r, θ, φ_1) 和 (r, θ, φ_2)。那么，它首先在纬度带上表现为横向特性，即同样的纬度带上，表现为同一模式。

$$e(r, \theta, \varphi_1) = e(r, \theta, \varphi_2) \tag{9.5}$$

图 9.18 因纽特人

注：因纽特人为了抵御极地寒冷天气，以食肉动物的毛皮做衣物，油脂用于照明和烹饪。服装厚实，严密缝合，并把全身包裹起来，保暖性能更加优越于温带服装。采自 https://en.wikipedia.org/wiki/Eskimo。

9.4.2.2 服装保暖海拔模式

在温度调节中，我们讨论了海拔的因素，海拔是地表高度变化的一个关键因素，这个因素的存在，使得不同的海拔高度，具有不同的温度。这个因素，也就成为影响人的服装保暖的调节因素之一。因此，需要对上述事件的模式进行修正。我们把同一纬度带，不同的海拔用 r_1 和 r_2 来表示，则上述的服装保暖的模式就可以修改为：

$$e(r_1, \theta, \varphi_1) = e(r_2, \theta, \varphi_2) \qquad (9.6)$$

从该式中，我们可以看到一个很有趣的现象，在同样的温度带，相同的海拔条件下，应该具有相同的服装保暖模式。这是考虑纯粹的物理条件下，所获得的结论。但是，很多海拔地区，又分为阳面和阴面（高山地区），这一结论又需要修正。我们不在这里展开论述。

9.4.3 住房模式

住房，是人类在生存过程中的重要发明之一，并成为人类扩张中，重要的生命保障的物质形式之一。住房具有以下几个重要的功能：

（1）提供生息的场所；

（2）提供休息过程中的保护场地；

（3）社交功能；

（4）抵御恶劣天气；

（5）提供财务储存场地等。

为了满足上述功能，住房在构造过程中，具有了共同的模式特征。也就是功能的共同性。

9.4.3.1 住房模式共通性

在住房的诸多功能中，其中之一，就是具有排水的功能。也就是在雨天的情况下，防止雨水泄漏，提供基本的干燥、供暖环境。为了使住房具有排水功能，房子的房顶一般设计成倾斜的结构，便于水的排出。受雨量影响，房子的房顶排水结构的复杂程度、设计功能并不完全相同，在世界范围内，可以观察到这种现象。

但是，在房屋的结构中，人们统一构造了共同的结构：

（1）门；

（2）窗；

（3）屋顶；

（4）围墙。

如果我们把人类构造房屋结构，作为一个事件，记为 $e_h(w)$，则在世界范围内，房屋的这一功能特征，具有了普遍性，且不以地域而存在。这种模式，可以记为：

$$e_h(w_1) = e(w_2) \tag{9.7}$$

这是人类共同性的功能需要造成的。但是，我们的住房的某些功能，又受自然因素调节，而体现在人的住房的模式中。

9.4.3.2　住房模式降水调节

住房具有抵御恶劣天气的功能，降雨就是其中之一。在世界范围内，每个地域的降雨量是不同的，降雨量不同，也就意味着排水对房屋有着差异性的需求，并有可能引起排水功能的变化，这是调节住房微观结构模式的一个因素。屋顶是排水的主要功能之一，排水的性能受降雨量影响。我们可以通过以下事实来说明这一问题。我们仍然提取最原始的草屋作为比较的依据。

干旱地区，降雨量稀少，或者几乎无雨水，人类活动需要的水分，主要来自其他水源，常见的环境包括沙漠、戈壁等地貌。在这一地域建造的房屋屋顶，对避雨的功能性需求比较低，这一模式得到弱化。

（a）

第三部分　精神运动学：行为模式

（b）

图 9.19　北美西海岸地区的土著居民的茅屋

注：a.北美西海岸土著居民的草屋。北美的其海岸，大西洋的季风，由大陆吹向海洋，海洋的气流难以到达陆地，从而形成干旱气候。居住在这一地域的土著居民，利用树枝和草料建筑的房屋，排水能力比较弱。这一现象，在非洲的干旱沙漠地域同样可见。b.非洲沙漠地区的草屋。

在降雨量明显改善的地域，房屋的排水性能立即会发生变化，并产生了不同的形态。在我国，雨量分布形态不同，房屋屋顶的形态也随之发生改变。在我国发行的一套民居邮票中，可以看到这种模式的变化。在中国南方的沿海地区，如浙江、广东、福建或云南边境，受热带气旋影响很大，降雨量充沛，这时，屋顶结构的建造，首先要考虑到降水的影响，并利于排水，屋檐一般较大。而在降水比较少的北方地区——北京、内蒙古等，屋檐则短小。这些事实都说明，人类构造屋顶的这一行为方式，受到了降雨量因素的影响。也就是说，构造屋顶，是世界范围内房屋构造考虑的共同性的"行为模式"，尽管房屋的屋顶存在差异，但是，屋顶本身，具有共通性，而降雨量是影响因素之一。由于降雨量受到地域影响，房屋屋顶的排水结构，也就必然和地域保持了一种关联性。

此外，住房还受到材料因素的影响，材料本身是房屋的一个变异因素，也就是一个地域文化因素。

图 9.20　中国民居的屋顶结构

注：在中国不同的地域，受到降雨量的影响，不同地区的屋顶的排水性能并不相同。在南方降雨比较丰沛的区域，降雨多，屋檐一般比较大而陡，便于排水，而北方地域，则相对短小。

人类个体或者群体，在和自然界相互作用的过程中，还存在很多其他的行为模式，这类模式，都是由于自然界物质因素对人类产生影响，人类为了适应这一特征，而长期演化出来的行为模式。这些模式种类繁多，我们将不再一一列举。尽管如此，我们必须指出的是，地域资源的独特性，构成了行为模式多样性背后的根本原因。

9.4.4 出行行为模式

出行,是一项很重要的日常内容,在人类共同的发展中,"鞋"是人类发明的一项保护双脚的重要工具。世界范围内,鞋子的门类千奇百怪,表现出了各种文化差异性。

在欧洲,荷兰是一个典型的具有地域文化的国家。荷兰临海,是北欧多个河流的入海口,大部分面积在海岸线以下,居住环境潮湿。为了适应这种环境,原民利用白杨树木,雕刻木鞋,并使用木鞋。木鞋透气,加入其他材料填充后,具有保暖、不易渗水等特性。至今为止,仍有人有穿木鞋的习惯。

此外,风车、郁金香和木鞋,并称荷兰三宝,都是原住民和环境相适应过程中,探索出的特殊行为模式,以适应这一地域环境(郭全其等,2002)。

人在一定物理环境中生存,并和物理环境中表现出互动。这种在物理环境中的互动性,使得人的行为模式表现出和环境相适应的特征,从而使行为模式和特定地域相联系。在地域环境差异比较大的区域,这类行为模式可以凸显出来,并表现为一种地域的文化模式,或者是地域特色。在世界范围内,我们都可以观察到这类模式。而穿鞋的行为,是整个人类具有的一个共同性的模式,具有空间上的不变性。由此,穿鞋这一行为模式可以写为:

$$e_x(w_1) = e_x(w_2) \qquad (9.8)$$

图 9.21　荷兰木鞋

注：荷兰居住环境临海、低洼且潮湿。白杨做的木鞋，防止冻伤，透气，不易透水。穿木鞋是荷兰人在早期和自然环境互动中，形成的一类行为模式。

第三部分　精神运动学：行为模式

第 10 章　社会经验偏好模式：社会角色模式

　　人类的经验知识，包含了两个基本种类：一类是以"物"为对象的经验，一类是以具有精神活动特征的"人与动物"为对象的经验。

　　以物为研究对象，形成的人类经验，经过漫长的人类历史积淀，逐步形成了关于"物质"的定量化的知识体系，这些分支体系，最终形成了"自然科学"的基本知识体系。

　　以这一知识体系为基础，人类个体或者群体逐步掌握了物质世界的运作模式和内在规则，并利用这些模式和规则，实现对自然物质世界的物质化改造。自然科学的成功在于把个体主观经验认知，上升为全人类的普遍性共识，即不依赖于个体主观经验承认与否，符合自然社会运作的一个科学体系。这些人类的经验知识体系，在自然科学中，大量地被发现，我们并不展开论述。

　　同样，以人类自身为认知对象，形成的人类经验知识，是人类个体或者群体之间，互动的产物。它的本质是人类群体或者个体之间相互作用的结果。这部分经验和知识，构成了"社会科学"发展的各个分支，形成了

数理心理学：人类动力学

庞大的社会科学的知识体系。从本质上讲，社会科学发展的各个分支，是人类精神产物的直接反映，它的理论根基在心理学。

这两类经验知识，具有两个基本的功能：驱动人类对物质世界的改造和对自身的改造。自然科学的经验，以物理学为代表，沿着统一性理论的发展思路，已经形成了定量的、半定量的知识体系，相对比较完善。而社会科学的知识体系，在其发展的漫长过程中，关注人类个体和群体之间的差异性，形成了多门类的差异性描述性经验知识，仍未形成统一性架构体系。

而人类社会的所有活动，都是以人类的精神性为驱动的，这就提示了"社会科学"的理论根源。我们需要从经验知识中，寻找到社会经验知识的精神动力性和统一性。

社会经验与物质经验的差异，在于它的内在精神动力特性。在"心理事件"与"物理事件"的结构表达式中，已经揭示了这种差异，即两者事件的结构式中，既包含了两者作为"物"的共通性，也具有了精神意义上的区分性。

也就是说，在人的经验体系中，既包含了对物理世界的主观经验的表达，也包含对社会世界的主观性经验的表达。因此，社会知识，也应该把个体主观经验认知，上升为全人类的普遍性共识，即不依赖于个体主观经验承认与否，符合社会运作的一个科学体系。这提示，我们应该从统一性的社会模型构造中，来寻找人类社会经验表达的一致性。

而人类的社会经验，会部分进入个体的经验系统，驱动人类的思想运作，从而形成个体的行为模式。这就提示，我们需要从人类社会的经验中，研究人类个体或者群体具有的社会经验模式，这构成了本章之后探索的逻辑主线。

10.1 经验对象模型

人类自然科学经验体系的经验，来源于对自然的解读和理解，以及对自身的自省和理解。前者属于自然科学，后者属于社会科学。在历史发展中，两者有时又交叠在一起，东西方都表现出了这类特征。整个自然科学经验体系人类社会的发展，实际上也就是人类经验知识的发展。这时，我们就得到一个有趣结论：人类社会的发展历史，最终是人类社会的"思想发展史"。人类思想的发展历史，必然是一部"人类经验"发展史。经验知识，有两种表现形式：物质知识与社会知识（个体意义的和科学形态的）。

10.1.1 物质经验体系

人类对物质世界的理解，逐步从个体意义的主观体验，转换为人类意义的知识经验体系——自然科学。自然科学有着深远长期的发展历史，形成了独立的知识体系和逻辑结构，并延续至今。在这个过程中，自然科学研究的方法、内容体系，有着内在的逻辑体系，并表现出广泛的普适性，渗透到自然科学研究的整个体系中。在前文的哲学体系中，我们已经讨论了这套方法，并仍然在这里重新表述。

10.1.1.1 研究对象简化

在自然科学中，要研究世界的普适性，首要就是找到研究对象的普适性。物理学是整个自然科学的根基，我们以物理学为例，来说明这一问题。在经典的物理学体系中，"质点"是一个抽象的概念，也就是研究对象（Yao et al., 2006）。这是从世间万物中抽象出来的一个"模型"概念，从而使世界万物都满足这一模型：不分大小、只有质量。

10.1.1.2 现象学

世界万物都是运动的，物理运动是基本运动形式之一。物理对象的运动描述，是物理对象的现象学，即用数理的方式，来描述物理对象的运动现象。通过笛卡儿时空（牛顿时空）的数学、高等数学的运算手段等，使得物理学的运动能够用数学来表达（Sklar, 1977）。这一表达，显然也符合人的自然观察，即和自然观察相一致（两个铁球同时落地是这一观念的极好诠释）。在社会科学中，这一环节，称为现象学。

10.1.1.3 动理学

动理学是自然科学中动力学的一个分支。它用来研究运动学中，影响运动现象的因素。在经典物理学中，质点的初速度、受力、质量等都是影响运动状态的因素。

10.1.1.4 动力学

动力性是所有力学体系，都需要关注的基本目标。它的基本动机是建立现象学与动理因素之间的数理关联，并用数学最终表达出来。牛顿第二定律是这一形式的一个很有效的表达。

10.1.1.5 普适性

这一思考方法，从经典的物理学体系中，被延展到整个物理学体系中，成为自然科学思考的一个普适性方法体系。后续的"热力学""量子力学"及"相对论"等，都秉承这一思考方法。

在自然科学中，这类方法，论述较多，我们在此并不展开。这是自然科学中最一般性的思考样式，也是人的经验思考的方法学层次与样式。这也构成了自然科学模型构建的基本体系。

10.1.2 社会经验体系

人与物的作用，建立了人对"物"理解的经验体系，也就是"自然科学"知识体系。人所面临的对象，除了物之外，还包括具有精神意义的人与人的交往。也就是说，人的经验体系，除了自然科学的体系之外，还要具备"人与人"交往的知识体系，也就是"社会经验"（或者说社会心理学经验）。这就要求，我们必须清楚，在人的知识经验中，这类经验的本质。

10.1.2.1 社会经验表征对象

社会科学的经验，是人类把自身作为"对象"而逐步建立起来的社会性经验。研究社会性经验，需要明确两个意义的研究对象：（1）社会学意义的对象：社会结构化群体；（2）人类心理结构意义的对象：心理功能结构对象。

10.1.2.1.1 社会结构化群体

人类社会是一个群体，不同群体的人组合在一起，并完成一定功能。而且，这些群体按照某种规则组合在一起，形成有秩序的结构，例如，国家、组织、企业、事业单位等。也就是说，社会化的有结构的群体，是人类经验表征的对象，也就构成了人类经验的一部分。人类在这个结构中生活，受这部分经验的驱动，从而表现为模式化行为。例如，上班的时间是一种约定的模式化行为，从中寻找到"社会群体"表现出的"群体行为模式"。这些群体行为模式，同时也是个体意义的行为模式。

10.1.2.1.2 个体精神功能系统

人类个体，发生各种形式的精神活动，如知觉、推理、决策、动机等，都受存储于记忆中的经验支配。人的神经功能系统，也就构成了我们研究的对象，并探索它们内在的"心理结构"。在这些结构中，找到经验驱动的"个体行为模式"。

10.1.2.2 社会作用关系模型

人与人之间,基于不同的社会交往动机,进行互动。这个关系,我们用图 10.1 的人际模型来表示。人类个体或者组织 A,基于某种特定目的,与个体或者组织 B 进行交往。在交往中,可能实现"物质"之间的交换,也可以是"物质等价物"的交换。从经济学角度来看,可以是现金、实物、人力资源、知识与技术、人脉或者名利、信息传递(个体之间的信号交流)。

无论是物质意义的交换,还是物质意义的信息交换,最终都要转换为人类神经可以采集到的信号,进入人的神经系统,才能被人类大脑感知。这一模型,我们称为"社会作用关系模型"(陈少华,2013),如图 10.1 所示。

在社会作用关系模型中,人类个体或者群体构成了该模型中的基本要素,或者功能单元。人与人(人与群体)之间的物质交换,从本质上是一种信息交换,即交往关系是通过信息的传递实现的。它把人类众多的人际交往中,最核心的要素提取出来,即抓住人际交往过程的客体,使复杂的人际相互作用,简化为一个基本作用形式。只要抓住了这一基本作用内核,就可以演化出多种交往关系。显然,这是一个简化的模型。在组织内部,往往又是有结构的,即组织内部的成员,按约定形成一定社会结构的集团,实现特定的功能关系。在社会结构中,我们将重新揭示这一关系。

第三部分 精神运动学：行为模式

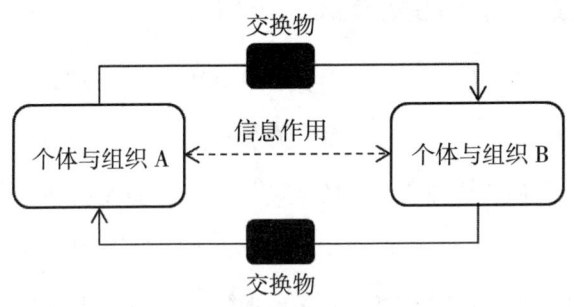

图 10.1 人际模型

注：人类个体或者组织 A，基于某种特定目的，与个体或者组织 B 进行交往。在交往中，可能实现"物质"之间的交换，也可以是"物质等价物"的交换。从经济学角度来看，可以是现金、实物、人力资源、知识与技术、人脉或者名利、信息。所有这些关系，从加工意义上而言，都是信息作用关系。

10.1.2.3 人际交往事件修正

人与人之间的交往，都是具有精神意义的人，基于特定的动机而进行的交往。从数理意义上而言，交往也是一个"事件"。因此，交往过程，可以用事件的定义式来描述。考虑到人交往的动机性，我们需要对人与人之间交往的定义式，重新进行修正。

$$E_{psy}=w_1+i+w_2+e+t+w_3+bt+mt+c_0 \quad （10.1）$$

其中，w_1，w_2 表示交往中的人类个体，i 表示相互作用，e 表示作用效果（或者作用效应），bt 表示行为动机，mt 表示内在动机。bt 表示人类个体或者群体，从事某项社会化活动中，在行为上表现出来的动机。mt 表示人类个体或者群体，从事某项社会化活动中，在内心具有的实际动机，也称为内在动机。它们的确切含义和数理意义，我们将在动机部分进行讨论，这里就不进行展开。

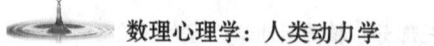

10.2 社会结构功能模式——权利

社会中的个体,以某种连接关系,连接在一起,从而发生相互作用。个体的汇聚,形成了社会,社会因为关系的存在,从而变成有结构的系统。它的本质,是具有"精神意义"的人的运作,也就是群体心理活动的运作的产物,这暗示了一个基本的逻辑路线,我们需要从社会关系连接性中,找到社会结构的基本心理根源,从而来理解社会结构的数理心理学本质。

社会群体构成了一类具有社会结构的生态系统。作为物质对象,社会群体具有的社会结构,在一定时期内保持稳定,并以经验的形式固化下来。这类经验,又以一些特定的经验方式,在人群中传递并延续,构成了社会群体行为管理的一类特殊模式。

在社会科学中的不同领域、不同国度,积累了大量的对社会结构的发现与研究成果,例如,历史学、经济学、社会学等,从不同的角度来揭示这一体系运作的基本规则。把这些发现,逻辑在一起,并和心理学的经验科学及度量科学联系在一起,就可能成为社会经验的数理科学。

这部分经验体系,支配了人类社会发展的基本社会形态和意识形态,影响几乎所有人的终生生活并成为文化学的重要部分。

由此,以社会结构为内容的社会经验体系,必须在心理学层次上,揭示它的行为模式,并由此,揭示社会心理学背后的现象学。为此,我们从数理心理学的角度,将主要关注几个问题:

(1)社会结构的构成是什么?

(2)社会结构的功能是什么?

(3)社会结构如何转换为人的经验,并转变为心理构成?

(4)从社会结构出发,人类的行为模式是什么?

10.2.1 双人结构

在人构成的社会中,两人构成的结构,是最简单的结构形态,例如,夫妻双方、恋爱双方。我们用圆圈表示人,用横线表示关系,双人的结构可以用图 10.2 来表示。

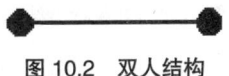

图 10.2　双人结构

注:由两个人,按照某种关系,连接在一起形成的结构,构成了人际关系中最简单的结构——双人结构。

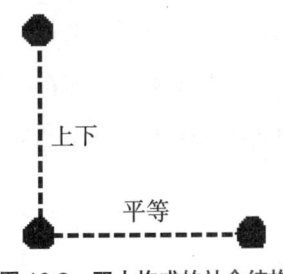

图 10.3　双人构成的社会结构

注:考虑到上下级别和平等关系,社会结构又可以表现为上下与平等性的结构。

10.2.2　层级制社会结构

把双人制的社会关系,按照上下和横向关系进行延伸,就会形成具有层级制的社会结构,我们把这种结构,称为复杂社会结构(Murdock,1949)。

任何形式的复杂社会结构,都可以用双人制的社会结构进行演变。居于同一层级的社会成员,称为一个层级(阶层或者阶级)(Murdock,1949)。这种形式的社会结构,更接近社会真实情况,在政治制度、社会企业制度或家庭制度中,都可以观察到这种形式的社会结构(Adams,1975;Merton et al.,1968)。

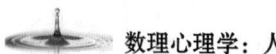

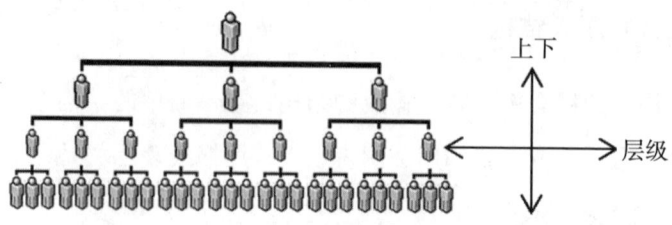

图 10.4 复杂社会结构

注：把双人制的社会结构，按照上下关系进行组合，并在横向上进行延伸，就会形成具有层级的社会结构。这种结构，更接近社会的真实结构。

居于同一层级的个体，有时往往组成一个群体，完成某一社会功能，也就构成了社会的功能单元。把这一范式抽提出来，就可以表示为图 10.5 的结构。这是不依赖于任何形式具体功能而存在的普适性社会结构。它包含了纵向层级的演变，又同时包含横向层次的演变，这一结构，我们称为社会结构的范式。

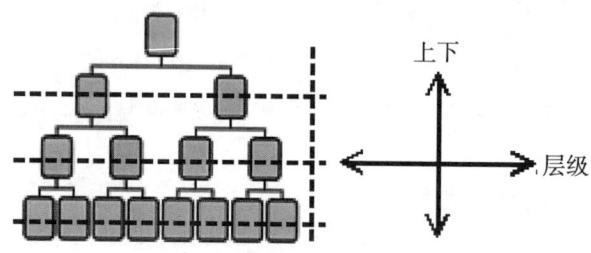

图 10.5 社会结构范式

注：任何社会的群体，都可以构成满足社会功能的单元，从而处于社会层级中的社会结构，就可以抽提出一种范式，适用于任何形态的社会关系中。

◎ 证据与案例

金字塔集权结构

人类社会的演化过程，经历了原始社会、奴隶社会、封建社会、社会主义社会。迄今为止，这些社会形态仍然同时存在，交织在一起，并经由母系社会转向父系社会中，性别权利主体发生更迭。但是，无论哪种社会

第三部分 精神运动学：行为模式

形态，都表现出结构化（张华葆，1987）。人类社会结构的形成、功能及其制度，都是人类社会中，对"人"自身的运作。也就是说，人类社会结构及其配套的制度本身，就是心理学规则，了解人类社会的结构、功能及结构中的约束关系，也就理解了这一结构背后的心理学含义，确切地讲，理解了其背后的社会心理学本质，才能最终理解社会结构的数理心理学的本质。

在人类历史上，人群的组织结构，包含了两个基本的组织结构：金字塔集权结构和民主制分权结构。这是利用各种方式，植入人的经验世界的方式。

金字塔集权结构，是一个世界范围内、具有悠久历史存在的社会结构（Ossowski，2003；成钢，2005）。在这个结构中，由于自然的演化，人群被划分为不同的层级（也可以称为阶级、社会等级）。这种结构，在整个社会运作中影响深远，并对现代社会结构影响深远。在世界范围的古代社会中，都具有这一社会结构。例如，古埃及、古中国、古代英国等国度，都采用这一结构（Ossowski，2003）。

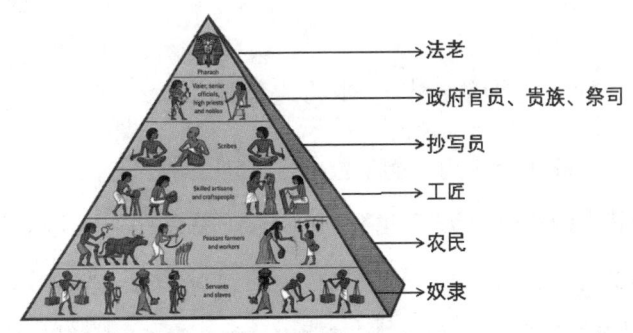

图 10.6 古埃及的金字塔层级

注：在奴隶制的古埃及，法老居于社会的最高层级，政府官员、贵族、祭司是第二层级，抄写员是第三层级，工匠属于第四层级，农民属于第五层级，奴隶属于第六层级。

在这一结构中，人类社会群体，按照某种规则，形成相关联的群体，形成了不同层级。层级是金字塔结构的一个特征。图10.6是古埃及奴隶社会的层级结构，奴隶居于社会的最底层，法老居于金字塔的最高层级。自高向低依次是：法老、政府官员（也包含贵族、祭司）、抄写员、工匠、农民、奴隶。在古代奴隶制的中国，也具有类似的权力机构体制，在秦国，实行三公六卿制度的集权层级制，实现中央集权领导，如图10.7所示。

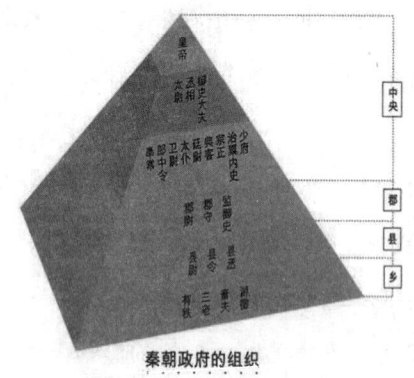

图 10.7　秦朝的集权体制

注：秦朝采用集权治理，也就是三公六卿制度，通过这一制度，把权力集中在皇帝手中。

10.2.3　社会机构功能与个体功能分离

在各种社会群体形成的功能单位中，规定了特定的社会结构，并人为约定了居于其中的社会层级、功能角色和人际关系。在特定时期，这种制度不断得到发展并不断完善。一旦把社会结构制度化，并被整个人群所承认，社会结构的制度，就会在一定时期内稳定存在。社会结构中会规定：占据其中的社会角色和社会关系。社会成员，一旦占据了社会结构中承担的社会角色（现代语言，可以理解为岗位），社会成员就成了占据这个岗位的"社会角色"，也就是说：社会成员与社会结构角色之间发生了分离。

第三部分 精神运动学：行为模式

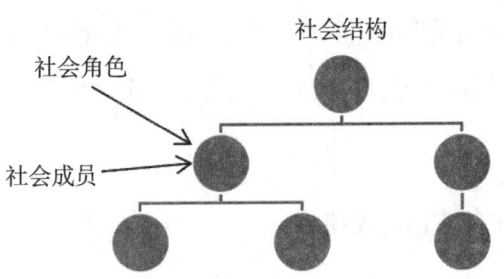

图 10.8 社会结构与社会角色分离

注：社会结构中会规定诸多岗位，并明确这些功能，也就是社会角色。占据这一位置的成员，才能实现这一社会角色功能，即社会结构角色和社会成员之间发生了分离。

从这个意义上来看，对于一个社会化的组织机构，实现机构功能和个人功能的分离，是保证机构稳定的重要一环。如图 10.9 所示，我们用方块表示具有某种功能的社会机构。功能性的机构可以通过个体的流动，更换从事这一功能的个体。这一分离的方式，可以保证在双选中，实现结构功能的优化。

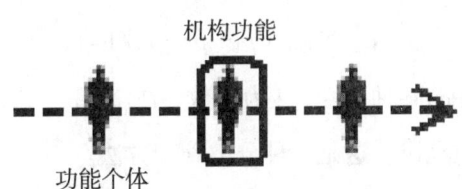

图 10.9 个体功能与机构功能的分离

注：在社会机构中的功能单位，承担一定的社会功能，社会中的个体，是这一功能的实现者。但是，机构设计的功能，可以采用不同的社会个体来实现，从而实现个体的功能与机构功能的分离。

10.2.4 社会结构功能：权利

处于社会结构中的人类个体，每个人都从事处理"某类"社会活动的事件。社会化分工越明确、越细化，对"某类"社会活动的事件的分类也就越细化，分工也就越明确，职责也就越明确。这就构成了社会结构的"功能"及其内容的明确规定。这需要从数理意义上，明确社会结构具有的功能本质。

10.2.4.1 社会结构功能事件

任何一个社会结构及其从事这一功能的人类个体，从本质上讲，就是执行各类"社会活动事件"，并且模式化地执行这类活动事件。例如，农民从事农业生产、工人完成各种工序的工业生产等。工种，是对从事的活动事件的类的划分。例如，木工、焊工、电工等。这就需要我们首先定义"社会活动事件"。考虑到社会结构功能的研究，我们把这类事件，统称为社会结构功能事件。特别提出的是，这里的 bt 和 mt 是特定社会目标的社会动机和内在动机。

$$E_{结构}=w_1+i+who（what）+e+w_3+t+bt+mt+c_0 \quad (10.2)$$

我们把事件的类记为 C_E，则某一类事件就可以记为：

$$C_E=\{E_{结构}（p_1\cdots p_i\cdots p_n）|i=1,\cdots,n\} \quad (10.3)$$

其中，p_i 表示事件的某种属性，n 为整数。$E_{结构}（p_i）$ 表示具有某种属性的一类事件。从本质上讲，这是一种分类管理方法。

对于一个社会机构或者从事这一功能的个体而言，其所完成的事件，可能分为多类事件，我们把所有的类合并在一起，形成一个集合，称为功能集合。表示为：

$$C_F=\{E_{Ej}|j=1,\cdots,n\} \quad (10.4)$$

如图 10.10 所示，是入境美国的海关申报表，在这个表格中，对进入美国的各类事件进行分类，包括：

（1）人类学数据，记为 $C_{E1}=E_{结构}（p_1）$。例如，个人的姓名、出生日期、家庭成员。

（2）社会人类学数据，记为：$C_{E2}=E_{结构}(p_2)$。例如，住址、来源国家、护照编号。

（3）出行信息，记为：$C_{E3}=E_{结构}(p_3)$。例如，航班号、入境美国的目的。

（4）携带物品，记为 $C_{E4}=E_{结构}(p_4)$。例如，植物类物品、肉类食品、动物类等。

（5）携带现金，$C_{E5}=E_{结构}(p_5)$。

此外，这张表格中，还包含了其他类的信息，把这些信息用数学的方式表达出来，也就是一个事件的分类列表。海关人员，对每一位入境的人员，审查这里的每个条目是否符合入境要求。这也构成了海关人员的工作职能。

10.2.4.2 权限与权力规定

对于社会结构而言，权限与权力一直是一个有趣的社会学问题。在我们从数理含义上定义了社会功能事件及其集合后，我们就可以定义权限或者权力。

首先，我们考虑某一类事件权限，设某类事件为 E_i，这个事件有很多属性，属性是对事件结构要素的描述。它的属性记为 p_{ij}，即第 i 类事件的第 j 个属性。任意事件的任意一个事件的要素的属性，可能是一个连续变量，也可能是非连续变量。该变量的属性的区间为 $[A, B]$，其中 A 和 B 是属性量 p_{ij} 的最大值和最小值。在该区间内，设定一个值的范围，记为 $[a, b]$，则两个集合满足以下关系：

$$[a, b] \subseteq [A, B] \qquad (10.5)$$

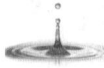

U.S. Customs and Border Protection

海关申报单

19 CFR 122.27, 148.12, 148.13, 148.110, 148.111, 1498; 31 CFR 5316

批准表格
OMB NO. 1651-0009

每位抵境旅客或家庭负责人必须提供以下资料（每个家庭只需填写一份申报单）：

1. 姓
   名　　　　中间名
2. 出生日期　日　　月　　年
3. 随行家庭成员人数
4. (a) 在美国的地址街名（旅馆名称/目的地）
   (b) 市　　　　(c) 州
5. 发照地点（国家）
6. 护照号码
7. 居住国名
8. 在这次到达美国之前
   曾去过的国家
9. 航空公司/航班号或船名
10. 这次旅行的主要目的是业务出差：　是　否
11. 我（我们）携带
    (a) 水果、蔬菜、植物、种子、食品、昆虫：　是　否
    (b) 肉类、动物、动物/野生动物产品：　是　否
    (c) 疾病媒体、细胞培养体、蜗牛：　是　否
    (d) 土壤或曾经到过农场/牧场/饲养场：　是　否
12. 我（我们）曾经非常接近牲畜（如摸过或者处理过）　是　否
13. 我（我们）携带超过 10,000 美元或相等数额
    外国货币的现金或代金：　是　否
    （代金的定义见背面说明）
14. 我（我们）携带商品：　是　否
    （可供销售的物品、用于招接订单的样品、
    或不属于个人用品的物品）
15. 居民 — 我（我们）在国外购买或得到并带到美国的所有物品（包括商品及为别人所带的礼品，但不包括邮寄到美国的物品）的总价值为：
    $
    来访者 — 将留在美国的所有物品（包括商品）的总价值为：
    $

请阅读本申报单背面的说明。空白处供列出所有必须申报的物件。

本人已经读过本申报单背面的重要说明，并且已如实申报。

X
（签名）　　　　日期（日/月/年）

仅由海关官员填写

CBP Form 6059B (Simplified Chinese) (11/07)

图 10.10　美国海关的入境申报单

注：入境美国海关时，海关人员需要对个人的信息进行登记和审核。美国的入境单包含：个人人类学数据、出行信息、携带物品、现金等门类的信息，这些事件的分类，是一种审核事件的分类方式，体现了海关人员的审核功能。

为了使含义容易理解，我们有时也把这个数学式表示为：

$$p[a, b]_{rij} \subseteq p[A, B]_{ij} \quad (10.6)$$

这个式子表明，一旦我们把功能性事件的类别搞清楚，并明确事情类别变量的范围，就可以实现权力的规定，或者权限的规定。

那么，对于社会结构的单位，其具有的权利，实际上是所有事件的权限的总和，也就是所有事件权限的集合。由此，权利就可以用数理的集合方式表示出来。

$$R_E = \{ p[a, b]_{rij} \} \quad (10.7)$$

10.2.4.3 权利运算

权利是对事件处理的类的规定，从数学意义上讲，就是权利的集合。因此，权利的计算，就是集合关系的运算，这在数学上有明确规定。这里，我们明确讨论权利集合在运算中表示的含义。

10.2.4.3.1 权利相加

有两个权利的集合：A 和 B，则权利集合满足加法运算，是两者的并集，如图 10.11 所示。

$$A+B=A \cup B=U \quad (10.8)$$

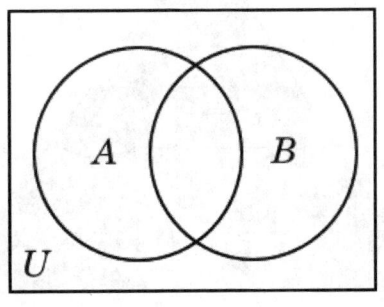

图 10.11　权利相加

注：权利 A 与权利 B 相加，等于两个集合的并集。

在世界范围内，权利相加是一个普遍现象。我们可以通过这个数理关系，来理解权利相加的过程，最终可以形成集权的过程，一些有趣的现象和问题的本质，将会逐步浮现出来。我们将以古埃及的金字塔权利结构为例，来讨论这一过程。

我们把古埃及的社会等级，从上到下依次记为：$G_1 \cdots G_6$。法老处于社会的最高等级 G_1。通过制度关系，法老可以从各个等级中，通过交换或者掠夺，实现各个等级的权利的掠夺，其在每个等级获得的权利记为：R_{1i}，其中 i 代表阶层的等级数。法老具有的权利，是上述所有权利的总和。则这个权利，可以用算式表示为：

$$R_{11} = \sum_{i=1}^{5} R_{1i} \quad (10.9)$$

这里，我们需要说明的是，我们并没有讨论社会的制度对权利的规定。这是一种极简方式的讨论。但是，它已经暴露了一个基本的本质，集权思想统治的实现过程。权利本身带来的获益过程，也自然会随着权利的增加，而逐步增加，上式清晰地表明了这个过程。权利的叠加结果，如图10.13所示。

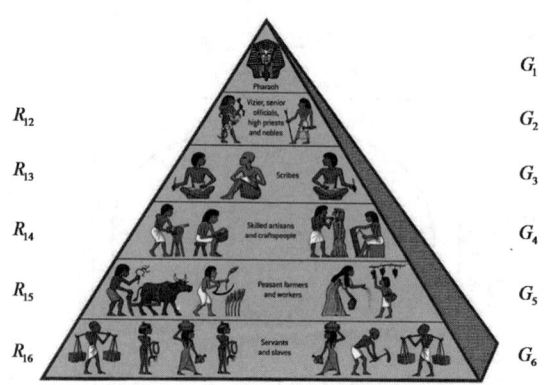

图10.12 埃及金字塔式集权的本质

第三部分　精神运动学：行为模式

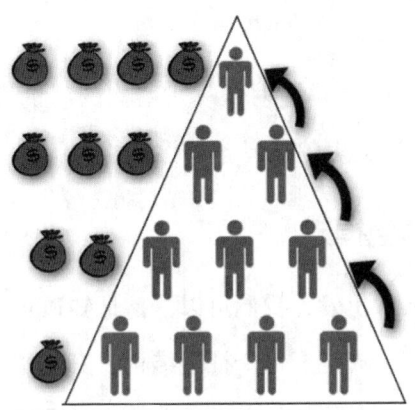

图 10.13　金字塔权利关系范式

注：古埃及的奴隶制社会，是从底层开始的生产掠夺系统，权利的增加，意味着物质资源的增加，不同阶层，由于权利叠加，所对应占据的物质资源，也会增加，层级越高，占据的物质资源也就越多。

10.2.4.3.2　权利相减

设两个权利集合：A 和 B，则权利集合满足减法运算，记为：

$$U=A-B \tag{10.10}$$

在分权制的系统中，我们可以观察到权利相减的结果。例如，在同级的各个社会结构中，权利被分配到不同的独立部门，是整个系统权利的一部分。权利增与减的过程，构成了社会发展中的一个基本过程。

10.2.5　社会结构功能模式

通过上述的论述，暗示了我们一个基本的事实：社会是结构化的，在结构化中，我们任何的一个社会结构都具有自己的功能。社会设置任何一个结构，都是社会进化过程中，社会分工的结果，它的功能，也就具有了目的性。社会结构功能的目的性，是所有社会结构具有的一个基本模式。我们把这一模式提取出来，就可以把社会结构功能模式表示为：

$$bt+mt=constant \quad (10.11)$$

换句话讲，在一定的时期内，模式结构的动机目的是稳定的，具有时间、空间平移特性。这是它的基本特性。

10.3 社会角色模式

从社会功能性事件出发，我们可以清楚地知道每个社会结构的基本功能，社会结构的功能，规定了每个社会结构及其岗位应该做的事件类别、模式，以及权限的范围。而任何人类的个体，一旦从事某一社会结构赋予的功能，就天然地具有从事这一事件处理的权限，并承担一定的风险、责任与义务，这就是社会角色。社会角色是处于社会结构中的人的权益总和及其执行的载体。同时，在社会中的社会角色，又需要保持相对的稳定性（Eagly et al., 2011）。这意味着，社会角色具有稳定性，这暴露了一个有趣的问题，社会角色也可能是模式化的，这将是我们讨论的一个重点。

10.3.1 社会角色权利分类

处于社会结构中的个体，从事某一机构或者岗位，行使一定的功能。也就是说，社会个体是某一社会功能的实现者，也就是社会角色。社会角色是对处于交往中的个体或者群体，所承担的"社会功能"属性的一种描述（或者说一种概括），属于社会个体的属性量，或者说是社会个体对应的心理描述量。社会角色是社会功能结构的具体体现形式。与社会结构相对应，社会角色也分为几个层次。

10.3.1.1 家庭角色

家庭角色，最初可能起源于"生殖为连接"纽带形成的生物意义的人际关系，并以此为连接，形成了家庭为单位制的群体（Pleck, 1977）。在动物性行为和人类的早期发展阶段，都可以观察到这种"生物学"意义的社会功能特征。我们把这一形态分解为三个发展阶段：

10.3.1.1.1　生物性连接

人类个体或者动物的个体，承担了一种基本功能：种群延续。这一功能，通过生殖来实现。从生态学意义上而言，人类个体或者动物个体的新生个体，社会生存能力和抵抗风险能力弱。以生殖为联系的生物学关系，是聚集成员的紧密纽带，可以形成社会个体的避险，并分担风险。东西方的家谱关系，是一种典型的生态学意义的、血缘关系形成的家庭关系描述，图10.14是古代西方的家庭关系形成的家谱。

10.3.1.1.2　社会性连接

具有社会性的人类，在解决了生物避难的基础上，以生物为单位的生物关系，慢慢演变为社会制度，即不依赖于个体意志为转移的社会性约定，并承担了一定社会功能。经过人类社会的演化，在社会形态中，人类个体逐步演化出了"家庭角色"。家庭角色，可能是从生殖意义为连接形成的最基本人际关系，逐步被赋予了各种社会功能后，而演化为现代意义的人际角色。

例如，儿子、姐姐、妹妹、父亲、母亲、爷爷、奶奶、外公、外婆等。这些称谓，体现了社会层级关系，包括：

（1）年龄上的差异层次；

（2）家庭单位制之间的亲疏关系；

（3）家庭单位制之间的管理关系（礼教制度）。

在中国和其他国家的家庭制度的单位制中，长期以来，奉行男性治理的思想。女性依附于男权而存在，一夫多妻和男尊女卑是这一制度的典型代表，并作为社会性约定，而延续千年，依然对现代社会产生影响。

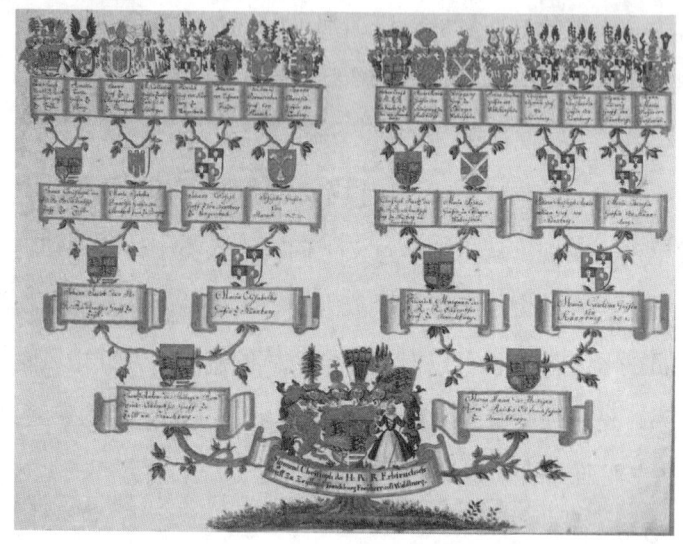

图 10.14　古代西方的家谱

注：同中国相类似，在西方，也有记录家族繁衍过程的族谱，或者称为家谱。家谱清晰地显示了一个家族繁衍过程及重要人物事迹。采自 http://www.ahneninfo.com/de/ahnentafel.htm, Public Domain, https://commons.wikimedia.org/w/index.php?curid=576580。

10.3.1.2　政治官僚角色

在任意形式的管理性的社会结构中，都存在专职管理的人员，负责协调各方面利益的关系。因为管理的对象不同，管理性质的社会结构包括国家机构、企业机构、事业单位等。在这些机构中，每个管理者的角色也就不同，在当代，政府的人员，也就是官员，企业管理者称为高管等。

10.3.1.3　社会生产者角色

人类个体不仅要发生家庭单位制以内的交往，还要发生家庭单位制以外的社会交往。在交往中，承担社会化的物质生产与服务功能，就构成了社会生产者角色。例如，我们到商店买东西，成为顾客；到单位工作，可

第三部分 精神运动学：行为模式

能成为职员或者领导等。在社会中，每一个社会工种，就是一种社会角色，如图 10.15，是现代企业管理中，各种类型的岗位设定及其社会角色。

围绕现代社会化管理，在现代社会企业制度中，专门产生了招聘中的岗位职责描述，就是对"社会角色"功能的精细定义。这一职责由人力资源部门来负责。图 10.16 是一个典型的岗位职责的描述表，显示了需要招聘人员的社会功能和人与人之间的权责关系。

图 10.15 社会角色

注：在社会生活与生产中，每个人在社会活动中，都担负了特定功能，这就是社会生产者角色。采自 https://tracyvanderschyff.com/2017/03/26/website-project-roles-responsibilities/?amp=1。

数理心理学：人类动力学

一、基本信息			
任职者签名		所属部门	人事行政部
职位编号		直属上级	总经理
直管人数		晋升方向	副总经理

二、岗位描述
1. 为公司发展提供人力资源保障，在公司的战略指导下，制定合适企业的人力资源政策并督导贯彻到各项人力资源管理事务当中。 2. 建立和维护公司的行政、后勤、安全管理体制，确保公司的正常运营需要。

三、职位位置
（组织结构图：总经理 → 销售部、人事行政部；销售部下设外埠销售总监、市内销售总监、商超经理、销售内勤；人事行政部下设人事专员、行政文员、扫码统计员）

四、工作关系	
联系对象（部门或单位）	联系主要内容
公司内部	
公司外部	

图 10.16　岗位描述表

注：在现代化企业管理中，岗位职责是对招聘人员功能及其关系的确切描述，用来区分岗位之间的分工和权责关系。

10.3.1.4　社会角色本质

个体在社会结构中，承担一定的社会功能，当个体承担这一职能时，就扮演了这一功能实现者的作用。社会角色就是某一特定社会功能的实现者。它是具有特定意义的人,也是执行特定功能的人。

功能不同,也就意味着个体所扮演的角色不同。例如,我们可以扮演家庭中成员的角色,同时又扮演工作单位所在岗位的角色等。这是角色功能与个体功能分离的结果。从心理本质上来讲,社会角色,就是具有一定能力的人的社会能力,在其职能岗位上的一种展现和使用。

10.3.2 社会角色行为模式

社会结构一旦建立,就不以某人的意志为转移。把人类个体置于社会结构中时,就需要社会结构中的个体承担这一功能。

在个体承担社会角色时,就要处理社会角色中承担的各类社会事件。这在客观上要求,个体要掌握一定的社会经验知识,来满足社会化功能。关于社会的经验知识,我们已经讨论了知识和经验的基本结构、功能、属性等。那么,我们就可以利用这些知识,来讨论处于社会角色中的个体的行为模式问题。

人类社会的运作,规定了一系列的"社会规则"。这个规则实际是对从事某类事件的规范。从事社会事件的个体,就会根据事件发生的条件,而从事某项事件,这个方式,在前文中我们已经讨论。

$$\left. \begin{array}{l} w_1 \\ w_2 \\ t \\ w_3 \\ bt \\ mt \\ c_0 \end{array} \right\} \rightarrow \boxed{\text{system}}_{psy} \rightarrow e \qquad (10.12)$$

这里的系统,就是社会系统。客体之间的相互作用,就是社会作用规则,

数理心理学：人类动力学

则上式就可以重写为：

$$\left.\begin{array}{c} w_1 \\ w_2 \\ t \\ w_3 \\ bt \\ mt \\ c_0 \end{array}\right\} \to i_{psy} \to e \qquad (10.13)$$

从这个作用规则出发，我们就可以讨论人类个体在这个过程中表现出来的诸多行为及其模式。

稳定的社会结构运行，往往设定了结构中任意一个功能部位的功能，并长期稳定下来，也就是体制运行。体制的运行，是各类事件的运行，确切地讲是组织行为模式的运行。

在客观上又需要人类个体承担各种岗位的职能，人类个体对岗位职能的认可和认同，以及持有的价值观念，也会反过来影响所承担的社会角色的实现。这就提示，要理解人类个体的社会功能的角色，需要分别理解社会结构的体制运行模式和个体的社会角色模式。

10.3.2.1 社会角色体制动机模式

在社会角色中，个体所从事的事件是多种多样的。在社会结构中，从事各类事件的根本性目的，就是实现社会结构设计的角色功能。从社会结构看，社会结构设计的从事各种事件的根本性的内在动机 mt 和行为的动机 bt 都是满足这一目标的实现。我们把社会结构的目标记为 t_{st}，而这一目标往往又是稳定的，也就是一个常量。那么，我们就会得到一个基本的结论：在社会结构中，社会角色的功能满足 $mt=t_{st}$，$bt=t_{st}$。当社会结构在一定时期内稳定时，这一结构功能不会发生变化。这就构成了社会结构的动机模式，我们表示为：

$$bt(e_i)=t_{st}$$
$$mt(e_j)=t_{st}$$
（10.14）

这个动机模式，本质是社会结构的体质运行的，我们称为"社会角色体制动机模式"。它是社会结构具有的一种"社会属性"。在这一动机模式下，人类个体具有了内在的驱动动力，从而表现为力学特性。

10.3.2.2 社会角色个体动机模式：事业模式

对于人类个体而言，个体在从事这一岗位时，其目的是实现社会结构设定的目的和目标需求。这源于个体对岗位功能目标的价值认同。

因社会职能而设立的岗位，往往具有自己实现的目标。我们可以称为"岗位目标"或者"职业目标"。它也是在岗位上的"个体"，在处理事件时的终极目标。从社会岗位出发，就要度量：把岗位目标作为个人目标时，在多大程度上能够激发个体在岗位上的工作动力。这就需要我们引入一个基于个体的、对岗位目标进行认同评估的心理量。

10.3.2.2.1 事业心

我们把人类个体对自己从事的职业岗位目标 t_{st} 的认可程度，定义为"事业心"。它是一个心理量，是人的知识经验系统中的一个评价量，它也代表了个体对岗位认可的态度，记为：$A_{achievement}(t_{st})$。这个量，是个人主观意义的"观念量"，也就是人的价值观念，一旦形成，就意味着长期的稳定性，从而支配人的社会角色的行为。从数理意义上讲，就是一个常量。这就会形成认知行为的模式，即我们的价值观念支配了我们的行为，我们把这一模式写为：

$$A_{achievement}(t_{st})=C_{achievement}$$
（10.15）

其中 $C_{achievement}$ 为常数，这个模式就构成了稳定的价值观念模式，在这一观念模式下，使得人的行为表现出稳定性，它是每个个体都具有的行为模式。个体在这一模式下驱动的动力行为，是对社会岗位设定建立的目标性行为，也就是动机行为（见后文的心理力学）。这一稳定的观念，也就是价值观念，驱动人类个体显现出力学特性。我们把这个力记为 $F_{achievement}$。它是心理力在社会结构中的社会属性的体现。这个力，我们也就称为"社会成就动力"。

10.3.2.2.2 $A_{achievement}(t_{st})$ 行为模式个体差异

个体对社会角色的稳定性评价，会导致个体从事社会角色时，行为的稳定性，产生行为的模式。它是对从事的社会角色持有的普遍性价值观念。且不同行为模式个体，对社会角色持有的观念，会存在个体间的差异。

因此，还需要在一个统一社会（或者社会群体）尺度下，引入一个评价不同个体之间在这个量上存在的差异，即区分出不同的个体持有的 $C_{achievement}$，它反映了个体内在的价值的稳定性的差异，换句话说，它也是社会结构的岗位属性，在个体社会属性上的体现方式，这个量本质上，也就是一种社会属性量，对于个体而言，由于个体之间差异的存在，它也是一个个体具有的特质量。从心理学角度看，就是个体的人格特质。因此，我们把这一人格特质量记为：$p_{achievement}$。

至此，我们就建立了一个基本的关系对应，社会客观量（社会量）、心理量和人格量之间的对应。它们之间的关系，如表 10.1 所示。

表 10.1 社会成就动力、事业心、人格特质量关系

社会成就动力	事业心	人格特质量
$C_{achievement}$	$A_{achievement}(t_{st})$	$p_{achievement}$

人格特质量 $p_{achievement}$，是我们通过社会角色推理出来的一种特质量，用

于区分人类个体在从事社会角色中的行为的差异。

在心理学的人格研究中，从词汇学出发，得到了"五因素模型"，这是人格研究中的一个关键、经典发现。在这个发现中，"成就动机"（achievement striving）是尽责性维度的一个子维度。$p_{achievement}$ 和这一维度的描述含义相同，$p_{achievement}$ 是这一人格维度的对应量。

词汇、语言是人对客体对象及其属性的意义的表达，也是对事件的描述和表达（见符号事件的结构表达式）。这个本质决定了在语言学中，天然地存在对事件及其要素描述的变量，也包含对人及其特质描述的变量。这样，从"社会结构对象"建立的社会角色、社会模式出发，确立的人格特质要素，就和语言学建立起来的人格特质要素对应了起来。这是一种内在含义的对应性。

这种对应性，也回答了"五因素模型特质"中"成就动机"子维度的数理含义，使得这一维度，不再是从词汇学中派生的一个"经验发现"，而成为行为模式理论的一个推论，并成为数理逻辑中的一部分。

10.3.2.3 系统规则社会体制模式

我们生活的社会，主要包含三类系统：物理系统、生物系统、社会系统。不同的客体，具有不同的物质属性，就满足不同的系统作用规则。人类个体同时具有物理属性、生物属性、社会属性。在物质系统、生物系统、社会系统中，均需要遵循上述三类的规则。物质系统的规则就是物理学规律，生物系统的规则就是生物学规律，而社会系统就是社会系统的规律和规则。

人类个体在从事社会化活动中，与物发生相互作用，遵循物理学规则。与生物发生相互作用，遵循生物学规则。与社会发生相互作用，遵循社会学规则。在社会结构中演化出了一系列的社会制度，来保证社会结构的有

数理心理学：人类动力学

效运行，也就是保证社会事件的有序和有效展开。

社会制度，也就是社会规则。从事件角度看，也就是社会结构规定了客体和客体之间发生作用时的一系列的相互作用规则 $\boxed{system}_{psy}$，这些规则构成了一个系统，维护社会系统运行。对于稳定的社会系统，在一定的时期内，系统的相互作用的规则保持稳定而不发生变化，也就是 $\boxed{system}_{psy}$ 是个常量。例如，一夫一妻制，约定了男女之间的婚配关系。在社会中，它往往以立法或者道德等形式稳定下来。因此，这个作用规则，也就构成了一个数理意义的集合。我们称为"社会规则体制模式"。

无论哪一类系统，都满足"因果律"，即在条件满足的情况下，并遵循系统的规则，就必然地发生对应的结果。因果本身就构成了一类事件发生的模式。它不以个体的意志为转移。这在客观上要求，人类个体或者群体，在处理各类事件时，需要遵循、尊重规则，遵循规则就成为社会角色中的人，具有根本性的要求，如下式所示。

$$\left.\begin{array}{c} w_1 \\ w_2 \\ t \\ w_3 \\ bt \\ mt \\ c_0 \end{array}\right\} \rightarrow \boxed{system}_{\substack{phy\\bio\\psy}} \rightarrow e \qquad (10.16)$$

其中，phy 表示物理学规则，bio 表示生物学规则，psy 表示社会和心理学规则。

10.3.2.4 系统规则个体遵循模式：自律模式

社会规则的管理体系，要求人类个体遵循社会结构设定的相互作用规则，即物理的、生物的、社会的规则。这些规则既包含实现目标的体制

第三部分　精神运动学：行为模式

规则，也包含与规则相违背的干扰规则。社会规则的体系，内在地要求人类个体，在从事各类事件时，遵循这些规则，这就构成了人类个体在从事这些事件时，保持自律，即自觉地遵循这一行为的规则体系，也就是自觉遵循人类个体中的相互作用规则 $\text{system}|_{bio}^{phy}$。
$_{psy}$

10.3.2.4.1 系统规则个体遵循模式

人类个体在从事社会角色，并进行社会化事件的活动时，对"遵循"规则体系 $\text{system}|_{bio}^{phy}$ 需要具有自己的价值认同，或者对"遵循规则体系"
$_{psy}$
具有自我的评价，以指导自身在从事各种事件时对规则的遵循程度。我们把这个心理量称为"自律评价量"，用 A_{s-d} 来表示。它是个体持有的对"遵循规则"的一个价值观念。稳定的"自律"价值观念，会导致从事各类事件时，遵循规则的行为稳定性，也就会形成个体稳定的行为模式。我们把对从事某个事件时，遵循规则的稳定价值观念记为 C_{s-d}，它是一个常量。由这个常量导致的人的行为模式，称为"自律行为模式"。用数学式表示为：

$$A_{s-d}=C_{s-d} \tag{10.17}$$

各种社会性规则，是人类个体之间处理彼此关系的行为规范，它是个体之间发生相互作用时，社会属性的体现。或者说，相互作用的关系的社会性体现，就是社会关系。因此，自律性是相互作用关系的社会性的体现。它是相互作用关系的新的一种社会属性，也即社会关系。

10.3.2.4.2 A_{s-d} 行为模式个体差异

自律的稳定的价值观念，产生了稳定的自律性行为模式。这是人类个体具有的普遍性行为模式，用来度量个体在自律行为中的自律程度。而人类个体之间，又存在"自律"的价值观念上的差异，导致个体驱动的行为模式存在差异，这是人类个体具有的一个普遍性的行为。换句话而言，自律性是社会结构的内在属性在个体上的一种体现,它是一种社会属性,个体一旦形成模式化的评价观念,社会属性就成为个体社会属性的一部分,也就是说个体成为社会属性的载体。而不同的个体之间,又存在个体属性的特征值的差异,为了区分个人之间的社会属性差异,就需要一个"特质量"。我们把这个质,记为 $p_{\text{discipline}}$。这样,我们就建立一种对应的关系,如表 10.2 所示。

表 10.2 系统作用规则(社会关系)、自律性、自律性特质量关系

社会作用规则 (社会关系)	自律	自律特质量
system phy bio psy	$A_{\text{s-d}}$	$p_{\text{discipline}}$

由于自律性的存在,而显现出来的人类行为模式,在客观上暴露了一类人的行为模式差异的"特质量"。如果我们回顾"五因素模型"中的经典发现,我们会在尽责性中,找到一个对应量——自律性(self-discipline)。这样,在五因素模型中,发现的自律维度的数理含义就清楚了。

10.3.2.5 社会规则体制道德模式

任何社会的个体,都是基于一定的内在社会动机,去从事某项事件。动机具有目标的指向性,即获取某种客体具有的功能。功能满足个体的某项需要,按照功能进行划分,分类的规则满足马斯洛需要模型。

社会中的个体,获取某项利益,需要遵循一定的社会利益获取规则。获取利益的方式会分为正性和负性的方式。例如,采用劳动的方式获取利益是鼓励的,偷盗、非法的方式是禁止的。这是对系统中客体之间的相互作用的社会性质的划分,或者说是对相互作用的社会属性的正负性的划分。

社会系统在演进中,对人-人、人-物、人-生物的相互作用性质,

都会存在规定。这种性质的本身以利于社会结构性的存在为目的。符合社会结构存在或者符合社会结构中利益集团存在的方式，往往被统治集团定义为"正性"；反之，则定义为"负性"。前者就称为"有道德的"，后者则被称为"非道德的"。这一规定，是社会体制带来的，我们称为"社会规则体制道德模式"。

这在客观上需要我们了解相互作用的属性的需求。我们由此定义相互作用的属性为：

$$M(i) = M \left(\begin{array}{c} \text{system} \ \ \substack{phy \\ bio \\ psy} \end{array} \right)_{+}^{-} \quad （10.18）$$

也就是系统相互作用的属性。如果我们把道德的正负性用数学的正负性来表示，这时，我们把相互作用具有的社会属性记为 $p(i)$。这时，就会存在三种形式的性质的划分：

$$\begin{cases} M(i)_{+} > 0 \\ M(i)_{0} = 0 \\ M(i)_{-} < 0 \end{cases} \quad （10.19）$$

根据这个属性，人类的道德实际上就是个体在从事各类事件时，个体对事件的性质的选择，或者说是事件的立场的选择。在社会体系中，道德立场的选择，是社会结构决定的社会性统一性的规定性。

10.3.2.6　社会规则个体道德选择模式：责任模式

按照任何社会角色从事的事件，都会产生各种各样的结果，并进而对他人和社会产生影响。在人类社会长期演化中，形成了一系列的社会制度、行为规范等，形成了统一性的社会性约定，来定义事件及其结果的属性，对这些事件进行的性质的划分，也就是：好与坏、丑与恶、善与美、必须做与不可做等。

10.3.2.6.1 责任感

从本质上讲，人类个体与其他个体发生相互作用时，既要求利己，又要有利他人、有利事业、有利国家或有利社会。人只有有了责任感，才能具有驱动自己一生都勇往直前的不竭动力。它是对社会事件中，个人与其他客体相互作用的规范性的规定。我们把这个命名为"责任"。它属于社会道德的范畴。

因此，个体在从事社会事件时，对"相互作用"的社会性质，会具有自己的主观性的评价，以指导个体在从事这些事情时的基本判断。对相互作用的方式与属性评价的心理量，我们就称为"道德感"，记为：A_M。它表示个体与他人发生相互作用的性质的认可程度。

显然，对于行为个体而言，这类观念一旦固化，就会形成行为模式，我们把这类观念值记为：C_M。则这类行为模式，可以表示为：

$$A_M = C_M \tag{10.20}$$

10.3.2.6.2 责任感个体差异

按某种作用方式，从事的社会性行为，是个体与他人发生相互作用的方式。这种行为方式一旦固化为一种固定的方式，它也就构成了一类行为的模式，很难发生改变。而个体之间，在表现出这一行为模式时，也就会存在个体之间的差异。个体之间的差异是人的"特质"之间的差异。这就意味着，需要引入一个新的特质量，来区分个体在这个行为模式上的差异。我们把这个特质量，记为：P_M。这样，我们就建立行为方式的相互作用及其属性、责任感、责任特质量之间的对应关系，上述三个量之间的关系，如表 10.3 所示。

第三部分 精神运动学：行为模式

表 10.3 社会事件道德属性、责任感、责任特质量关系

社会作用规则 （社会关系）	责任感	责任特质量
$M(i) = M \begin{pmatrix} \boxed{\text{system}} & \begin{matrix} phy \\ bio \\ psy \end{matrix} \end{pmatrix}$	A_M	P_M

责任感实际是个体在相互作用模式中，长期持有的立场性质的选择和认可程度。对于社会性行为，从道德角度讲，是分正负的。责任感首先区分了人的行为的正负性，并在这个过程中，个体对正性和负性行为认可的程度。

如果我们回顾"五因素模型"中的经典发现，会在尽责性维度中，找到一个对应量——责任感（dutifulness）。这样，在五因素模型中发现的责任感维度的数理含义也就清楚了。

10.3.2.7 社会事件因果模式

在社会中发生的各种事件，事件发生的条件、因果规则和结果之间满足因果律。事件发生的结果又可能成为下一事件发生的条件。这样事件与事件之间就构成了时间与条件上的逻辑链条，从而形成了系列事件。

如果我们把第一次发生的事件记为 E_1，第二次发生的事件记为 E_2，第 i 次发生的事件记为 E_i。那么，按时间先后排列的事件序列依次可以写为：

$$E_1 \to \cdots \to E_i \to \cdots \to E_n \qquad (10.21)$$

其中，n 表示第 n 个事件的编号。它们之间的因果关系，可以表示如下，如图 10.17 所示。

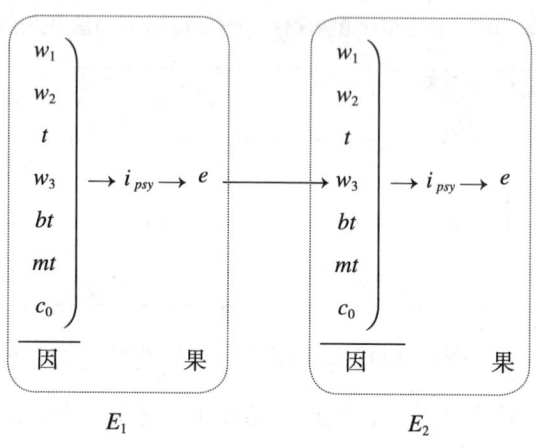

图 10.17　事件序列的因果逻辑

注：一个事件，条件和相互作用的规则，构成了事件结果的因。当前的事件发生后产生的结果，又成为下一个事件的条件，从而成为下一个事件的因的一部分。这些就构成了事件发生中内在基本关联逻辑。

事件之间的因果逻辑，以及上一事件和下一事件的关联关系，决定了个体在社会事件处理中，需要遵循一定的"优先级"和"逻辑顺序"。这就是事件处理的条理。尤其是在承担社会结构的岗位中，当大量事件同时出现时，这一问题更为突出。

单一事件和序列事件的处理，它们之间的核心逻辑关联是"因果关系"的关联。这构成了事情处理的关键逻辑。因此，围绕社会岗位会存在大量的事件需要处理，把事件之间按照因果逻辑安排事件的处理和优先级，就构成事件排布的顺序。这样，发生的事件，就可以按照因果秩序进行排序，记为：

$$e_{phy}(j) = f(w_1, w_2, t, w_3, c_0, i)_{psy}$$
$$e_{phy}(j) = f(w_1, w_2, t, w_3, bt, mt, c_0, i)_{psy}$$
（10.22）

10.3.2.8　社会事件个体因果逻辑处理模式：条理性

社会行为的个体，承担的社会角色岗位中需要处理的事件，根据上述事件的因果关系和逻辑，理清事件之间的逻辑、因果性，按照事件发展的规则进行事件的处理，是个体的一项基本能力。这一特性，需要一个心理量，来评价个体在处理事件序列中对事件逻辑的安排。

10.3.2.8.1　条理性

个体在处理事件时，依据事件的因果逻辑，对事件进行秩序安排，安排的合理程度，就构成了序列事件安排的"条理性"。条理性反映了个体对"因果关系"事件的排布的基本逻辑和清晰程度。条理性意味着个体在处理各类社会角色时，需要存在一个心理量，对"条理性"进行评价，指导个体处理系列事件的序列安排。我们把这个量记为 A_{logical}。

按照因果逻辑，安排事件的顺序，经过长期的训练，会形成固化行为模式。这也意味着，条理性是一个常量。我们把这一模式对应的度量值记为：C_{logical}。则条理性行为模式，可以表示为：

$$A_{\text{logical}} = C_{\text{logical}} \qquad (10.23)$$

其中，C_{logical} 为常数。

10.3.2.8.2　条理性个体差异

条理性作为个体的行为模式，会因人而异，也就是说会存在个体的差异。对于行为模式而言，个体的差异是由于"特质"引起的。现在这个值，会因个体的差异而存在差异，也就是说，它是一个特质量。我们把这一特质量记为 p_{logical}，也称为"条理性"。按照上文我们一直坚持的逻辑，并回顾大五的特质模型，我们会发现，在五因素模型的尽责性维度中，确实存在着一个子维度："条理性"（order）。由此得到的这个维度的数理含义也就清楚了。这再次证明了词汇学方法寻找到的人格维度的可靠性。这样，

数理心理学：人类动力学

我们就得到了一个新的对应关系，如表 10.4 所示。

表 10.4　社会事件因果逻辑、条理性、条理性特质量关系

社会事件因果逻辑	条理性	条理性特质量
$e_{phy}(j) = f(w_1, w_2, t, w_3, c_0, i)_{psy}$ $e_{psy}(j) = f(w_1, w_2, t, w_3, bt, mt, c_0, i)_{psy}$	$A_{logical}$	$p_{logical}$

10.3.2.9 社会事件不确定个体控制模式：谨慎模式

在认知对称性变换中，我们把事件分为了历史事件、现场事件（当前事件）和未来事件。历史事件、现场事件等，都可能成为我们从事未来事件中的一类条件。

在个体从事的未来事件中，事件的各个要素都有可能具有不可确定性。这在客观上要求：个体需要控制每个要素的确定程度，以保证事件发生的成功概率，这就是决策。这是人类群体中，普遍存在的社会客观现象。随着事件信息的增加，事件的可把握的概率也在增加，满足熵增原理。在这里，为了表述的简单，我们把事件的熵记为 $S_{entropy}$。我们获取的事件的信息越多，对事件的信息的判断也就越有把握。熵增的原理实际上也就变成了对事件因果关系发生的把握的表述。也就是说，我们对事件的因的信息量把握越大，我们对事件的发生也就越有把握。

10.3.2.9.1 谨慎度

因果律和贝叶斯推断则更清晰地表明，我们先前的期望和实际结果之间，会存在一定的偏差。这在客观上就需要，行为的个体，在对事件条件的判断，对相互作用的关系的假设上，必须持有一定的把握的程度。这就是"谨慎的程度"。

在不同的把握程度下，或者在不同程度的不确定性程度下，个体都有

可能发动一个事件。这也是社会中的个体普遍存在的现象。这意味着，经验系统中，需要有对应的心理量来表征这一观念，这个量我们称为谨慎度，记为：$A_{deliberation}$。这一个量，对不同人，会形成行为的偏好，也就是模式化的倾向，这意味这个量，为一个常量，这个常量值，我们记为：$C_{deliberation}$。这一行为模式，可以表示为：

$$A_{deliberation}=C_{deliberation} \quad (10.24)$$

10.3.2.9.2　谨慎度个体差异

同样的，一个有趣的问题就暴露了出来，不同个体之间，在这个量上会存在差异，也就意味着，需要一个特质量，来度量它们之间的差异。这个特质量，我们写为：$p_{deliberation}$。把这几个量用一个表格来表示，就可以得到它们之间的关联关系，如表 10.5 所示。

表 10.5　社会事件不确定度、谨慎度、谨慎度特质量关系

社会事件不确定度	谨慎度	谨慎度特质量
$S_{entropy}$	$A_{deliberation}$	$p_{deliberation}$

按照我们以往的逻辑，这个结论提示我们，在这个行为模式中，会存在人类个体之间的差异，这就是人的特质上的差异。在大五的人格维度中，可能会找到指标上的对应性。在尽责性的子维度中，我们发现，"审慎"（deliberation）维度表述的含义与之相同。这样，也顺便回答了五因素模型中"审慎"子维度的基本数理含义。

10.3.2.10　社会岗位的能

社会岗位中的角色，需要处理各类事件。这在客观上需要岗位从业者，具有事件处理的能力。一旦具有这方面的能力，就能够胜任岗位的角色。这需要我们从事件角度来定义人的能力。考虑下式，对于任何一类普适性的事件，都具有发生的条件、系统发生的规则，在上述两者都满足的情况下，

数理心理学：人类动力学

一个事件就必然发生。因此，事件的条件和系统的相互作用的规则是事件发生的充分必要条件。

$$\left.\begin{matrix} w_1 \\ w_2 \\ t \\ w_3 \\ bt \\ mt \\ c_0 \end{matrix}\right\} \rightarrow \boxed{\text{system}}_{\substack{phy \\ bio \\ psy}} \rightarrow e \quad (10.25)$$

在岗位中，事件的种类是多样的，这就意味着处理各类事件的条件和规则是多样的。由此，在客观上，事件的条件就构成了一个集合，我们把这个集合分别记为：

$$S_{\text{post-c}} = \{w_1, w_2, t, w_3, bt, mt, c_0\}$$
$$S_{\text{post-c}} = \{i_{phy}, i_{bio}, i_{psy}\} \quad (10.26)$$

我们把上述两个集合称为资源集合，在这两个资源条件的基础上，我们才能把岗位赋予的功能完成。把事件的资源条件和系统规则配合在一起，就构成了事件能否发生的模式。这类模式，就是处理事件的方法和技能。岗位掌握的资源、条件、系统规则到结果发生的逻辑关系的模式，就是系统的相互作用规则模式，我们将行为系统的规则模式，称为"能"。因此，"能"是一个数学集合：

$$CR_{\text{p-capacity}} = \{w_1, w_2, t, w_3, bt, mt, c_0; i_{phy}, i_{bio}, i_{psy}\} \quad (10.27)$$

社会岗位的"能"，要求个体根据岗位提供的资源，通过规则性的组合，促使事件的发生或者顺利进行。整合的规则满足系统的作用规则。

10.3.2.11 社会岗位个体胜任模式：胜任性

社会岗位的"能"，要求个体具有一定的资源，并根据岗位提供的资源，

· 228 ·

第三部分　精神运动学：行为模式

将资源条件整合起来，促使事件的发生。具有资源并掌握规则，且把资源和规则整合在一起，就构成了个体的能力。以此为前提，个体才能胜任这个岗位。我们把个体具有的能定义为：

$$CR_{\text{i-capacity}} = \{w_1, w_2, t, w_3, bt, mt, c_0; i_{phy}, i_{bio}, i_{psy}\} \quad (10.28)$$

上述指标，是从事件结构式出发，并结合社会结构模型，讨论了个体在从事某一社会角色时，表现出来的个体度量的心理指标。这些指标，是人的观念的反映，也是由社会客观量来决定的。总体而言，它是从认知的角度，对这一体系的分析。在社会岗位上的角色，除上述角度外，还需要对人的能力有所要求，即具有一定经验的人，才能胜任这部分能力。这就意味着，我们个体的经验能力，能否和社会角色的能力相匹配。

这一要求，需要我们对这一属性进行度量。由此，我们定义社会角色需要人的能力为 $CR_{\text{p-capacity}}$，个体在这种岗位上具有的能力为 $CR_{\text{i-capacity}}$。那么，这两个能力的差值为：

$$\Delta CR_{\text{m-capacity}} = CR_{\text{i-capacity}} - CR_{\text{p-capacity}} \quad (10.29)$$

显然，当 $\Delta CR_{\text{m-capacity}} \geq 0$ 时，个人能力能够胜任这个岗位，这个值越大，越能胜任这个岗位。反之，当 $\Delta CR_{\text{m-capacity}} < 0$ 时，不能胜任这个岗位，负向偏离越大，表明个人能力越差，越不能胜任这个岗位。胜任性，是社会岗位具有的一个基本"社会属性"。

客观性的"社会属性"，要求在人的经验系统中，具有对应的"概念"来对这一属性变量进行表征。我们把这个社会属性量，对应的概念量记为 $A_{CR\text{-capacity}}$，称为胜任性，即个体对"胜任性"的主观评价。

$$\Delta CR_{\text{m-capacity}} = CR_{\text{i-capacity}} - CR_{\text{p-capacity}} \leftrightarrow A_{CR\text{-capacity}} \quad (10.30)$$

当个体的经验在一定时期内趋于稳定，并从事各种社会岗位时，就会表现出由于能力的稳定性导致的胜任现象，也就是胜任性。胜任性就成为一个不依赖于具体的工作岗位场景，而成为人的特质的部分。也就是说

数理心理学：人类动力学

$\Delta CR_{m-capacity}=CR_{i-capacity}-CR_{p-capacity}$ 的值会随着不同的场景而发生变化，但是个人的能力部分不会发生变化，它也就成为人格特质的一部分。这个量是一个"常量"。当这个概念量对于个体而言，是个常量，或者保持稳定时，就成为行为模式，我们把这个行为模式记为：

$$p_{CR-capacity}=C_{CR-capacity}= contant_{CR-capacity} \quad (10.31)$$

其中 $contant_{CR-capacity}$ 表示常量。形同上述的思路，这意味着需要一个人际差异量，来标示人类个体在这个模式上的差异，这就是特质量，这个特质量我们记为：$p_{CR-capacity}$。由此，这三个量之间的对应关系，如表10.6所示。这意味在人的人格的经验模型中，应该找到这种对应性，我们认为五因素模型中的尽责性中的"胜任力"子维度，是这一对应指标。至此，我们就很好地揭示了五因素模型的这一子维度的数理含义。

表10.6　岗位能力、胜任度、胜任度特质量关系

岗位能力	胜任度	胜任度特质量
$\Delta CR_{m-capacity}$	$A_{CR-capacity}$	$p_{CR-capacity}$

10.3.2.12　社会角色度量完备集

我们对社会角色及其功能的考察，使我们得到了一个基本的完备集，即在角色维度上，我们得到了社会属性量、心理量和人格量之间的关系。我们把这一关系，汇总在一起，如表10.7所示。在这个表格中，我们可以看到一个基本的事实：

（1）社会岗位所赋予的功能，需要进行度量，这需要至少6个独立变量，来度量这一功能。

（2）社会变量的客观性，决定了人的知识观念的量（心理量），至少有6个观念量与之对应。

（3）观念的行为模式，导致了人的特质的差异，使得经验的人格经

第三部分 精神运动学：行为模式

验模型中,也相应地产生了6个独立的指标。这里已经暴露了另外一个事实,在人的经验中,观念是通过符号来编码的,而语言是人的编码与载义符号,这也就自然可以解释出,在人的语言语义系统中,为何可以分离出人格的变量维度。我们在后续的讨论中,将继续坚持这一思路。按照个体从事某个事件的结构要素及其因果律,我们也得到了6个属性,它恰恰反映了事件发动中的6类社会属性。这样,人际关系模式中的6类社会精神动力属性也就清楚了。从这一路径,我们不难看出,在数理意义上,回答人格模型背后的心理机制,这实际是一件有趣的尝试。

表 10.7 社会量、心理量和特质量之间的关系

社会事件属性	社会属性量	心理量	特质量
心理力学属性	$F_{achievement}$	$A_{achievement}(t_{st})$	$p_{achievement}$
社会关系属性	$\boxed{system}_{phy}^{bio}{}_{psy}$	A_{s-d}	$p_{discipline}$
社会因果属性	$e_{phy}(j) = f(w_1, w_2, t, w_3, c_0, i)_{psy}$ $e_{psy}(j) = f(w_1, w_2, t, w_3, bt, mt, c_0, i)_{psy}$	$A_{logical}$	$p_{logical}$
事件要素信息不确定性	$S_{entropy}$	$A_{deliberation}$	$p_{deliberation}$
事件要素特征值正负性	$M(i) = M\left(\boxed{system}_{phy}^{bio}{}_{psy}\right)_{+}^{-}$	A_M	p_M
事件结果或个体能力	$\Delta CR_{m-capacity}$	$A_{CR-capacity}$	$p_{CR-capacity}$

10.3.3 社会角色叠加原理

在社会中,行为个体可以处于不同的社会结构中,完成不同的社会功能。也就是说,行为个体的社会角色可以集中在同一个体上,这一特性,

我们称为社会角色叠加原理,也就是我们通常所说的多重身份。

在我们的生活中,这一现象特别普遍,例如,我们可以在家庭中作为家庭成员,在工作单位中又是社会工作单位的组织成员等。

我们把不同的社会角色记为:$R(s_i)$,其中 s 代表社会结构,$i=1\cdots n$,n 为整数。根据社会角色叠加原理,社会个体具有的社会角色,满足以下关系:

$$R=\sum_{i=1}^{n} R(s_i) \qquad (10.32)$$

◎ 科学与案例

间　谍

间谍,是一个具有悠久历史的特殊角色(Carreʹ,1974)。在中国的《三十六计》中,使用间谍被作为很重要的一项内容,并在历史战争中广泛使用。在现代军事生活中,间谍战是人们一直感兴趣的话题之一,也是影视剧作的关键内容之一。

间谍,往往利用其他的社会身份做掩护,实施间谍赋予的社会职能任务。例如,商人、情侣等身份作为掩盖,来实施"间谍"这一功能。也就是说,间谍这一角色,是使用社会角色叠加原理的典型案例之一。

在中国抗日战争时期,川岛芳子是著名的间谍之一。川岛芳子,汉名金碧辉,汉奸、日本间谍。清朝肃亲王善耆第十四女。清朝灭亡后,善耆欲借日本之力复国,将女儿显玗送给川岛浪速做养女(更名川岛芳子),成年后返回中国,长期为日本做间谍。1928 年,在上海从事间谍活动。参与皇姑屯事件、九一八事变、满洲独立运动等秘密军事行动,并亲自指挥上海一·二八事变和转移婉容等祸国事件。日军战败后,被判汉奸罪,在北平第一监狱执行枪决,终年 41 岁。

注:采自 https://baike.baidu.com/item/%E5%B7%9D%E5%B2%9B%E8%8A%B3%E5%AD%90/6214?fr=aladdin。

10.3.4 社会角色混淆与冲突解释

社会角色，实际上是由社会结构的功能性差异引起的。行为个体处于不同的社会结构中，就具有了不同的角色叠加。这就需要我们对角色叠加，进行分类研究和标志。在社会结构中，社会角色具有的功能，是通过其处理的事件来体现的，也就是社会功能事件。为了区分不同的社会结构，我们把不同结构中的功能事件，记为 $E_{结构}(I_p)_j$，I_p 表示行为个体。$p=1, \cdots, n$，$j=1, \cdots, n$。其中 n 是整数。社会角色叠加，存在以下几类。

10.3.4.1 社会角色时间叠加与冲突

由于任何事件，都需要时间，社会角色的叠加，有时会导致不同社会结构中的社会角色，发生时间上的重叠，从而产生叠加效应。

10.3.4.1.1 社会角色时间叠加与冲突

我们以两个社会角色事件，说明这一冲突产生的原因。由同一个社会个体，承担了两个社会角色事件 $E_{结构}(I_p)_j$ 和 $E_{结构}(I_p)_{j+1}$。在某个时间 Δt 内，需要完成两个事件。

$$E_{结构}(I_p)_j = W(I_p)_j + i + who(what) + e + w_3 + \Delta t + bt + mt + c_0$$
$$E_{结构}(I_p)_{j+1} = W(I_p)_{j+1} + i + who(what) + e + w_3 + \Delta t + bt + mt + c_0$$
（10.33）

由于在时间上的同时性，任意一个时刻，行为个体只能处理一件事情，即时间无法"同时"分配到不同事件中。造成这一问题的基本根源是，同一个行为个体，无法在满足"同时性"的情况下，实现分身。这时，就会出现角色上的冲突，也就是无法同时完成社会机构赋予的功能事件。

在社会中，由于时间叠加，造成的社会角色冲突，是一个非常重要的现象，例如，一个职业女性，一方面要处理来自工作上的雇主分配的任务，在同一时间，又需要处理来自孩子的照顾需要（Hammer et al., 2003）。

10.3.4.1.2 分时处理策略

时间叠加产生的冲突,是由于事件对时间的占用,无法实现同时性的调配而引起的。也就是,同一行为个体,无法分身引起的现象。"分时"处理是避免这一冲突的一个有效途径。我们把两个事件中的时间分别记为 Δt_1 和 Δt_2。这两个事件的时间并不发生重叠和交叉,如图 10.18 所示。坐标轴上、下的事件分别表示 $E_{结构}(I_p)_j$ 和 $E_{结构}(I_p)_{j+1}$,分时可以避免事件在时间上产生的冲突,从而解决这一问题。

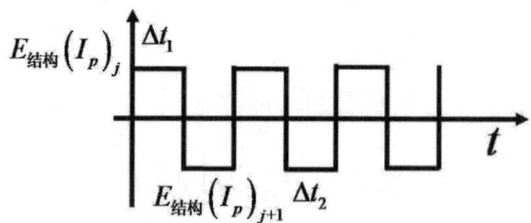

图 10.18　社会事件分时策略

注:横坐标表示时间,上下分别表示两类事件。处理每个事件,分别占用的时间为 Δt_1 和 Δt_2。分时制,首先直接避免事件发生的同时性冲突。

10.3.4.1.3 分身与分工处理策略

在社会化中,社会组织往往具有多名成员,这就意味着可以分工。社会角色冲突的第二个解决策略,可以利用分工的方式,避免社会角色时间上的重叠性,从而避免时间上的冲突性。冲突前后之间的解决方式,可以用以下公式来表示:

$$before \begin{cases} E_{结构}(I_p)_j = w(I_p)_j + i + who(what) + e + w + \Delta t + bt + mt + c \\ E_{结构}(I_p)_{j+1} = w(I_p)_{j+1} + i + who(what) + e + w + \Delta t + bt + mt + c \end{cases}$$

$$after \begin{cases} E_{结构}(I_p)_j = w(I_{p1})_j + i + who(what) + e + w + \Delta t + bt + mt + c \\ E_{结构}(I_p)_{j+1} = w(I_{p2})_{j+1} + i + who(what) + e + w + \Delta t + bt + mt + c \end{cases}$$

(10.34)

其中，I_{p1} 和 I_{p2} 分别表示不同的行为个体。例如，中国传统家庭制的夫妻中，男主外女主内是一种分工方式，避免了社会角色上的冲突。

10.3.4.2 社会角色混淆

在社会交往中，每个人都是具有社会身份的个体，或者说是社会角色。在交往中，由于场景、社会功能发生了改变，每个人需要改变不同的身份，也就是要演好每个场景中的角色，或者社会结构中的角色。在这个过程中，由于社会组织和结构变化（或者说场景发生了变化），也可以发生角色的混淆，从而导致社会交往问题。

以两个社会结构场景为例，在不同的社会结构中，有两类结构事件。参与事件的双方的个体，分别记为 I_{p1} 和 I_{p2}，两个结构中的事件用下标 j 和 $j+1$ 来标记。$w(I_{p1})_j$ 和 $w(I_{p1})_{j+1}$ 是个体 I_{p1} 在两种场景中的角色。$w(I_{p2})_j$ 和 $w(I_{p2})_{j+1}$ 是个体 I_{p2} 在两种场景中的角色。

$$\begin{cases} E_{结构}(I_p)_j = w(I_{p1})_j + i_j + w(I_{p2})_j + e_j + w_j + t_j + bt_j + mt_j + c_j \\ E_{结构}(I_p)_{j+1} = w(I_{p1})_{j+1} + i_{j+1} + w(I_{p2})_{j+1} + e_{j+1} + w_{j+1} + t_{j+1} + bt_{j+1} + mt_{j+1} + c_{j+1} \end{cases}$$

（10.35）

我们考虑，当从第一个场景 j 切换到第二个社会结构场景 $j+1$ 时，可能发生的社会角色变化问题。在切换后，个体 I_{p1} 和 I_{p2} 在第二个场景中的社会角色，可能出现以下四种组合情况。

$$\begin{cases} [w(I_{p1})_{j+1} w(I_{p2})_{j+1}] \\ [w(I_{p1})_{j+1} w(I_{p2})_j] \\ [w(I_{p1})_j w(I_{p2})_{j+1}] \\ [w(I_{p1})_j w(I_{p2})_j] \end{cases}$$

（10.36）

数理心理学：人类动力学

第一种情况，是两者应该在场景二中应该具有的场景，未发生角色上的冲突。在后续三种情况下，均出现了两者任何一方，没有正确实现角色变换，而可能发生角色的混淆。

例如，单位的领导和员工 A，同时参加另外一个场合下的社会表演活动。员工 A 在这个活动中是表演者，领导是观众。在这个场景中，员工 A 可能会看到领导在台下，表演心态发生了变化。这是由于社会角色的变换，造成的混淆。而领导也可能抱着视察的心态来看表演，这也发生了角色混乱。

第三部分　精神运动学：行为模式

第 11 章　社会经验偏好模式：社会交流模式

社会结构中，社会岗位的设置，规定了所承担的社会功能。个体从事这一岗位，也就具有了社会性扮演的角色。担负一定社会角色的个体与个体之间，为处理一定的社会功能，就会发生交互作用的活动，也就是社会相互作用，或者人际相互作用。

人际相互作用中，通过信息传递的物质介质，把事件信息调制到信息介质中，进入人的信息系统，激发人的认知系统，并从事精神活动，从而成为精神动力的根源。人际相互作用，是任何处于社会活动的人类个体，都要进行的人际互动方式。

对于长期处于人际相互作用的个体，在价值观念驱动下，会形成稳定的行为模式。这在客观上就要求，我们要围绕人与人之间发生的相互作用，确立人与人之间的相互作用模式，并给出数理的描述。反过来，价值观念，又构成了人类个体在处理社会交互作用中的经验。且人与人之间，在具有同样经验情况下，又具有差异性。这样，就建立了经验、行为模式、人际差异之间的关系。更进一步讲，就会建立认知的评价的价值量、行为模式

数理心理学：人类动力学

常量、人格之间的数理逻辑关系，从而为人格理论的数理根源性提供了基本解释。为了讨论这一问题，我们将把这个问题分解为几个子问题，包括：

（1）人际相互作用的基本模型。

（2）人际相互作用中的描述变量。

（3）人际相互作用中的行为模式。

（4）人际相互作用差异的度量。

11.1 社会相互作用模型

人与人之间的互动，是人类个体之间的相互作用，是具有一定岗位与承担一定社会角色的个体之间进行的交互活动。在交互中，人类个体相互之间不断释放刺激的事件，并对对方的事件进行响应。这构成了人际相互作用的最为基本、最高频的日常行为方式。对互动行为方式的认同与否，构成了人类个体的基本经验，并对互动过程进行驱动。

人类经验对"物"的表征，构成了"自然科学"。人类经验对"生物"的表征，构成了"生物科学"。人类经验对"社会及其结构"的表征，构成了社会科学。人类经验对"人际的交流"则构成了社交过程。把人与人之间的交往，作为一类经验对象，研究人的行为规则，是社会心理学热点领域之一（Cary，1978）。

事件定义式奠定了人际互动的一个基础，而人际互动的内容，则又是围绕"事件"而展开的，这就意味着，以事件为数理基础，可能确立起互动过程中，人的行为互动的方式。为此，我们将从这一主线出发，建立互动过程中，社会相互作用的模型，从而为这一过程中，存在的人类行为模式，建立数理的理论基础。

11.1.1 交往过程结构

人与人之间的交往,是一个事件,根据事件的结构式,个体和个体之间构成了社交事件中的两个客体。而人类的个体之间,又通过信息的传递,实现双方的相互作用。传递的内容,又是关于事件的信息。这种方式,如图 11.1 所示。

我们把交往的两个个体,分别记为 A 和 B。两个个体之间的交往和相互作用,是人类群体交往中,最为简约的社交过程。所有社交过程,最终都可以分解为两人的交往系统。因此,只要讨论清楚两个客体之间的社交过程,多个个体的交往过程,可以由两个个体发生的过程向外延伸。A 和 B 发生的交往,则构成了这一社交行为中的两个基本结构要素。

图 11.1 社会交互过程

注:参与社会交往的个体 A 和 B,是交往过程中,交往事件的两个独立要素。在交往中,交往的内容可以是物质的互换,或者是纯粹的信息内容互换。交换的内容本身,也是一个事件。内容是信息化的,个体 A 和 B 通过对彼此交换的内容信息的获取,诱发各自的心理加工活动,实现了个体 A 对 B 或者 B 对 A 之间的作用,这是一种心理动力关系,也就是社会交往。交往内容事件的媒介性质,是心理动力传递的根源,我们也称为媒介。

11.1.2 交往过程作用关系

社交过程,是一个相互作用的基本过程。在社会交往过程中,参与交往的个体,实现两种形式的互换:(1)物质互换;(2)信息内容互换。

物质形式的互换，是社会交往中，一种基本形式的互换关系，在社会中普遍存在，例如，买卖过程，在买卖中，一方获得物质化的物品，另外一方则获取对等的等价格交换物。

信息内容的互换，是直接通过语言形式的编码，交换事件中的信息。这个过程中，既可以是对自己参与事件的信息，也可以是他人的信息，或者三方信息。

无论是物质形式的互换，还是信息内容的互换，它们都是交换的"内容"。内容本身，也可以看作是一个"消息"意义的"事件"，满足"事件"的结构式。这一事件，作为一种消息（信息学称为刺激），通过神经系统的感知觉系统被人体获得，诱发一系列的心理加工活动，并诱发其他心理与行为动作。从数理上看，交换的"消息"事件，构成了行为个体 A 对 B，或者是 B 对 A 的作用介质。没有这个连接性，个体之间将无法实现心理的相互作用。从数理意义上讲，互换内容是"人际相互作用"的"介质"，或者"媒介"。它是心理动力传递的基本根源，这个事件，我们称为"媒介事件"，如图 11.1 所示。

11.1.3 社会交往事件数理式

在交往过程中，作为独立存在的行为个体，交往的行为目标和内在目标分别记为：bt_A 和 bt_B、mt_A 和 mt_B，则 A 和 B 共同参与的交往事件可以分别记为：

$$E_A = w_A + w_B + i(A \to B) + e(A \to B) + w_3 + t_A + c_0 + bt_A + mt_A$$

$$E_B = w_A + w_B + i(B \to A) + e(B \to A) + w_3 + t_B + c_0 + bt_B + mt_B$$

（11.1）

其中，$A \to B$ 表示 A 对 B 产生作用，反之亦然。例如，两个人聊天，在 A 对 B 讲话时，B 旁听，就属于这种方式。这个式子，暗示了在交往中，存在两个独立的作用过程。为了表示简单，上式也可以简写为：

第三部分 精神运动学：行为模式

$$E_A = w_A + w_B + i(A \leftrightarrow B) + e(A \leftrightarrow B) + w_3 + t_A + t_B + bt_A + mt_A + bt_B + mt_B + c_0$$

（11.2）

其中，↔表示相互作用，这是一种复合式表达。

11.1.4 社交媒介事件数理式

媒介事件，是社会交往中，实现社会交往的中介介质，没有这个载体，人与人之间的相互作用将无法完成。基于这一本质，我们可以把社交的媒介事件，用数学形式表示出来：

$$E_m = w_{m1} + w_{m2} + i_m + e_m + w_{m3} + t_m + bt_m + mt_m + c_{m0}$$

（11.3）

其中 w_{m1} 和 w_{m2} 表示处于社会交往的双方 w_A、w_B 在交流中的媒介事件中的两个客体，这两个个体的交往事件中的各个要素，均用下标来表示，m 是 media（介质）的缩写。在社交过程中，媒介事件总是由一方发出，送向另外一方，并通过信息形式，进入对方人脑，被对方提取媒介事件中的信息，对之施加心理影响。由此，我们把 A 释放出的媒介事件写为：

$$E(A \rightarrow B)_m = w_{mA1} + w_{mA2} + i_{mA} + e_{mA} + w_{mA3} + t_{mA} + bt_{mA} + mt_{mA} + c_{mA0}$$

（11.4）

其中，bt_A 和 mt_A 表示客体 A 的行为目的和内在目的，箭头表示作用。反之，我们则把 B 释放出的媒介事件写为：

$$E(B \rightarrow A)_m = w_{mB1} + w_{mB2} + i_{mB} + e_{mB} + w_{mB3} + t_{mB} + bt_{mB} + mt_{mB} + c_{mB0}$$

（11.5）

在人际相互作用中，人与人之间不断互动，信息也就不断互动和更新，交换的媒介事件，按照时间先后进行排列，就构成了一个时间的消息序列。为了简化，我们省去了事件中的作用方向，记为：

$$E_m(t_1) = w_1(t_1) + w_2(t_1) + i(t_1) + e(t_1) + w(t_1)_3 + t_1 + bt(t_1) + mt(t_1) + c(t_1)_0$$
$$E_m(t_j) = w_1(t_j) + w_2(t_j) + i(t_j) + e(t_j) + w(t_j)_3 + t_j + bt(t_j) + mt(t_j) + c(t_j)_0$$
$$E_m(t_n) = w_1(t_n) + w_2(t_n) + i(t_n) + e(t_n) + w(t_n)_3 + t_n + bt(t_n) + mt(t_n) + c(t_n)_0$$

（11.6）

其中，j 表示时间的序列，为 $1\sim n$ 的整数。事件之间的关联性，也就构成了内容的关联性关系。

11.1.5　社会交流心因过程

在社会交流中，人与人发生相互作用，构成了"社会交往事件"。媒介事件是它们交往的信息介质。社交互动过程本身，是一个客观性的事件，描述这个事件，需要客观的"社会属性量"，它不依赖于个人而存在。在人的经验系统中，需要对应的知识来驱动人的社会交往，这意味着人的知识体系中，需要有对应的"主观心理量"来表征这一社会事实，它具有主观性。这些心理量就构成了人的知识"观念"，它也是社会知觉变量。寻找到这些变量，就可以在心理层次，解构这一社会交往的行为方式，甚至行为模式。在行为模式中，人与人也存在差异，对人的差异的度量，就又构成了对"质"的辨识。这样，我们就可以打通"社会属性量""心理量""人格量"之间的对应关系，为后续动力学研究奠定基础。这种过程，实际是对人的心理过程的研究，也就构成了人的"社交行为"背后的"心因过程"。交往事件结构定义式，提供了一个基础，为我们深入这一领域奠定了基础。在后续中，构造社会交流中的变量关系，将遵循这一基本逻辑。

11.1.6　社交过程基本问题

在社交过程中，社交事件，刻画了社交过程中的基本要素构成和相互作用关系。媒介构成了相互作用过程中的中间介质。通过媒介客体，两个个体之间发生了相互作用。这提示了我们要研究的两个本质问题：

（1）社会交往的互动过程是客观、物质的，只有在物质介质作用的基础上，才发生相互作用关系。

（2）社会交往的相互作用关系包含两个基本的关系：信息交换关系

第三部分 精神运动学：行为模式

和物质交换关系。

在相互作用中，人类个体之间，基于某种"目的"性进行社会交往过程，这构成了动机。这个过程，以信息的交换为基础，并最终获得利益。也就表现为两个属性：信息的属性和利益的属性。因此，在考察交互过程中的信息的社会属性时，我们往往把社会交互过程称为社会交流，或者社交过程。强调社会交互过程中的利益时，我们往往把社会交互作用过程称为社交过程，或者人际交往、社会交往（利益的来往），如图11.2所示。

这两层社会属性，决定了我们讨论社会交互过程，需要分为两个基本的方面，并构建这个过程中，人的行为模式与心理机制的体系。本章，我们将首先讨论社会交往作用模式中的信息过程，也就是信息的社会属性。

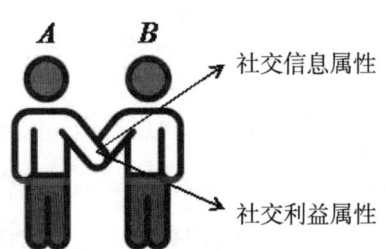

图 11.2 社会相互作用过程的社会属性

注：处于社会交往中的人类个体，在交往中，具有两个方面的属性：通过信息进行双方的信息互动，也就是社交的信息属性。同时，社交的过程，是基于某种利益互换的动机过程，也就是社交利益属性。

11.2 社交交流心理通信模型

社会交往过程中，处于交往的双方，依次释放出"媒介事件"，被对方感知，获取信息，实现信息之间的互换和交流，并诱发其他心理活动，实现心理意义的相互作用。在社会心理学中，信息的互换过程，也就是交流过程（Thibaut，2017）。交流，指社会中人与人之间的联系过程，即人与

·243·

数理心理学：人类动力学

人之间传递信息、交流思想和交流情感的过程（Brooks，1971；Sturm et al.，1996）。也就是说，信息过程是人际交往与互动的基础。媒介事件是交流过程中的载体。这需要我们从信息的角度，来考察人际的交流过程，来理解信息交流中的行为方式。这一问题包括：

（1）个体发出的媒介信息的编码和度量；

（2）接受的个体如何从媒介事件中获取信息与度量；

（3）个体在社会交流过程中，对信息的交流的信息控制过程。

我们将从"信息论"的通信模型开始，逐步讨论人的交流过程，并建立这一过程的数理描述模型。进而，从这些模型出发，来讨论人际交流与模式问题。

11.2.1 信息通信模型

信息通信模型，是一个普适性的概念模型。因此，这个模型所建立的概念、术语，也很快被引入社会科学，来理解人际交流问题。这对理解人际交流带来了便利性。因此，在我们采用信息通信模型来研究人际交流之前，首先需要理解信息通信模型。

Shannon 和 Weaver（1948）发表了"通信的数学理论"，提出了现在熟知的"Shannon‐Weaver 通信模型"（C. E. Shannon et al.，1949；C. E. J. B. s. t. j. Shannon，1948）。这一成果，成为信息论诞生的标志（Verdü，2000）。该模型是一个概念化的模型，从本质上讲，信息论是关于信息的本质和传输规律的科学理论。以此模型为基础，又发展了很多信息论的模型，由此，Shannon–Weaver 通信模型也被称为母模型（Hollnagel et al.，2005）。在这篇论文中，香农提出了信息熵的定义：$H(X) = -\sum_i p_i \log p_i$，从而使信息具有了定量度量的基础。

在 Shannon–Weaver 模型中，提出了信息源（sender）和接收者（recevier）

· 244 ·

第三部分　精神运动学：行为模式

概念。在这个基础上，David Berlo（1960）对这个模型进行扩展，提出（SMCR）模型，增加了消息、信道概念，这一模型也就被表示为 *Sender-Message-Channel-Reciver*（Chen et al., 2013；Cobley et al., 2013）。这一模型，是对 Shannon-Weaver 模型的进一步深化和推进。

在 SMCR 模型基础上，Wilbur Schramm（1955）确立了一个多变量的线性模型，使得通信模型更加完善，如图 11.3。在这一模型中，信息传递者（transmitter）、编码（encoding）、介质（media）、解码（decoding）等因素被完备地建立起来，标志着这一模型的相对成熟（Chen et al., 2013；Chen, 2013）。

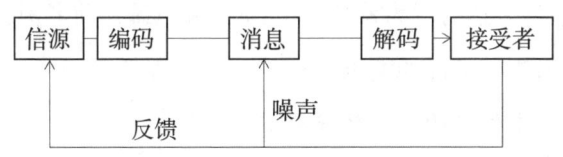

图 11.3　Wilbur 线性信息通信模型

注：信源是信息的发出者，经信号编码后，以消息的形式发送给接收者，接收者通过解码，接收到消息。同时，信源释放出反馈的信号。在这个过程中，环境中和接收者的反馈，都可以以噪声的形式，影响消息的发送。

11.2.2　人际交流心理结构模型

信息通信模型，很快进入社会科学，利用信息通信模型所确立的概念、术语，来理解人际交流问题，使得人际交流问题，首先有了模型理论作为支撑，这对理解人际交流，带来了便利性。这是社会科学理解人际交流的基本方向。

在前文各章，我们讨论了人的知识经验体系，信息的内容形式、经验的表征空间（心理空间）理论，这就揭示了一个基本的人的信息编码问题。这就为了解人际交流奠定了基础。此外，"事件"结构式的建立，也为我们理解人的消息,提供了数理支撑。这意味着,我们应该在普适性模型基础上,提出针对人的特殊信息系统交流的人际交流模型。

11.2.2.1 人的"事件"编码系统

对人而言,人的神经系统构成了人体的信息系统,人的心理的各项功能,就是经验信息驱动下的神经系统表现的功能。人类个体需要完成各项社会化活动,就要对接收的信息和发出的信息进行编码,实际上也就是对"事件要素"进行编码。人体的信息采集和信息释放的背后机制,也就构成了信息流通过程中的一类关键因素。人的信息编码系统,包含两个关键系统:(1)事件表达的行为系统;(2)经验系统。前者构成事件的编码,后者则驱动前者进行事件的编码。

11.2.2.1.1 事件表达行为系统

事件的发送,总是离不开一定的物质媒介。这在客观上,需要人类个体具有驱动物质载体或者调谐物质载体的系统,来传递事件结构要素对应的信息。这一系统,是由人类个体的行为系统来完成的。人的外周肌肉、骨骼与神经,构成了人的行为系统。骨骼是行为系统的机械杠杆装置、肌肉构成的力学制动机构,而神经是促发这一力学系统的控制系统。这一系统,接受来自神经中枢的信号,进行各种动作的制动,可以释放人的各种行为信号。这构成了人类个体的事件表达的行为系统(这一规则在动物的群体中,同样适用)。在心理学中,把人的信号的表达,分为言语交流和非言语交流(Israeli, 1928)。实际上,这两种分类,是两种不同的行为信号表达系统。从本质上而言,是一致的,都是对"事件"结构要素及其属性的表达。

11.2.2.1.1.1 言语事件表达

言语表达是指人们通过言语器官或手的活动把话语说出来或写出来的过程，包括说话和书写。

在人的事件结构式中，我们列出了事件的基本要素，包含目的（动机指向）、客体、作用效应（结果）、作用方式、时间、地点等。这些要素，在语言结构中具有对应性，即言语的表达，实际上是由"事件"的本质决定的。也就是说，言语的表达，实际上是围绕"事件"的结构要素进行展开的。事件的结构本质，决定了言语结构的方式。言语表达，是一种标准化的"事件要素编码"方式，在不同的语言中，我们都可以寻找到事件结构的一致性（在语言学中，称为语法）。在事件的编码式中，我们已经讨论过这个问题，这里不再展开讨论。

11.2.2.1.1.2 非言语表达

人与人之间的非言语交流，是通过视觉线索，来进行交流的一种方式，包括体态语、物理空间关系、副语言等的交流方式。

体态语，是指在交流中运用身体变化，来传递信号的一种方式（Scheflen，1972），如表情、动作、体姿、身体空间距离等作为传递信息、交流思想感情的辅助工具的非语言符号，也是我们常用的一类语言表达方式。如果我们从事件结构式出发，就可以发现，体态语可以用来表达事件结构中各个要素的属性，也就是传递事件要素的信息，如对事件的态度、事件的结果或事件发生的时间等。在体态语中，面部表情是一类特殊的情感与态度表达的方式，在我们使用的社交媒体中，利用面部表情表达自己的情感和态度，是普遍采用的方式，如图 11.4 所示。

数理心理学：人类动力学

图 11.4　社交媒体表情包

注：面部的动作，可以表达社交个体对事件的态度与情感。它的表达，是在人际相互作用中，对事情态度与内在心理的一种属性表述。

11.2.2.1.1.3　行为系统编码本质

无论我们采用言语表达，还是非言语表达，如果从事件的结构式来看，我们都认为是对事件信息具有的属性的一种表达，并通过对应的信息通道对外传递。这些信息，既包括事件的结构要素信息，也包括我们做这件事情的主观意愿。

$$E=w_1+w_2+i+e+t+w_3+\underline{bt+mt}+c_0 \quad (11.7)$$

例如，在上式中，bt 和 mt 的一致性与否，表明了我们对从事这件事件的外在动机和内在动机是否一致。如果一致，也就表明，我们主态度认可事件的执行；反之，则不认可事件的执行。这些我们可以通过体态语来反映态度的信息和情感信息中，获得一致性与否的信息。在图 11.5 中，是手势的编码，即通过特定的姿势来表述对事情的态度，分别是：OK（认可）、停止、反对、赞赏。从这个意义上讲，无论什么意义的行为编码系统，仍然是对事件要素及其属性信息的表达。

第三部分　精神运动学：行为模式

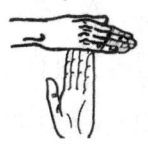

图 11.5　手姿编码

从这个意义上讲，我们就可以很好地揭示在以往的研究中，出现的诸多争议和结论。例如：

（1）苏联心理学家鲁利亚认为，言语的生成起始于某种动机和意向（Kirman，1970）。言语本身是对事件要素的表达，任何人的事件，都有精神性，即事件的动机，这在事件的结构式中可以得到验证，也在事件的编码中得到验证。

（2）弗罗金把言语分成七个阶段：选择需要表达的信息、为分句选择句法结构、把内容插入句法结构中、指定出词的词法形式、指定出代表分句的音素、选择运动要求、分出分句（黄希庭 等，2015）。这个在事件的结构要素中，显然也得到了验证。

11.2.2.1.2　经验系统

经验系统，是人的语义及其表达的驱动系统。因此，事件信号的编码，需要在这一系统的驱动之下来完成，也就是说，人的经验系统，构成了人的消息事件编码的另外一个关键因素。经验的编码系统，也就是我们说的语义系统，语义系统对事件的编码规则，用语义空间来表述，这部分内容，我们已经在前文的经验空间和符号空间中讨论，在此不再进行展开。

11.2.2.2　人的"事件"解码系统

信号发送者，经过对事件的编码，通过某种介质，把媒介事件传递出去，为接收者所接收。在接收过程中，接收者的信号系统，需要对媒介事件进行解码，才能从事件中得到确切事件的各个要素的属性信息。对人而

数理心理学：人类动力学

言，解码就构成了人的信息的关键环节。在心理学中，我们认为，人的几个关键过程，都参与了媒介事件的"解码"过程。这些主要心理过程包括感知觉过程与推理过程。在这里，我们仅仅把这部分的功能进行初步阐述，在后续的心理过程部分，我们将重点阐述这一功能。我们认为：

（1）感知觉的过程，是形成事件的过程。也就是从感觉的信号中，提取事件的结构要素。所以在知觉中，存在物体识别（客体）、动知觉（作用效应）、时间知觉（时间因素）、空间知觉（空间物体识别和地点）等。这些要素的合成也就是事件。

（2）被知觉后的事件的要素的信息，往往具有不确定性。这时，需要通过推理，来获得各个要素中非确定的信息，这就构成了推理的过程。

从上述两项看，感知觉和推理都参与了外界媒介事件的解码。解码的本质，就是获取事件的要素，使之形成相对比较完整的事件。事实上，在感知觉和推理过程中，经验参与了知觉过程和推理过程，从而构成了接收者的解码过程。

11.2.2.3 人际交流心理结构模型

基于上述的分析，我们考虑到两个理论：（1）信息通信系统的共通性；（2）人的信息加工系统的特殊性，建立以下人际交流模型。信息发送者和接收者释放和接收的信息是"事件"的信息。为此，信源释放的信息，也就是释放一个消息"事件"。接收者接收的信息，也就是接收一个"事件"。为了区分这两个事件的不同，我们把欲要释放的事件，称为"本意事件"，把接收的事件称为"偏差事件"。无论发送的过程还是接收的过程，经验知识都参与了事件的编码和解码。确切地讲，经验知识系统与个体的行为机械系统，参与了事件的编码，以某种物质形式（视觉的、听觉的、肢体的），转换为媒介事件，发送出去。而对于接收者，则通过感知

第三部分 精神运动学：行为模式

觉获取"事件"的结构要素，并赋予属性，并通过推理获取事件的非确定性信息，完成事件结构要素的组装，并形成个体可以接收的偏差事件（接收到的信息并不是完全是原意的），这个信息通信过程，如图11.6所示。该模型，我们称为"人际通信心理结构模型"。为了简化这个过程，我们并不把整个心理过程标注在这个通信过程中，整体的心理结构，我们将在"心理结构和功能"中来讨论这些环节。

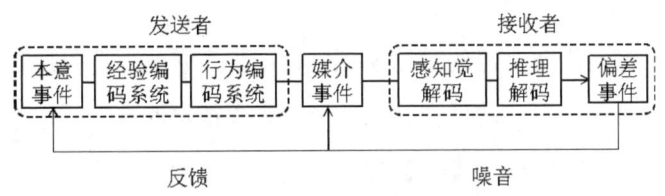

图 11.6　人际沟通心理结构模型

注：人与人之间的沟通过程，是一个心理编码和解码的过程。在这个过程中，信息发送者需要发送的信息，称为本意事件；接收者接收到事件后，对事件信息解码得到的事件，我们称为偏差事件。经验系统和人体行为系统参与了事件的编码，而感知觉系统与推理过程，参与了事件的解码。

11.2.2.4　模型的意义

在以往的人际交流模型研究中，主要采用信息通信模型的基本概念，使得我们很难深入人的心理过程中，来理解人际通信问题（Specht et al., 2014）。人际交流心理结构模型，从人的心理加工中，把信息解码和编码的系统隔离出来，这就为从心理角度揭示人际交流中的问题，提供了基本契机。由于我们在前文中，大量地讨论了人的经验表征系统，也使得这种数理道路成为可能。

在这个模型中，我们可以看到一个基本的事实：处于信息通道中的两个行为个体，如果双方的经验系统相同，也就意味着双方的解码和编码的系统相同，在传输过程中，如果没有信道噪声的话，双方接收到的事件的信号将会相同。但是，大量的事实是，双方的经验系统存在差异，从而使得双方获取事件的信息时，发出的信息量和收到的信息量很难等同。从而，在理论上，预见了双方交流过程中，由经验差异造成的事件信息的本质不同。

11.3 社会交流强度模式

如果我们对人际交流的结构模型进行剖析，它的本质仍然是"事件结构式"的另外一种形式的反映，这种形式表现得足够有趣。这一契机，也恰恰暗示了人与人交流过程的数理性描述的可能性。而信息科学的信息度量架构，也天然涵盖了人与人之间通信信息的度量。这提供了一种天然的契机，即把事件的结构式、信息科学的通信原理整合在一起，并建立对人际交流的社会属性的描述，也就成为一种必然。

因此，社会交流过程的客观性，决定了这一过程具有客观的"社会属性"。确立这一过程的"社会属性量"，并根据社会属性量，找到对应的心理表征量，才有可能建立"社会属性"的客观性与心理表征的主观性之间的连接，即客观与主观之间的映射关系。

主观性的心理量，是对行为和属性的评价量，是对社会性行为的评价和度量，又往往和价值联系在一起，从而构成人的价值观念部分而稳固存在，是构成人的稳定性行为的内因。这样，"社会属性量""主观心理量""社会评价量""社会价值量""社会行为模式"之间的逻辑关系就确立起来了。这构成了我们研究社会交流模式数理描述的基本路线图。从本节开始，我们将逐步基于这种路线，建立社会交流过程中的行为模式描述的数理体系。

11.3.1 社会交流的两个属性

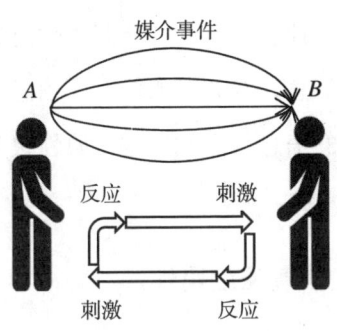

图 11.7 社会交流属性

注：在社会交流中，以媒介事件为载体，双方进行信息互换，具有两个方面的属性：心理属性和信息属性。从任何一方看，事件的信息是刺激，经心理加工后，给出反应。这是一个心理过程，携带的信息具有个人主观性。所有信息又是以符号为载体，符号携带的信息符合"信息属性"，满足信息论的规则。

社会性的交往，个体之间互发消息，进行事件信息的交流。因此，事件及其信息，构成了心理相互作用的传递介质。从任何一个单方个体来观察，均对对方施加了作用。对这个过程进行数理描述，需要考虑两个方面的属性：（1）社会属性。（2）信息属性。

11.3.1.1 心理响应

按照心理的加工性质来看，心理响应是参与人与人之间互动的个体（如图11.7所示），不断接受刺激，并经心理加工后，给出反应的过程。这一过程，决定了进入人脑的信息，是关于社会事件的信息，是对社会事件的社会属性信息的加工，并在此基础上，个体给出的响应。这一性质决定了人际交流的互动过程的描述，需要考虑个体对刺激输入的社会属性，并给出的社会属性的响应。这是心理加工的社会本质。

11.3.1.2 信息属性

在心理响应过程中，社会交流的性质属于信息的交流。也就是，通过不断释放和事件有关的消息，双方获取信息。信息的交流过程，以符号为载体，携带双方的心理的信息。由此，这一属性决定了，社会交流的数理描述，同时要考虑信息属性。

11.3.2 社会交往信息强度属性

A 与 B 之间的信息交流，是双方在行为意愿上的信息交流过程。基于心理属性和信息属性的两个性质，需要我们对交流的信息过程进行量度的描述。我们首先来定义信息交流的强度。

我们从 A 出发，来讨论这一事实。A 交流的强度，就是单位时间内 A 释放信号的数量。我们定义：在一个时间段 t 内，A 发出的信息的个数为 n，第 i 条消息的信息量为 s_i，则单位时间内，A 发出的信息量为：

$$c(t) = \frac{\sum_{i=1}^{n} s_i}{t} \qquad (11.8)$$

信息强度，反映了人际交流过程中，如何计量某个个体交往的时间信息。这是对交流过程中信息属性的一种度量。而信息交流的过程，还具有社会属性，即个体 A 总会在行为动机上，表现出与 B 交流的主观性愿望。或者是积极主动，或者是被动交流。我们把主动性交往作为"正值"，被动性交往作为"负值"。因此，在考虑交往的社会属性的基础上，上式就可以修改为：

$$c(t) = w_a \frac{\sum_{i=1}^{n} s_i}{t} \qquad (11.9)$$

其中，$w_a = \pm 1$，当 $w_a = 1$ 时，表示正性交往，反之为负性交往，w_a 称为热情系数,也称为交流态度常数。从该式可以看出,无论正性和负性,都可以表现出很强的交流强度。分别对应于两种极端情况,例如,激烈争吵时,是一种负性的强烈的交流强度;而在滔滔不绝的情况下,则对应着一种正性的交往强度,在通常情况下,我们称为"健谈的",如图 11.8 所示。

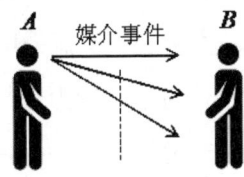

图 11.8 单一对象交流强度

注:A 和 B 发生交流,在事件 t 内发出的。

在单个对象交流情况下,从 11.9 式出发,个体发生的交流强度和发送的消息本身有关系,和单位时间内发送的消息的数量有关系。一般情况下,单位时间内发出的消息的数量的个数越多,交流的强度也就越大。消息的信息量越大,交流强度也会很大。人类个体在社会中生存,会和不同的社会个体发生交往,并表现出这一个体性行为,在交流过程中,$c(t)$ 会发生波动性变化,也就是,这是一个实时的动态量。对于实时动态的量,我们在时间上求平均,就可以得到一个动态的平均量。我们记为:

$$\overline{c(t)} = k \frac{\sum_{j=1}^{m}\sum_{i=1}^{n} s_{ij}}{\sum_{j=1}^{m}\sum_{i=1}^{n} t_{ij}} \quad (11.10)$$

其中,i 表示第 i 条消息,n 表示 n 条消息,m 表示 m 次交流。显然,这是人群中普遍发生的一个社会交往现象,它是一个客观存在的社会量,也是一个行为量。这在客观上要求,人的经验系统中,需要对应的心理量来表征这一现象,这个心理量,我们称为健谈程度。

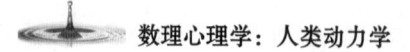

11.3.3 社会交往行为模式：热情性

处于社会交往中的人类个体，在与他人信息交流过程中，总是对信息交流中的他人，持有交流与否的意愿（主动积极的交流还是被动的交流），并影响到交流的信息大小。也就是，对 $c(t)$ 本身，个体具有自我的评价。我们把这个评价量记为：A_c。实际上，交流强度是社会群体普遍存在的一个"社会属性量"。那么，个体对这一行为进行表征，就存在一个对应的个体表征的主观评价量 A_c。由于这一场景的普适性，个体在处理该类普适性行为时，会形成稳定的个体评价性行为，这就会形成行为的模式，个体持有的这个稳定评价量，我们用一个常数来表达，记为：C_c，而这一行为模式，可以表示为：

$$A_c = C_c \quad (11.11)$$

我们把这一个体表现出来的社会属性，称为热情性。它反映了个体在与他人交流时，表现出来的对他人交往的正性和负性的态度，以及经常性的交往强度等级。

11.3.4 个体行为模式差异

社会交流，是人类社会个体面临的一个普遍性的社会场景，跨越文化和地域而普遍性存在。这就形成了"热情性"这一模式的普遍性存在。人类评价受观念所支配，而观念的稳定性，注定了人类行为在面临各类型的场景时，在行为上表现出了稳定性。而不同的个体之间，在这一行为上又表现为个体之间的稳定差异性，它是个体在场景中表现出的稳定性的一种区分。对这种个体间的差异性区分，需要引入一个区别不同个体间行为模式的"特质量"，记为：p_c。

这样，我们就得到人际交流中，社会属性量、个体主观评价量、人格特质量之间的对应关系，如表 11.1 所示。

表 11.1 社交强度、热情性、心理量与特质量关系

社交强度	热情性	热情特质量
$\overline{c(t)} = k \dfrac{\sum_{j=1}^{m}\sum_{i=1}^{n} s_{ij}}{\sum_{j=1}^{m}\sum_{i=1}^{n} t}$	A_c	P_c

对于这个特质量，"友好"和"冷淡"是这个量的两极。实际是人类语言进化中，对不同人类个体在特质量上差异性的分类描述。由于人类个体主要通过语言进行信息交流。释放语言的通道包括口语语言、体态语言等。可以通过"口语语言"进行编码，也可以通过其他语言通道进行编码。友好特质的个体，通过口语表达的通道，可以特定地表现为：夸夸而谈、健谈（如图 11.9 所示）。

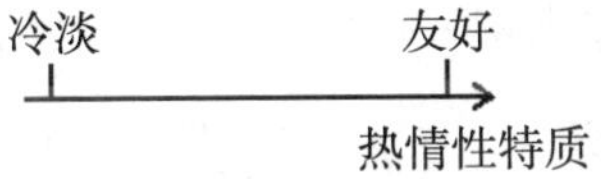

图 11.9 热情性特质

注：不同的人类个体，在热情性上表现出不同的特质，它们之间存在着量上的差异。冷淡和友好是这个特质量度量时的两个极端情况。根据上述的论述，需要我们在以往的人格研究中，找到实验结果的对应性。大五人格或者五因素模型是人格研究的杰出代表，我们发现，在五因素模型中的"外向型"维度中，存在一个子维度"热情的—冷淡的"。也就是，这一子维度的特征，恰恰和上述描述的特征存在一致性和对应性。由此，我们就回答了在词汇学中获得的经验结果的数理性。这也再次证明了大五人格和五因素模型中关于这一维度的合理性及数理含义，从而使这一经验发现，由于数理性得到了揭示，重新焕发了理论的生机。

11.4 社会群体交流模式

"热情性"是处于社会交流中的个体与个体之间最简单的社会交往方式，它也是人际交流中最基本的人际行为模式，普遍存在于不同文化生活的人类群体中，由此构成了人类交流中的一种基本社会属性。

除了这一属性，在社会交流中，人类个体又面临和社会群体进行交流这一方式，即个体在行为上，对群体交往持有的基本行为模式。这是社会交流中的一种属性。意味着，我们需要对这一属性进行描述。

11.4.1 群体交往社会属性

个体 A 对个体 B 的社会信息交流与作用，我们可以用下式来表示：

$$E_A = w_A + w_B + i(A \to B) + e(A \to B) + w_3 + t_A + c_0 + bt_A + mt_A \quad (11.12)$$

当面临多个社交群体时，交往的目标和对象的数量就会发生变化。我们把个体 A 交往的个体分别记为：$B_1, B_2, \cdots, B_n$。则上式就可以修改为：

$$E_A = w_A + \begin{pmatrix} w_{B_1} \\ \vdots \\ w_{B_i} \\ \vdots \\ w_{B_n} \end{pmatrix} + i\left(A \to \begin{pmatrix} B_1 \\ \vdots \\ B_i \\ \vdots \\ B_n \end{pmatrix}\right) + e\left(A \to \begin{pmatrix} B_1 \\ \vdots \\ B_i \\ \vdots \\ B_n \end{pmatrix}\right) w_3 + t_A + c_0 + bt_A + mt_A \quad (11.13)$$

显然，这一方式已经相对于前者发生了本质变化。如果我们把 A 与 B 的信息交流理解为"单体交流"。那么，A 与 $B_1, B_2, \cdots, B_n$ 的交流就可以理解为"多体交流"问题。这在交流的事件上，已经发生了"量"的变化。我们把这类交往方式，称为"群体交往"，以区别于上述的"个体交往"。这是在社会交流中，个体表现出来的一类社会普遍性的行为方式和行为模式。它是社会交流现象中一类稳定"属性"，也就是"群体交往社会属性"，如图 11.10 所示。

第三部分 精神运动学：行为模式

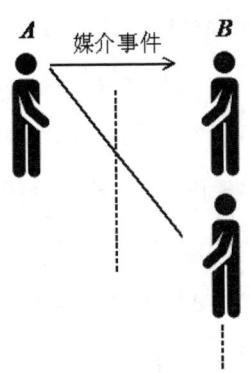

图 11.10 群体交往社会属性

注：人类个体在交流时，面临多人交流的场景，即与多个个体之间发生相互作用，也就是群体性社会交流。这是社会交流中，普遍性存在的一类行为方式。个体会对这一行为方式持有自己的评价和态度，并形成稳定性。它是社会交流中的个体和群体表现出来的一种社会属性。

如果社交过程中，单位时间内 A 交往的对象是多个，我们把交往对象记为 k，则交往强度的表达式修正为：

$$\overline{c(t)} = w_a \frac{\sum_{k=1}^{o}\sum_{j=1}^{m}\sum_{i=1}^{n} s_{ijk}}{\sum_{k=1}^{o}\sum_{j=1}^{m}\sum_{i=1}^{n} t_{ijk}} \quad (11.14)$$

其中，k 表示交往对象。o 表示第 o 个交往对象，我们称为社会交流强度。这个式子表明：影响个体社会信息交流的强度，包含三个关键要素：（1）消息的信息量；（2）个体 A 对某个对象发生消息的数量 n；（3）交往对象个数 k。这在日常的生活中，可以观察到这些现象。这是社会交流过程，存在的一类客观现象。围绕信息的强度，我们逐步来考虑人际互动中的"社会属性"性质，并建立社会交流的数理描述。

11.4.2 群体交往行为模式：悦群性

群体交往社会属性，意味着，从事任何人类交流行为的个体，都具有这一行为方式，并对这一社会属性，持有自己的"观念"，也就是对这一行为进行价值评价。这意味着：人群数量的增加中，需要引入新的心理变量，来描述由于人的个数的增加，个体对群体交往持有的评价和态度，显然，这是一个和个人有关系的心理量，这个量，我们称为"悦群性"（greatiousness）或者"合群性"（sociable）（Wiggins，2002）。我们把这一评价量，记为：$A_{sociable}$。当个体在长期的社会交往中，对这类行为方式，持有稳定评价，也就构成了稳定的价值观念。这个价值量，我们记为：$C_{sociable}$。这时，个体表现出的行为模式，就可以表示如下：

$$A_{sociable}=C_{sociable} \quad (11.15)$$

这一模式表示的行为属性，也就是个体对群体交往的行为模式属性。

11.4.3　群体交往行为模式个体差异

个体在行为模式上持有的稳定的价值观念，是行为模式的基本性根源。它具有长期的稳定性，并不以人的交往场景而存在，支配着不同的人类个体在群体中的交往行为。

但是，不同的个体之间，对这类行为模式，表现出个体性的差异，即在社会尺度下，他们持有的交往程度稳定程度并不相同。这是个体的一种"特质"。这意味着，对这一行为模式划分时，需要一个区分这类行为模式的特质"量"，来区分个体之间的"质"的差异。

我们把这个特质量记为 $p_{sociable}$。这样，我们就得到人际的群体交流中，社会群体交往社会属性量、个体主观评价量、人格特质量之间的对应关系，如表11.2所示。

第三部分 精神运动学：行为模式

表 11.2 群体交往属性、悦群性、悦群特质量关系

群体交往	悦群性	悦群特质量
$A \to \begin{pmatrix} B_1 \\ \vdots \\ B_i \\ \vdots \\ B_n \end{pmatrix}$	A_{sociable}	C_{sociable}

显然，这个特质量是一个独立变量。它的两极分别是：（1）喜欢群体交往，称为"合群"；（2）喜欢独处。它表示的是对群体合群与否描述的不同等级。从现象学上看，由于个体喜欢的人数的增加，信息的传递也就得到加强，必然满足 $w_a \sum_{k=1}^{o} \sum_{j=1}^{m} \sum_{i=1}^{n} s_{ijk} \Big/ \sum_{k=1}^{o} \sum_{j=1}^{m} \sum_{i=1}^{n} t_{ijk}$ 所描述的信息量度，表现为合群的人，也就喜欢热闹的场合（信息交流的密度大）。反之，独处的人，则喜欢安静的场合（信息交流的密度小）。这是一个伴生的信息现象。

```
独处          合群
  |————————————|——————→
        悦群性特质
```

图 11.11 悦群性特质

注：不同的人类个体，在悦群性上表现出不同的特质。它们之间存在着量上的差异。独处和合群是这个特质量度量时的两个极端情况。

有了上述建立的数理逻辑，我们按照上述数理逻辑设定的特征，会发现，在大五人格模型和五因素模型中，外向型维度存在合群性（悦群性）子维度，这一维度和上述描述的特征惊人地重合。这种对应性提示，我们就解释了大五人格和五因素模型这一维度的社会属性的含义。这样，从词汇学得到的经验发现，通过我们的数理的逻辑推理，成为行为模式中的一个推论，恰恰证明大五人格和五因素模型的合理性（Boyle et al., 1997）。

· 261 ·

11.5 媒介事件内容属性模式

社会交流过程,是信息的交换过程。交换的信息是关于"媒介事件"的信息。每一个媒介的事件,就构成了社会交流的主题(topic)。

在交流行为中,参与交流的个体,对交流内容的把握表现为两个特征:

(1)对主题的把握和不同主题的切换。

(2)对媒介事件的要素及其信息进行的判断,对媒介事件发生的条件与结果之间的联系的合理性判断。

这两个主题,往往引起事件的参与者,对参与个体的"交换内容"认同与否。换句话说,个体提供的关于"媒介事件"的信息的合理程度,引起参与群体的认同程度。它是个体在与群体交流中,对"媒介事件"内容交流中,表现出的一个行为属性。

因此,这一节,我们将对这一属性进行讨论,并期望在这一行为方式中,剥离出人的行为模式和人格上特质特性。

11.5.1 媒介事件信息支配度

媒介事件是参与交流的双方 w_A、w_B 交流的信息内容。对媒介事件的信息交流的本质,是对媒介事件要素的物理属性、社会属性进行信息交换的过程,也就是双方对媒介事件要素的属性进行赋值的过程(对属性信息的确定)。

如果我们把媒介事件中的任意一个要素记为 f_{mi}(其中 i 表示第 i 个要素),这个要素的属性记为 p_{fmij}(j 是指该要素的第 j 个属性)。对属性进行赋值,实际是个体对事件的要素提供变量描述的过程,这时个体赋予这一属性的主观量或者心理量,我们记为 c_{fmij}(它是一个主观心理量,或者概念量),它可以是 w_A 提供的,也可以是 w_B 提供的。我们把这个不同的个体提供的属性的值，记为：c_{Afmij} 或者 c_{Bfmij}。每个概念又往往是以符号来进行载义的，也就是以符号为载体的。在讨论中，由 w_A、w_B 双方各自对第 i 个要素第 j 个属性贡献的信息量记为：s_{Afmij} 和 s_{Bfmij}。这时，媒介事件的要素的属性信息，是双方交流的属性信息。其中 w_A 和 w_B 任意一方贡献的信息量的比重值为：

$$P_{\text{rate}}(A) = \frac{\sum\limits_{ABij} s_{Afmij}}{\sum\limits_{ABij} s_{Afmij} + s_{Bfmij}} \quad (11.16)$$

或者

$$P_{\text{rate}}(B) = \frac{\sum\limits_{ABij} s_{Bfmij}}{\sum\limits_{ABij} s_{Afmij} + s_{Bfmij}} \quad (11.17)$$

这两个量，我们称为支配度或者独断性。它表示在对媒介事件讨论中，讨论的任意一方对事件属性信息的贡献和作用大小。由上式我们可以得到两个值之间的关系：

$$P_{\text{rate}}(A) + P_{\text{rate}}(B) = 1 \quad (11.18)$$

$P_{\text{rate}}(A)$ 的值越大，意味着在这个过程中，信息主要由 w_A 所贡献；反之，则由 w_B 所贡献。这也意味着，在交流的过程中，w_A 对话题讨论居于主动性地位，或者说具有支配地位；反之，则不具有主动地位。

而任何事件的发生，又往往满足因果关系，则在因果条件讨论的要素赋予属性时，同样满足上述的基本逻辑，因此，个体在因果律的讨论中，对信息交流的支配程度，也同样利用上式来描述。

11.5.2　个体交流支配行为模式：独断性

支配度是一个重要的参量，其度量在社会交往过程中处于社会交流的个体在交往中个人的信息贡献的大小。它普遍存在于广泛的社会交流行为中，是一种普遍性的特征，也是社交中体现出来的一类社会属性特征。人类社会行为的个体，对这一普遍性的社会属性，必然形成对应的社会观念。或者会形成个体自我的评价的观念，来指导个体自身的社交行为。我们把 w_A 持有的这一评价观念，记为：$A_{assertiveness}(A)$。当这一评价的观念成为 w_A 的一个稳定常量时，则会形成一个由稳定观念支配的行为模式。我们把这个观念量记为：$C_{assertiveness}(A)$。这时，这一行为模式，可以表示为：

$$A_{assertiveness}(A) = C_{assertiveness}(A) \quad (11.19)$$

这一模式表示的行为属性，也就是个体在社会交流中表现对讨论过程的支配的模式属性。

11.5.3　个体交流支配行为模式个体差异

这一模式建立，又让我们回到了一个统一性的价值观念体系，即由价值观念体系决定的行为模式。不同的个体之间，对这类行为模式，表现出个体性的差异，即在社会尺度下，它们持有的交往程度和稳定程度并不相同。这是个体的一种"特质"。这意味着，对这一行为模式划分时，需要一个区分这类行为模式的特质"量"，来区分个体之间的"质"的差异，即在一个社会尺度下来度量这个"质"的差异。我们把这个特质量记为 $p_{assertiveness}$。这样，我们就得到人际的群体交流中，社会群体交往社会属性量、个体主观评价量、人格特质量之间的对应关系，如表 11.3 所示。

表 11.3　群体交往支配度属性、个体独断性、独断性特质量关系

支配度社会属性	个体独断性	独断性特质量
$P_{rate}(A) = \dfrac{\sum\limits_{ABij} s_{Afmij}}{\sum\limits_{ABij} s_{Afmij} + s_{Bfmij}}$	$A_{assertiveness}(A)$	$P_{assertiveness}(A)$

第三部分　精神运动学：行为模式

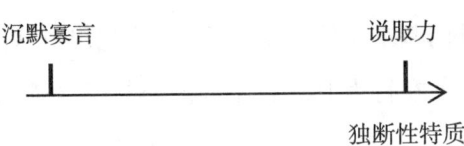

图 11.12　独断性特质

注：不同的人类个体，在独断性上表现出不同的特质。它们之间存在着量上的差异。沉默寡言和说服力是这个特质量度量时的两个极端情况。

从这一特质对应的数理表达式上，可以明晰地表明这个特质的含义。当个体在交流中的信息贡献越大，也就表明个体具有较强的说服力，从群体行为上，则表现为对交流的支配性越强；反之，则个体对信息的贡献越小。极端的情况下，则个体对交流没有意见，表现为沉默寡言，这时，其中一方 $P_{rate}(A)=0$，或者 $P_{rate}(B)=0$。我们把这一行为模式的特征与五因素人格和大五人格的模型相对照，它和"外向型"的"独断性"子维度存在行为特征的对应性。这样，我们就揭示了"大五人格"和"五因素模型"中，这一人格维度的数理含义。

11.6　事件功能新异追求行为模式

在社会交往中，我们总是基于一定目的进行交往和交流，并在行为上表现为对目标的追求。也就是说，任何事件的发生，都存在自己内在的动机根源性。

世界上任何一个"客体"，都具有自己的功能，我们对客体的需要，实际是对客体具有的功能的需要，客体也就成了个体追求的"目标物"。从一般的心理学理论出发，把客体具有的功能进行分类，也就是"需要模型"，著名的有"马斯洛需要模型"（Kirman，1970）。人总是在和他人的交往中，获得自己的需要，不断追寻从事各种各样的事件，探索不同的事件，在不同的探索中，获取自己的"目标物"，达到自己的"目标"，这是从事各类事件的基本动机，并在行为上表现出对这一目标的追寻。这就意味着，我们需要在行为上，来讨论个体对"目标物"的功能追求的行为模式及其特征。

11.6.1 目标物功能的常规性

从物质功能看，任何一种客体提供的功能，都能满足人类的某种需要。但是，从社会尺度看，它满足的人群的数量并不相同。即有些功能的设计是满足大众需要，而有些功能则是满足社会的小众需要，从这个意义上讲，社会群体提供了一个度量的尺度，用于度量哪些功能是大众使用的常规功能，也就是满足世俗需要；反之，则是非常规功能。也就是说，它的功能相对于大众而言，是不常见的。从数理上讲，以常规功能作为基本参照，它的功能是新异的。这种方式，可以利用常模参照（norm-reference test）来测量，如图 11.13 所示。

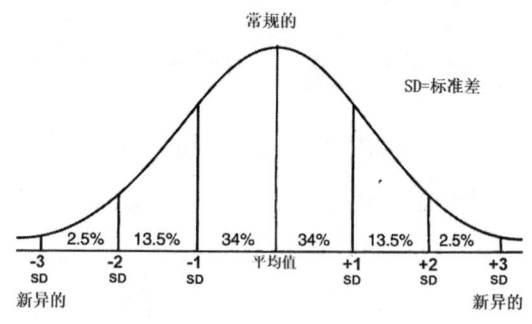

图 11.13 常规与新异

注：任何个体提供的功能，按满足的人群来区分，分为大众性功能和小众功能。相对大众的功能而言，越是小众的，与常规的使用品相比差别越大，也就越新异。

如果我们把常规对应值用 R_μ 来表示，新异对应的值用 z_n 来表示，这时两者的差异量就可以表示为：

$$d_n = z_n - R_\mu \qquad (11.20)$$

显然，这是一个社会属性量，也是不依赖于某个个体存在的客观量，用于表达功能的新异的程度。

11.6.2 新异追求行为模式：刺激寻求

在从事各种社会交往事件时，任何个体对目标物提供的功能，都具有猎奇的动机，并在行为上表现出来。也就是，任何个体都会对"新异的社会属性"进行评估和评价。我们把这个评价量记为：$A_{d-seeking}$。它是一个普遍性的行为，存在于社会交往中的任何事件中。这意味着，人类的个体在长期针对这类社会属性时，会形成稳定的价值观念，这个稳定的价值观念，我们记为 $C_{d-seeking}$。在这一观念驱动下，我们会形成稳定的求异的行为模式：

$$A_{d-seeking}=C_{d-seeking} \tag{11.21}$$

其中，$C_{d-seeking}$ 是一个常数。这一模式描述的社会属性，也就是人对目标物新异性持有的稳定的态度和表现的方式。

在这一评价量驱动下，个体会产生追求差异的动机性行为，也就是心理动力（见后文动力学中，评价量和心理力之间的关系），因此，这是一个力学性行为的体现。换句话说，刺激的寻求是心理力在面对新异情况时的一种社会属性体现。我们把这个对应的心理力记为：$F_{d-seeking}$。

11.6.3 新异追求行为模式个体差异

在追求目标物的功能性差异时，人类个体表现出了一种共通性的特性。而行为模式的出现，实际上使得个体具有了稳定性的行为表现。显然，在这一稳定性的社会属性的表现上，也会出现人类个体上的差异性，这就在客观上需要一个属性量，来区分人类个体在这一属性上表现出来的差异性。显然，它是一个特质量，我们把这一特质量记为：$p_{d-seeking}$。这样，我们就得到目标物功能新异社会属性、主观评价量、新异行为模式特质量之间的对应关系，如表 11.4 所示。

个人从外界交流中，达到自己的主观目标并实现自己主观愿望的行为模式，会因为个体的偏好而出现差异，这就构成了个人的特质。而这一特质，是在交流的目标中体现出来的，所以，我们也称为"社会交流目标模式"的"质"，这个质我们记为：$p_{d-seeking}$。它们三者之间的关系，如表 11.4 所示。

表 11.4 差异寻求动力、求异行为评价量与求异行为特质量关系

差异寻求动力	求异行为评价量	求异行为特质量
$F_{d-seeking}$	$A_{d-seeking}$	$p_{d-seeking}$

按照上述的逻辑思路，我们理应在人格的经验模型中，找到对应的实验验证证据。由于在动机上寻求目标物功能上的差异性，也就是和常规的不同。在行为上也就表现出冒险性行为（不同于常规的行为模式），反之，对相对新异保持谨慎。按照行为上的表现，我们应该在人格模型中找到这种行为上的对应性。而有趣的是，在大五人格和五因素模型中，我们恰恰可以寻找到这一维度。例如，外向性维度中，刺激寻求的子维度，恰恰反映了人类个体在"目标寻求"上的特质（Watson et al., 1997）。这是通过行为交往中，提取的一个特质。这一发现，恰恰回答了，大五人格中，刺激寻求这一子维度的数理含义。这一有趣的事实也说明，词汇的编码，实际是对人的心理量的一种载义符号，它确切地反映了人类的经验系统。

11.7 反馈评价行为模式

在社会交往中，个体和个体之间发生相互作用，并诱发相互作用的效应，也就是事件的结果。事件的结果，按照预期，具有三种可能性：达到了预期结果，高于预期的结果，或者未达到预期结果。个体把事件发生的

结果和历史期望进行比对，是一个评价过程。这个评价过程，也是一个反馈过程。在整个反馈链条中，个体还需要对事件发生的条件、规则等进行系列的评价。评价本身，也是人类事件处理中，普遍存在的一类行为的社会属性。

这意味着：评价和反馈发生的过程，是一个普遍性过程，存在于我们的普适性的事件执行中。个体在长期处理这一普适性场景时，逐步适应这个过程，一旦稳定，就会形成个体意义的行为模式。而这种行为模式，又存在个体之间的差异性。在客观上，需要引入新的行为模式的数理表述和人格量，来区分这种差异性。

11.7.1 社会交流中评价

在一定条件、一定规则下会诱发某类事件的发生，也就是产生某种结果。它们之间的关系，构成了"因果关系"。由于利益的存在，产生的某种结果往往对个体有利或者有害，或者两者均未发生。

人类个体之间的经验存在千变万化的差异，因此，在对行为事件发生的"条件""规则""结果"的看法中会存在性质上的差异，对这些要素进行正性评价或者负性评价，也就是社会性评价。在社会结构式中，对于任意一个要素 p_{fmij}，它的任何一个属性值，从个体利益角度看，都会存在"正、负性或者中性"的划分。从社会利益角度，进行的正负性划分，是一种社会性属性。我们把这个属性记为 $p_{fmij}(+-)$。社会属性的正负性起源于社会群体对事件要素的群体性认同。

例如，在中国古代，大家对女性穿衣暴露，必定认为是"有伤大雅"；在当代，则认为是一种个性解放，而成为当代年轻人群体的一种集体认同。这是对处于不同社会群体中的个体，在同一事件上持有的相反的两种看法，前者是"负性"，而后者则是"正性"。因此，事件要素的社会属性，是社会群体认同的社会属性。它的正负性是以社会群体作为参照的。社会的负性的约定，是使得社会群体中的人，持有相同的尺度，使得一些不必要的行为被抑制，使之服从于约定性的社会规则，而不能发生（我们将在动机性行为中论述这一机制）。除此之外，正性的事件的要素，又往往促进事件的发展。我们把这一性质，用因果的方式表示出来。

$$\left.\begin{array}{l} w_1(+-) \\ w_2(+-) \\ t(+-) \\ w_3(+-) \\ bt(+-) \\ mt(+-) \\ c_0(+-) \end{array}\right\} \rightarrow \boxed{\text{system}}_{psy}(+-) \rightarrow e(+-) \quad (11.22)$$

在社会中，正性的方式是鼓励的；反之，则是反对的。

11.7.2 社会交流评价模式

在社会交流中，不同的场景，会产生不同的事件，这就意味着，我们需要对实时动态的场景事件的要素，进行变动性评价，这是一个不断变化的动态过程。我们需要在变动的事件评价中，寻找到个体评价的倾向性。因此，我们需要找到稳定的趋势性。我们把"个体"对社会属性 $p_{fmij}(+-)$ 的评价分别记为 $A_{fmij}(+)$、$A_{fmij}(-)$、$A_{fmij}(0)$，分别表示正性评价、负性评价和中性评价。在一个事件中，我们对所有事件产生的正性评价、负性评价、中性评价的比重可以表示为：

$$R_{\text{positive}} = \frac{A_{fmij}(+)}{A_{fmij}(+) + A_{fmij}(0) + A_{fmij}(-)}$$

$$R_{\text{negnative}}=\frac{A_{fmij}(-)}{A_{fmij}(+)+A_{fmij}(0)+A_{fmij}(-)}$$

$$R_{\text{zero}}=\frac{A_{fmij}(0)}{A_{fmij}(+)+A_{fmij}(0)+A_{fmij}(-)}$$

（11.23）

这三者之间满足：

$$R_{\text{positive}}+R_{\text{negnative}}+R_{\text{zero}}=1 \qquad (11.24)$$

在大量的事件处理中，我们可以得到上述三个的平均值，可以表示为：

$$R_{\text{positive}}=\frac{\sum\limits_{k=1}A_{fmij}(+)}{\sum\limits_{k}\left[A_{fmij}(+)+A_{fmij}(0)+A_{fmij}(-)\right]}$$

$$R_{\text{negnative}}=\frac{\sum\limits_{k=1}A_{fmij}(-)}{\sum\limits_{k}\left[A_{fmij}(+)+A_{fmij}(0)+A_{fmij}(-)\right]}$$

$$R_{\text{zero}}=\frac{\sum\limits_{k=1}A_{fmij}(0)}{\sum\limits_{k}\left[A_{fmij}(+)+A_{fmij}(0)+A_{fmij}(-)\right]}$$

（11.25）

其中，k表示第k个事件。在大量的事件中，这个比率的值越大，也就表明个体对事件的评价持有更加积极乐观的评价。反之，则表示持有负性评价。个体在行为中一旦表现出对正性评价或者负性评价的倾向性，就会形成行为的模式；从而在行为上表现为：有些人积极乐观、行为向上；反之，有些人行为消极。因此，无论正性模式还是负性的行为模式，又往往受价值观念支配。我们把这些价值观念记为：C_{pn}，则行为模式可以表示为：

$$A_{fmij}\begin{pmatrix}+&0&-\end{pmatrix}=C_{pn} \qquad (11.26)$$

11.7.3 社会交流评价模式个体差异性

一旦人类个体具有的行为模式,具有普适性意义,也就意味着这一现象,在人类群体中普遍存在,就要区分人与人之间,在这一模式上的行为差异,这就是"质",或者说是"特质量"。对事件发生的要素进行正性或者负性的评价的方式的行为模式,普遍存在于人类社会群体中,当个体一旦具有行为模式,个体也会存在质的基本差异。这就需要区分这种差异。我们把区分人与人之间的这种差异的质,表示为:p_{pn}。这样,我们就得到了在交流中,个体对社会属性评价的正负性属性、正负性属性的心理评价量、人格量之间的对应关系,如表 11.5 所示。

表 11.5 社会属性评价量、交流意愿心理量与特质量关系

交流客观量	社会属性正负评价量	正负社会属性评价特质量
p_{fmij}（+ -）	A_{fmij} (+ 0 -) = C_{pn}	p_{pn}

在大五人格和五因素模型中,我们在"外向性"维度中,可以看到"积极情绪"这一子维度所描述的人类个体的行为模式特征,与这一论述具有对应性。这样,我们就得到了五因素人格中,这一维度的基本数理含义。从这个意义上来看,大五人格中,用词汇学标注的这一维度的含义,也就变得清晰起来。这在数理上,也就回答了这一维度的"心理学含义"。

11.8 事件执行的行为模式

处于社交中的个体,是事件的执行者,在行为上,不同人所表现出来的执行的动力各不相同,使得观察到的人的行为模式表现也并不相同。同时,在不同的动力情况下,个体执行的事件发生的结果的变化也并不相同,使得事件的进展程度也会不相同。这是所有从事社会行为的人,都普遍具有的特征,这就构成了一类社会属性。因此,这一属性的存在,在客观上

第三部分　精神运动学：行为模式

需要我们找到描述这一社会属性的量，并对这一社会属性进行度量。而任何一类社会属性，同时也是个体具有的属性，个体持有的价值观念是这一属性的行为体现。社会价值观念驱动的人的行为形成的社会特征，是这一属性的内因。这就意味着一种行为模式的产生。因此，在本节，我们还需要研究这类社会属性，并找到对应的个体的行为模式。

11.8.1 事件处理效率

从心理动力角度看，任何事件都是心理动力驱动的结果。这在事件结构式中已经体现了出来。我们把客体与客体之间发生的相互作用定义为"力"（见广义力）。在力的作用下，有人参与的事件，就会诱发事件的效应。

11.8.1.1 事件效应度量

如何度量一个事件发生的效应，或者度量事件发生的结果？这是一个非常有趣的问题。我们可以利用"心理空间几何学"理论来度量这一效应。事件发生的效应，分为物理效应、生物效应、心理效应和社会效应。无论哪类效应，都是有物理载体的，都是通过"物质载体"的属性变量的变化体现出来。例如，物体的运动，是物体的空间位置的变化。它是物质的时空属性变量。时空位置变化是一种物理效应。因此，我们把各类物质载体具有的属性的变量：物理的、生物的或社会的，用一个矢量来表示，r_{world}，它在心理空间对应的矢量记为：r_{mind}。那么，在物质世界中，客体与客体发生相互作用诱发的作用效应的变化，实际就是矢量 r_{world} 的变化。它的心理空间的表征的变化，也就是 r_{mind} 的变化。因此，我们把经过一个时间的小量 dt，事件发生的效应变化为 dr_{mind}，在心理空间的表征写为：

数理心理学：人类动力学

$$d\boldsymbol{r}_{\text{mind}} = \boldsymbol{r}_{\text{mind}}(t) - \boldsymbol{r}_{\text{mind}}(t_0) \tag{11.27}$$

其中，t_0 表示计时时刻，$t=t_0+\Delta t$。

11.8.1.2 事件的功劳

事件的发生，是在心理动力的作用下进行的。在心理动力学中，心理力是一个矢量（见后文心理力部分）。我们把这个动力记为：$\boldsymbol{F}_m$。在心理空间中，它指向具有某种功能的目标物。这时，我们定义某个个体在做某个事件时的"功劳"为：

$$dW = \boldsymbol{F}_m \cdot d\boldsymbol{r}_{\text{mind}} \tag{11.28}$$

那么，经过一段时间，由于心理动力的作用，个体的功劳，就可以表示为：

$$W = \int_{t_0}^{t} \boldsymbol{F}_m \cdot d\boldsymbol{r}_{\text{mind}} \tag{11.29}$$

从本质上讲，这个式子是"个体"从事某个事件时，所花费的"心力"和对事件的推动的表达。从这个式子，我们可以看出，个体的功劳和两个关键量有关系：（1）事件的变化效果；（2）事件的个人努力的程度，也就是精神动力的大小。

如果努力，并不能促进对目标物的获得，也就无法促进事情的进展，这时，尽管个体的精神动力很大，但是却无法成功。

11.8.1.3 事件的效率：活力

一旦我们计算出人类个体在从事某项活动时，个体花费的"功劳"，我们就可以讨论个体在从事这些事件时，在事件上表现出来的效率。根据事件定义式，任何事件的处理都会持续一定时间。我们取其中的一个微小时间 dt 为处理这个事件花费的时间长度。由此，我们定义事件的效率 η 为：

第三部分 精神运动学：行为模式

$$\eta_m = \frac{dW}{dt}$$
$$= \frac{\boldsymbol{F}_m \cdot d\boldsymbol{r}_{mind}}{dt} \quad (11.30)$$
$$= \boldsymbol{F}_m \cdot \boldsymbol{v}_{mind}$$

其中，v_{mind} 表示事件的这个式子的基本含义时，单位时间内，个体做事件所花费的"劳力"，我们称为"效率"。对于同样一个事件，如果动力越大，事件发展的速度也越大，这时事件的效率也就越高。在生活中，我们可以看到很多人对事件的处理快速而高效，就是这一现象，从而在行为上，表现得极具活力。根据这个式子，我们可以观察到如下现象：

（1）个人精神动力很足，具有做事的动机，事件效果进展迅速（单位时间内事件变化快，dr_{mind}/dt 的值比较大）。在行为上表现为果断、效率较高。

（2）个人精神动力不足，事件无法进展。行为慵懒、散漫，漫无目标。

从这个意义上来看，η_i 事实上，就成为描述这一社会属性的一个属性值。这不是物理属性，是人做事时，表现出来的一种属性，也是处于人类社会群体中的个体都具有的普遍性特征。我们把这一社会属性，称为活力。

11.8.2 事件处理效率行为模式

任何人类的个体，在处理事件时，对事件处理的效率，都会具有自己的评价和认同程度，从而指导自己的社会化行为，并在个体自身处理社会活动时表现出来。

我们把个体对这一社会属性的评价，用 A_η 来表示。在大量的事件处理中，人类个体逐步会形成对这一社会属性的稳定性观念，并支配个体的社会化行为。这一观念一旦稳定，就会稳定地支配个体的行为，从而形成行为模式。因此，我们把这一观念记为：C_η（C 表示常量）。这时，这一行为模式可以表示为：

$$A_\eta = C_\eta \quad (11.31)$$

11.8.3 事件效率行为模式个体化差异

在这一模式上，人与人之间同样也会存在差异，也就是人格特质。我们把这一特质量，命名为 P_η。在五因素经验模型中，外向性维度中的"活力子维度"的描述，天然地和这一行为特征相对应。由此，这一维度数理含义，也就得到了回答。这些量之间的关系，如表 11.6 所示。

表 11.6 事件处理效率、事件效率评价量与事件效率特质量关系

社交事件效率	社会交流效率心理量	事件效率特质量
η_m	A_η	P_η

11.9 行为系统行为模式小结

我们经过人的行为系统，确切地说是运动的示意系统，进行社会的交流和事件的执行。因此，由内在观念驱动的人的行为，由于观念的稳定性，会在行为上表现出稳定性的特征。观念构成了人的行为的内因。这为理解人的外在行为模式提供了基本的契机。

当我们回顾整个数理过程，行为系统的模式暴露无遗。同时，它也暴露了我们在行为过程中，最为基本的、长期沿袭的路径：从人与人之间行为交互的社会属性量、寻找对应的社会心理量（评价量），再到由人的认知观念驱动的行为模式、个体的差异量，这构成了"心物"映射的基本逻辑关系。

11.9.1 社会客观量与心理量映射

当把社会存在也作为一个客观来观察时，个体与社会存在也就成为客

体的一部分。尽管客体具有主观的特性。主观特性也就成为客观观察的一部分。这种理解，是社会存在的客观量，可以被分离出来，同时，在经验系统中，又要找到对应的心理量来度量。这样，就把社会的客观量和心理量映射出来。

在心理物理空间中，基本的数理方法路径是：建立物理表述的数学，这是自然科学完成的，它的观念、规律、规则是对物的规则的描述。而人的心理量，则通过人体的感觉系统的测度，精确地反映了这一真实，获得了对应的心理量。

形同前文讨论的心理物理方法。社会性的交流行为，包括后续要讨论的社会性行为，首先都是一种客观存在，是把人的精神作为客观存在，需要确立对应的社会存在的描述客观量，一旦这些客观量确立，相应地，在人的经验系统中，就需要对应的心理量与之相对应，才能认知社会的客观现实。这就是在社会心理意义上，社会客观存在以社会心理量之间的映射关系。这一映射关系，在我们前文的讨论中，获得了成功。在后续的社会心理的模式研究中，我们仍然坚持这一路线。

11.9.2 外向性的数理意义

在心理物理中，物理客观量（或者说物理量），是由自然界的物理特性决定的，具有客观性。客观性世界的量，需要心理量来表达，这构成了"物理知觉"。而对于社会交往中的事件，同样也具有客观性，需要对应的客观量描述。从另外一方面，这些量也需要心理量来表达，也就构成了"社会知觉"的部分。

人的交往，通过人的外周的"运动系统"，实现语义信号的示意，并实现事件的执行。因此，从这个意义上讲，社会交流的"行为事件"，是人的心理驱动的结果，也是人的知识经验驱动的结果，社会客观存在的"客

数理心理学：人类动力学

观量"，对应的心理量，实际是"社会知觉量"。社会知觉实现了对这一系统的"社会属性"测量。心理的测量本身，也是一种评价，它构成了社会态度（attitude），在这里，我们把社会心理量，统一用 A 来表示，就是采用态度的第一字母。表 11.7 列举了社会客观量、社会态度量、特质量之间的关系。而这 6 个独立变量，对应了 6 个独立的特质。这 6 个特质，恰恰是大五人格中的 6 个子维度，这不是一个巧合，它恰恰是由社会交流中的数理性来决定。而这个特性是人的外周运动系统，在成为事件示意符号系统，受经验驱动表现出来的结果。这恰恰是这一系统受经验驱动的特性。符号是人的经验的载义系统，在符号系统中，分离出这一类别，也就成为一种必然。由此，"外向性"作为一个维度的数理机制，也就从此清楚起来了。按照个体从事某个事件的结构要素及其因果律，我们也得到了 6 个属性，它恰恰反映了事件发动中的 6 类社会属性。这样，人际关系模式中的 6 类社会精神动力属性也就清楚了。

表 11.7 社会交流社会属性量、社会交流个体评价心理量与特质量关系

社会事件属性	社会交流客观量	社会心理量	特质量
心理力学属性	$F_{d-seeking}$	$A_{d-seeking}$	$P_{d-seeking}$
社会关系属性	$\overline{c(t)} = k \dfrac{\sum\limits_{j=1}^{m}\sum\limits_{i=1}^{n} s_{ij}}{\sum\limits_{j=1}^{m}\sum\limits_{i=1}^{n} t}$	A_c	P_c
社会因果属性	$P_{\text{rate}}(A) = \dfrac{\sum\limits_{ABij} s_{Afmij}}{\sum\limits_{ABij} s_{Afmij} + s_{Bfmij}}$	$A_{\text{assertiveness}}(A)$	$P_{\text{assertiveness}}(A)$

续表

社会事件属性	社会交流客观量	社会心理量	特质量
事件要素信息属性不确定性	$A \to \begin{pmatrix} B_1 \\ \vdots \\ B_i \\ \vdots \\ B_n \end{pmatrix}$	A_{sociable}	P_{sociable}
事件要素特征值正负性	$p_{fmij}(+-)$	$A_{fmij}(+0-)$	p_{pn}
事件结果	η_m	A_η	p_η

数理心理学：人类动力学

第 12 章 社会经验偏好模式：人际关系模式

社会交往中，个体 A 基于特定目标，进行交往，交往的目的，也就是个人的利益。在社会交流模式中，我们站在个体 A 的一方，来考察交往中的个体的交流行为的刻画。这个任务，在上一章我们就已经完成。反过来，这个理论也成立。

在双方交往中，还需要站在交往的对方 B，来考察个体 A 的交往行为。这时，就会涉及双方的交往目标，即在考察对方利益基础上，来考察个体 A 的交往行为，或者说来反观 A 的交往行为。这样，这种考察，就是在双方利益的角度上，考察社会交往，就构成了双方利益关系，也就是"人际关系"，这构成了一个全新的课题。在这一课题中，人际形成的模式化问题，我们称为"人际关系模式"。

在社会交往中，这种现象，也是一种客观性的存在，这就提示我们，在人类知识经验系统中，会存在对这一现象的描述量而内化为人的观念，指导我们的交往性行为，这类观念的稳定性，必然导致行为模式的产生。沿着这一路径，将讨论三个基本问题：

第三部分　精神运动学：行为模式

（1）人际关系的客观量。

（2）人际关系的行为模式。

（3）人际关系中人际差异度量的人格量。

这需要我们在以往的研究证据中，寻找到这一数理模式理论构建的基础。非常幸运的是，在社会心理学中，积累了大量对社交过程与社会关系现象研究的实验发现、经验观察、经验总结，这些特征发现，分散在社会科学研究的各个领域，不断暴露并在局部显现行为模式背后的事实，已经逼近"行为模式"数理表达研究的边缘（Ellwood，1917）。基于"数理模式"表达的"社会过程"，亟待进行理论化的深入和质变的推进，使之成为科学体系。继续沿着数理统一的思路，寻找这一构成体系，构成了我们讨论社交过程模式的基本动机。在以往的研究中，社交过程被分解为四个关键性领域：

（1）社会交往中的沟通过程。这一过程，强调人际交流过程中的信息过程，试图引入现代的信息科学来理解这一过程，并获得了一些有趣的经验发现。

（2）社会交往中的人际关系。这一过程，强调人际交往过程中形成的情感关系，并试图揭示人际交往中的稳定关系。

（3）人际相互作用。这一问题主要关注人际交流过程中，如何促发不同的行为过程与依赖关系。

（4）社会影响。这一问题旨在探讨交流过程中，个体的各种举动如何受到其他个体的影响而改变。

但是，无论哪个领域的研究，都是对社交过程这一内核问题进行的揭示。从本质上讲，上述这些研究，均属于经验的实验发现，这一积累，也就必定为理论构建提供大量素材和支撑。

12.1 社交目标利他模式

根据人的事件的定义式，交往的双方，都是基于某种目的进行的交往，目的也就是获取特定利益。换句话说：基于某种需要和目标的设定进行社会化活动，是人类社会个体普遍遵循的基本规则。处于社会交往中的双方，也受这一基本规则所支配。

也就是说，需要和目的，是社交过程中，交往事件动态变化中，不可缺失的基本考察因素。这在事件的结构定义式中，也能够体现出来。社交双方交往的进行、流畅程度、互动过程，都可能受到这一因素的制约与影响，讨论社交过程中，需要和目的是理解社交过程的根本与关键。在上一章，我们讨论了个体 A 的交往动机之后，就要站在 B 的角度，来反观 A 的动机行为及其描述。

12.1.1 社交的利益：利他性

在事件结构式中，任何社会交往的行为，都基于事件的特定的目的和目标，也就是为了获取某种利益，也是双方的利益互换。

尽管不同事件的目的和目标不同，但任何事件要素的特征属性都分正负。在长期的社会演化中，社会交往事件形成了统一性的社会约定。按照事件的正负属性进行划分，可以分为：好与坏、利与弊、做与不可做等。其中，"利益"就是从社会交往事件中要素的特征属性进行的描述。

由于现实中的任何物品，都具有自己的功能，所以能够满足人的需要，人的行为的目的，就是获得各种功能的承载物，这构成了利益。利益的度量，也就成为对对应承载物的度量，也就是价值度量。在经济学中，价值的度量具有自己的计量和度量体系。

对于 A 而言，其获得的利益价值，我们记为 v_i，在交往中付出的利益

第三部分　精神运动学：行为模式

价值记为 v_o。则在社会交往中，考虑到 A 的付出和获得两种情况下，A 的获益 v_b 可以表示为：

$$v_b = v_i - v_o \quad (12.1)$$

这时，就会出现三种情况：

（1）$v_i > v_o$，则 $v_b > 0$。

（2）$v_i = v_o$，则 $v_b = 0$。

（3）$v_i < v_o$，则 $v_b < 0$。

第一种行为，我们称为"利己行为"，个体的收益大于付出。第二种行为，我们称为"对等行为"，个体的收益和付出相等，也就是"平等交换"的行为。第三种称为"利他行为"，个体的付出大于本人的获益，如图12.1所示。

这是在社会交往中，个体 A 与任何其他个体进行相互作用时，都存在的一类社会现象。也是社会群体中任何一个个体在社会交往中，都具有的一类现象，也就是一类普适性现象。换句话说，社会交往中的个体的获益 v_b 就是一种社会属性。它是社会交往中的一种客观存在量，不以个人意志为转移而存在的一种社会存在量。

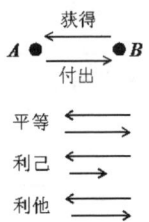

图 12.1　社交中的利益关系

注：在社交中，付出矢量和获得矢量，是两个方向相反的矢量，两者相加，存在三种关系：平等、利己和利他。

这就意味着，社会中的个体，在从事任何一类社会事件时，都会做出利益的选择。这就需要对获益进行评估，从而决定个体是否从事事件的执行。对获益进行评估的量，我们记为 A_{value}。由于这类行为普遍存在于各类

数理心理学：人类动力学

事件中，人类个体会在社会交往中形成自己的行为模式，从而成为个体具有的一种社会属性。它是社会属性在个体上的一种体现。这就意味着，存在一个对应的概念量 C_{value}，来驱动这一行为模式，它是一个稳定的常数量。由此，我们把这一行为模式记为：

$$A_{\text{value}} = C_{\text{value}} \tag{12.2}$$

对于不同的人类个体之间，个体持有稳定的模式，并持有稳定的行为观念 C_{value}。这一价值观念，将驱动人际关系中，在利益交换时的动机性行为，从而表现为心理力学属性。我们把这一动机属性形成的力记为 F_{value}。它是人际关系中力学关系的社会属性。

不同的个体之间会存在这一概念量引起的行为差异，这是一种社会属性的差异。又由于它和不同的个体相联系，因此，它也就成为个体的一种特质，这就需要一个个体的特质量，来区分不同个体之间在观念和行为模式上的差异，我们把这个量，记为 p_{value}，也就是利他性人格量。这样，我们就得到了获益量、获益评价量、利他性人格量之间的对应关系，如表12.1所示。

表12.1 社交收益量、社交收益评价量、社交评价特质量对应关系

社交收益客观量	社交收益评价量	社交评价特质量对应关系
F_{value}	A_{value}	p_{value}

利他性的人格量，提示我们在已有的人格模型中，可能存在这一维度。而有趣的是在五因素模型和大五人格的宜人性人格中，存在一个利他性的子维度。我们认为和 p_{value} 量相对应。这意味着，五因素和大五人格中的这一子维度的数理含义也就清楚了，它表示的是个体在利益交往过程中，获益性的社会属性。在这个特质量上，"利他性"和"利己性"是这个量的两极，如图12.2所示。由此可知，在五因素模型中，"利他性"的数理

第三部分　精神运动学：行为模式

含义也就清楚了。

```
    -      0      +
  ————————|————————→
   利己          利他
```

图 12.2　利他性特质

注：不同的人类个体，在利他性上表现出不同的特质。它们之间存在着量的差异。利他和利己是这一特质量度量时的两个极端情况。

12.1.2　社交事件的归因：同理性

任何事件的发生，都基于一定条件和事件发生的规则，根据因果律，事件的结果和条件、规则之间构成了因果关系。人类经验与知识的本质，也就是因果律。人类个体在执行各类事件时，对因果关系中的因的要素和因果联系的着重点并不相同，这就构成了个人意义上的"因果分析"，在心理学界，则被称之为"归因分析"。如果把客观世界的因果律作为客观量，归因分析则是因果律在心理空间中的映射，也就是它的心理量部分。

如果我们把任意一个人类个体记为 A，另外一个个体记为 B，B 个体与任意一个个体发生相互作用时，就构成了"事件"。事件的发生，具有自己的因果律。其背后驱动的规则，就是个体 B 的归因分析的动因。

根据因果律规则，因果中包含条件要素、规则要素、事件结果要素。对于有人参与的社会事件，社会事件发生的条件和社会系统发生的规则，就构成了社会事件发生的"因"，社会事件发生的效应 e 就构成了社会事件发生的果。用数理示意为：

$$\left.\begin{array}{c}w_1\\w_2\\t\\w_3\\bt\\mt\\c_0\end{array}\right\} \to i \to e \qquad (12.3)$$

处于社会环境中的人类个体，在长期的生活中，会形成各自的归因偏好，从而具有个体的偏好属性。包括：

（1）从事事件的客体的社会结构和角色的归因偏好；

（2）执行事件中的事件要素信息把控的归因偏好；

（3）事件结果的目标导向的归因偏好；

（4）事件发生的因果关系关注的归因偏好；

（5）事件行动过程中做事成本关注的归因偏好；

（6）事件发生时，客体之间利益交换的归因偏好；

（7）事件发生时，对个体抑制因素进行释放的归因偏好；

（8）对事件发生时，事件要素具备的信息可靠程度把握的归因偏好；

（9）对事件发生时，参与事件的利益个体的利益的重要性的归因偏好。

由于个体 A 和个体 B 对于同一事件的归因偏好可能有差异，对于个体 A 而言，是否能够充分理解 B 个体促发的事件中，条件、规则和结果之间的逻辑关系，也就是 "B 个体的归因分析" 逻辑，也就是平常说的 "换位思考"。

如果我们把 B 参与的事件的 "因"，也即客观存在的因果律中的 "因"，用集合表示为：

$$C_{\text{reason}}=\{w_1,\ w_2,\ i,\ c_0,\ t,\ w_3,\ bt,\ mt\} \qquad (12.4)$$

显然，这是一个客观存在的社会现象，是客观量。同样，在我们的知识系统中，由于我们需要对"社会事件的因果关系"具有自我的评价，或者需要具有自己认同的"归因分析"，以指导自身在从事各种事件时对因果律的掌握以获取目标结果。由于不同个体对同一社会事件的归因不尽相同，B 个体对其参与的社会事件的归因方式，与 A 个体对 B 个体参与的社会事件的归因方式可能不同。那么，A 理解 B 的归因方式的程度这个社会属性量，需要一个对应的心理量对之进行度量，我们把这个心理量命名为同理性，记为：A_c。这是一个社会心理量，在社会交往中是一个普遍性的行为，是一个概念量，它是个体持有的对"社会事件的因果"的一个观念。稳定的"同理心"这一观念，会导致个体在从事各类社会事件时，始终遵循自我对事件发生发展的归因方式，从而使得个体形成行为的稳定性，也就会形成个体稳定的行为模式。也就是说，人在长期的知识形成过程中，对归因的方式会保持一定的稳定性，从而会形成模式化，这个模式我们写成定义式为：

$$A_c = C_c \tag{12.5}$$

其中，C_c 为常数，从数理角度讲，常数代表了稳定性，即稳定的行为模式。

考虑到人与人之间的差异，即 A 个体与其他个体对 B 参与的社会事件的归因方式（稳定的心理量）不同，这就需要一个"质"来度量人与人之间的差异。我们把这个量记为：p_{reason}。由此，我们可以得到这几个量之间的对应关系。

表 12.2　社交条件、同理性与同理性特质量关系

社交条件	同理性	特质量
C_{reason}	A_{reason}	P_{reason}

这个特质量的发现，意味着，我们在实验领域，可以得到这一特质量。在经典的大五人格模型中，宜人性的子维度中，存在"同理心"这一子维度（Davis，2018；Graziano et al.，2009）。这是一种巧妙的对应性。在这

数理心理学：人类动力学

个特质量上，"自我"和"同理性"是这个量的两极，如图12.3所示。由此可知，在五因素模型中，"同理心"的数理含义也就清楚了。

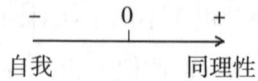

图12.3　同理心特质

注：不同的人类个体，在同理心上表现出不同的特质。它们之间存在着量的差异。"自我"和"同理性"是这一特质量度量时的两个极端情况。

12.1.3　社交中协作：协同性

在社会交往中，个体之间往往因为共通的利益关系捆绑在一起。从数理上看，我们把利益的载体（客体），记为 w_t。这时，个体 A 与个体 B 共同与 w_t 发生相互作用关系。同时，个体 A 与个体 B 之间也发生相互作用。这一方式，我们命名为"社交三体问题"，如图12.4所示。

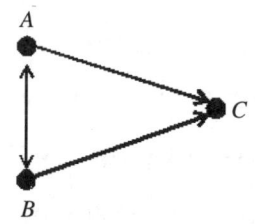

图12.4　三体社交

注：个体 A 与个体 B 具有共通的利益目标，同时和 C 发生作用，且 A 与 B 之间也发生社会交往作用。这就构成了社交中的三体问题。

根据三体中的客体之间的相互作用关系，我们把 A 和 B 作为观察点，三体的事件，可以表示如下：

第三部分　精神运动学：行为模式

$$E_{AC}=w_A+w_t+i(A\rightarrow C)+e(A\rightarrow C)+w+t+c_1+bt_A+mt_C$$
$$E_{BC}=w_B+w_t+i(B\rightarrow C)+e(A\rightarrow C)+w+t+c_2+bt_B+mt_C \quad (12.6)$$
$$E_{AB}=w_A+w_B+i(A\leftrightarrow B)+e(A\leftrightarrow B)+w+t+c_3+bt_A+bt_B+mt_A+mt_B$$

其中，第一项表示 A 对 C 的作用事件，第二项表示 B 对 C 的作用事件。第三项表示 A 与 B 之间发生的相互作用事件。在这个事件中，我们可以看到，它们对 C 作用上，具有相同的内在目标。如果把第一项和第二项进行合并，则可以得到：

$$E_{ABC}=(w_A+w_B)+w_t+i(AB\rightarrow C)+e(AB\rightarrow C)+w+t+c_1+mt_C+(bt_A+bt_B)$$
$$E_{AB}=w_A+w_B+i(A\leftrightarrow B)+e(A\leftrightarrow B)+w+t+c_3+bt_A+bt_B+mt_A+mt_B$$
$$(12.7)$$

从社会事件的相互作用角度考虑，在第一项中，我们可以看到一个基本的事实，A 与 B 构成的共同的客体一方，对 C 施加作用。这时，A 与 B 之间的连接关系，也就会影响到二者对 C 的共同作用。A 与 B 之间的连接关系，就成为一个有趣的问题。这里会出现两种基本情况：竞争与合作（协作）。

在 ABC 三者的事件中，个体 A 或者 B，对于在这个事件中的角色，都会有一种角色上的定位：（1）把对方作为自己的合作方，也就是一个团队，去共同实现内在目标 bt_C；（2）把对方作为竞争方，也就是非合作方，在实现内在目标 bt_C 时，是利益的争夺方。这就立即出现 A 与 B 之间的两种目标关系，mt_A 或者 mt_B 被设定为竞争目标而排斥，或者作为合作目标而积极合作。这时，根据三体问题中社会事件的相互作用的类型，出现四种组合，包括：

表 12.3　协作中的四种组合

mt_A	mt_B
排斥	排斥
	接纳
接纳	排斥
	接纳

在三体问题的社会事件中，由于对同一事件的相互作用的类型不同，任意一方把对方作为排斥目标而出现的行为，都称为竞争性行为，而双方共同接纳的行为作为合作行为。社会事件中的相互作用这一精神动力属性量，是社会事件中的客观量。社会属性量经过个体的评价，形成对应的评价量，也就是主观心理量，是个人主观意义的"观念量"，也就是人的价值观念。对于普遍性场景，人类的知识体系中，需要对应的心理量进行表达，我们把这个心理量，命名为"协同性"，记为：$A_{cooperation}$。这是一个社会概念，也就是一个社会知觉量。

由于社会事件结构式的普适性，三体问题及其相互作用类型是现实社会中面临的普遍性行为场景。人类行为个体，经过长期的训练，就会形成自己的习惯性行为，也就是行为模式。也就是说，主观心理量一旦形成，就意味着长期的稳定性，从而支配人在社会事件中的行为。从数理意义上讲，就是一个常量，这也就构成了稳定的行为模式。

$$A_{cooperation} = C_{cooperation} \quad (12.8)$$

$C_{cooperation}$为常数。在这一观念模式下，使得人的行为表现出稳定性，它是每个个体都具有的行为模式。对不同的人而言，任何一种偏好，会存在人与人之间的差异，也就是质的差异，需要一个对应的质的量，来度量这种差异。考虑到人的个体之间的差异，度量这种个体之间的这一特征，就是特质量，我们把这一特质量记为：$P_{cooperation}$。

我们认为，对这一模式的度量，对应着大五人格中宜人性中"顺从"子维度（Jensen - Campbell et al.，2001）。在这一维度下，高分者喜欢合作，

第三部分 精神运动学：行为模式

低分者喜欢竞争。"顺从性"实际上是指，在社会事件中，当 A 与 B 的目标利益一致时，两者是竞争还是合作（协作）的程度。在这种情况下，我们就找到了对这一维度的度量指标与测量方式。同时，这也从数理角度，解释了这一子维度的确切含义。这几个变量之间的对应性，如表 12.4 所示。

表 12.4 社会事件相互作用、顺从性与特质量关系

社会事件相互作用	顺从性	特质量
$i(A \leftrightarrow B)$	$A_{cooperation}$	$P_{cooperation}$

在"五因素模型"中的经典发现中，我们会在"宜人性"中，找到一个对应量：顺从（Obedience）。在这个特质量上，"竞争"和"合作"是这个量的两极，如图 12.5 所示。由此可知，在五因素模型中，"顺从"（有些地方被称为协同性）的数理含义也就清楚了。

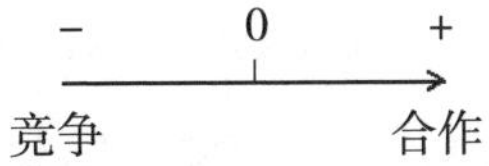

$$-\quad 0 \quad +$$
$$竞争 \qquad 合作$$

图 12.5 顺从特质

注：不同的人类个体，在"顺从"上表现出不同的特质。它们之间存在着量的差异。竞争和合作是这一特质量度量时的两个极端情况。

12.2 社交中信息暴露模式

人类社会的演化中，逐渐形成了社会结构，即按照社会的分工，演化出了功能角色，并按照关系连接在一起。社会意义的功能连接，在于他们之间具有各自的功能性，也就是社会角色。居于社会角色中的人，在交流中与他人互换信息，推动事件发展、演进。双方信息获取的多少，构成了我们对事件的把握和掌控。因此，事件的信息内容的交流方式，也构成了人际交往中的基本方式。

12.2.1　社会能力暴露模式：谦虚度

社会结构是有层级的，扮演社会角色的个体，占据某种社会性岗位，从而具有了功能意义（Lenski，2013）。这个功能又与权力、利益结合在一起。因此，社会角色信息的暴露，可以具有以下功能：（1）显示社会结构中的层级结构；（2）显示与之社会角色对应的权力；（3）显示自己的利益。这些信息合在一起，构成了人的能力构成，也显示个体在社会结构中的重要程度。因此，社会角色暴露等级的根源。由此，"社会角色"显露，是交往中的社会个体，展现固有社会角色的一种定位，或者说一种目标设定。由此，这些信息主要包含几类：（1）社会管理的层级级别。例如，上司、上下级等。（2）资格。代表从事这一行业的时间经历，意味着权威，也就是老资格。（3）权益。意味着对资源的调配能力。

处于社会交往中的双方，是居于社会结构中的人，具有自己的社会角色和功能。社会结构的设计，导致人与人之间会出现社会层级上的差异（Treiman，1970）。它是人的社会身份的信号之一。社会的角色往往和个人的社会功能性相对应，即具有一定能力和功能的人。这是一类客观存在的社会现象，我们把个体具有的社会角色的能力记为：$CR_{i-capacity}$，这个客观的社会属性量，可以通过各种测量来得到，包括职业的测量。

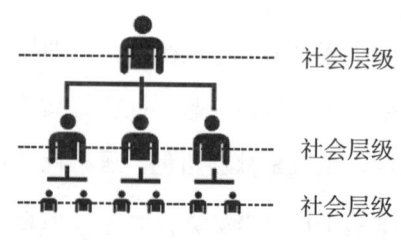

图 12.6　社会角色层级

注：社会交往的双方，在社会结构中，具有自己的社会角色和功能。社会阶层的信息是其重要信息之一。

第三部分 精神运动学：行为模式

根据因果律规则，因果中包含条件要素、规则要素、事件结果要素。对于有人参与的社会事件，社会事件发生的条件和社会系统发生的规则，就构成了社会事件发生的"因"，社会事件发生的效应 e 就构成了社会事件发生的果。用数理示意为：

$$\left.\begin{array}{l} w_1 \\ w_2 \\ t \\ w_3 \\ bt \\ mt \\ c_0 \end{array}\right\} \rightarrow i \rightarrow e \qquad (12.9)$$

其中，个体所具有的能力，既包含对社会事件中每个条件要素的把握和掌控度，也包括对社会事件发生的条件和社会系统发生的规则的把握和掌控度。因此，个体所具有的"能力"的数理定义为：

$$CR_{i-capacity} = \{w_1, w_2, t, w_3, bt, mt, c_0; i_{phy}, i_{bio}, i_{psy}\} \qquad (12.10)$$

处于社会环境中的人类个体，会对各自的能力 $CR_{i-capacity}$ 进行自我评价。当个体对自己的能力高估时，该个体是傲慢的。当个体对自己的能力低估时，该个体是谦虚的。

由于这类行为普遍存在于各类事件中，即在每个事件中个体都会对自己的能力进行评估。在现实的很多社会交往事件中，我们也可以经常发现，很多人喜欢显示出自己的社会角色的身份、功能，来显示自己的能力，以在交往中获得社会地位和尊重。每个人类个体都会在社会交往中形成自己的行为模式，从而成为个体具有的一种社会属性。它是社会属性在个体上的一种体现。这就意味着，存在一个对应的概念量，也就是主观心理量，是个人主观意义的"观念量"，也就是人的价值观念。我们把这个量定义为"谦虚度"，用 $A_{ability}$ 来表示。

数理心理学：人类动力学

人的价值观念（主观心理量）一旦形成，就意味着长期的稳定性，从而支配人的社会角色的行为。从数理意义上讲，就是一个常量，这也就构成了稳定的行为模式。也就是说，对个人能力这一信息的暴露，一旦形成习惯，就成为偏好的部分，也就是行为模式，我们把这个模式表示为：

$$A_{ability} = C_{ability} \qquad (12.11)$$

其中，$C_{ability}$ 为常数。从数理角度讲，常数代表了稳定性，即稳定的行为模式。

对不同的人而言，任何一种偏好，会存在人际之间的差异，也就是质的差异，需要一个对应的质的量，来度量这种差异。考虑到人的个体之间的差异，度量这种个体之间的这一特征，就是特质量，我们把这一特质量，记为 $p_{ability}$。

我们认为，这一特征量对应着"大五人格"模型中，宜人性的谦虚（MODEST）子维度（Barrick et al., 1991）。在这一维度，得高分者，被认为是不爱出风头（self-effacing），低分者认为自己高人一等，其他人可能认为他们自负、傲慢。换言之，这一变量的度量，可以通过大五人格的测量来实现。

表 12.5 社交能力、谦虚度与谦虚度特质量关系

能力	谦虚度	特质量
$C_{capacity}$	$A_{ability}$	$p_{ability}$

谦虚度的人格量，提示我们在已有的人格模型中，可能存在这一维度。而有趣的是在五因素模型和大五人格的宜人性人格中，存在一个谦虚度的子维度。我们认为和 $p_{ability}$ 量相对应。这就意味着，五因素和大五人格中的这一子维度的数理含义也就清楚了，它表示的是个体对自己能力评估这一社会属性。在这个特质量上，"傲慢"和"谦虚"是这个量的两极，如图

12.7 所示。由此可知，在五因素模型中，"谦虚度"的数理含义也就清楚了。

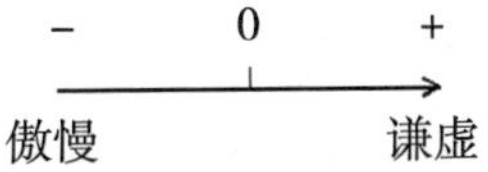

```
         −       0       +
         ←───────┼───────→
           傲慢        谦虚
```

图 12.7 谦虚度特质

注：不同的人类个体，在谦虚度上表现出不同的特质。它们之间存在着量的差异。傲慢和谦虚是这一特质量度量时的两个极端情况。

12.2.2 媒介事件信息暴露模式：坦诚度

人与人之间交流时，释放出的事件，称为媒介事件。在媒介事件中，每个事件要素，我们记为 f_i，由 A 提供给 B 的信息量记为 $s(f_i)$。根据信息论，整个事件的总的信息量 S 就可以写为：

$$S(A \rightarrow B) = \sum_{i=1}^{n} s(f_i) \quad (12.12)$$

其中，n 是事件结构要素的数目。交流的过程，从本质上讲，就是双方不断获得关于媒介事件的要素的信息的过程。在这个过程，由于信息的交流，事件要素特征值的不确定程度会降低，从而达到交流的目的。

在这个过程中，释放信息的数量，就成为对方获取个体及其讨论事件信息的一大关键要素。参与讨论的个体，会根据自我保护性需要，控制向对方传递的信息量。换句话说，这是在信息交流中，普遍存在的一类社会现象，也就是社会交流中的一类社会属性。

这就意味着，个体会对社会交流中，传递给对方的信息进行评估，我们把这个评价量，记为：$A_{honesty}$，称为坦诚度，它是一个心理量。

个体在社会过程中，也会逐步形成这一类社会属性。这就意味着，个体经过长期的训练后，就会形成这类行为的模式，需要有对应的心理概念量，支撑这一行为模式，我们把这一概念量记为：$C_{honesty}$，它是一个具有个人意义的常量。一旦形成，就意味着长期的稳定性，我们把这个偏好行为模式表示为：

$$A_{honesty}=C_{honesty} \tag{12.13}$$

其中，$C_{honesty}$ 为常数。这个行为模式就构成了稳定的价值观念模式，也就是这种精神动力属性，成为一种稳定属性。在这一观念模式下，使得人的行为表现出稳定性，它是每个个体都具有的行为模式。在媒介事件中，显然，这个普遍性存在的行为模式，即对媒介事件要素特征值的释放量，会存在个体之间的差异，这就需要个体的质来区分它们之间的差异。由此，我们把个体的质，记为 $p_{honesty}$。这样，我们可以得到这几个量的对应关系，如表 12.6 所示。

表 12.6 社交信息客观量、坦诚度与坦诚度特质量关系

社交信息客观量	坦诚度	坦诚度特质量
$S(A \rightarrow B) = \sum_{i=1}^{n} s(f_i)$	$A_{honesty}$	$p_{honesty}$

按照一般的特质性，意味着坦诚度对应的特质，应该在人格特质中找到对应，我们认为，在宜人性的坦诚子维度，就是这一特质的直接反映（Ashton et al.，2014）。由此，我们也直接回答了大五人格坦诚子维度的数理含义。这是一次有趣的理论与经验发现的对应，也解释了这一词汇学上得到的经验结果。

坦诚是在媒介事件中，媒介事件要素特征值的释放量。在个体 A 与个体 B 交谈这一媒介事件中，个体 A 对个体 B 暴露的媒介事件要素特征值越多，A 对 B 就越坦诚；反之，则越隐瞒。

如果我们回顾"五因素模型"和大五人格模型的经典发现，找到这种

对应性，也就是"宜人性"中的坦诚（Honesty）。在这个特质量上，"坦诚"和"隐瞒"是这个量的两极，如图12.8所示。由此可知，在五因素模型中，"坦诚"的数理含义也就清楚了。

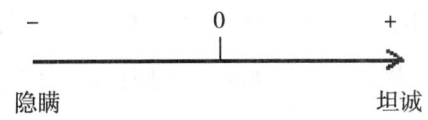

图 12.8 坦诚特质

注：不同的人类个体，在坦诚上表现出不同的特质。它们之间存在着量的差异。"坦诚"和"隐瞒"是这一特质量度量时的两个极端情况。

12.2.3 社会他人交往关系属性认可模式：信任度

在社会化交往中，人与人之间的交往的内在目标和外在目标会发生分离，导致在行为表现上出现差异。个体在掌握目标分离的尺度上，一旦表现出稳定性，则会形成一种行为上的稳定性，也就是动力上的行为模式。这就包含了两个基本问题：（1）交往目标的分离及其度量；（2）交往目标分离中的行为模式的数理表达及其度量。

12.2.3.1 交往目标分离与心理度量

根据"交往事件"结构定义式，处于交往中的双方 A 或者 B，在交往过程中，都持有自己的行为目的和内在目的 bt_A、mt_A、bt_B 和 mt_B。这意味着，处于交流的双方，都会获取对方的这两方面的信息，并对对方的交往目的的性质进行判断。交往中目的的分离为两项：行为目的和内在目的，意味着交往中的个体，需要两个心理量来描述这个变量。

12.2.3.1.1 内在目标——善意程度

交往中的双方，无论 A 还是 B，"内在目的"才是交往的真实企图和动力产生的基本根源。这意味着，交往中的双方，需要对对方的交往企图进行推断和判断。而能够反映人的真实交往意图的，就是人的内在目的。这在客观上，需要经验系统有对应的心理量，对人的"内在目的"的"属性"，进行表示。在语言学中，可以找到描述的根源。"善意""良好"动机是对内在目的的心理量描述，它的反义的描述"非善意"等相同语义词，是对这一属性的反义描述。无论如何，我们把这一描述的心理量，统一合并为一个量"善意程度"，并认为它是一个可以为正负值的心理量。负性指非善意，正性指善意的，如图12.9所示。

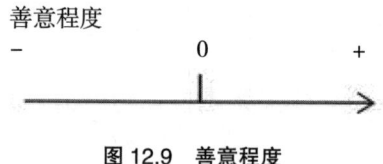

图12.9 善意程度

注：交往中的任意一方，需要对对方的交往的内在目的进行度量。也就是说，考虑自身利益的基础上，度量对方的内在目的对自己利益的有益与否。这个心理量，我们命名为善意程度。有害的情况为负，反之为正。对这个量的估计的大小，就是善意程度的大小。

12.2.3.1.2 内外目标的一致性——伪善程度

外在目标是人在行为事件中表现出的目的性，这个目标可以和内在目标（在后续的动机章节中，我们将详细讨论这一分离机制的意义）分离现象，将导致人类个体具有一个基本功能，即通过这种非一致性，来掩饰人的内在目标。这就是计策的使用，从而使得外在行为的目标具有一定的伪装性和欺骗性。它是行为目标和内在目标共通合成的结果。这提示，在经验系统，需要具有对应的心理量，描述这一心理现象，我们把这一个量命名为"伪善程度"。在数理上，我们把行为目标上表现出的善意程度，用 bt 来表示，内在目标表现出的善意程度，用 mt 来表示，则把"伪善程度"定义为：

$$h_y = mt - bt \quad (12.14)$$

其中，h_y 是 hypocritical 的缩写。根据这个定义式，我们可以得到多种行为目的的组合，如图 12.10 所示。

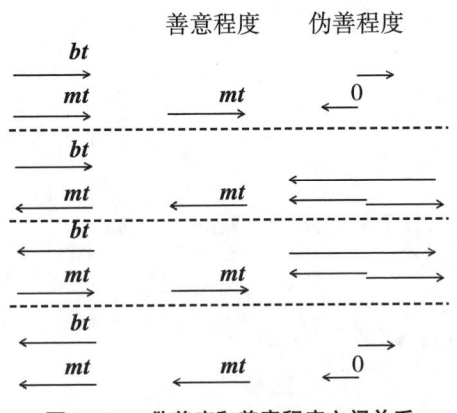

图 12.10　伪善度和善意程度之间关系

注：行为目标与内在目标的善意程度，可以出现四种组合。在这四种情况下，伪善程度又可能出现多种组合。每种情况的出现，分别对应着不同的行为方式。

当行为目的和内在目的一致时，两个矢量相减可能出现三种情况，也就是图中的第一栏和最后一栏所示。这时，善意的程度正好相反。第一栏表示，对交往方显示善意，并内外一致，但是伪善程度却并不相同。例如，在第一种情况下，如果行为目标善意大于内在善意，在行为上就表现为"夸大"的现象，反之则表现为"保守"的现象。

第四栏表示对交往方显示恶意，并内外一致，伪善程度也会出现三种情况。如图 12.11 所示，在黑奴贩卖漫画中，黑奴和贩卖者之间，也构成了社交关系。中间持鞭者，对外显示恶意，形成对奴隶的震慑，内外一致。

当行为目的和内在目的不一致时，出现了两类特殊情况：一类是内在善意，外在则恶意。在人类个体交往中，也经常观察到这类现象，例如，"刀子嘴豆腐心"，这就是第三栏表示的情况。另外一类则是内在恶意，外在善意。这就是平常所说的虚伪与欺骗，或者称为"两面人"。同样，这种原理，可以在艺术创作中，进行使用，获得另外一种寓意的表达。图

数理心理学：人类动力学

12.12是"小丑蘑菇云"，原子弹的使用，对人类而言，都是凶恶的。一旦打开，就会对人类产生极大杀伤。而在这幅照片中，爆炸的蘑菇云又以善的面貌示人，外在的动机和内在动机的结合，使这一作品淋漓尽致。

图 12.11　奴隶贩卖

注：在非洲的黑人，被作为奴隶，贩卖到美洲。在这幅描述贩卖过程的画作中，贩卖者和黑奴之间的行为构成了社交关系。中间贩卖者的内在目的和外在目的一致，对黑奴表现出恶意，内外一致。

图 12.12　小丑蘑菇云

注：原子弹的使用，会对人类产生巨大的杀伤作用，这是其恶的一方面。在这幅作品中，原子弹爆炸后的蘑菇云，显示出一副善意的笑容。外在表现的动机和内在动机的不一致，利用原子弹的拟人手法表现得淋漓尽致。这是这一原理和艺术结合的一个产物。采自 http://www.photophoto.cn/show/14674867.html。

第三部分 精神运动学：行为模式

◎科学案例

人格面具

人格面具（persona）源自古代演员所戴的面具，瑞士心理学家荣格提出此概念（Merchant，2016）。荣格将一个人的人格或外在的态度称为人格面具，一种外在态度一旦达到成为稳定习惯的程度，它便与功能情结牢固地连接在一起，自我就可能在某种程度上与这种功能情结相等同。在不同的社交场合人们会表现出不同的形象，也就是戴上不同的面具，因此面具并不是只有一个，而人格则是面具的总和，是稳定的存在。

在任何一个社会中，个体都需要一种和谐的人际关系和交流方式，这种功能部分地通过与个体有关的那些面具来执行。荣格认为人格面具能够使人演绎各种性格，而且通常是符合社会期待的一面，以便于得到社会的认可。另一方面，人格面具也会隐藏真实的自我。基于人格面具的原型意义，人格面具便有着极为丰富的象征性表达。比如，我们所穿的衣服、所用的车、房子和文凭等都可以视为构成面具的部分。（Black，1970）

12.2.3.2 社交信任行为模式

从上述的行为目标和内在目标的分离现象中，我们确立了数理描述，从两个独立指标的维度中，得到了两个关键指标：善意程度与伪善程度。

此外，他人（B）的能力、他人的同理性、他人的协同性、他人对事件确定度的把握等，从社会群体尺度看，都会具有社会属性上的正负性。这时，个体 A 就会形成对个体 B 的社会属性认知的倾向性。这就意味着存在一个评价量，用于评价人际关系上的这一社会属性。我们把这一社会属性记为：$s(+-)$，我们把对这一社会属性的评价量，记为 A_{trust}，它是一个心理量。这个量，我们称为信任评价量，它表明了处于社会交往中的个体 A 对个体 B 具有的社会属性的认可程度。这一社会交往方式，是社会交往中的任何人类个体都具有的一种普遍方式,也就是一种社会属性。

这就意味着,任何一个人类的个体,都会具有这一社会属性,也就是在长期的交往中,人类个体会习得这一模式,并具有相对应的价值观念量来支撑这一模式,我们把这一观念量称为"信任量",记为:C_{trust}。

当作为观念量而存在时,这个观念成为一个定值,在一定时期内保持稳定,而成为行为偏好,也就内化为模式化。这个模式,我们写为:

$$A_{trust}=C_{trust} \quad (12.15)$$

在这里,C_{trust}是一个常量。这个行为模式就构成了稳定的价值观念模式,也反映了这一社会精神功能属性的稳定性。

在这一观念模式下,使得人的行为表现出稳定性,它是每个个体都具有的行为模式。由于这一特性是所有人具有的一个特性,且这一特性具有差异性,这意味着,我们需要引入一个"质",来区分这种差异。我们把这个质记为:p_{trust}。这一个量,我们认为与五因素模型和大五人格模型中,宜人性的信任子维度相对应(Glaeser et al., 2000)。这意味着,我们在数理上,回答了信任性子维度的含义。

表12.7 社交他人属性、信任评价量与信任评价特质量关系

社交他人属性	信任评价量	信任评价特质量
$s(+-)_r$	A_{trust}	p_{trust}

信任是在社会事件中他人社会属性认可与否定的一种社会属性。如果我们回顾"五因素模型"和大五人格模型的经典发现,我们会在"宜人性"中,找到一个对应量——信任(Trust)。在这个特质量上,"信任"和"不信任"是这个量的两极,如图12.13所示。由此可知,在五因素模型中,"信任"的数理含义也就清楚了。

第三部分 精神运动学：行为模式

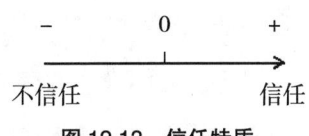

图 12.13 信任特质

注：不同的人类个体，在信任上表现出不同的特质。它们之间存在着量的差异。"信任"和"不信任"是这一特质量度量时的两个极端情况。

12.3 人际关系模式理论意义

人与人之间的信息互动，从表面看来，是一个复杂过程。在这个过程中，围绕着信息之间的互换，人类个体之间交流了双方的信息，并培育了人与人之间的交际关系，也就是人际关系。人际交流现象的客观性，导致会存在对应的心理量与之相对应，这些心理量事实也就是人的"观念"（或是概念）。这样，社会的客观量就和心理量之间建立了对应性，这又是一次大胆的尝试，并继上一章的成功之后，我们又取得了新的成功，具有很重要的理论意义。

12.3.1 人际模式的客观性

我们通过人与人之间交流的事件，分析了人际交流中，人际互动中的信息交流问题。这和上一章节并不相同。在上一章中，我们主要考察了事件中，任意一个客体（个人），在信息交流中的信息描述。而这一章，则考虑了双方互动中，信息交流的问题。

在客观上，我们把人际互动问题，作为一个客观性问题，进行观察，使得社会交流中，双方的交流性，具有了客观性。把这一客观存在的社会学现象和人的主观性隔离开来。这就使得问题的讨论具有了客观性。

12.3.2 主观概念量分离

社会现象的客观性，意味着在经验中，需要对这一现象进行辨识，这

数理心理学：人类动力学

就成为主观现象，即通过经验的识别，才能知觉到这一现象。这要求经验系统，具有对应的心理量：概念。人际模式的客观性对应的心理量也就被分离了出来。这一思路，与心理物理学的基本思路相同，即建立心物之间的关系。在这里，建立的是：人际关系模式中的客观量与心理量之间的对应关系。这是一次对称性映射。

12.3.3 人格特质

由于概念量具有稳定性，这就会诱发对应的行为模式，即使得行为保持某种稳定性。而稳定性又存在差异，特质性描述也就成为一种必然。在人格心理学中，这6个子维度被命名为"宜人性"。这6个子维度和人际交流的6个变量相对应，并不是一种巧合。从这6个变量上，我们恰恰也解释了宜人性中的6个指标的数理含义。这也是一次有趣的尝试，使大五人格的又一维度，从数理上获得了其基本含义。按照个体从事某个事件的结构要素及其因果律，我们也得到了6个属性，它恰恰反映了事件发动中的6类社会属性。这样，人际关系模式中的6类社会精神动力属性也就清楚了。

表12.8 社交关系、社交关系评价量与社交关系评价量特质量关系

社会事件属性	社交能力	评价量	特质量
心理力学属性	F_{value}	A_{value}	P_{value}
社会关系属性	$i(A \leftrightarrow B)$	$A_{cooperation}$	$P_{cooperation}$
社会因果属性	C_{reason}	A_{reason}	P_{reason}
事件要素信息属性 不确定性	$S(A \rightarrow B) = \sum_{i=1}^{n} s(f_i)$	$A_{honesty}$	$p_{honesty}$
事件要素特征值 属性	$s(+-)_r$	A_{trust}	p_{trust}
事件结果	$C_{capacity}$	$A_{ability}$	$P_{ability}$

第三部分　精神运动学：行为模式

第 13 章　认知经验偏好模式：认知自控模式

个体在物理世界和社会世界中生存，每时每刻都要处理各类事件。他们既是事件的旁观者，同时也是事件的参与者。无论卷入事件的深度如何，个体都要对自己卷入事件中的情况进行把控，即实现对"自我"的"调节与控制"。

按事件发生时间的先后，事件可以分为历史事件、当前事件、未来事件。它们之间可能存在关联关系，甚至存在因果关系。而对于同一事件，事件又会发生变动的过程。这些都构成了事件发生的变动过程。人类个体需要对事件的演变、事件的关系进行监控，并实时调整自己的行动，也就是调整自身的评价体系，形成相对的对应策略。

从工程角度看，根据事件已经发生的信息来调整就构成了"信息反馈与控制"过程。对人类个体而言，就构成了认知控制与反馈的过程。也就是，人类的个体，根据历史事件的信息、当前事件的信息及对未来事件的期许信息，来调节自身对未来发生的事件的结果的影响。只有这样，人类行为的个体，才能在社会中有效地生存，把控自己，并适应周围的环境。

这也意味着，"自我控制"与自我反馈，是人类个体在从事各类事件时，必然具有的一种普适性的调节性行为。普适性也就意味着一类社会属性。这就需要我们基于这类行为、行为模式和属性，建立一种连接性。如果我们把这类行为，称为个体自控行为，那么，这类行为背后的模式化，我们称为"认知自控模式"。这可能是人类进化出来的一种非常有趣的行为。

认知自控行为，是人类个体具有的普遍性行为，这就意味着，它构成了一类社会性的属性，我们需要对这一类社会属性进行分类，并对这一类社会属性与社会行为模式、特质之间的关系进行研究。

13.1 事件竞争反馈控制

人类个体在社会化活动中，从事各种各样的事件，需要对所有事件进行监控，并根据监控到的信息，对事件执行进行调整，这个过程，就构成了事件的反馈过程。这就意味着，我们可以根据工程学的系统控制与反馈模型，来理解人的自控的过程，并推广到人的所有自控过程中。

13.1.1 人的信息反馈过程

如果我们把人的信息反馈过程，作为一种极简化，就可以表示为图13.1的模式（更复杂的方式，我们将在后文自控系统中讲解）。

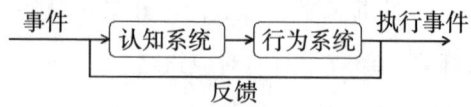

图 13.1　人类个体信息反馈方式

注：个体在执行事件时，执行的事件的信息，又会作为事件信息的方式，被人类认知系统感知，并对执行的事件的信息进行评价，从而调整自身的行为，也就是调整事件的执行，从而构成了事件的认知反馈控制系统。

第三部分 精神运动学：行为模式

在这个极简模式中，人类个体执行的各种事件，都会以信息的方式，被人类个体的认知系统感知，并和以往的历史事件的信息进行比对、评价，从而调整认知的策略、方法和方案，调整行为系统对事件的执行。这就构成了一个信息的反馈系统。从这个意义上讲，它的本质，是认知系统参与的认知反馈控制过程。基于这种控制反馈，我们就可以讨论人类个体在自我控制的过程中，需要进行反馈控制的独立信息。依据事件的基本要素和因果规则，我们认为会实现6个方面的反馈控制。

（1）对从事事件的目的性的反馈评价控制；

（2）对事件中的相互作用关系的反馈评价控制；

（3）对事件中的发生的因果规则的反馈评价控制；

（4）对事件中的社会属性的正负性的反馈评价控制；

（5）对事件中的事件要素特征值的非确定性的反馈评价控制；

（6）对事件的结果或者个人能力性的反馈评价控制。

我们将基于上述的6个维度，来讨论反馈的认知评价控制问题。

我们把上述属性，在 t_0 时刻的值记为 $f(t_0)_i$，经过一段事件之后的值记为 $f(t)_i$，它们之间的差值表示为：

$$\Delta f_i = f(t)_i - f(t_0)_i \qquad (13.1)$$

这个量，我们称为认知反馈量（其中，i 表示上述的第 i 个反馈控制的要素）。那么，控制系统就可以根据这个变化，执行调整。在认知控制中，上述各个要素对应的差异量 Δf，就构成了认知控制中需要进行评价的量。由于这一量的存在，人类活动才会有实时的反馈过程，并进行行为的调整。我们之后，将通过反馈对象的论述，指导对应的人类个体的评价量，并寻找对应的行为模式和人格特质。$f(t_0)_i$ 的信息可以是历史事件的信息、对事件形成的固化的印象的信息（刻板印象、印象、锚定信息等）。从数理上讲，$f(t_0)_i$ 也就成为一种参照，见前文的参考效应。

13.1.2 竞争控制评价量

在人际关系中,基于共同性的目标而发动的事件,会诱发参与的个体双方,形成合作性行为或者竞争性行为。人类在从事这一事件的过程中,会对同一目标的形成进行评价,也就是"协同性"评价,从而促发事件的协同与竞争性行为。这就意味着,个体对事件行进中,对目的性的评价过程进行监控与调整,也就构成了自控过程。

竞争与协同性,是处于社会中的个体必定面临的问题,当竞争性行为一旦发生时,个体就会对对方表现出敌意的行为或者不合作的行为,并驱动个体的各种行为。这个问题,我们在社会交流的专题讨论中,已经涉及。这类行为一旦发生,同样需要个体通过控制的方式,对这类行为进行干预。在宜人性中,我们已经讨论了人与人之间在面临同样目标物时,个体 A 和个体 B 之间会因为设定的目标,而发生竞争性行为。由于这一关系的存在,个体 A 和个体 B 之间也就产生了"互动关系",也就是一类"相互作用"关系。它是个体 A 和个体 B 之间发生的相互作用关系。处于竞争中的任何一方,都会根据对方的信息,调整自己的动力性行为。这就构成了竞争性的评价与控制。

在宜人性中,我们把个体 A 和个体 B 之间产生的竞争性相互作用关系,或者说协同性关系表示为:$i(A \leftrightarrow B)$。对这个关系的评价,表示为:$A_{cooperation}$。在人类的行为事件中,人类的个体,要根据外界事件信息的变化,实时调整这一关系。这就构成了认知的反馈。即存在一个认知的差量:满足 $\Delta f_i = f(t)_i - f(t_0)_i$。也就是,满足以下关系:

$$\Delta A_{cooperation} = A_{cooperation}(t) - A_{cooperation}(t_0) \quad (13.2)$$

即在事件发生的变动过程中,实时改变 $A_{cooperation}$ 这一评价量,这就意味着,人的自控系统,需要对 $A_{cooperation}$ 的变化进行评价,以实现进行实时的、动态的监控，并对这一评价量进行评价，我们把对 $\Delta A_{cooperation}$ 评价量进行的评价，记为：$A_{hostility}$。通过这一评价量，人类个体实现对人际中竞争与协同关系的动态性调节。更确切地讲，通过对 $A_{cooperation}$ 的监控，我们才能逐步找到竞争性的对方，是构成了竞争关系还是协同关系，或者说与自我竞争的程度如何，并调整自我的处理策略。因此，我们把 $A_{hostility}$ 称为敌意评价反馈量。这就形成了自我反馈的信息系统，从这个意义上来看，$A_{hostility}$ 是在自控中形成的自我调节的心理量。

13.1.3　竞争控制模式

竞争性行为是一类普遍性的社会行为，当人类个体一旦习得这种行为，也就具有了这类社会属性，这就意味着，我们形成了一类行为模式。它需要对应的概念量，来支配这一行为。我们把这对应的概念量记为 $C_{hostility}$，它是一个稳定的常量。这时，由这一概念量驱动的行为模式就可以表示为：

$$A_{hostility} = C_{hostility} \qquad (13.3)$$

由稳定的价值观念所驱动的稳定的行为模式，这是在人类个体行为中，普遍存在的一类个体行为，在这一观念模式下，使得人的行为表现出稳定性，它是每个个体都具有的行为模式。对不同的人而言，任何一种偏好，会存在人与人之间的差异，也就是质的差异，需要一个对应的质的量，来度量这种差异。这个质，我们可以表示为 $p_{hostility}$。我们认为：在大五人格和五因素人格中，神经质维度中的"愤怒与敌意"（anger hostility）子维度，和这一维度存在对应（Larsen et al., 2009）。这样，经验测量得到的子维度的含义也就得到了揭示，我们也得到了这个量的测量的方法。由此，我们就可以把这三种量之间的对应关系，列举出来，如表13.1 所示。

数理心理学：人类动力学

表 13.1　竞争反馈量、竞争控制评价量、竞争控制评价特质量关系

竞争反馈量	敌意反馈评价量	敌意反馈评价量人格量
$\Delta A_{cooperation}$	$A_{hostility}$	$p_{hostility}$

竞争实际是在对同一目标物获取时，形成的一类社会性行为。在社会事件中，个体为了获得目标物的功能，对相互竞争的个体所产生竞争性行为需要在反馈的基础上进行调控，就需要对竞争性评价进行评价。如果我们回顾"五因素模型"中的经典发现，我们会在"神经质"中，找到一个对应量：敌意（Hostility）。在这个特质量上，"敌意"和"善意"是这个量的两极，如图 13.2 所示。由此可知，在五因素模型中，"敌意"的数理含义也就清楚了。

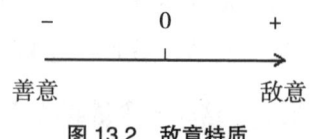

图 13.2　敌意特质

注：不同的人类个体，在敌意上表现出不同的特质。它们之间存在着量的差异。善意和敌意是这一特质量度量时的两个极端情况。

13.2　事件欲望反馈控制

世界上的任何一个物质载体，都具有自己的功能，因功能而被社会个体需要。根据心理动力学，需要产生了心理的动力，这就是精神动力过程。从本质上讲，也是客体对个体产生的作用过程，在心理学中，也被称为动机过程（Kazdin，2000）。

因此，物质的载体因需要被人类个体作为目标物，而目的就是获取这个目标物及其承载的功能。这就是在事件结构式中，存在 bt 和 mt 的原因。即有人参加的任何事件的发动，都需要具有目标物。获得的目标物，也就成为我们的目标。围绕实现的目标，个体需要对自身的动力性进行控制。

第三部分　精神运动学：行为模式

因为目标对应的情景不同，控制的方式也就不同。我们把目标的情况进行分类与区分。

13.2.1　欲望控制过程

为了讨论方便，我们将不再区分行为目标和内在目标，而把目标统一记为：t_{target}。客体是一种客观的物质存在，具有功能性，功能性诱发需要，进而驱动内在的精神动力。因此，我们的需要，实际是对目标物及其功能的需要。动机的指向，也就具有了物质性，即指向提供功能的目标物。

在社会事件中，个体获得提供功能的目标物，需要遵循社会事件的发生规则，也就是社会事件结构式中的相互作用 i。由于社会事件结构式的普适性，在很多情况下，动机发动的同时，都会存在另外一种动力，我们称为控制力 $F_{suppress}$，抑制力可以对诱惑产生的动力有效地进行控制（抑制力的作用，我们将在后文的动机部分，进行专门的讨论），它起源于我们的生理性保护、社会制度、文化等，如图 13.3 所示。由于目标物的出现，诱发个体产生需要的冲动，并产生需要动力 F_{target}。在社会场景中，由于场景、社会制度、文化等原因，欲望的行为也需要得到控制，而不能直接进行发动，或者使欲望的程度降低，以达到对欲望程度的降低和控制（Liberati et al.，2009）。

例如，在会议的现场，摆满各类食品，它可以引起人的食欲，但是，在会议过程中，我们并不能随意进食，需要抑制这一行动，就需要抑制的动力，也就是抑制力。通过抑制力，削弱或者抵消进食的冲动，使人不冲动或者进食行为降低。

根据上述的论述，推动个体的内驱动力就是这两个力的叠加（见后文的动机叠加原理），可以表示为：

·311·

$$\sum F_{\text{will}} = F_{\text{target}} + F_{\text{suppress}} \quad (13.4)$$

其中，F_{target} 表示由于目标物吸引产生的动力，也称为欲望动力，F_{suppress} 称为社会抑制力，$\sum F_{\text{will}}$ 表示两者的合力。

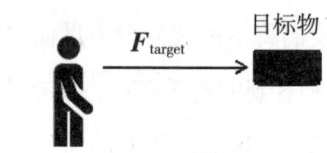

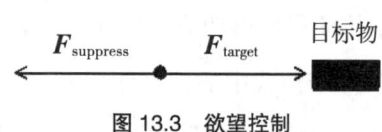

图 13.3　欲望控制

注：目标物诱发人的欲望的冲动，产生需要，而产生心理动力。由于场景条件、风俗、文化等因素，产生的动机需要得到抑制，也就是抑制作用力，来抵消、削弱欲望产生的动力。这就构成了欲望控制。

当抑制越小时，这时的合力也就越大，越无法控制自己的欲望，"冲动性"更强。反之，抑制作用强度越强，合力的作用表现得越小，"冲动性"更弱。个体表现出的这种特性，我们称为"冲动性"。

13.2.2　欲望控制评价量

冲动性，是处于社会中的个体，都具有的一个广泛性的社会动力现象，也就成为一种社会属性。当外界事件发生各种变化时，个体需要对抑制的现象进行监控和评估，并调整抑制力的大小。

也就是利用当前执行事件中的 $F_{\text{suppress}}(t_{\text{current}})$ 的信息与历史中的 $F_{\text{suppress}}(t_{\text{history}})$ 的信息进行比对，然后对下一步的 $F_{\text{suppress}}(t_{\text{future}})$ 的操作进行调整，也就构成了一个反馈的过程。在人类的行为事件中，人类的个体，要根据外界事件信息的变化，实时调整下一步的 $F_{\text{suppress}}(t_{\text{future}})$。这就构成了认知的反馈。即存在一个认知的差量：满足$\Delta f_i = f(t)_i - f(t_0)_i$。也就是，满足以下关系：

$$\Delta F_{suppress}(t) = F_{suppress}(t_{current}) - F_{suppress}(t_{history}) \quad (13.5)$$

即在事件发生的变动过程中，实时改变$F_{suppress}$这一评价量，这就意味着，人的自控系统，需要对$F_{suppress}$的变化进行评价，以实现进行实时的、动态的监控，并对这一评价量进行评价，我们把对$\Delta F_{suppress}(t)$评价量进行的评价，记为：$A_{suppress}$。通过这一评价量，人类个体实现对下一步的$F_{suppress}(t_{future})$的操作的动态性调节。

13.2.3 欲望控制模式

冲动性，是处于社会中的个体，都具有的一个广泛性的社会动力现象，也就成为一种社会属性。这就意味着，人类个体需要具有一个对应的评价量，来对抑制力$F_{suppress}$的变化$\Delta F_{suppress}(t)$进行评价，从而改变$F_{suppress}(t_{future})$的大小，这也是一个信息反馈控制的过程，从而在行为上影响未来事件中精神合力$\sum F_{will}$的大小。

社会属性量经过个体的评价，形成对应的评价量，也就是主观心理量，是个人主观意义的"观念量"，也就是人的价值观念。因此，需要我们有对应的概念量，来度量$\Delta F_{suppress}(t)$这种现象。我们把对应的心理量记为$A_{suppress}$，我们称为"冲动反馈评价量"。

从$\sum F_{will} = F_{target} + F_{suppress}$可知，它们之间的数理关系，当表现出的合力越大，控制的能力越弱，这时表现为愈加的冲动。由于人的价值观念，也就是社会属性量，一旦形成，就意味着长期的稳定性，从而支配人的社会角色的行为。从数理意义上讲，就是一个常量，这也就构成了稳定的行为模式。我们把这一常量记为$C_{suppress}$。那么，这一情况，也会出现一类行为模式，我们把这一模式记为：

$$A_{suppress}=C_{suppress} \quad (13.6)$$

其中 $C_{suppress}$ 为常数。这个行为模式就构成了稳定的价值观念模式，在这一观念模式下，使得人的行为表现出稳定性，它是每个个体都具有的行为模式。在这一模式下，人与人之间会出现差异，也就是质的差异，需要一个对应的质的量，来度量这种差异。这意味着，需要找到一个对应的"质"来描述这一现象。这个质也就是人格特质，我们记为 $p_{suppress}$。由此，我们可以得到冲动性与心理量、人格特质量之间的关系，如表13.2所示。

表13.2 抑制力反馈量、抑制力反馈评价量、抑制力反馈评价特质量关系

抑制力反馈量	抑制力反馈评价量	抑制力反馈评价特质量
$\Delta F_{suppress}(t)$	$A_{suppress}$	$p_{suppress}$

在社会事件中，个体获得提供功能的目标物，需要遵循社会事件的发生规则，也就是社会事件结构式中的相互作用。冲动性实际是社会事件中，个体为了获得目标物的功能，对遵循事件的相互作用规则的主观抑制的强度。如果我们回顾"五因素模型"中的经典发现，我们会在"神经质"中，找到一个对应量——冲动性（Impulsiveness）。在这个特质量上，"冷静"和"冲动"是这个量的两极，如图13.4所示。由此可知，在五因素模型中，"冲动性"的数理含义也就清楚了。

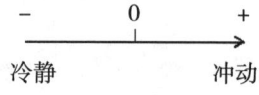

图13.4 冲动性特质

注：不同的人类个体，在冲动性上表现出不同的特质。它们之间存在着量的差异。冷静和冲动是这一特质量度量时的两个极端情况。

这里，我们需要回顾以往的"自律性"中讨论的抑制力。从表面上

第三部分 精神运动学：行为模式

看来，它们都是对其他动力的抑制，但是，在社会性质上并不相同。

在人面临诱惑时，这是内在的自己主观上愿意去做的事件，属于一种正常性行为。这种行为在发动时，我们仍然需要对这个正常发动的动力进行控制，也就产生了"控制力"，以保证正常的行为事件，符合正常社会交往。

而自律则不同，从社会性质来看，自律发生的场景，属于对干扰因素的抑制，以保证正常的社会角色功能的发挥，或者说使正常的事件得以进行。显然，这些不同的性质，需要不同的社会概念来描述，就会产生对应的概念量、对应的模式和特质量。

13.3 事件资源条件不确定性反馈控制

任何事件的发生，都需要满足因果发生的"因果"规则。事件的条件和事件的规则就构成了事件发生的因。人类个体对事件的发生的把握，都是建立在因的条件的把控之上，这就意味着，人类个体需要对事件发生的条件和规则进行监控，并使之向有利的方向发展。已经具备的条件就构成了一类资源。这就构成了事件资源条件的反馈控制。

13.3.1 事件资源条件完备集

物理事件和社会事件都是有结构的，每个结构要素都是事件发生时，具有的独立变量。按时间的先后划分，事件分为历史事件、当前事件和未来事件。我们根据历史事件和当前事件的信息，对未来事件进行预测。而在对未来事件各个条件的完备与合理组织过程中，需要我们克服各种困难，承受各种压力。这就构成了"困难面对"，需要我们进行事件困难面对控制。

根据因果律 $\begin{Bmatrix} w_1 \\ w_2 \\ \vdots \\ c_0 \end{Bmatrix} \to i \to e$，事件的条件可以分为以下几类条件：

（1）事件的客体 w_1 和 w_2；

（2）客体之间相互作用 i（客体之间的动力作用形式）；

（3）作用效应 e；

（4）事件发生的时间 t；

（5）事件发生的地点 w_3；

（6）事件发生的初始条件 c_0；

（7）事件发生的动机 bt 和 mt。

只有在各类条件都具备的情况下，一个事件的结果才能客观发生。当我们企图让某件事情发生时，某些条件要素可能并不具备，这时，就需要创造条件使事件发生的条件得以满足。

那么，从社会学的性质来看，当这些条件不具备时，我们想方设法去创造、完备并合理组织这些条件，实际也就是我们所说的"困难"。从数理的角度讲，困难具体包含获取以下条件要素的资源的困难：

（1）事件的客体 w_1 和 w_2；

（2）客体之间相互作用 i；

（3）作用效应 e；

（4）事件发生的时间 t；

（5）事件发生的地点 w_3；

（6）事件发生的初始条件 c_0；

（7）事件发生的动机 bt 和 mt。

而在对未来事件的资源条件的完备过程中，也就是在"困难面对"中，

第三部分 精神运动学：行为模式

未来事件要素特征值总是不能够完全精确。

13.3.2 事件资源条件不确定性控制的评价量

事件分为历史事件、当前事件与未来事件。人类的认知的功能就是获取历史事件和当前事件的信息，对未来事件进行预测，并对当前进行的行为事件进行指导。对未来事件的预测与预期，总是建立在历史事件与当前事件提供的基本信息，而未来事件的非精确预测，总是具有某种不确定性，也就是说，个体需要不断增加事件要素特征值的确定度。根据事件结构式和因果律，事件结构要素可以分为以下几类：

（1）事件的客体 w_1 和 w_2；

（2）客体之间相互作用 i；

（3）作用效应 e；

（4）事件发生的时间 t；

（5）事件发生的地点 w_3；

（6）事件发生的初始条件 c_0；

（7）事件发生的动机 bt 和 mt。

由此，在社会事件中，我们需要增加对未来事件的不同要素特征值的确定度，以增加对未来事件结果的确定度。它也构成了人类个体生活的一个重要部分。

在人类的行为事件中，人类的个体，要根据外界事件信息的变化，实时评价事件要素特征值的确定度。这就构成了认知的反馈。上述的任何一个量，都会存在一个认知的差量：满足 $\Delta f_i=f(t)_i-f(t_0)_i$。我们把上述的任意一个变量用 j 来表示，则这个差量关系就可以表示为：

$$\Delta f_{ij}=f(t)_{ij}-f(t_0)_{ij} \tag{13.7}$$

即在事件发生的变动过程中，实时改变对 Δf_{ij} 的评价量，这就意味着，人的自控系统，需对 Δf_{ij} 的变化进行评价，以实现进行实时的、动态的监控，并对这一评价量进行评价。我们把对 Δf_{ij} 评价量进行的评价，记为：$A_{\text{uncertainty}}$。通过这一评价量，人类个体实现对未来事件条件的不确定性的动态性调节。

13.3.3 事件资源条件不确定性控制模式

由于人类个体并不能完全确定事件要素的特征值，未来事件，在未发生之前，预测的结果往往具有不确定性，这就诱发个体的担忧和困扰，并引起焦虑。这种客观存在的现象，我们称为"焦虑"现象，该社会属性量是人际交往事件中的客观量。社会属性量经过个体的评价，形成对应的评价量，也就是主观心理量，是个人主观意义的"观念量"，也就是人的价值观念，我们命名为"焦虑程度"，记为 $A_{\text{uncertainty}}$。显然，这是一个概念量，也是一个心理量，一旦形成，就意味着长期的稳定性，从而支配人的稳定的行为模式。由此，这一客观属性量便成为个体具有的社会属性量。从数理意义上讲，就是一个常量，这也就构成了稳定的行为模式。我们把这一模式记为：

$$A_{\text{uncertainty}} = C_{\text{uncertainty}} \qquad (13.8)$$

其中 $C_{\text{uncertainty}}$ 为常数，这个行为模式就构成了稳定的价值观念模式。对不同的人而言，任何一种偏好，会存在人际之间的差异，也就是质的差异，需要一个对应的质的量，来度量这种差异。这种情况下，需要引入一个区分个体差异的量，也就是人格常量，我们把这个人格常量记为 $p_{\text{uncertainty}}$。我们认为，五因素模型和大五人格中神经质维度中的焦虑子维度，和这一人格常量相对应（Wiggins，2002）。由此，我们可以得到三个量之间的对应关系，如表 13.3 所示。

第三部分　精神运动学：行为模式

表 13.3　焦虑反馈量、焦虑控制评价量、焦虑控制评价特质量关系

焦虑反馈量	焦虑控制评价量	焦虑控制评价特质量关系
Δf_{ij}	$A_{uncertainty}$	$p_{uncertainty}$

焦虑实际是个体对未来社会事件的事件要素特征值的确定度。如果我们回顾"五因素模型"和大五模型中的经典发现，我们会在"神经性"中，找到一个对应量——焦虑（Anxiety）。在这个特质量上，"平静"和"焦虑"是这个量的两极，如图 13.5 所示。由此可知，在五因素模型和大五模型中，"焦虑"的数理含义也就清楚了。

图 13.5　焦虑特质

注：不同的人类个体，在焦虑上表现出不同的特质。它们之间存在着量的差异。平静和焦虑是这一特质量度量时的两个极端情况。

13.4　事件因果逻辑判断反馈控制

事件的发生和发展，都需要具备一定的条件。人类个体参与的事件，都需要个体参与事件条件的准备，并对发展过程进行干预，使之按照期望的路径发展。一旦失衡，事件可能会向着非期望方向演化。

因此，个体参与的事件的演化中，个体需要对事件因果逻辑进行把握，对事件发展的结果进行预期，对事件发展态势进行干预。

由于个体对事件因果逻辑判断是实时动态的过程，个体会对这一过程进行监控或评价，即需要对事件因果逻辑判断进行反馈控制。这一社会性存在，是人类个体在处理事件时，需要面对的一种普适性存在。那么，它也就构成了一类社会属性。个体在处理这类社会属性时，经过长期的训练，内化为个体具有的社会属性，也就成为一种行为模式，并表现为个体的差

数理心理学：人类动力学

异化。这需要我们用数理的方法，来分析这类社会属性。

13.4.1 事件因果逻辑判断的反馈控制的评价量

在个体对事件因果逻辑判断进行反馈控制的过程中，就需要个体在

因果规则 $\left.\begin{matrix} w_1 \\ w_2 \\ \vdots \\ c_0 \end{matrix}\right\} \to i \to e$ 指导下，不断对个体实时动态变化的事件因果逻

辑判断进行比对，并进行合理评估。这就需要我们对整个事件发生的因果规则，实现对事件因果规则的"动态变动"的评价。在人类的行为事件中，人类的个体，要根据外界事件信息的变化，实时调整下一步的事件因果逻辑判断。这就构成了认知的反馈，即存在一个认知的差量：满足 $\Delta f_i = f(t)_i - f(t_0)_i$。也就是，对因果关系中，任何一个要素的差量变化后，事件结果之间的逻辑变化进行评估：

$$\Delta e_{psy} = \Delta f(\Delta w_1, \Delta w_2, \Delta t, \Delta w_3, \Delta bt, \Delta mt, \Delta c_0, \Delta i)_{psy} \quad (13.9)$$

对于物理性事件也是如此。

即在事件发生的变动过程中，实时改变 Δi 这一评价量，这就意味着，人的自控系统，需要对 Δi 的变化进行评价，以实现进行实时的、动态的监控，并对这一评价量进行评价。我们把对 Δi 评价量进行的评价，记为：$A_{vulnerability}$。通过这一评价量，人类个体实现对下一步的 Δi 的操作的动态性调节。

13.4.2 事件因果逻辑判断的反馈控制模式

对事件因果逻辑判断的反馈控制的评价量，是一个主观心理量，也是个人主观意义的"观念量"。由于社会事件的普适性，个人每时每刻都需要评价事件因果逻辑的变化，个体在长期生活与发展过程中，一旦形成主

第三部分　精神运动学：行为模式

观评价量，也即人的价值观念，就意味着长期的稳定性，从而支配人的行为，使得人具有稳定的行为模式。因此，这一客观属性量便成为个体具有的社会属性量。我们把这个稳定的常量记为 $C_{\text{vulnerability}}$，称为"抗压性"或者"脆弱性"。这时，由这一概念量驱动的行为模式就可以表示为：

$$A_{\text{vulnerability}} = C_{\text{vulnerability}} \tag{13.10}$$

其中，$C_{\text{vulnerability}}$ 为常量。在这一观念模式下，使得人的行为表现出稳定性，它是每个个体都具有的行为模式。对不同的人而言，任何一种偏好，会存在人与人之间的差异，也就是质的差异，需要一个对应的质的量，来度量这种差异。这个质，我们记为 $p_{\text{vulnerability}}$。这意味着，人类特质的经验研究中，有可能会有这一量度，我们认为，在大五人格的"神经质"中，脆弱性（vulnerability）子维度是这个质的对应（Hazlitt，1930）。这样，这一维度的数理含义也就得到了揭示，我们在事实上也得到了这一质的度量方法。这样，我们可以得到三个量之间的对应关系，如表 13.4 所示。

表 13.4　因果资源规则、因果规则反馈评价量、脆弱特质量关系

因果资源规则	因果规则反馈评价量	脆弱特质量关系
Δe_{psy}	$A_{\text{vulnerability}}$	$p_{\text{vulnerability}}$

脆弱性实际是个体对社会事件的因果律的掌握程度，即在社会环境中个体处理应对的能力的强弱。如果我们回顾"五因素模型"和大五模型中的经典发现，我们会在"神经性"中，找到一个对应量——脆弱性（Vulnerability）。在这个特质量上，"脆弱"和"耐受"是这个量的两极，如图 13.6 所示。由此可知，在五因素模型和大五模型中，"脆弱性"的数理含义也就清楚了。

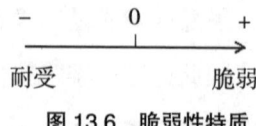

图 13.6　脆弱性特质

注：不同的人类个体，在脆弱性上表现出不同的特质。它们之间存在着量的差异。脆弱和耐受是这一特质量度量时的两个极端情况。

13.5　自我效能反馈控制

任何人类的个体，都要处理各种各样的事件，由于行为个体是事件的参与者，参与者自身也构成了事件中的条件。因此，个体对事件的监测，也包括对自我效能和自我状态的监测和调整，也就是对自我能力的评估。这构成了人类个体动力行为中的动力指向。针对这一指向，个体仍然需要实现自我的控制。

13.5.1　自我效能指向控制

个人在经验驱动下，完成各类社会角色所赋予的功能性任务。在社会角色中，我们已经讨论了这部分的功能和能力问题。由于这一独立的社会信息性质，决定了个体在处理社会角色时，也要对自己的角色效能进行监控，这意味着自我效能的监控与评估，会诱发人的行为。

根据因果律规则，因果中包含条件要素、规则要素、事件结果要素。对于有人参与的社会事件，社会事件发生的条件和社会系统发生的规则，就构成了社会事件发生的"因"，社会事件发生的效应 e 就构成了社会事件发生的果。用数理示意为：

第三部分　精神运动学：行为模式

$$\left.\begin{array}{c}w_1\\w_2\\t\\w_3\\bt\\mt\\c_0\end{array}\right\} \to i \to e$$

一旦对"事件的要素属性特征值"进行评价，必然会存在属性的正负性。尽管事件不同，但任何事件要素的特征属性都分正负。在长期的社会演化中，社会交往事件形成了统一性的社会约定。按照事件的正负属性进行划分，可以分为：好与坏、利与弊、做与不可做、情绪的正性与负性等。这些正负性，都是评价的正负性。

根据前文（第10章，社会角色模式）可知，个体所具有的能力，既包含对社会事件中每个条件要素的把握和掌控度，也包括对社会事件发生的条件和社会系统发生的规则的把握和掌控度。因此，个体所具有的"能力"的数理定义为：

$$CR_{i-capacity}=\{w_1, w_2, t, w_3, bt, mt, c_0; i_{phy}, i_{bio}, i_{psy}\}$$

处于社会环境中的人类个体，在长期的生活中，会存在"个体对自我能力评估和检测"，它的本质也是对事件结果的评价和检测。因为能力会通过事件的结果反映出来，对能力的评估，也就是对事件结果效应的评估。

在人类的行为事件中，人类的个体，要根据外界事件中"个体对自我能力评估和检测"进行评价，该评价量记为：$A_{i-capacity}$。由于事件的信息是实时动态，个体需要实时调整"自我效能指向控制"关系。这就构成了认知的反馈。即存在一个认知的差量：满足$\Delta f_i=f(t)_i-f(t_0)_i$。也就是，满足以下关系：

$$\Delta A_{i-capacity}=A_{i-capacity}(t)-A_{i-capacity}(t_0) \qquad (13.11)$$

数理心理学：人类动力学

即在事件发生的变动过程中，实时改变 $A_{i-capacity}$ 这一评价量，这就意味着，人的自控系统需要对 $\Delta A_{i-capacity}$ 的变化进行评价，以实现进行实时的、动态的监控，并对这一评价量进行评价。我们把对 $\Delta A_{i-capacity}$ 评价量进行的评价，记为：$A_{self-consciousness}$。通过这一评价量，人类个体实现对自我效能指向的控制。

因此，我们把 $A_{self-consciousness}$ 称为自我效能指向控制的反馈量。也就形成了自我反馈的信息系统，从这个意义上来看，$A_{self-consciousness}$ 是在自控中形成的自我调节的心理量。人的价值观念（主观心理量）一旦形成，就意味着长期的稳定性，从而支配人的行为。从数理意义上讲，就是一个常量，这也就构成了稳定的行为模式。也就是说，对"个体对自我能力评估和检测"进行评价，一旦形成习惯，就成为偏好的部分，也就是行为模式，我们把这个模式表示为：

$$A_{self-consciousness} = C_{self-consciousness} \quad (13.12)$$

在这里，$C_{self-consciousness}$ 表示常数。从数理角度讲，常数代表了稳定性，即稳定的行为模式。

由于这种普遍性存在的行为模式，在人类个体之间一定存在差异，这就意味着，我们需要引入一个区分人的质的量，这个量我们称为"自我意识量"，记为 $p_{self-consciousness}$。这样，这三个量之间的对应关系，如表 13.5 所示。这个质，我们认为它和五因素模型和大五人格中，神经质中的自我意识的子维度相对应。这样，大五人格和五因素人格的又一子维度的数理含义得到了揭示。

表 13.5 效能反馈量、效能控制评价量、效能控制评价特质量关系

效能反馈量	效能控制评价量	效能控制评价特质量
$\Delta A_{i-capacity}$	$A_{self-consciousness}$	$p_{self-consciousness}$

第三部分　精神运动学：行为模式

自我意识（效能特质）实际是个体对自我能力评价的评估与检测。如果我们回顾"五因素模型"和大五模型中的经典发现，我们会在"神经性"中，找到一个对应量——自我意识（Self-consciousness）。在这个特质量上，"自卑尴尬"和"自信镇定"是这个量的两极，如图 13.7 所示。由此可知，在五因素模型和大五模型中，"自我意识"的数理含义也就清楚了。

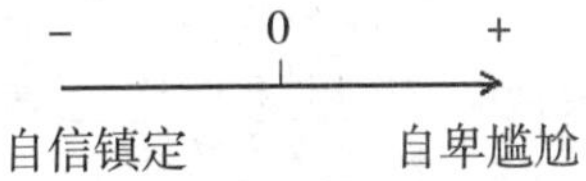

```
  −         0         +
────────────┼────────────▶
 自信镇定         自卑尴尬
```

图 13.7　自我意识特质

注：不同的人类个体，在自我意识上表现出不同的特质。它们之间存在着量的差异。自卑尴尬和自信镇定是这一特质量度量时的两个极端情况。

13.5.2　自我状态指向控制

物理性事件和社会性事件，作为刺激的形式进入个体的信息系统中，个体经采集识别后，对信息系统进行度量，也就是物理知觉和社会知觉。而社会知觉的过程，也就是赋予事件的要素予以评价的过程。这个过程是对社会事件的实时认知处理过程。在这个过程中，感知觉、推理、经验等参与到这个过程中。

此外，个体还要对未来事件进行预测和处理，这些事件的结构要素及其属性，需要度量和评价，这也构成了未来事件的认知处理过程，在这个认知过程中，推理、判断、决策参与到这个过程。

从事件结构式出发，事件要素特征值是不确定的，个体可能会对过去事件进行回溯性评估，会诱发不同情绪评价，进而诱发身体反应，从而产生情绪的体验状态（Schachter et al., 1962）（我们将在后续的情绪部分，来重点讨论这个问题，这里并不展开），如表 13.6 所示。

表 13.6　个体和个体相处过程中事件结构要素的结果和对应的评价

个体	事件变量	事件结果评价	情绪评价
个体	目标物	得到	开心
		失去	伤心
		超越预期	惊喜
		低于预期	失望
	动机意愿	主动的	兴趣
		被动的	无聊
	要素条件	破坏具备要素（具备）	威胁
		保护具备要素（具备）	安全
		要素不确定	担心
		要素确定了	放松
个体	竞争关系	敌意	发怒
	互助关系（协同）	关爱	爱
	个体关系	无害的	信任
		有害的	憎恨

无论哪种情绪状态，从其愉悦的性质上来讲，总是分为两个状态：正性与负性。如果正性是开心的体验，负性就是抑郁的体验。这是在社会交往中客观存在的行为，也体现着任何事件要素的正负特征属性。

无论上述哪种情绪状态，都是对事件结果的自我反馈。当个体对过去事件进行回溯性评估时，在自我情绪反馈层面，对过去事件的结果会持有不同程度的悔恨情绪。在人类的行为事件中，人类的个体，要对过去事件的结果进行评价，该评价量记为：A_{e-old}。由于事件的信息是实时动态中，个体需要实时调整"对过去事件的结果的悔恨程度"关系。这就构成了认知的反馈。即存在一个认知的差量：满足 $\Delta f_i = f(t)_i - f(t_0)_i$。也就是，满足以下关系：

$$\Delta A_{e-old} = A_{e-old}(t) - A_{e-old}(t_0) \qquad (12.13)$$

即在事件发生的变动过程中，实时改变 A_{e-old} 这一评价量，这就意味着，人的自控系统，需要对 A_{e-old} 的变化进行评价，以实现进行实时的、动态的监控，并对这一评价量进行评价。我们把对 ΔA_{e-old} 评价量进行的评价，记为：

第三部分 精神运动学：行为模式

$A_{depression}$。通过这一评价量，人类个体实现对自我状态指向的控制。

由于社会事件的普适性，个体每时每刻都需要在自我情绪反馈层面评价过去事件的结果。个体在长期的生活与成长中，会在自我情绪反馈层面评价过去事件的结果，导致个体会形成稳定的评价量，也就是心理量：人的价值观念。在人的行为方式中，抑郁度或者沮丧度，源于概念的表征，概念一旦内化为人的个体的知识和经验，就可以成为一个稳定的模式，也就是行为模式。这也意味着，人类个体对人的自我干预，也会成为一种稳定的行为模式，我们把这一概念量（心理量），记为 $C_{depression}$。则这时的行为模式，就可以写为：

$$A_{depression} = C_{depression} \tag{13.14}$$

$C_{depression}$ 为常数，这个行为模式就构成了稳定的价值观念模式。这意味着，在这一观念模式下，使得人的行为表现出稳定性，它是每个个体都具有的行为模式。在人类个体的行为模式中，我们又分离出来一种新的行为模式，这是人类自身监控系统中，具有的一类客观存在的行为模式系统。人类个体之间也会存在差异，这就意味着，在人类个体之间，我们需要区分这类个体意义上的差异。这就需要对应地引入一个特质量 $p_{depression}$。这样，我们就得到三个量之间的对应关系，如表 13.7 所示。根据这一关系，我们认为，这里的特质量，对应着大五人格模型中神经质维度的抑郁子维度（Roccas et al., 2002）。

表 13.7 抑郁反馈量、抑郁控制评价量、抑郁控制评价特质量关系

抑郁反馈量	抑郁控制评价量	抑郁控制评价特质量
$\Delta A_{e\text{-}old}$	$A_{depression}$	$p_{depression}$

对于社会事件，事件要素的特征属性都分正负。"抑郁"就是对过去的社会事件中属性的正负性进行的描述。情绪从其愉悦的性质上来讲，总

是分为两个状态：正性与负性。

如果我们回顾"五因素模型"和大五模型中的经典发现，我们会在"神经质"中，找到一个对应量——抑郁（depression）。在这个特质量上，"抑郁"和"开朗"是这个量的两极，如图 13.8 所示。由此可知，在五因素模型和大五模型中，"抑郁"的数理含义也就清楚了。

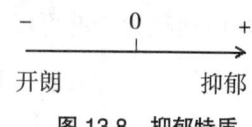

图 13.8 抑郁特质

注：不同的人类个体，在抑郁上表现出不同的特质。它们之间存在着量的差异。抑郁和开朗是这一特质量度量时的两个极端情况。

13.6 自我反馈控制模式小结

人是一个精神动力系统，即在各类动机驱动下，进行有目的的各类社会活动。这是人类各类精神活动的内在本质。在面临各种社会场景时，人类个体又需要基于场景，进行自我保护、抗压、自我状态的调整等，即根据反馈的信号，进行自我动力调节。这就意味着，人类个体具有获取信号后，自我调节的动力系统。以自我调节为目的的精神活动，也就构成了人类的自控的动力系统。

13.6.1 自我控制种类

自我控制，是一类调节行为，它是人类个体对社会事件的目的性、相互作用关系、因果规则、事件要素的属性、事件要素的不确定性、事件的结果（或者能力）6 个子维度的信息进行的自我调整。这就构成了人类个体的自我控制，也构成了人类个体的自我反馈的信息系统，符合工程控制学原理。我们把这六类控制，汇总在一起，如表 13.8 所示。

表 13.8 反馈量、反馈评价量、控制评价特质量关系

社会事件属性	反馈量	反馈评价量	反馈评价特质量
心理力学属性	$F_{suppress}(t)$	$A_{suppress}$	$p_{suppress}$
社会关系属性	$\Delta A_{cooperation}$	$A_{hostility}$	$p_{hostility}$
社会因果属性	Δe_{psy}	$A_{vulnerability}$	$p_{vulnerability}$
事件要素信息不确定性	Δf_{ij}	$A_{uncertainty}$	$p_{uncertainty}$
事件要素特征值正负性	ΔA_{e-old}	$A_{depression}$	$p_{depression}$
事件结果	$\Delta A_{i-capacity}$	$A_{self-consciousness}$	$p_{self-consciousness}$

13.6.2　自我控制本质

人的认知系统，从外界接收事件的信号。在事件中，事件的客体包含的功能，构成了人类的需要。人类面临各种需要时，需要启动认知的经验系统处理历史的事件、当前的事件、未来的事件，诱发人的各种状态变化。这类信息又作为初始条件信息，反馈给个体的自我监控系统，激发人的主动性调节，从而达到自我控制（Anderson，1967）。

上述 6 个独立分类，代表了 6 类独立的控制。而 6 个独立的人格变量，也恰恰构成了大五人格的"神经质"的 6 个维度，这 6 个子维度恰恰也和人格的其他 6 个维度完全相同，这不是一种巧合。这恰恰从数理上阐述清楚了人格独立变量的数理根源性，也使这一经验的测量模型变得生动起来。

第 14 章 认知经验偏好模式：认知风格模式

处于社会中的人，在社会经验驱动下，完成社会性交往。从社会结构与社会关系出发，人的行为表现出的行为模式，也就表现为：社会角色的模式、社会关系的模式及社会信息交流的模式。

经验的驱动过程，是人的信息加工过程，这就离不开人的知觉、推理、判断与决策过程，它包含对历史事件、当前事件及未来事件的处理过程。信息加工过程，我们在人的认知加工变换章节中，已经进行了讨论。

以往的经验知识的讨论，知识是分场景的，而认知加工的信息处理是不分场景的。这提示：人类个体还存在一类经验知识——认知的经验知识，超越场景而存在。这就需要对认知过程中，人的经验知识进行讨论，这意味着，认知有可能形成了行为的模式，并使得认知表现出认知的稳定性和认知的风格（Witkin et al., 1967）。我们把这一主题命名为认知风格模式。这需要我们开辟新的专题，来讨论这一问题。

14.1 认知加工场景

人的认知加工的信息，实际是对事件信息的加工。在现实的生活中，会同时或者依次发生系列事件，这些事件和个体之间发生作用。不同事件复合在一起，就构成了人类群体和个体的生活环境。因此，人类信息的加工问题，也就转变为对环境信息的加工问题。为了研究人类个体认知加工风格，我们需要对这一信息环境，进行数理意义的抽提，方便后续问题的展开。

14.1.1 生活环境数理定义

人所生活的环境，包含两个种类：常规环境与新异环境。从事件结构式出发，就是人生活在一系列事件构成的环境中。我们把生活环境中的事件记为 E_c，每个事件记为 i，事件的环境可以表示为：

$$E_c = \sum_{i=1}^{n} \left(w_{1i} + w_{2i} + i_i + e_i + c_i + t_i + w_{3i} + bt_i + mt_i \right) \quad （14.1）$$

所有这些事件构成的环境，又可以作为初始的条件 c_0，影响人类行为的个体去从事各类事件，即 $E_c = c_0$。这个关系表示为：

$$E = w_1 + w_2 + i + e + c_0 + t + w_3 + bt + mt \quad （14.2）$$

14.1.2 常规环境与常规事件

当个体面临的是熟悉的环境时，上述环境结构式中的各项，是稳定值，或者说是常数值，即这些要素处于相对稳定状态，也就是稳定的工作状态。这在从事常规工作的人群中比较常见。而对这些事件的处理，一旦熟悉了这些环境，人类的个体就会利用掌握的常规经验，解决熟悉场景中的问题。这类经验知识，也就是个体具有的常规技能。这样的环境，我们称为常规环境。在这个环境中发生的需要处理的事件，也就是常规事件。因此，我

数理心理学：人类动力学

们将常规环境和常规事件，写为：

$$E_{Rc}= \sum_{i=1}^{n}(w_{R1i}+w_{R2i}+i_{Ri}+e_{Ri}+c_{Ri}+t_{Ri}+w_{R3i}+bt_{Ri}+mt_{Ri}) \quad (14.3)$$

$$E_{Routine}=w_{1R}+w_{2R}+i_R+e_R+c_{0R}+t_R+w_{3R}+bt_R+mt_R$$

14.1.3 新异环境与新异事件

有了常规环境，就会出现新异环境和新异事件。例如，人类个体面临的陌生环境，就是一种非常规环境。非常规环境中发生的事件，超越我们的经验，这会影响我们当前要从事的事件和认知过程。由此，我们把非常规环境和非常规事件，记为：

$$E_{nc}= \sum_{i=1}^{n}(w_{n1i}+w_{n2i}+i_{ni}+e_{ni}+c_{ni}+t_{ni}+w_{n3i}+bt_{ni}+mt_{ni}) \quad (14.4)$$

$$E_{Novelty}=w_{1N}+w_{2N}+i_N+e_N+c_{0N}+t_N+w_{3N}+bt_N+mt_N$$

14.1.4 事件与环境度量

如何理解事件的常规与新异？这需要回到我们可以理解的常规的概念。常规事件，意味着是熟悉的事件，反之则是非常规的事件。从概率上讲，常规事件是大概率事件，而新异事件，则是小概率事件。在信息论中，大概率意味着信息量较低，小概率意味着信息量较大。通过信息量的量度，就可以度量事件的常规与新异与否。事件与环境的新异与否与信息量之间的天然一致性，使得信息量会成为度量的天然指标。

由于事件的每个要素，都可以用符号来表达，每个要素记为 f_j，出现的概率记为 p_j，则每个要素具有的信息量为：$-p_j\log p_j$，而事件环境中的总信息量为：

$$S_c = \sum_{i=1}^{n} \sum_{j=1}^{m} -p_j \log p_j \qquad (14.5)$$

其中，i 表示第 i 个事件。根据小概率的定义，概率可以分为两个水平：0.05 水平和 0.01 水平，我们统一记为 α 水平。在事件中，我们定义：任意一个要素出现的概率 $p_j \leq \alpha$ 时，为小概率事件，则新异事件，对应的熵就可以表示为：

$$\begin{aligned} S_N(p_j \leq \alpha) &= -\sum_{j=1}^{m} -p_j \log p_j \\ S_R(p_j > \alpha) &= -\sum_{j=1}^{m} -p_j \log p_j \end{aligned} \qquad (14.6)$$

那么，新异环境和常规环境也就可以表示为：

$$\begin{aligned} S_{NC}(p_j \leq \alpha) &= -\sum_{i=1}^{n} \sum_{j=1}^{m} -p_j \log p_j \\ S_{RC}(p_j > \alpha) &= -\sum_{i=1}^{n} \sum_{j=1}^{m} -p_j \log p_j \end{aligned} \qquad (14.7)$$

14.1.5 常规与新异需要

我们日常的生活环境，是一个新与旧交织在一起，并处于相对稳定状态的环境。在生活中，按照事件的结构式和因果律，我们把经常接触到的事件的要素、事件发生的规则、结果，作为一个常规环境，也就是通常的传统环境。常规环境和新异环境之间的差异就可以表示为：

数理心理学：人类动力学

$$\Delta C = \begin{pmatrix} w_{1N} \\ w_{2N} \\ i_N \\ e_N \\ c_{0N} \\ t_N \\ w_{3N} \\ bt_N \\ mt_N \end{pmatrix} - \begin{pmatrix} w_{1R} \\ w_{2R} \\ i_R \\ e_R \\ c_{0R} \\ t_R \\ w_{3R} \\ bt_R \\ mt_R \end{pmatrix} \quad (14.8)$$

事件结构式清晰表明，在人所从事的所有事件中，都具有特殊目的，即具有社会动机。按照已有的动机理论，动机的不同，实际是满足了人类个体不同的需要。这就需要我们在大量的动机事件中，来探索在认知加工中，人类个体在动机目标指向性中表现出来的稳定性，即一些个体一直都坚持常规排斥新异，而另一些个体一直都追逐新异排斥常规。也就是在社会事件的社会动机上表现出稳定性和规则性。

每个事件，都具有目的性，在事件结构中，target 是这一含义的精确表述。从心理学意义上讲，客体具有自己的功能，每个功能满足人类个体的不同需要，需要按功能来划分，就构成了马斯洛需要模型（在后文的心理动力部分详细论述）。

而个体生活的环境中，每天需要处理大量的事件，尽管事件不同，动机不同。但是，按照常规与否，事件可以区分为常规事件和新异事件。这意味着事件发生的概率水平不同。这也意味着，对目标进行划分，可以按照同样的方式来划分，我们把目标隔离出来，则大概率发生的目标，我们称为"常规需要"T_{t-R}（$p_j > \alpha$）；反之，则为"新异需要"T_{t-N}（$p_j \leq \alpha$）。实际上，它是一个量的两个方面，我们把这两个量统一记为T_t。

14.1.6 需要评估的认知度量：尝新

对常规需要、新异需要的认知方式，是认知的一种风格。这意味着，有些个体偏向常规需要的处理，有些则倾向于新异需要的处理。这是一个客观的社会属性量，社会属性量经过个体的评价，形成对应的评价量，来评价ΔC，它是一个主观心理量，是个人主观意义的"观念量"，也就是人的价值观念。这就需要有对应的心理量，来评价人的认知系统表现出来的这一倾向，这个量我们记为：A_{need}，这个心理量（价值观念）一旦形成，就意味着长期的稳定性，从而支配人的社会角色的行为。从数理意义上讲，就是一个常量，这也就构成了稳定的行为模式。我们把这个量记为：

$$A_{need}=C_{need} \tag{14.9}$$

其中C_{need}为常数。在这一观念量驱动下，人类个体的经验系统中，具有了对新异探寻的动力性行为，也就是动机性行为。它是人类个体的认知系统，在面临新场景时，力学性行为的社会普适性表现，因此，我们把这个力，记为F_{need}。对不同的人而言，任何一种偏好（倾向），会存在人际之间的差异。也就是说，由于不同个体对同一事件的社会动机不同，个体对新异事件和常规事件的动机（倾向）不同。在个体之间，会存在人际事件的差异，这就需要区分这种差异，它就成为一种"特质"，我们把这种特质记为p_{need}。在大五人格或者五因素模型中，我们需要在认知的维度中，找到一个和需要的常规与否对应的人格量，有趣的是，存在一个对应的人格量"尝新"（actions）（叶奕乾，2011）。这是对这个量的测量。这样我们就顺便揭示了大五人格中，这个量的数理含义。这样，我们就可以得到这几个量之间的对应关系，如表14.1所示。

数理心理学：人类动力学

表 14.1　需求力学量、需要评估心理量、新异特质量之间关系

需求力学量	需要新异心理量	需要新异特质量
F_{need}	A_{need}	P_{need}

尝新实际描述的是，在社会事件中，个体对新异事件和常规事件的动机（倾向）。

如果我们回顾"五因素模型"模型中的经典发现，我们会在"开放性"中，找到一个对应量——尝新（actions）。在这个特质量上，"追求新异"和"追求常规"是这个量的两极，如图 14.1 所示。由此可知，在五因素模型中，"尝新"的数理含义也就清楚了。

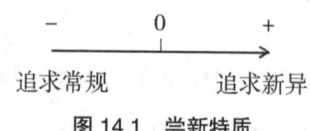

图 14.1　尝新特质

注：不同的人类个体，在尝新上表现出不同的特质。它们之间存在着量的差异。追求新异和追求常规是这一特质量度量时的两个极端情况。

14.2　经验认知与度量：价值观与思辨

任意事件进入人脑后，都需要进行信息加工，即经过感知觉、推理、判断决策等过程处理，获取事件的信息，同时经验参与其中（彭聃龄，1988）。这也意味着，感觉、推理、判断、决策、经验知识，是所有人的信息加工中，都要经历的共通过程。即信息的处理，都经历了认知过程。由于认知过程具有普适性，这就需要我们分析认知过程的各个环节，在处理变动的信息中，所表现出来的普适性特征。在上述环节中，经验参与了所有的环节，因此，我们首先讨论经验的作用特征。

第三部分　精神运动学：行为模式

14.2.1　因果规则探求：思辨

经验的本质问题，我们已经用大量的篇幅进行了讨论。从本质上讲，就是人的知识，是概念（或者观念）和概念之间的联系形成的知识体系。

概念首先具有描述的"物质对象"，物质作用的变化构成了变量，这就需要不同的概念量来描述这些变量，这些变量也就是"知识观念"。放到事件上来看，就是对事件的要素、要素的属性、要素的变化及其规则进行描述，对事件的演化进行预测和控制。这就构成了知识的功能（或者说是经验的功能）。

在前文，我们把对某一类事件或者事物 E 的观念，可以用数学集合的形式表示出来。

$$C_p(E)=\{c_i | i=1, 2, \cdots, N\} \quad (14.10)$$

其中，c_i 表示概念，N 表示所有概念的总个数。如果我们把不同类的知识汇集在一起，就构成了人类处理各类事件的经验的集合，也就是人类的知识体系。这时，我们把上式就修正为：

$$C_p(E_j)=\{c_i | i=1, 2, \cdots, N\} \quad (14.11)$$

$j=1, 2, \cdots, m$。j 表示经验的种类，m 表示经验种类的总个数。

而经验的本质，是因果律。也就是说，我们各类的概念，都是围绕因果律来展开的。按照面向的对象，因果规则又分为：物理规则、生物规则、社会规则、心理规则。这类规则，我们统一记为：$\text{system}\begin{smallmatrix}phy\\bio\\psy\end{smallmatrix}$。在不同因果规则体系指导下，人类个体对事件进行预测和判断，并指导自己的行事行为。探寻不同的规则（也就是新知识体系），是人在社会活动中，面临的重要场景。这就意味着，人类个体会在探寻新知识体系中，建立自己的评价体系，形成对新知识体系探求的评价。也就是，在探求新知识时，形成自己的探求性的倾向性和评价倾向，其目的是建立事件条件、事件的发生规则、事件结果之间的关联关系。

$$\begin{matrix} w_1 \\ w_2 \\ \vdots \\ c_0 \end{matrix} \rightarrow \boxed{\text{system}} \begin{matrix} phy \\ bio \\ psy \end{matrix} \rightarrow e \qquad (14.12)$$

人类个体在社会交往中，寻找因果关联关系，我们称为"思辨"。例如，道理越辩越明。在这个过程中，我们把个体对探寻因果规则的评价量记为：A_{idea}，也就是思辨评价量。与之对应的人的价值观念（心理量），我们记为：C_{idea}，它是一个常量。一旦形成，就意味着长期的稳定性，从而支配人的行为。也就形成了一类人的行为模式，我们记为：

$$A_{\text{idea}} = C_{\text{idea}} \qquad (14.13)$$

当一个稳定的、普适的行为模式，为人类个体所具有时，就要具有一个区分个体的差异量，这就是一个"质"，我们把这个"质"命名为"思辨特质"，记为 p_{idea}。它是描述人类个体对新异现象表现出来的行为偏好特性。这样，我们就可以得到这一现象下，人的行为动力量之间的关系。对于人格特质，需要通过测量来获取对应的值，我们认为，在大五人格与五因素模型中，开放性维度中的"思辨"（ideas）是这一质的测量方式（Roccas et al., 2002）。这样，大五人格与五因素模型中的这一指标，也就得到了很好的揭示，它的数理意义也就完全清楚了。这样，我们就得到了因果关系、因果关系探寻评价量、因果关系探寻特质量之间的对应关系。

表 14.2 因果关系、因果关系探寻评价量、因果关系探寻特质量之间的对应关系

因果关系	因果关系探寻评价量	因果关系探寻评价特质量
$\begin{matrix} w_1 \\ w_2 \\ \vdots \\ c_0 \end{matrix} \rightarrow \boxed{\text{system}} \begin{matrix} phy \\ bio \\ psy \end{matrix} \rightarrow e$	A_{idea}	p_{idea}

第三部分 精神运动学：行为模式

思辨实际描述的是，在社会事件中，个体对因果规则的探寻模式。如果我们回顾"五因素模型"和大五模型中的经典发现，我们会在"开放性"中，找到一个对应量——思辨（Ideas）。在这个特质量上，"理论定向"和"现象定向"是这个量的两极，如图 14.2 所示。由此可知，在五因素模型中，"思辨"的数理含义也就清楚了。

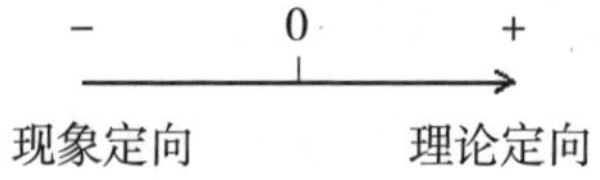

```
      −         0        +
   现象定向          理论定向
```

图 14.2 思辨特质

注：不同的人类个体，在思辨上表现出不同的特质。它们之间存在着量的差异。理论定向和现象定向是这一特质量度量时的两个极端情况。

14.2.2 固有因果体系持有：价值观念

经验知识既是人类个体的主观产物，也是一个客观存在物，驱动人的认知行为。这意味着，人的经验体系中，需要对经验自身进行评价，即对经验自身价值的判断，也就是对事件中相互作用规则的认同度。从数理上讲，是对"概念"自身评价的判断。这个观念，我们称为"价值观"。从这个意义上讲，人类的知识，可以进行至少两种区分：

（1）我们关于物质对象及其变化的知识。这里的物质对象指自然的物质客体，也包括社会存在，如图 14.3 所示。人类个体和群体会形成关于这类对象的知识体系 $C_p(E_j)$。

（2）在这些知识体系 $C_p(E_j)$ 中，还存在一类知识体系，是对 $C_p(E_j)$ 自身的描述。例如，观念陈旧、概念老化、观念新奇等，这都是对知识本身的评价，这类评价，就构成了价值观念。由于它也是一类知识体系，我们表示为：

$$C_{pv}=\{c_k | k=1, 2, \cdots, N\} \quad (14.14)$$

其中，C_{pv} 表示对知识持有的观念。这样，知识体系之间的逻辑关系，也就是事件的相互作用规则（i），就可以呈现出来了，如图 14.3 所示。对经验自身价值的判断，也就是对事件中相互作用规则的认同度。这是一种客观存在的现象，即客观的社会属性量。社会属性量经过个体的评价，形成对应的评价量，也就是主观心理量，是个人主观意义的"观念量"，也就是人的价值观念。从社会知觉的角度讲，它是一种具有社会属性的价值判断，也就是一种社会态度。我们把这个量记为：A_{value}。

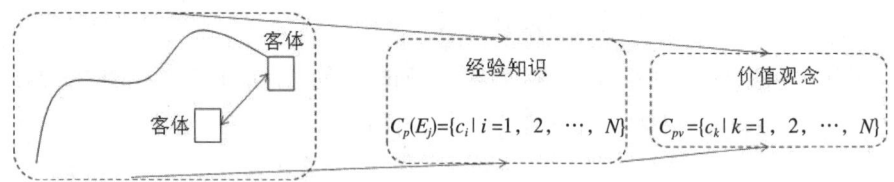

图 14.3　经验与客体关系

注：经验知识是对客体之间发生的相互作用及其事件的描述和度量。不同类对象，意味着不同的经验知识。经验是概念的集合以及概念之间的联系。

当把经验知识作为客体时，对经验本身的认知，就构成了价值观念。价值观念，也是一类经验知识，也即对经验本身的评价和度量。

从本质上讲，我们形成的观念体系，仍然是关于一类对象（物质对象、生物对象、社会与人的对象）的因果知识。因此，从这个意义上讲，价值观念体系是关于对象的"因果关系"的知识，是关于事件的条件的"观念" $c_{condition}$、事件规则的"观念" c_i、事件结果"观念" c_e 的"观念系统"，也是观念形成的因果系统，可以表示为：

$$c_{condition} = c_i = c_e \tag{14.15}$$

人类个体对观念的评价，实际是个体对这一知识系统的评价。它的本质仍然是因果律，也就是个体观念形成的归因体系。而因果的规则的本质，是关于客体之间的相互作用的理解。因此，价值观念的核心体系，是关于观念 c_i 的体系。

第三部分　精神运动学：行为模式

对于任意一个个体而言，观念一旦形成，就意味着长期的稳定性，从而支配人的行为。从数理意义上讲，就是一个常量，这也就构成了稳定的行为模式。当个体持有某一观念时，观念会保持某种稳定性。那么，对经验持有的评价的观念，往往也具有稳定性，也就是一个常量。我们把这一常量记为：C_{value}。则这就构成一类稳定的认知模式：

$$A_{value}=C_{value} \quad (14.16)$$

显然，对不同的人而言，任何一种偏好，会存在人与人之间的差异，也就是质的差异，不同的个体之间，在具有这一模式时，会具有个体之间的差异性，这就构成了人格差异性，也就是人格维度。我们把度量价值观念的人格特质量记为 P_{value}。在大五人格模型中，我们会惊奇地发现，具有这一描述的对应量，我们认为，它对应着"开放性"维度中的"价值观"特质量（Wiggins, 2002；倍智人才研究院，2015）。由此，我们可以得到这三个变量之间的逻辑关系，如表14.3所示。这样，在大五人格和五因素模型中，从语言学测量得到的一个指标的含义，也就清楚了。或者说，它的数理含义也就清楚了。

表14.3　观念系统、观念系统评价量、观念系统特质量之间对应关系

观念系统	观念系统评价量	观念系统特质量
c_i	A_{value}	P_{value}

价值观念实际描述的是，在社会事件中，个体对经验自身价值的判断，也就是对事件中相互作规则的认同度。如果我们回顾"五因素模型"中的经典发现，我们会在"开放性"中，找到一个对应量——价值观念（Values）。在这个特质量上，"顺从"和"不顺从"是这个量的两极，如图14.4所示。由此可知，在五因素模型中，"价值观念"的数理含义也就清楚了。

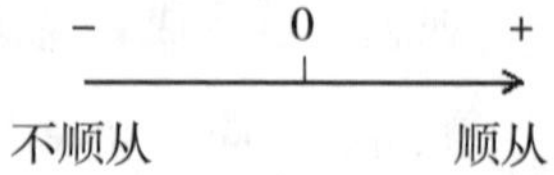

图 14.4 价值观念特质

注：不同的人类个体，在价值观念上表现出不同的特质。它们之间存在着量的差异。顺从和不顺从是这一特质量度量时的两个极端情况。

14.3 事件结果的预测模式：想象

认知的过程是对历史事件、当前事件的处理，第一节、第二节讨论的本质，实际是人类个体对常规的场景和新异场景处理的两种方式，或者说是已有经验和未知经验的两类行为偏好。通过认知过程，最重要的是对"未来事件"的预测和判断，以及个体所持有的基本观念。这构成了对这类问题的基本认知风格。

14.3.1 事件结果演化与预测

对事件预测，实际是对事件结果预测。这就需要对事件的结果进行数理的定义。个体对未来事件进行预测，实际是对事件的要素的可能性进行预测，事件是有结构的，事件中的任何一个结构要素的可能性，就可以通过经验的推理和判断。对于系列事件（因果关系事件），系列事件之间的因果关系和演化，也可以进行推理和判断，这也构成了一类预测。因此，事件的结果，就是事件结构的要素的可能性，即事件要素特征值的确定度，以及事件的演化关系，或者客体之间的相互作用关系。

对于事件发生条件的不同值，事件客体相互作用的可能性规则，以及事件演化中可能出现的不同结果，个体需要进行推理和预判。它的本质是对因果律中各种不同的要素给予不同的值、关系，甚至不同的方案。为了描述方便，我们把事件的规则，分别表示为：$\boxed{\text{system}}_1 \cdots \boxed{\text{system}}_n$，对应的

第三部分　精神运动学：行为模式

结果分别表示为 $e_1\cdots e_n$。它们之间的逻辑关系，按照因果规则可以表示为：

$$\begin{pmatrix} w_1 \\ w_2 \\ \vdots \\ c_0 \end{pmatrix} \to \begin{array}{c} \boxed{\text{system}}_1 \to e_1 \\ \vdots \\ \boxed{\text{system}}_n \to e_n \end{array} \quad (14.17)$$

14.3.2　预测的认知度量

个体对上述的所有要素赋值、赋予关系，是一个认知的过程。它是人类个体普遍具有的一个认知加工过程，也就是一种认知属性。这就意味着，我们需要一个量，来评价人类个体的这一认知过程。这个评价量，我们称为"想象"评价量，记为 A_{fantasy}。

它是个人主观意义的"观念量"，也就是人的价值观念。由于事件的普遍性，人类的个体的认知行为中，要不断完成此类行为。这意味着，在人类个体的长期生活中，具有某种稳定性，也就成为行为模式，我们把这个常量记为 C_{fantasy}。则这个模式就可以表示为：

$$A_{\text{fantasy}} = C_{\text{fantasy}} \quad (14.18)$$

行为模式具有普适性意义，也就是它是所有人类个体都具有的一类行为模式。在这一观念模式下，使得人的行为表现出稳定性，它是每个个体都具有的行为模式。对不同的人而言，任何一种偏好，会存在人与人之间的差异，也就是质的差异。个体之间也就存在差异，这就需要对应的"质"，来区分这种差异。这个"质"，我们记为 p_{fantasy}。这样，我们就可以得到这种行为的三个关联关系的变量。至此，我们需要按照统一的思路，在人的人格特质中，寻找对应的人格量，我们认为，在大五人格中，开放性维度中的想象力（fantasy）子维度，和这里的人格特质相对应（Judge et al., 1999）。这样，我们就可以获得这个量的对应值。

数理心理学：人类动力学

表 14.4 事件预测、想象评价量、想象特质量之间的对应关系

事件预测	想象评价量	想象偏好特质量
$\begin{pmatrix} w_1 \\ w_2 \\ \vdots \\ c_0 \end{pmatrix} \rightarrow \begin{array}{c} \boxed{\text{system}}_1 \rightarrow e_1 \\ \vdots \\ \boxed{\text{system}}_n \rightarrow e_n \end{array}$	A_{fantasy}	C_{fantasy}

想象实际描述的是，在社会事件中，个体对事件要素特征值的确定度。如果我们回顾"五因素模型"中的经典发现，我们会在"开放性"中，找到一个对应量——想象（fantasy）。在这个特质量上，"幻想丰富"和"无想象力"是这个量的两极，如图14.5所示。由此可知，在五因素模型中，"想象"的数理含义也就清楚了。

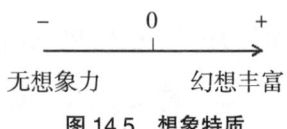

图 14.5 想象特质

注：不同的人类个体，在想象上表现出不同的特质。它们之间存在着量的差异。幻想丰富和无想象力是这一特质量度量时的两个极端情况。

14.4 事件动力规则洞察：美学

任何事件，都包含了客体之间的相互作用、演化规则，并构成了演化事件。这些信息，包含在事件的结构式中，作为刺激携带的信息，进入人的认知系统，认知系统需要对事件背后的规律和规则进行提取。这就构成了认知过程中对事件加工的一个基本任务。这类认知现象，是人类认知现象的一种客观存在，这就需要经验的知识系统，对这一变量进行描述，并在心理变量中进行表征。这就构成了人类认知加工的一个新的主题。

14.4.1 事件规则性

在科学发展的过程中，对事件规则性的理解，包含三个关键领域：运动学规则、动理性规则、动力性规则。

14.4.1.1 现象学规则性

世间万物是运动的，在运动过程中，就会表现出变化的现象，被人类直接或者间接感知，并成为人的经验的部分。如果我们把事件发生的序列时间依次记为：t_0、t_1、t_2…，那么，事件的时间演化就可以表示为：

$$E(t_0), E(t_1), \cdots \quad (14.19)$$

这个序列中的规则，就是事件演化和变动的规则，也就是现象变化规则。

14.4.1.2 动理学规则性

事件影响因素，也就是动理学。物质的运动，会受到各种因素的影响，例如，其他客体的作用、初始条件、时空条件等，这些都构成了事件发展中的演化过程的影响要素，也就是因子。从事件结构来看，事件中的任何一个要素，都可能是影响事件发展的一个因素。所以，这些因素，就构成了事件的动理因子，也就是 f_i。

14.4.1.3 动力学规则性

任何运动现象，背后都是各种因素相互作用引起的，动力学的规则是建立动理要素之间的定性或者定量关系，这也就构成了一种规则性。在事件结构式中，w_1 与 w_2 的相互作用 i 及其效应 e，定义为力（见后文动力学部分中，广义力的界定）。在力学系统中，其他要素就构成了初始的条件因素，它们之间的连接，就构成了动力学规则。

14.4.2 事件规则性洞察度量

物理事件、社会事件都包含了上述的三种规则性，对事件背后的规则性的洞察，以准确获得事件的结果，是认知系统具有的一个基本功能和能力。规则性包括物理事件结构式中不同元素所具有的规则，如客体 w_1 的属性 $\{p_i\}_{w1}$，客体 w_2 的属性 $\{p_i\}_{w2}$，事件结果 e 的属性 $\{p_i\}_e$，事件初始条件 c_0 的属性 $\{p_i\}_{c0}$，事件发生的时间 t 的属性 $\{p_i\}_t$，事件发生的地点 w_3 的属性 $\{p_i\}_{w3}$，以及客体 w_1 与客体 w_2 相互作用的规则 $\boxed{\text{system}}_{\substack{phy\\bio\\psy}}$。

$$\left.\begin{array}{l}w_1\\w_2\\\vdots\\c_0\end{array}\right\} \rightarrow \boxed{\text{system}}_{\substack{phy\\bio\\psy}} \rightarrow e \qquad (14.20)$$

综上所述，规则性也就包括：

（1）事件结构式中不同元素的属性 $\{p_i\}_{w1}$，$\{p_i\}_{w2}$，$\{p_i\}_e$，$\{p_i\}_{c0}$，$\{p_i\}_t$，$\{p_i\}_{w3}$，$\boxed{\text{system}}_{\substack{phy\\bio\\psy}}$。

（2）事件的条件、相互作用规则和结果之间的关联性，也就是因果规则。

为了表述的方便，我们把所有的规则性，统一记为：E_{order}。根据对称律，上述所有规则都可以通过认知变换，转换到人的知识表征中。人类个体对上述规则的洞察与应用，构成了一种认知属性。它是所有人类个体都具有的一种普遍性属性。如果我们把人发现的规则性定义为"艺术"。艺术也就是一种人造物。它源于对自然世界、社会世界的客观规则的表达。因此，艺术性也就成为人类个体对世界规则洞察的一种表现。

这时，就需要一个评价量，来度量人类个体对规则性的洞察，我们把这个评价量，称为"艺术评价量"。

第三部分 精神运动学：行为模式

这是一种客观性存在。该客观的社会属性量经过个体的评价，形成对应的评价量，也就是主观心理量，是个人主观意义的"观念量"，也就是人的价值观念，人的认知系统提取这种客观性，也构成了一种客观性存在（见前文，客体的因果律被对称变换到认知系统中）。

它是人类个体中，具有的共通性的一种认知功能现象。这就需要，对认知系统提取事件的客观性规则的能力和现象进行描述。而近来的科学趋于一致性地认为：规则是美的，也就是规则美学（Sibley，1959）。这在自然科学及其分支、社会科学及其分支中，都体现出来。因此，我们把对寻找事件的规则性的结果心理度量，命名为"美学"度量。这是一个心理量，我们记为：A_{order}。概念量（价值观念）一旦形成，就意味着长期的稳定性，从而支配人的行为。从数理意义上讲，就是一个常量，这也就构成了稳定的行为模式。当这个量表现为稳定性时，就成为行为模式，我们把这个量对应的行为模式，表示为：

$$A_{order} = C_{order} \quad (14.21)$$

其中，C_{order} 表示对应的观念。这是每个人类个体都具有的一个普遍性模式。在这一观念模式下，使得人的行为表现出稳定性，它是每个个体都具有的行为模式。对不同的人而言，任何一种偏好，会存在人与人之间的差异，也就是质的差异。这就意味着，需要区分人类个体之间的差异，对这一行为模式，需要对应的"质"来区分个体之间的差异，这个质我们记为 p_{order}。这样，我们就可以得到上述几个量之间的对应关系，如表 14.5 所示。关于这一特质，我们认为，它对应大五人格中的"审美"（aesthetics）特质（Drucker et al.，2004）。

表 14.5　规则量、规则心理量、规则特质量之间的对应关系

规则量	规则心理量	规则偏好特质量
E_{order}	A_{order}	p_{order}

艺术性实际描述的是，在社会事件中，个体对因果规则的探寻结果。如果我们回顾"五因素模型"和"大五模型"中的经典发现，我们会在"开放性"中，找到一个对应量——艺术性（Aesthetics）。在这个特质量上，"规则洞察力低"和"规则洞察力高"是这个量的两极。这两个极，从艺术性上来看，也就对应着艺术敏感性强和艺术敏感性较低，它是上述两极的同义语，如图14.6所示。由此可知，在五因素和大五模型中，"艺术性"的数理含义也就清楚了。

利用词汇学的方法，得到的五因素和大五模型，曾经引起极大的争议。从这一数理性上，我们也就找到了它的基本含义。同时，个体具有的艺术性的社会属性，也是一种个体能力的反映。它是个体认知能力的一种综合性体现。

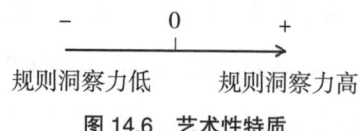

图 14.6　艺术性特质

注：不同的人类个体，在艺术性上表现出不同的特质。它们之间存在着量的差异。规则洞察力低和规则洞察力高是这一特质量度量时的两个极端情况。

在大五人格和五因素模型中，关于美学的维度的争论由来已久，也就是它的根本性的心理含义问题。在这里，我们可以看出，美学的洞察，实际是对物理规则和社会规则的洞察。从艺术角度讲，艺术可以成为探测人对规则洞察的一个探针。这样，对规则的洞察性，也会从艺术这一角度表现出来。它实际上承担了一个测量的功能探针（probe）。因此，两者之间的争议，也就自然可以得到解决。

14.5 认知控制评价加工模式

人的认知加工过程,是对事件信息的加工过程。上述五个环节,是对认知自身的特征的提取。与之伴生的,还包含人类个体对加工的自我监控过程。这一过程,我们在前面的经验的认知行为模式中已经进行了讨论。在这里,我们还要对这一自我监控的过程所表现出来的认知特征进行分析,或者说自我监控的认知风格进行分析。

14.5.1 评价的产生

在前面所有的讨论中,评价是一个事件加工伴生的必然的心理量。它产生于几个信息加工的过程:

(1)事件的物理场景。事件的物理场景中,任何一个物理事件的要素,都具有物理属性,物理属性的提取依赖于感觉因素。而物理事件的要素,又具有社会的属性,从而表现出"好""坏"性质的区分。

(2)事件的社会场景。社会交往场景中的个体双方、交流过程、利益交往等的变量,具有社会属性,这些属性,同样具有"好""坏"性质的区分。

(3)自我控制过程。人类个体还要对所从事的事件,进行动力的自我控制,自我动力控制的社会属性,同样需要"好""坏"性质的区分与评价。

上述这些过程,同一地命名为"社会评价"。它是心理量属性的社会度量,也是一个心理量。我们把这类量统一记为 $A_{society}$,它是前面所有评价量的总概括。

14.5.2 态度评价与情感关系假设

社会属性的评价,也是一种社会态度。在这里,我们做一个基本假设:

数理心理学：人类动力学

态度与情感体验具有对应性，即什么样性质的态度，就会具有什么样的情感体验。这个假设，我们称为态度-情感关系假设。由此，我们把态度对应的情感记为 $F(A_{society})$。

14.5.3 情感丰富度

我们面临的社会场景，丰富而多彩，人在这些社会场景中生活，也就是要面临各种各样的社会交往事件。从数理上讲，就是要面临各种场景条件下，各种各样的变量条件。这些变量，是具有社会属性的变量，都需要进行心理的评价。尽管事件不同，但任何事件要素的特征属性都分正负。在长期的社会演化中，社会交往事件形成了统一性的社会约定。按照事件的正负属性进行划分，可以分为：好与坏、利与弊、做与不可做等。其中"感受丰富"是从事件的不同要素特征值的情感正负属性上的划分。这就意味着，人的经验系统中，具有对各种丰富场景进行评价的能力，而评价本身也就诱发对应的情感。这一客观的社会属性量，经过个体的评价，形成对应的评价量，也就是主观心理量，是个人主观意义的"观念量"，也就是人的价值观念，这就需要对人的丰富评价的能力这一认知行为进行评估。这一认知行为现象对应的量，我们称为"情感丰富度"。

在人的经验系统，就需要有对应的心理量，来对这个认知现象进行评价，我们把这个量记为 A_f，这个量对应的概念量记为 C_f。概念量一旦形成，就意味着长期的稳定性，从而支配人的社会角色的行为。从数理意义上讲，就是一个常量，这也就构成了稳定的行为模式。概念量往往是一个常量，驱动人的认知过程中，就表现出一种行为模式。这类行为模式，我们称为情感丰富模式，表示为：

$$A_f = C_f \quad (14.22)$$

第三部分 精神运动学：行为模式

显然，在这一观念模式下，使得人的行为表现出稳定性，它是每个个体都具有的行为模式。对不同的人而言，任何一种偏好，会存在人与人之间的差异，这一认知模式，在人的个体之间也会存在差异，我们需要对应的"质"来区分这一现象，这个质，我们称为情感丰富特质，记为 p_f。在大五人格中，我们会惊奇地发现，在开放性维度中的，感受丰富（feeling）这一子维度与之相对应（Larsen et al., 2009）。这就使得我们找到了这一特质的测量方法。这三个量之间的对应关系，如表 14.6 所示。

表 14.6 情感丰富量、情感丰富心理量、情感丰富特质量对应关系

情感丰富量	情感丰富心理量	情感丰富特质量
$F(A_{society})$	A_f	C_f

感受丰富实际描述的是，在社会事件中，个体对因果规则的探寻模式。如果我们回顾"五因素模型"中的经典发现，我们会在"开放性"中，找到一个对应量——感受丰富（feelings）。在这个特质量上，"感受匮乏"和"感受丰富"是这个量的两极，如图 14.7 所示。由此可知，在五因素模型中，"感受丰富"的数理含义也就清楚了。

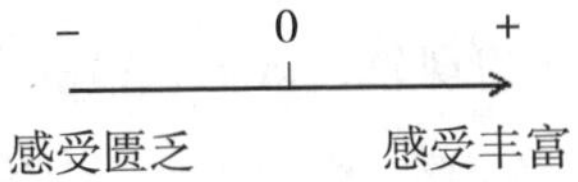

图 14.7 感受丰富特质

注：不同的人类个体，在情感上表现出不同的特质。它们之间存在着量的差异。感受匮乏和感受丰富是这一特质量度量时的两个极端情况。

14.5.4 人格特质量

至此，我们讨论完了认知风格中表现出来的人的行为模式，及其对应的描述变量。在这里，我们把认知作为一类个体加工时存在的客观现象。

数理心理学：人类动力学

那么认知加工中，大量事件加工中表现出的行为模式也就凸显出来。根据他们加工的行为模式，我们得到了区分不同模式的人格特质量，如表14.7所示。

表14.7 认知风格量、认知风格心理量、认知风格特质量关系

社会事件属性	认知风格量	认知风格心理量	认知风格特质量
心理力学属性	F_{need}	A_{need}	P_{need}
社会关系属性	c_i	A_{value}	P_{value}
社会因果属性	$\begin{pmatrix} w_1 \\ w_2 \\ \vdots \\ c_0 \end{pmatrix} \to \boxed{system} \begin{matrix} phy \\ bio \\ psy \end{matrix} \to e$	$A_{idea} = C_{idea}$	p_{idea}
事件要素特征值信息不确定性	$\begin{pmatrix} w_1 \\ w_2 \\ \vdots \\ c_0 \end{pmatrix} \to \begin{matrix} \boxed{system}_1 \to e_1 \\ \vdots \\ \boxed{system}_n \to e_n \end{matrix}$	$A_{fantasy}$	$C_{fantasy}$
事件要素特征值正负属性	$F(A_{society})$	A_f	C_f
事件结果	E_{order}	A_{order}	p_{order}

该表格表明了一个清晰的现象，认知风格的客观性，决定了具有对应的心理量对之进行度量，且需要对应的人格量区分个体之间的差异。而这几个人格量，恰恰是大五人格开放性维度的6个子维度。从事件结构式和因果律的角度，这6个维度，恰恰是认知系统，在加工任何一类场景时，所具有的普适性特征，它分别对应着事件处理的6个维度，如表14.7所示。在这里实际上是认知风格的6个独立方面。这就揭示了开发性的6个子维度，这也从侧面说明了开放性特质的基本含义。特别指出的是，在艺术性维度中，艺术是一种个体对事件规则的洞察，也就是对事件发生的结果

第三部分　精神运动学：行为模式

的洞察，认知事件的结果的度量，就通过个体的认知能力的结果体现出来，个体表现出来的艺术性，实际是认知的一种结果。

　　大五人格，是心理学家，通过语言学的测量，获得的一个经验模型（Hogan，1991）。至此，我们全部解释了大五人格的基本数理含义。这是心理学理论发展的一个进步。语言学，实际是人类对客观现象的一个表征，是人类对各种现象的一个编码，也包含人类对自身的客观性现象的编码。这就从根本上揭示了：在语言学中，为何可以获得对人的特质模型。

数理心理学：人类动力学

第 15 章　认知经验偏好模式：归因模式

　　社会结构和功能属性、人的精神动力属性，决定了人类个体自身在信息加工中表现出的社会属性。它不以个人的意志为转移，从而具有了客观性。社会属性矩阵和个人社会属性矩阵，是这一社会属性的基本表现。而五因素模型和大五模型，则是这一领域的经典经验发现。由于社会属性矩阵的发现，使得五因素模型和大五模型重新焕发了理论生机。

　　而处于社会中的人类个体，在处理社会性事务中，均是在自身经验体系下，进行的事件的操作。而事件的发生，是在事件的条件、规则的条件下发生的。这表明，人的经验是因果律的。它是经验的功能本质。这就意味着，在我们人类的行为中，还蕴含着一类社会经验的属性：因果属性。在因果属性的指导下，我们开展各种社会活动。个体的经验是有差异的，也就意味着个体是基于自身形成的因果经验来开展活动。也就是个体具有自身的因果分析方式，也就是归因方式。

　　综上所述，我们还需要分析新的一类社会属性：归因属性。这就构成了本章论述的重点。

第三部分　精神运动学：行为模式

15.1　归因因素

人类个体，是在经验知识的指导之下，从事各种类型的社会活动。从数理上讲，是在经验知识的指导之下，进行事件的处理。人类个体习得的关于物的、生物的、社会的经验和知识，从本质上讲，均是关于事件发生的"因果"知识。也就是说，个体会根据各种信息，判断事件发生的条件的信息和事件规则的信息，来预测和预知事件发生的结果。认知的对称性原理，很好地说明了人的认知加工的这一功能。通过认知，我们很好地洞察当前的事件，反思历史的事件，预测未来的事件。而这些精神功能的实现，均源于我们的知识经验体系，或者源于因果的知识经验体系。

15.1.1　因果变换

根据诺特定律，在对称性变换下，事件的因果律也得以对称变换。而根据因果律的表达形式，它应包含认知的对称变换。

$$\begin{pmatrix} w_1 \\ w_2 \\ t \\ w_3 \\ bt \\ mt \\ c_0 \end{pmatrix} \to i \to e \quad \Big\| \quad \begin{pmatrix} w'_1 \\ w'_2 \\ t' \\ w'_3 \\ bt' \\ mt' \\ c'_0 \end{pmatrix} \to i \to e'$$

认知变换

图 15.1　因果变换

注：客观世界的因果律，经过认知变换，进入人的认知系统中。个体根据自己获取到的事件的条件、系统的规则和事件结果，形成自己主观性质的因果判断，也就是归因分析。归因分析是客观世界因果律在心理中的映射。

$$e' = i'\,(w'_1,\ w'_2,\ t',\ w'_3,\ bt',\ mt',\ c'_0) \qquad (15.1)$$

数理心理学：人类动力学

根据广义力定义（见后文），客体与客体之间的相互作用，称为"力"。则上式可以改写为：

$$e'=F'(w'_1, w'_2, t', w'_3, bt', mt', c'_0) \qquad (15.2)$$

人类个体对进入事件的结构的信息，形成对事件形成的因果的判断，也就是归因分析。因此，归因分析是一个心理过程。它是客观世界的事件的因果律，在认知空间的一个映射。或者说是客观物质世界的因果规则对应的心理映射。从本质上讲，也是一个数理映射。

在客观上，事件的要素构成的条件、事件发生需要遵循的规则（物理的、生物的、社会的规则），在事件发生时起到的作用和重要性并不完全相同。这就会使得人类个体在长期的学习训练中，形成自己的经验偏好，也就是经验模式。

也就是说，个体在对事件的归因分析中，会对不同的条件、规则在事件发生的权重上把握不同，就构成了人的归因分析偏好。而因果表达式，恰恰提供了这一基本的切入点，通过这一数理形式，来完备地理解人的归因分析偏好。

15.1.2 社会归因属性

根据事件结构式和事件的因果表达式，世界上任何一类事件的发生，都存在因果关系。一个事件的发生，需要对事件发生的因果要素进行控制，并根据个体的判断，来控制事件发展的趋势。在长期的生活中，个体围绕因果的规则，会形成自己的因果判断的模式，也就是归因模式。这样，事件（物理事件和社会事件）因果的客观性规则的属性，就转换为社会中的人类个体具有的归因属性，归因就成为处理社会事件时，人类个体普遍具有的社会属性。而个体在具有了这种属性的情况下，又存在个体之间的差异性，也就是它是具有个体特征和特性的量，也就是特质量。那么，归因方式，也就成为人的人格特质的一部分。

15.1.2.1　角色归因属性：领导型

社会是有结构和阶层的。处于社会中的个体，都是具有特定社会性角色、层级、权限、职能和特定阶层的人。这些构成了事件发展中的基本条件之一。从归因的角度看，社会化岗位角色，是事件发生的条件之一，它就构成了一类社会归因属性，我们称为社会角色归因属性。

如15.3式所示，社会角色归因属性的本质是：w_1或w_2的角色与岗位在事件发生中的作用的归因评价，我们记为：$A_{\text{a-poster}}$。

$$\begin{pmatrix} \boxed{w_1} \\ \boxed{w_2} \\ t \\ w_3 \\ bt \\ mt \\ c_0 \end{pmatrix} \rightarrow i \rightarrow e \qquad (15.3)$$

社会中的个体，会形成这类归因的偏好，形成自己的行为模式，我们把这类评价的常量记为：$C_{\text{a-poster}}$，它是一个概念量，我们把这一概念称为"领导"。这时，我们就得到了一类社会角色归因模式：

$$A_{\text{a-poster}} = C_{\text{a-poster}} \qquad (15.4)$$

社会岗位和社会层级中的人，实际是一个职权的接合体，我们把这个岗位可以理解为领导型岗位，只是处于不同的层级。它在社会事件中扮演的作用，也就是领导力的作用，按照数理的规则，它就构成了一个独立的维度。在归因中，社会角色起到的作用的大小的本质是：个体具有的领导力和是否具有领导力的大小的一个度量。它的两个极端值是：领导力和无领导力p_{leader}。

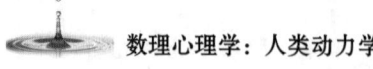

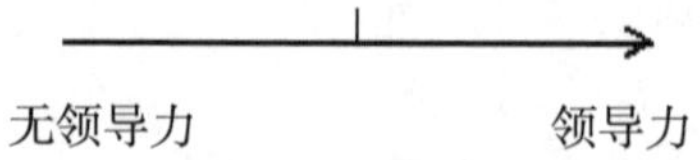

图 15.2 领导力维度

注：社会角色和岗位在归因上实际是个体是否具有领导力和领导力大小的一个心理度量。

我们会发现，个体之间在这一模式上存在差异，也就是个体化的社会角色属性会存在差异，也就是个体之间会存在在这一特征上的差异，它本身也就成为一个社会属性的特征量，也就是人格量。有趣的是，在九型人格中，存在一类社会角色的人格量：领导型。这一类型，和社会角色归因维度存在匹配性。这样，我们就得到了社会归因因素中的社会角色作用的匹配关系，如表 15.1 所示。

表 15.1　社会角色领导力、社会角色归因评价量、社会角色归因特质量

社会角色领导力	社会角色归因评价量	社会角色归因特质量
w_1 或 w_2 的角色	$A_{\text{a-poster}}$	p_{leader}

15.1.2.2　事件条件归因属性：完美型

根据事件因果律，任何事件的发生，都需要一定的条件，并在各种条件、规则下，使得事件发生并演化，而事件的任何一个要素的初始值，都构成了事件发生的初始条件。要促使事件的发生，任何一个个体都需要精细地准备好事件发生的各类条件，从数理上讲，就是把事件发生的各种初始值准备好。我们把物理事件和社会事件中各个要素具有的初始值的集合分别记为：

$$C_{\text{psy0}}=\{w_{10},\ w_{20},\ i_0,\ t_0,\ bt_0,\ mt_0,\ w_{30}\}_{\text{psy}}$$
$$C_{\text{phy0}}=\{w_{10},\ w_{20},\ i_0,\ t_0,\ w_{30}\}_{\text{phy}}$$
（15.5）

其中，C_{psy0} 表示社会事件的初始条件集合，C_{phy0} 表示物理事件的初始条件

第三部分　精神运动学：行为模式

集合。人类个体对物理事件或者事件的初始条件，在事件发生时的作用的评价程度，也就是对这类条件的事件发生中起到的因果作用的评估，二者是等价的。我们把这类评价量记为：A_{C0}。当人类个体一旦习得这一要素在因果中起到的作用，就可能会形成一类偏好模式，并用观念的方式固化下来，我们把这一观念称为"完美"。一旦形成模式，这一观念就成了常量，记为 C_{C0}。因此，这一人类行为的归因模式，也就可以表示为：

$$A_{C0}=C_{C0} \quad (15.6)$$

这个模式的形成，是由物理事件和社会事件的因果规则中，个体对初始条件在事件发生中的作用的评估形成的。它源于物理事件和社会事件的归因属性，这一属性内化为个体的归因属性时，形成的一类社会属性。这就决定了这一属性是人类个体具有的普遍性性质，从而成为一种共性。

不同的个体，在这一属性上也会具有个人化的特征性，也就是会出现个体的差异，这就意味着，它会成为个体区别于他人的一种"质"，也就是"特质"。这一特质，也就成为人的人格的一个部分。这种人格特征，我们称为"完美型"人格，这时的人格量记为 p_{perfect}。

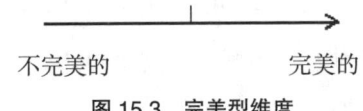

不完美的　　　　　完美的

图 15.3　完美型维度

注：各种类型的事件都具有初始条件，一旦促发就会促发事件发生。个体对初始条件的判断权重不同，也就是对这一要素在事件发生中的归因方式不同，形成了一类社会归因维度，并形成了完美型的人格特质。它的两个极端方向为：完美的和不完美的。

这样，我们就得到了事件发生的条件、初始条件评价量、人格特质量之间的关系，如表 15.2 所示。

·359·

数理心理学：人类动力学

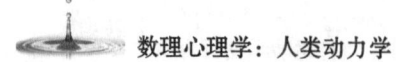

表 15.2　事件初始条件、初始条件评价量、人格特质量关系

事件初始条件	初始条件评价量	事件条件归因属性特质量
C_{psy0}、C_{phy0}	A_{C0}	$p_{perfect}$

15.1.2.3　事件条件可靠归因属性：怀疑型

事件的发生需要条件，这就构成了初始条件问题。而初始条件的另外一个问题，是初始条件的真实与否，也就是在事件中，事件条件具备的真实性与可靠性程度。在预知事件中，这构成了因果事件发生的一类关键性判断。事件条件的真实和虚伪的两种属性，我们把这个属性用下式来表示：

$$c_0 = \begin{cases} T \\ F \end{cases} \quad (15.7)$$

这种事件的属性，意味着人类个体在从事事件时，会内化为个体在适应社会中的一种社会属性。这种社会属性，意味着人类的个体存在一种社会行为的模式与之相对应，即存在一种与个体评价相对应的概念，来支配这一行为。因此，我们把个体具有的评价量记为：A_{T-F}，形成的概念记为：C_{T-F}，这一概念，我们称为"怀疑"。这个概念是个常量，因此，个体在这一概念下形成的行为模式，可以表示为：

$$A_{T-F} = C_{T-F} \quad (15.8)$$

对于不同的人类个体而言，个体在这一社会属性上会存在个体之间的差异。这种差异也就成为一种个体之间的特质量，也就是人格量，我们把这个人格常数记为：P_{T-F}。这类人格我们就称为"怀疑型人格"。这样，我们就得到了初始条件真实性、个体社会评价量、个体人格常量之间的匹配关系，如表 15.3 所示。

第三部分　精神运动学：行为模式

表 15.3　事件条件真实性、真实性条件归因评价量、事件条件可靠性人格特质量

事件条件真实性	真实性条件归因评价量	事件条件真实归因属性特质量
$c_0 = \begin{cases} T \\ F \end{cases}$	A_{T-F}	p_{T-F}

在这一人格体系下，我们就会得到人格的一个基本维度。多疑的和不多疑的，是这一维度的两个极端表现。

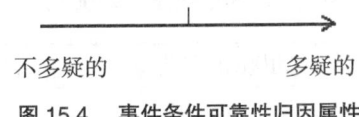

图 15.4　事件条件可靠性归因属性

注：社会因果性中，对社会事件的条件的真实与否的判断，构成了一类社会属性，人类个体具有的社会属性，构成了人格的一个基本维度：怀疑型人格维度。多疑与否构成了该维度的不同的人格等级。

15.1.2.4　事件利益交换归因属性：给予型

在人的社会中，根据事件结构式，都会存在社会性动机：bt 和 mt。它的目的是获取客体及其承载的功能，以达到个体需要的满足。因此，动机也就构成了事件发生的一类原因。它也是社会性事件发生中的一类归因性。

因此，人类社会中的个体，在分析事件的发生及其因果关系中，对动机的目的性会进行因果的分析，而对这一要素进行个体的自我评价。在长期的训练中，这一评价的方式，就会不断得到强化，并成为社会行为的模式。换句话说，它是社会属性在个体中的一种内化，并使得个体具备了这一社会属性。

因此，人类个体把 bt 和 mt 在事件发生中的因果作用的模式性评价量，记为：A_{bt-mt}。当形成行为模式，需要有对应的观念量来支配这一行为的模式，我们把这一观念记为：C_{bt-mt}，称为"给予"。因此，这一归因属性模式就

可以表示为：

$$A_{bt-mt}=C_{bt-mt} \quad (15.9)$$

这一观念驱动的模式，是一类个体具有的归因属性模式，不同的个体会具有不同的社会属性。这就意味着，我们需要一个区别个体的社会属性的特征量，我们把这个特征量命名为"给予型"，记为p_{gave}。这样，我们就可以得到一类重要的匹配关系：

表 15.4 社会动机、社会动机归因评价量、动机归因属性人格特质量关系

社会动机	动机归因评价量	动机归因属性特质量
bt、mt	A_{bt-mt}	p_{gave}

在这一归因型人格维度下，我们就会得到人格的一个基本维度。给予和利己是这一维度的两个归因的极端表现。

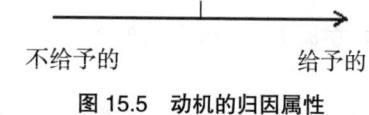

图 15.5 动机的归因属性

注：社会因果性中，对社会事件都表现出逐利特性，个体对事件中个体是否给予利益的归因的社会属性并不相同，从而形成一类归因型人格，也就是给予型人格。

15.1.2.5 事件利益协同归因属性：调节型

不同的社会群体，会因为同样的目标，在社会事件中发生冲突，从而影响事件的发生、发展。个体会在这一因素中，关注到不同的个体和群体之间的利益的冲突性，并根据冲突性对事件的发生进行归因分析。社会事件的利益冲突性，是一种社会性属性。而这一社会属性，通过认知的变换，就会转换为人的一类认知属性，也就是人所掌握的社会属性。社会属性也就内化为个人属性。

因此，对利益的冲突性进行归因性评价，是对不同的个体（A或者B）

第三部分 精神运动学：行为模式

之间，进行利益的评估，为进一步的协调奠定基础，这就形成一类评价的模式。我们把不同的个体之间的利益记为：$bt(A)$、$mt(A)$ 和 $bt(B)$、$mt(B)$。协调的个体，企图协调不同的利益体，使之形成统一性的目标记为：$bt(A+B)$、$mt(A+B)$。个体对这种利益目标的协同性的归因性评价记为：$A_{bt+mt(A+B)}$。一旦形成行为的模式，就需要对应的观念量来驱动这一行为模式，我们把这个模式对应的观念量记为：$C_{bt+mt(A+B)}$，称为"协调"观念。则这一行为模式就可以表示为：

$$A_{bt+mt(A+B)} = C_{bt+mt(A+B)} \quad (15.10)$$

我们把这一模式称为"归因协调模式"。

在这一模式下，人类社会的协调性的社会属性，人类的协调性的个人社会属性得以体现出来。而这一协调属性，会因不同的个体之间，存在模式上的差异，也就是特质的不同，这就需要我们找到一个特质量，来描述人与人之间的差异，我们把这个特质量称为"调节型"，记为：$p_{bt+mt(A+B)}$。这样，我们就得到了一个对应关系，如表 15.5 所示。

表 15.5 社会利益协同性、利益协调归因评价量、协同型归因属性人格特质量关系

社会利益协同性	利益协调归因评价量	协同型归因属性特质量
$bt(A+B)$、$mt(A+B)$	$A_{bt+mt(A+B)}$	$p_{bt+mt(A+B)}$

在调节型归因维度下，我们会得到一类人格的基本维度。调和和非调和是这一维度的两个归因的极端表现。

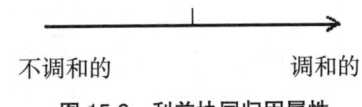

不调和的   调和的

图 15.6 利益协同归因属性

注：不同的社会群体的利益协同性是事件发生中的一个关键属性，个体对事件中的利益协同与否的归因性，形成了一类特质属性，也就是调节型。调和和不调和是这一维度的两个极端表现。

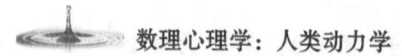

15.1.2.6 事件因果规则归因属性：理智型

事件发生的本质是因果。因果必然地满足因果律规则。条件、规则是事件结果发生的原因。它们之间的关系满足：$e=i(w_1, w_2, t, w_3, bt, mt, c_0)$。人类个体会根据习得的因果知识，建立条件和结果之间的相互作用的规则，也就是因果的归因关系：$e'=F'(w'_1, w'_2, t', w'_3, bt', mt', c'_0)$。人类个体对事件的发生的因果关系进行归因评价，也会形成一类归因的模式，我们把这类评价记为：A_{I-F}，称为因果归因评价。

人类个体一旦长期进行这类学习的训练，就会不断形成该类行为的归因模式，从而成为一类行为模式，它一定有对应的概念量来支持这一行为模式，我们把这一概念量记为：C_{I-F}。这一观念一旦形成常量，就会成为人的行为模式，由此，我们把这类行为模式记为：

$$A_{I-F} = C_{I-F} \qquad (15.11)$$

这类模式，也就成为人的属性的一部分，我们称为"理智型"，对应的观念，我们也就称为"理智的"。同样，也会存在一个区分个体之间差异的人格特质量，我们记为：p_{I-F}，称为理智型人格。由此，我们就得到了一个对应的关系，如表 15.6 所示。

表 15.6 因果关系、因果关系归因评价量、因果关系归因人格特质量关系

因果关系	因果关系归因评价量	因果关系归因属性特质量
$e'=F'(w'_1, w'_2, t', w'_3, bt', mt', c'_0)$	A_{I-F}	p_{I-F}

在理智型归因维度下，我们会得到一类人格的基本维度。理智和非理智是这一维度的两个归因的极端表现。

第三部分 精神运动学：行为模式

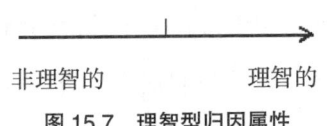

图 15.7 理智型归因属性

注：人类个体会根据因果规则进行因果关系的归因，这就构成了一类人格的基本维度，我们把这一维度，称为理智型人格维度。理智与非理智是这一人格的两个极端情况。

15.1.2.7 社会抑制归因属性：浪漫型

社会规则是社会中的个体之间的相互作用关系，也就是一种力学关系（见力学作用律）。它本质上属于精神动力，根据动力学规则，精神动力分为两种作用效果：（1）驱动力 F；（2）社会抑制力 F_s。它们之间的关系，满足叠加原理，即行为的动力 $\sum F$ 是上述两项的矢量和，满足以下关系：

$$\sum F = F + F_s \qquad (15.12)$$

社会抑制力源于各种社会性文化规则。在社会性行为中，对社会性的抑制性规则会产生一种归因性评价，从而导致有些人类个体漠视社会性规则，从而使得本性动力 F 的作用效果，经叠加后，显现得比较强。

因此，对社会抑制性规则的评价，成为事件发生中，相互作用中的一个重要的个体归因要素。我们把这个评价记为 A_{S-F}。评价的发生，会导致行为事件的发生，会影响到叠加的合力效果。因此，社会抑制性成为影响相互作用的一个归因因素。

图 15.8 社会抑制归因属性

注：驱动个体去做事件的相互作用规则，会产生两种效应：一个是驱动力，另外一种是社会抑制力。对外作用的动力是两者之间的叠加。社会抑制性，就构成了影响事件发生的一个相互作用规则，也就构成了一种归因属性。

数理心理学：人类动力学

当人类个体，一旦在这一维度形成个体的归因属性，就构成了一类行为模式，它需要对应的概念量，我们把这个概念量称为：浪漫，表示为：C_{S-F}，这一概念量也就成为一个常量。这样，这一行为模式就可以表示为：

$$A_{S-F} = C_{S-F} \quad (15.13)$$

不同的人类个体之间，也会存在这一模式下的个体之间的差异，由于社会属性是稳定的，这就意味着这是一种个体之间的特征属性值差异，我们把这一属性称为"浪漫属性"，记为：p_{S-F}。它是归因属性中的一个基本属性，这种人格，我们称为浪漫型归因人格。

由此，我们就得到了一个对应的关系，如表 15.7 所示。

表 15.7 社会抑制性、社会抑制归因评价量、社会抑制归因人格特质量关系

社会抑制性	社会抑制归因评价量	社会抑制归因属性特质量
$\sum F = F + F_s$	A_{S-F}	p_{S-F}

在浪漫型归因人格维度下，我们会得到一类人格的基本维度。浪漫和非浪漫是这一维度的两个归因的极端表现。

非浪漫的　　　浪漫的

图 15.9 浪漫型归因属性

注：人类个体会根据社会抑制性进行因果关系归因，这就构成了一类人格基本维度。我们把这一维度，称为浪漫型人格维度。浪漫与非浪漫是这一人格的两个极端情况。

15.1.2.8 事件结果归因属性：实干型

结果是因具备时，必然发生的一个关键环节。这是因果关系中，必然要考虑的一个基本要素。这就意味着，人类个体，可能因为这个规则的存在，在归因中，对结果形成偏好性评价，也就是结果导向型，因此，我们把对结果的归因性评价记为：$A_{e-result}$。在同样的情况下，这种评价会形

第三部分　精神运动学：行为模式

成个体之间的行为模式，并出现个体之间的差异，因此，我们把对应的行为模式量记为：$C_{e\text{-result}}$、对应的人格特质量记为 $p_{e\text{-result}}$，这类归因性人格是一种目标导向型人格，我们称为实干型归因性人格。这样，我们就得到一类新的行为模式，表示为：

$$A_{e\text{-result}} = C_{e\text{-result}} \quad (15.14)$$

这样，我们就得到一个对应性关系，如表 15.8 所示。

表 15.8　事件结果归因、事件结果归因性评价量、事件结果归因人格特质量关系

事件结果归因	事件结果归因性评价量	事件结果归因人格特质量
e	$A_{e\text{-result}}$	$p_{e\text{-result}}$

在实干型归因人格维度下，我们会得到一类人格的基本维度。实干和非实干是这一维度的两个归因的极端表现。

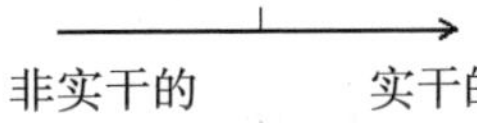

非实干的　　　实干的

图 15.10　实干型归因属性

注：人类个体会对事件结果中的果进行归因分析，从而产生对结果归因的偏好，从而构成了一类人格基本维度，我们把这一维度，称为实干型人格维度。实干与非实干是这一人格的两个极端情况。

15.1.2.9　事件功率与功归因属性：享乐型

任何事件发生，都会付出巨大劳动和努力。劳动和努力及付出的成本，就成为事件发生过程中，个体是否愿意从事事件的一个关键性的归因因素。根据事件结构式和因果律，客体之间发生的相互作用，也就是"广义力"（见后文广义力）。在力的作用下，事件发生了相互作用的效应，也就是事件发生的结果的变化。

力又分为：物理力、思维惯力、动机作用力、生理力。也就是说，在

数理心理学：人类动力学

个体参与的事件中，事件的发生，会伴随着个体对外的物理作用（物理力的作用）、生理动力作用（身体的功能）、思维作用（思维惯性力）、动机作用（精神动力），并由此诱发事件的结果效应，包括：由于物理作用产生的物质效应变化（客体的位移）、人的身体的能量的消耗、思维作用导致观念性变化、动机作用的意志力消耗。我们把各个力引起的结果效应统一记为 $d\boldsymbol{e}$。事件的相互作用的广义力记为：$\boldsymbol{F}$。则在这个事件发生过程中，消耗的"功"，统一记为：

$$d w = \boldsymbol{F} \cdot d\boldsymbol{e} \qquad (15.15)$$

在整个事件中，事件做的总功可以表示为：

$$w = \int \boldsymbol{F} \cdot d\boldsymbol{e} \qquad (15.16)$$

在有人参与的事件中，物理力是个体对外做功施加的物理力，这时 $d\boldsymbol{e}$ 就是 $d\boldsymbol{r}$，是指客体的空间位移变化。这时的功，也就是个体对外做的功，满足物理学规则。

由于在事件的发生中，物理的作用力需要消耗能量，这就需要人的生理提供生理性的供能，满足自身对外做功的需要，并同时满足自身的生理性需要。这种能量的消耗，我们将在后续生理力中来讨论。此外，精神的思维运动，也会产生精神层次的能量消耗。无论哪种形式，我们都可以用上式来进行表达。

这就意味着，功的消耗，将成为因果性事件是否发生的一个归因因素。有些个体认为消耗过大，而放弃，有的则认为值得去做。这就构成了事件发生中对"功"的评价。它也就成为事件发生中因果因素的归因分析要素之一，我们把这个评价量记为：A_{dw}。这个评价量，一旦长期得到训练，就会成为一种行为的模式，需要对应的概念量来进行描述，我们把这个概念量记为：C_{dw}，我们称为"享乐"。这样，这一行为的模式就可以记为：

第三部分　精神运动学：行为模式

$$A_{dw}=C_{dw} \quad (15.17)$$

按照上述的理解，个体之间在这一模式上会存在差异，这一模式的特性，也就需要一个特质量来描述这一归因的特质。我们把这个特质量，称为"享乐型"特质，或者享乐型人格，记为 p_{dw}。由此，我们就得到了功、功的归因评价量、享乐型人格之间的对应关系，如表15.9所示。

表 15.9　事件的功、事件的功的归因性评价、事件功的归因人格特质量关系

事件的功	事件的功的归因性评价	事件功的归因属性特质量
$w=\int \boldsymbol{F} \cdot \mathrm{d}\boldsymbol{e}$	A_{dw}	p_{dw}

在享乐型归因人格维度下，我们会得到一类人格的基本维度。享乐和非享乐是这一维度的两个归因的极端表现。

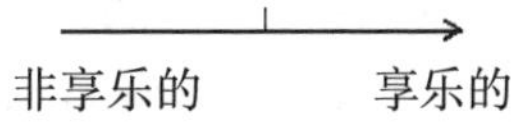

图 15.11　享乐型归因属性

注：人类个体会对事件所做的功进行归因性评估，并形成个体的行为模式，从而称为归因性人格的部分。享乐和非享乐是这一归因人格特质两个极端表现形式。

15.2　九型人格的本质

从因果律出发，我们得到了9类人类个体在归因性分析时，存在的9类人的归因属性。这是一个非常有趣的数理发现，也就是从这一角度，我们找到了人在社会活动中，最为普适性的人格特质特征。这是继五行人格之后，我们取得的又一人类社会属性与人格研究的一个理论进步。随即的问题是，我们如何对个体的归因特质进行测量。可喜的是，在心理学的经典发现中，也存在类似五因素和大五人格的对应性。

数理心理学：人类动力学

15.2.1 九型人格本质

从上述归因特质，我们得到了9类归因分析的特质，也就是九种类型的人格特质（Empereur，1990；Moore，1992；Hook et al.，2020；Demir et al.，2020；Demir et al.，2020）。我们认为，它和心理学的九型人格存在对应，满足以下对应关系，如表15.10所示。

九型人格，是人类在社会发展中，逐步总结并形成的一种经验性人格理论。确切地讲，是在实践中发展起来的一种唯象理论发现。而奇妙的是，从因果律中，我们得到的9种类型的归因性关系，和九型人格天然地匹配在一起，这不是一种偶然性。归因性社会属性和人格特质，恰恰揭示了九型人格特质背后的基本数理本质。

这一数理本质的发现，使得九型人格的经典结果，成为数理心理学理论体系的一个重要组成部分。这样，关于人格体系的理论也就基本上完备起来了。

表15.10 九型人格与归因人格特质量之间对应关系

序号	归因要素	归因评价量	归因特质量	九型人格类型
1	w_1 或 w_2 的角色	$A_{\text{a-poster}}$	p_{leader}	领导型
2	C_{psy0}、C_{phy0}	A_{C0}	p_{perfect}	完美型
3	$c_0 = \begin{cases} T \\ F \end{cases}$	A_{T-F}	p_{T-F}	怀疑型
4	bt、mt	A_{bt-mt}	p_{gave}	给予型
5	$bt(A+B)$、$mt(A+B)$	$A_{bt+mt(A+B)}$	$p_{bt+mt(A+B)}$	调节型
6	$e'=F'(w'_1, w'_2, t', w'_3, bt', mt', c'_0)$	A_{I-F}	p_{I-F}	理智型
7	$\sum F = F + F_s$	A_{S-F}	p_{S-F}	浪漫型
8	e	$A_{e\text{-result}}$	$p_{e\text{-result}}$	实干型
9	$w = \int F \cdot de$	A_{dw}	p_{dw}	享乐型

15.2.2 五因素人格模型与九型人格关系

在前文，我们花了大量篇幅，论述了人格的基本理论，把五因素模型和大五人格模型、九型人格模型，都纳入数理心理学的人格框架下。

人类个体生活在社会中，每天要处理大量的事件。人类个体又是处于社会中的人，从而在事件交互中，形成了人的社会属性。人类个体既要按照因果的规则处理各种事件，同时又把个体置身于社会的结构和组织当中，成为社会角色的一部分。这就产生了两大类性质的人格属性：

（1）社会结构和功能的社会属性；

（2）人类个体的社会归因属性。

由于这两大属性的存在，使得人类在个体和社会交互的过程中，两大类社会属性内化为个体的社会属性，并成为社会的模式化特征。这样，五因素或者大五人格的数理含义也就是一种必然性，反映了社会结构和功能的社会属性。而九型人格也就恰恰反映的是人类个体的社会归因属性。这两大属性，也就构成了人类社会属性的一个完备集合。

更重要的是，由于人格的数理本质的发现，人格本身的数理性也就显现出来了。它的本质是人类社会属性在人类个体上的一种内化属性。它的任何一类属性，都具有其物质的对应物，也就是对象。这样，任何一类人格的描述物，也就具有了具象性，而不是一个抽象物。从哲学的本质而言，它是坚持唯物性的又一次巨大成功。

回顾我们前面发现的所有历程，任何一种心理量的存在物，都是有其对应的物质对应物，或者说是物质本身决定了心理本身。唯物性是心理理论构建的一种必然性。而在这种领域中，数理心理学理论的构建本身，就是唯物性本身的一种成功和证明。它的哲学意义在于，它从心理的角度揭示了唯物性。

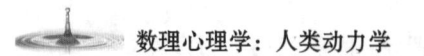

15.2.3 人格特质的形成

无论五因素模型（或大五模型）还是九型人格模型，我们都在逼近一个基本事实，即如何形成了人格特质？这是一个非常有趣的问题。认知的对称性变换原理，告诉我们一个基本的事实，物理世界和社会世界的客观属性，决定了心理的基本表征，它们之间的关系满足对称性关系。这里包含几个基本关系：

（1）物质世界是客观客体及其关系的世界。这是物质性决定的。它是心理变量的根源。

（2）物质世界的属性是关于客体及其事件的共同性，是人的行为模式形成的根源性，也就是评价量的固化，从概念量的固化，形成了人的行为模式，因为人的行为模式的本质是人的概念驱动的。

（3）社会属性的共同性的习得，就是认知与学习的过程。我们在认知变换中已经深入讨论了这个问题，在这里就不重复论述。

15.2.4 学习的本质

大五人格和九型人格，都指向一个基本的事实，人格的属性的本质是社会属性，是人类个体的社会属性。它是人类个体作为精神动力系统，在社会不同的场景和自我控制功能中，习得的属性。

而人的行为模式又和观念联系在一起，成为常量，从而驱动人的稳定的行为。而稳定的观念，又来源于实践中，事件的共通性属性，从而为个体的习得提供了基础，这样学习的机制就显现了出来。这也就回答了大五人格和五因素人格中，6个子维度为何和事件的要素及其属性联系在一起。

第四部分

心理动力学

数理心理学：人类动力学

第 16 章　广义作用力

心理空间几何学、人的行为模式、人的社会属性三大专题的突破，是心理加工功能的奠基。

在第一个专题中，我们获得了关键性的四个定律和规则：

（1）心理事件结构律。世间万物的信息均遵循这一信息的表达。

（2）认知加工对称律。统一回答了认知加工中各个环节功能的协同与匹配关系。

（3）认知熵增原理。统一回答了认知过程中，事件信息与规则对称性的程度。

（4）熵易原理。统一回答经验结构中，知识的度量体系。

从本质上讲，这一体系，是对人的认知系统功能上理解的理论突破，并进行的系统性揭示。在此基础上，深入人的知识系统，寻找行为背后的经验知识体系的本质。这样，一个相对比较系统性的认知系统加工的全貌就显现出来了。

在后续两个专题中，根据人所处的社会系统、自身控制系统，建立了人类个体普适的社会属性理论，即社会中的个体具有的社会属性与个体之

第四部分 心理动力学

间的社会属性的差异度量。

（1）确立了大五人格和五因素人格社会属性的维度，并确立了在人格模型中，6个独立维度的根源性。

（2）确立了九型人格的因果性本质，也就是人的归因特质的9个归因方式。

（3）确立了人的三大类行为模式：自然调节的行为模式、社会行为模式（大五人格和五因素模型相对应）、归因行为模式（九型人格相对应）。

这一理论体系的发现，确立了大五人格和五因素人格、九型人格背后的数理机制，并回答了行为、行为模式、人格特质、人类观念与学习之间的逻辑关系。这样，人类行为和观念的连接点也就确立起来了。

在这个理论体系中，传统心理学的、大量经典的实验发现，也因为心理功能的数理性含义的发现，重新展示出它的新的生机与活力，这是一个有趣尝试。在这个系统中，人脑工作的方式，按照严格的、自洽的、逻辑的、最优演进的方式，进化自己的信息加工系统。心物关系得到有效回答。

与此同时，经验与知识在人的行为模式中的作用，也慢慢暴露了出来。一个新的专题慢慢凸显了出来，即认知动力作用。这是我们在以往的研究中，始终未讨论的专题。

活体的人，是一个动力系统。一方面，人体作为生物的系统，通过生理的动力系统，提供行为和身体器官的源源不断动力。另一方面，人体又作为精神存在物，接收来自外界的刺激信息，在观念驱动下，从事有目的性的行为活动，也即精神动力行为。因此，对人的动力系统的理解，包含几层含义：

（1）刺激动力作用。外界事件，通过介质被调解进入人的认知系统，在低级阶段经加工后，进行反馈，诱发效应器反应，就构成了刺激驱动的动力方式。

数理心理学：人类动力学

（2）思维动力作用。外界物质事件和社会事件，进入人的认知系统，在经验驱动下，诱发人的知觉、推理、判断与决策等。这种作用，是各类信号与经验观念之间的作用，构成的思维动力。

（3）精神动力作用。人在对事件认知基础上，去从事某个事件，具有目的性，产生动机行为，也就是精神需要的动力作用。这是人的精神动力作用。

（4）行为动力作用。个体通过自身的运动系统的制动，去执行各类行为事件，行为系统是神经驱动的动力系统。

（5）生理动力作用。人类个体一旦要从事某项事件，需要人的生理系统进行供能，驱动身体的生物机械系统（运动系统），在这种系统作用下，人就产生了动力行为。

上述5类动力行为，也恰恰和人的5类动力系统相对应。因此，对人的动力系统的讨论，只有在理清楚上述5个动力系统的基础上，才能完备地理解人脑的动力机制。

因此，要研究人的动力学机制，就要从动力性、物质性、信息特性的角度，全方位揭示这一特性。这将是一项极富挑战性的工作，这是因为：

（1）对任何动力系统而言，动力机制是系统运作的核心。人的动力系统的核心理论构建，必然会触及心理机制的内核。这也将是一种核心理论困难。

（2）动力的数理理论，仍未在心理学中完全确立。

（3）我们需要在已经构架的理论中，寻找动力系统中与之有关的概念，来构架这一观念。

（4）按统一性的要求，这一概念，必须囊括已有的各类发现。换句话讲，就是要对以往的所有经验发现，进行合理解释，或者再修改。

这是一个极具挑战意义的课题。这需要我们统合前面建立的各种数理心理的理论，并对这一领域中的经验，进行逻辑发现，才可能梳理出这一领域的动力模型。构造核心的数理力学观念，也就成为本部分的必然。本章，我们将在对事件的讨论中，来逐步确立统一性的力学概念。

16.1 广义力概念

在自然科学中，力的概念，已经深入人心，并成为一个普遍认知的概念。在社会科学中，力的概念仍然极为抽象。力的观念，从自然科学中，也被引入到了心理学，并在心理学的知识体系中，可以见到与力的观念相关联的概念，例如，动机、内驱力、相互作用、压力等。尽管我们在多处使用"力"这一术语，但是，由于它涉及心理活动，常常被认为极度复杂。在心理加工机制不清楚的情况下，使得这一概念难以在数理上确立。

对于任何动力系统，动力行为是动力系统在运行时表现出的一个基本属性。这个属性与力的概念必然关联起来。因此，对于精神动力系统，讨论"力"的问题，也就是一个必然的、不可回避的问题。但是，统一性的、数理意义的力学概念，迄今为止，仍然极富挑战。

这就提出一个新的挑战，如何定义人的动力问题。这就需要我们回到数理理论建立的基本点上，来寻求动力的基本机制。只有在统一的数理力学概念指导下，才有可能有效解释人的动力性的多样性，这将极富挑战。我们将从力的概念出发，逐步切入心理的力学机制。

16.1.1 相互作用

在自然世界和社会中，不同的客体之间，发生着各类相互作用，并诱发作用的效应，从而形成了力学作用关系。由于相互作用，从而产生了相互作用的事件。统一用物理事件和社会事件来表达，即社会的个体（客体）之间，也发生了相互作用的行为。把这些关系抽提出来，就是相互作用 i

及其效应 e。

它们是事件结构式中的两个基本要素。而作用是有方向的，表现为：客体 A 对 B 作用，记为：$A \rightarrow B$。或者客体 B 对 A 作用，记为：$B \rightarrow A$。我们用事件结构式的形式，表示出相互作用及其相互作用效应，事件结构式可以展开为：

$$E_{phy}=w_1+w_2+i\left(w_1 \leftrightarrows w_2\right)+e\left(w_1 \leftrightarrows w_2\right)+t+w_3+c_0$$
$$E_{psy}=w_1+w_2+i\left(w_1 \leftrightarrows w_2\right)+e\left(w_1 \leftrightarrows w_2\right)+t+w_3+bt+mt+c_0$$

（16.1）

双箭头方向，分别表示客体作用的两个方向。

16.1.2 广义力

当明确了客体相互作用的意义之后，无论是物与物的作用（物–物），人与物的作用（人–物），人与人的作用（人–人），都可以概括为"事件"客体之间的相互作用。从普适性的事件结构式出发，我们就可以定义：

两个客体 A 与 B 发生相互作用，"力"是客体 A 与客体 B 之间的相互作用。这里的客体可以是物体、人或事件。这个力，我们称为广义力，或者广义作用力。

例如，物体和物体之间发生相互作用，就是物理作用力。物对人发生作用，是刺激的作用力。人与人之间发生的相互作用，可以是吸引和排斥的作用力。根据客体作用对象的不同，我们可以把力进行分类。

16.1.3 力的性质与分类

人的力学系统，既具有物质的动力作用性质，也具有生物系统和精神系统的作用性质。根据事件结构式，相互作用的物质性质不同，会存在不同性质的相互作用，也就产生不同性质的力，这意味着，对人的动力系统的讨论，首先需要对力学作用性质进行区分，也就是对力进行区分。这样才能科学地讨论人的动力系统中的力学现象和规则。

16.1.3.1 自然物理作用与物理作用力

在自然界中，物与物的相互作用，是一类普遍存在的自然现象，这一类作用，被称为物理相互作用，属于物理学研究的范畴。在物理学中，力是物体与物体之间的相互作用。而物质之间的相互作用，又被分为很多种类，例如，引力作用、电场作用、磁场作用等，对应的力也就被分为引力、电场力、磁力等。

在自然界中，发生的物质作用现象，满足物理事件结构定义式，相互作用满足物质之间的相互作用。为了便于区分，我们把物质相互作用和物质的效应记为：$i_{phy}(w_1 \leftrightarrows w_2)$、$e_{phy}(w_1 \leftrightarrows w_2)$。那么，物理事件的结构形式就可以表示为：

$$E_{phy}=w_1+w_2+i(w_1 \leftrightarrows w_2)+e(w_1 \leftrightarrows w_2)+t+w_3+c_0 \quad (16.2)$$

◎ **案例展示**

物理作用力

在物理事件中，力是物与物之间的相互作用。图16.1中，是一个条形磁铁与小铁球。小球受到三个作用力：地球的引力作用、磁铁的吸引力作用、绳子的拉力作用。在三个力的作用下，小球处于平衡状态。在物理学中，对这三个性质的力进行了区分。但是，无论哪种性质的相互作用，都满足事件结构式表达的结构式，并满足从结构式定义的广义力概念。

数理心理学：人类动力学

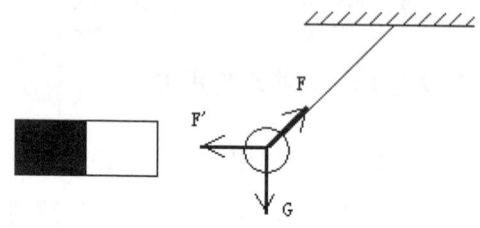

图 16.1　物理力

注：小球在三个相互作用下，处于平衡状态：地球对小球的重力作用，磁铁对小球的吸引作用，绳子对小球的拉力作用。

人的存在，首先是作为"物"的存在，也就必然存在人与自然系统的物质相互作用。这种作用，满足物理规则。

在人类活动的"生物钟模式"中，可以看到自然作用对人的行为的调节和作用。在空间行为模式中，我们仍然可以看到自然因素对人的作用。而人作为物的存在，对自然的作用，都满足"物"的作用形式，它是人类与物作用的基础。例如，人体的骨骼系统是杠杆构成的机械系统，人体的生物机械系统的运动，满足杠杆原理。人体与其他物理物发生的物理相互作用，同样满足物理原理。

16.1.3.2　自然刺激作用与刺激驱动力

外界客体发生的事件的信息，是客体的事件携带的，即客体通过对感觉作用介质的调制，把事件信号调制进入人的感觉系统，并被后续知觉、推理、判断，恢复出外界事件的信号。客体信息进入感觉系统后，进一步驱动对应的反馈系统，对客体（刺激）进行反应。这一系统，经常被称为低级反应系统。我们把这一信息系统作为一个客体，写为 w_{sl}，则外界客体与之作用可以表示为：

$$E_{phy}=w_1+w_{sl}+i(w_1 \to w_{sl})+e(w_1 \to w_{sl})+t+w_3+c_0 \quad (16.3)$$

$$E_{psy}=w_1+w_{sl}+i(w_1 \to w_{sl})+e(w_1 \to w_{sl})+t+w_3+bt+mt+c_0$$

前者，w_{sl}为物理客体，后者表示社会意义的人类个体。根据前文我们讨论过的"信息调制"的观念，其作用关系，是经过调制的信息介质与感觉系统发生作用，产生物质调制关系，从而使信息具有了驱动感觉系统的动力。这种作用记为$w_1 \to w_{sl}$，对应的效应为$e(w_1 \to w_{sl})$。根据广义驱动力，我们就可以得到一种新式的动力，称为刺激驱动力。它来源于客体对感觉系统的信号调制的作用。

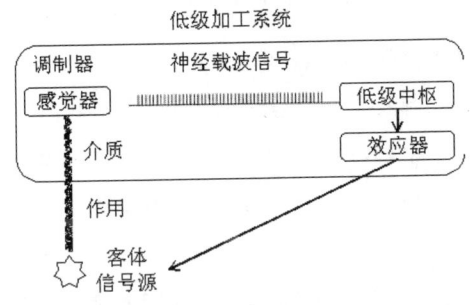

图 16.2　刺激作用

注：客体通过物质介质与感觉器发生作用，把事件信号调制在作用介质中，使得事件信息进入低级加工系统中，在低级中枢，信号得到处理，并诱发低级阶段的反馈反应。诱发的过程，是刺激信号作用的结果，也就是刺激事件对低级系统发生了作用，从而产生了动力作用。根据广义作用力，这个作用，称为刺激驱动力。

16.1.3.3　思维惯力

经感觉系统调制的事件的信息，通过认知系统（知觉、推理、判断、决策），与经验知识发生相互作用，完成事件属性（物理属性与社会属性）信息的解码。即把数字化和符号化的事件的属性信号与人的经验发生作用，从而形成当前事件、未来事件的信息。如果把感觉系统、知觉、推理、判断等认知功能作为中介介质的话，上述对事件信息进行加工的认知过程，可以理解为客体 w_1 与经验知识 $w_{\text{recognition}}$ 的作用过程。我们把这个作用，称为认知作用。

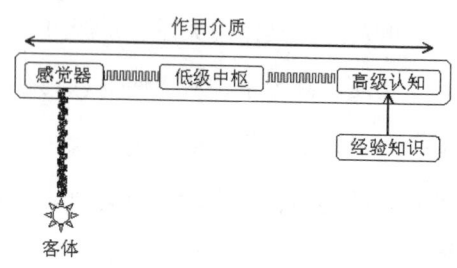

图 16.3　认知作用

注：感觉系统，把客体事件的信息采集后，转入后续的高级认知加工中，而高级认知系统：知觉、推理、判断等，都是经验驱动的结果。我们把客体与感觉器的作用全部简化，理解为客体对高级认知作用的介质，则客体就与高级认知系统发生了作用，这个作用，我们称为认知作用。客体与高级认知系统的作用，从本质上讲，也就是和经验知识发生了相互作用。

我们把这个过程中，采用事件结构式的形式表达出来，则可以写为：

$$E_{phy}=w_1+w_{\text{recognition}}+i（w_1 \to w_{\text{recognition}}）+e（w_1 \to w_{\text{recognition}}）+t+w_3+c_0$$

$$E_{psy}=w_1+w_{\text{recognition}}+i（w_1 \to w_{\text{recognition}}）+e（w_1 \to w_{\text{recognition}}）+t+w_3+bt+mt+c_0$$

（16.4）

根据广义力概念，在这个过程中，我们把客体与认知系统相互作用，产生的心理动力，称为"思维惯力"。这是因为，认知的过程，主要是经验的驱动过程，而经验是知识的，也就是概念化的，概念是稳定的，因此，它们之间的作用表现出一定的稳固性和惯性。思维中，客体与认知系统的相互作用，从本质上讲，是客体事件的信息与经验知识概念的相互作用过程。概念的稳定性，也就是表现出惯性。概念的稳定性，也就会导致认知的稳定性。

16.1.3.4 动机动力

任何一个外在的物体，都具有一定的功能，这个功能一旦满足个体在某方面的需要，个体就会具有获得这一目标物的指向性。获得这一客体的功能，也就成为人类个体从事某一事件，具有的目的性。

因此，获得客体的功能、锁定客体，也就构成了人类从事某件事件的"目的"和"目标"，这是目的和目标的数理心理含义。它是客体诱发的，具有主观意愿的精神动力。我们把这种作用，称为"动机作用"。

我们把这个作用过程中，采用事件结构式的形式表达出来，则可以写为：

$$E_{psy}=w_{need}+w_2+i（w_{need}\to w_2）+e（w_{need}\to w_2）+t+w_3+bt+mt+c_0 \quad (16.5)$$

w_2 表示客体（可以是物，也可是人类个体等），w_{need} 表示人类个体。我们把这种对功能占有为目的发生的个体对客体的指向作用，在这个作用中产生的动力，称为"精神动力"。

16.1.3.5 行为制动动力

人的认知系统，担负的是对事件进行加工的功能，这整个系统，我们称为高级精神系统，它构成了一个物质系统（客体）。这个系统驱动人的机械系统，完成行为动作。同时，低级中枢神经系统，也可以对这一系统进行作用。

人体外周具有的生物机械系统，在生物学中，又被称为"运动系统"。它接收高级精神系统和低级神经中枢的指令，完成各种物理制动动作，它由肌肉、骨骼组成，受神经系统指挥。这个系统，完成的动作事件，我们称为行为事件。行为事件是心理驱力驱动情况下，进行的物理动作活动。这时，人成为物的一部分，与自然界各类物体发生物理的力的作用。

数理心理学：人类动力学

驱动人的外周机械系统的运作，源于身体提供的动力。人体包含八大系统：运动系统、循环、消化、呼吸、泌尿、指挥身体动作的神经系统等。这些系统中，循环、呼吸、消化、泌尿统一协调，统一完成人体运动与精神活动的"供能"功能。

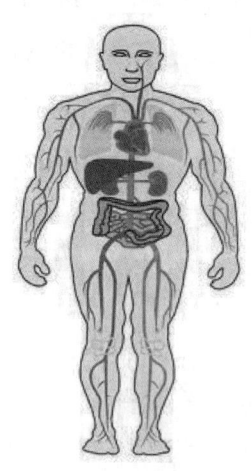

图 16.4　人体八大系统

注：人体的系统包含运动、循环、消化、呼吸、泌尿、神经等系统。

人体机械系统、供能的生理系统（循环、消化、呼吸等系统）及这些系统中的通信控制系统（神经系统），构成了驱动行为运作的动力系统。由神经系统促发的神经编码，促发外周肌肉拉伸和收缩，完成机械制动。这是一个数控的机械系统装置，驱动这个行为系统的动力，我们称为行为驱动力，它是一个物理的动力。这个动力，我们称为神经作用。这个过程中产生的动力，称为行为动力。

16.2　力的构成要素

广义力概念，给我们一个基本的数理推定方式，它是对系统成立的一个普适性概念，涵盖了物理事件、心物事件、思维事件、行为事件。这将是对力学系统和力学概念的一个极大扩张。这是一个关键性概念的突破，一个全新的数理意义的力学概念就确立了。当我们确立了力的基本定义之后，就需要研究力的构成要素。确立这一概念的基本内涵和外延，这构成了本节的基本任务。

16.2.1　广义力矢量与要素

从物理事件、心物事件、思维事件、行为事件的所有结构式来看，任何事件的发生，都有事件发生的"双方"，即涉事客体 A 和客体 B。

从事件的结构式中，抽提的力的概念，必然包含几个要素：施力方或者受力方、方向性（指向性）、大小、作用点。

（1）施力客体和受力客体：客体 A 对客体 B 施加了作用，则客体 A 为"施力客体"，客体 B 为受力方，反之亦然。

（2）方向性：作用在施加的过程中，表现为一定的目标指向性，也称为方向性。例如，客体 A 施加于客体 B。

（3）作用大小：相互作用的客体之间，作用效应是具有大小的，从而表现为力必须是有大小的。

（4）力的作用对象：当明确了施加效应后，也就意味着力是对具体的目标产生作用，这是力具有自己的具象目标，这个目标就是我们说的作用点。

概括地讲：力的大小、指向、作用点、施力客体、受力客体，就构成了力的五个要素。这个观念是在事件的构成中，必然推出来的一个观念。例如，客体 A 对客体 B 施加了影响，则客体 B 是力的作用对象。上述四种力的分类中，均满足力的结构式，也必然满足这一基本的要素构成。

由此，我们把力正式定义为一个矢量。这个矢量的方向，指向施力方，作用点在受力方，矢量的长度表示力的大小，如图 16.5 所示。

数理心理学：人类动力学

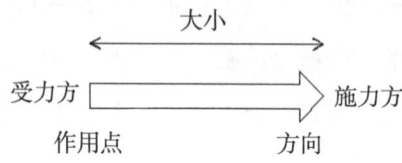

图 16.5　广义力矢量

注：广义力是一个矢量，包含五个要素：力的大小、方向、作用点、施力方、受力方。

16.2.2 "力"的物理学概念

在物理学中，发生的物与物的作用事件，是物理事件。涉事双方被作为具有物质实体的物来处理，"力"是物体与物体之间的相互作用。它是物体运动状态改变的根本原因。"力"是一个矢量，对力进行描述时，采用五个要素：力的大小、方向、作用点、施力物体和受力物体。

对"力"产生的原因，用"施力物体"来命名；接收力的施加的物体，用"受力物体"来命名。

也就是说，自然界中，物理力的定义是"广义力"在物理系统中的一个特例。所不同的是，上述的定义在包括的对象的范围中，不仅包括物质的范围，还包括人的动力的规定。这是一种极大范围的扩展。

至于其他的几个和人的系统有关系的力，由于大量涉及心理学及其交叉科学的发现，我们将在后续章节进行讨论，在本节不再进行展开。

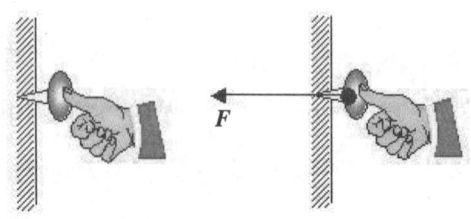

图 16.6　物理学中力的示意图

注：当对一个图钉进行施力时，图钉所受到的力的方向如右图所示，手是施力物体，图钉是受力物体。

从物理学力的概念的定义中,我们同样可以看出,它和从事件概念中抽提的力学概念是一致的。其实,从本质上讲,这是由事件定义的普适性来决定的。物理事件只是众多事件中的一类特殊形式。

在对心理学力学系统的构建中,我们仍然要遵循这一规则,才能得到普适意义的心理学概念,这一信念与道路是合理的。

16.3 动机动力过程

广义作用力给我们树立了一个最为基本的力学关系观念:客体之间的相互作用,构成了基本的力学关系。在有人的事件中,外界客体和人之间发生了相互作用,既包括客体对人的作用,也包括人对客体的作用。这提示了两个作用的基本过程,这就提示我们,至少从两个作用中,来研究人与动物的精神动力问题。

16.3.1 人与客体相互作用过程

当有人参与的事件中,人是具有精神特性的,根据事件结构式,人从事这一事件,具有行为目的和内在目的。为了强调人的特性,我们把人记为 w_h(h 为 human 的缩写)。另外,我们区分两类事件,这两类事件的客体(这个客体可以是人或者物)分别记为:w_s 和 w_t。其中,s 是 stimuli 的缩写,t 是 target 的缩写。客体 w_s 会与其他客体 w_o 发生相互作用,形成事件,这个事件,我们记为:

$$E(w_s \leftrightarrow w_o) = w_o + i + e + w_s + t + w_3 + c_0$$

$$E(w_s \leftrightarrow w_o) = w_o + i + e + w_s + t + w_3 + bt_s + mt_s + c_0$$

(16.6)

前者,客体是物体,后者是具有精神性的人或者动物。这一事件,往往作为一个物质的信息,被人的感觉系统俘获,诱发 w_h 的心理加工及其他效应。这时,$E(w_s \leftrightarrow w_o)$ 实际上是一种刺激信号,可以是一个内源性信号(来自身体内部，或者来源于人的思考中的知识表征信号），也可以是外源性信号（来源于身体外部的事件）。

这一事件在运行时，通过物质的传递（视觉信号、听觉信号等，或者身体内部的信息传递——内源性信号），传递给 w_h，也就是刺激信号。刺激信号进入人脑后，诱发心理加工，并诱发 w_h 产生心理动力，从事针对某项目标物 w_t 的有目的指向活动，如图 16.7 所示。这项事件，是由目的精神动力驱动的，我们写为：

$$E=w_h+i+e+w_t+t+w_3+bt_t+mt_t+c_0 \quad (16.7)$$

目标物，可以是上述刺激中的客体，也可以是其他的客体，即 $w_t=w_s$ 或者 $w_t \neq w_s$。这就出现两种形式的过程：心理动力驱动的开环过程和闭环过程。

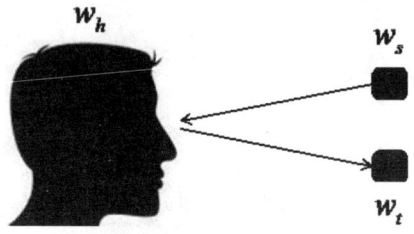

图 16.7　人与物之间的相互作用关系

注：刺激事件的客体是 w_s，内心驱动的心理事件的指向事件的目标物是 w_t。人与物的相互作用过程是客体是 w_s 的物理事件，输入人的感觉系统，经感知后，诱发心理加工，使得个体具有针对与目标物 w_t 的内在心理驱动过程。

16.3.1.1　心理动力闭环过程

当时，这时的心理动力的驱动过程，刺激物本身就是刺激事件的诱发物，又是动机过程的指向物，从信息角度看，就构成了闭合的系统，这个过程，我们称为心理目的指向的闭环过程，如图 16.8 所示。

第四部分　心理动力学

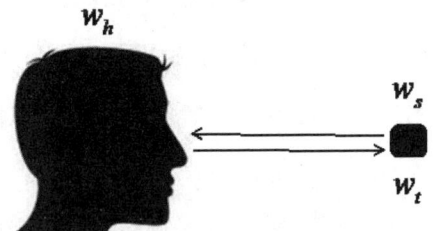

图 16.8　心理动力的闭环过程

注：诱发心理反应的刺激客体与目标客体一致时，客体既是刺激事件（物理事件）的诱发者，也是精神动力的目标指向者。从信息角度看，这一过程，就构成了闭环的过程。

16.3.1.2　心理目的指向过程

当 $w_t \neq w_s$ 时，这时的心理动力的驱动过程，刺激物本身是刺激事件的诱发物，但是动机过程的指向物发生了不同，从信息角度看，就构成了开环过程，这个过程，我们称为心理目的指向的开环过程，如图 16.9 所示。

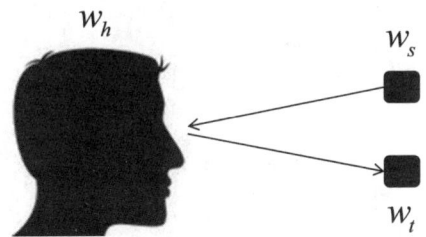

图 16.9　心理动力的开环过程

注：诱发心理反应的刺激客体与目标客体不一致时，刺激事件（物理事件）的诱发者与精神动力的目标物不同，两者发生了分离。从信息角度看，这一过程，没有形成信息的闭环，所以称为精神动力的开环过程。

16.3.2　心理动力基本问题

通过上述分析，在人的心理加工过程中，我们可以看到，至少具有几个基本动力过程：（1）刺激事件与人的作用过程。这个过程，我们称为

· 389 ·

刺激驱动过程。（2）认知过程。外界的物理事件被俘获后，事件的识别、事件的推理及事件的决策过程，是经验知识驱动的过程。这个过程，是事件与经验知识的作用过程，也就是经验作用的经验惯性过程。（3）动机过程，即个体为了满足内在的某种需要，内在的心理动力发动过程。（4）自我监控过程。个体在从事各项事件中，身心同时参与，既包括精神的动力过程，也包括生理的动力过程，这个过程，是个体在经验驱动情况下，对自身工作状态监测的动力过程，也就是情绪动力过程。（5）行为动力制动过程。行为的制动，需要接受来自高级加工的认知指令，并在身体供能系统作用下，驱动行为制动。

第四部分　心理动力学

第 17 章　刺激驱动力

客体与感觉器发生作用，把事件的信息调制到人的感觉系统中。低级阶段获取到的调制的信息，对客体进行响应，就构成了刺激驱动的动力现象。它的本质是刺激的物理属性信号引起的，我们把这种方式称为"刺激驱动"。这个力也就是刺激驱动力。

在心理学中，"刺激"与"刺激驱动力"这一"术语"并不是一个新概念，它是一个普遍流行且深入人心的观念。与之相伴生的就是"无意注意"现象。

事件结构式、对称性原理等的奠基，已经揭示了客体与事件的物质属性信号与心理量之间的对应关系。这就使得我们可以在客体与事件的属性量的基础上，来讨论属性信息的变化所诱发的低级中枢系统的动力问题。

在心理物理学中，积累了大量关于物质属性量与心理量之间关系的经典研究。这些研究的本质是对物质属性信号探测进行定量阐述。这一根基，也就使得心理物理的经典研究结论必然和低级阶段的动力系统存在关联、必然和低级阶段的信息传递存在关联。这也间接地提示，经典的心理物理的实验发现，需要纳入统一的体系中，来发现它的数理含义。

17.1 感觉编码与变换

我们生活的自然物理世界和人类社会世界，不断发生着各类物理事件、生物事件、社会事件。这些事件构成了一个信息背景，通过客体对信号感觉器的调制，进入人的认知系统中，驱动人类的信号的感知系统对信号探测。

在这个探测过程中，人类的低级加工系统和高级加工系统同时参与其中。低级加工系统，即使在高级认知系统未参与的情况下，也能对外界信号进行即时反馈，从而保证对外界信号的快速反应。从生态学意义上讲，它是人类长期适应社会中，进化的一种结果。这就意味着，人的低级加工系统，在外界变动信号中，具有迅速制动的能力，即由于外界客体与事件的信息的变化，导致低级加工系统快速响应。更确切地讲，低级阶段的信号系统，在客体与事件变动信息的驱动下，表现出了对变化的动力特性。这就意味着，我们需要在低级的认知加工系统中，寻找诱发低级加工系统的动力根源。

17.1.1 信息源

根据信号调制模型，客体通过某种介质（有时也可以直接作用），把事件的信号调制进入人的感觉系统中。而客体与人的任意的一个神经通道的作用的介质，往往是单一的介质。例如，视觉通道通过光学介质进行载波，听觉通道通过声波介质进行载波。这也就意味着客体对感觉器进行信号调制时，不同的神经通道传输的是不同客体的属性信号。无论哪种属性信号，我们都可以通过对称性变换，表示出对应的感觉量。

经感觉系统调制的信号，包含事件要素的物理属性信号和社会属性信号，而社会属性信号在高级阶段才会解码。因此，低级阶段处理的信号是客体的物质属性信号。我们把客体的物质属性量记为 p_i（其中，i 表示第 i 个属性）。客体具有的物质属性就可以用行矩阵表示为：$(p_1 \cdots p_i \cdots p_n)$（其中，$n$ 表示具有 n 个属性）。这些属性量，也就是物理量。当这些量被调制进入感觉器后，人的感觉量表示为：$(p_1' \cdots p_i' \cdots p_n')$。则它们之间满足变换关系：

$$\begin{pmatrix} p_1' \\ \vdots \\ p_i' \\ \vdots \\ p_n' \end{pmatrix} = \begin{pmatrix} T \end{pmatrix} \begin{pmatrix} p_1 \\ \vdots \\ p_i \\ \vdots \\ p_n \end{pmatrix} \quad (17.1)$$

那么，任意一个属性信息的变化，都会引起对应的感觉量的变化。我们把某一时刻 t_0 的属性值，记为：$p_i(t_0)$，经过一段时间 t 后，属性的变化量记为：$p_i(t) = p_i(t_0) + \Delta p_i$。从这个表达式中，我们可以清楚地看到，$\Delta p_i$ 是信息产生的根源。有属性差异量的存在，不同时刻的属性值才会发生变化。而低级中枢根据外界信号变化，来实时调整效应器对客体及其事件进行响应，那么，根源性也就必然地源于 Δp_i。而它对应的心理量则表示为 $\Delta p_i'$。那么，在低级神经系统，这个量理应就是驱动低级中枢对客体及其事件进行响应的量。也就是，低级阶段的，由刺激诱发的驱动动力的根源，源于 $\Delta p_i'$，它和 Δp_i 相对应。

17.1.2 信息场景

在我们认知的信息场景中，会存在各种类型的客体 o_k（其中，k 表示第 k 个客体）。根据上述论述，每个客体的属性的变化，都存在 $\Delta p_i'$ 和 Δp_i。所有客体的变动，构成整个信息环境。由此，考虑到每个 $\Delta p_i'$ 和 Δp_i 与每个客体及其事件的对应性，这两个量可以重新表示为：$\Delta p_i'(o_k)$ 和 $\Delta p_i(o_k)$。那么，由于客体属性信息变化，产生的信息化背景就可以表示为：

$$\begin{pmatrix} \Delta p_1(o_1) & \cdots & \Delta p_1(o_k) & \cdots & \Delta p_1(o_m) \\ \vdots & & \vdots & & \vdots \\ \Delta p_i(o_1) & \cdots & \Delta p_i(o_k) & \cdots & \Delta p_i(o_m) \\ \vdots & & \vdots & & \vdots \\ \Delta p_n(o_1) & \cdots & \Delta p_n(o_k) & \cdots & \Delta p_n(o_m) \end{pmatrix} \quad (17.2)$$

其中，m 表示客体的总个数，每个数列表示一个客体具有的独立属性。这个矩阵，我们称为信息化场景矩阵。

17.1.3 事件变化

对于任何由客体诱发的事件，事件发生的变化，也就是事件要素的属性的特征量发生了变化。因此，特征量的变化，就构成了信息来源。因此，对于一个处于信息场景中的事件，它由客体之间的相互作用引起，因此，它就是信息场景中的特定信息源之一。事件的变化诱发的信息的变化，就可以通过前后的事件的结构式来表达。我们把 t_0 时刻的事件记为 $E(t_0)$，把经过一段时间之后，在 t 时刻的事件记为 $E(t)$。那么，前后时刻，事件发生的变化 $\Delta E(t)$，就可以表示为：

$$\begin{aligned} \Delta E(t) &= E(t) - E(t_0) \\ &= w_1(t) + w_2(t) + i(t) + e(t) + w_3(t) + bt(t) + mt(t) + c_0(t) - \\ & \quad w_1(t_0) + w_2(t_0) + i(t_0) + e(t_0) + w_3(t_0) + bt(t_0) + mt(t_0) + c_0(t_0) \end{aligned}$$
$$(17.3)$$

而每个要素，都具有多个属性值，由于每个属性都是一个独立量，那么 $E(t)$ 和 $E(t_0)$ 的特征值，就可以用一个矢量来表示：$(v_1(t) \cdots v_i(t) \cdots v_n(t))$ 和 $(v_1(t_0) \cdots v_i(t_0) \cdots v_n(t_0))$。则事件的变化，就是事件属性的特征值的变化，则上式就可以进一步简化为：

第四部分　心理动力学

$$\Delta E(t) = \begin{pmatrix} v_1(t) \\ \vdots \\ v_i(t) \\ \vdots \\ v_n(t) \end{pmatrix} - \begin{pmatrix} v_1(t_0) \\ \vdots \\ v_i(t_0) \\ \vdots \\ v_n(t_0) \end{pmatrix} = \begin{pmatrix} \Delta v_1(t) \\ \vdots \\ \Delta v_i(t) \\ \vdots \\ \Delta v_n(t) \end{pmatrix} \quad (17.4)$$

其中，n表示属性的总数量。在心理空间理论中，我们也已经建立了关于属性的空间。在心理空间中，$(v_1(t) \cdots v_i(t) \cdots v_n(t))$和$(v_1(t_0) \cdots v_i(t_0) \cdots v_n(t_0))$是两个矢量，$\Delta E(t)$也是一个矢量，我们称为"事件变化量"，它是重要信息源。

17.1.4　物理量编码

在信息化场景中，客体相互作用的信息，通过客体对中介介质调节，进入人的感觉系统中。也就是说，客体及其属性特征量，建立在中介介质的物质载体上，与感觉系统发生相互作用，是属性量及其特征量的变化量Δp_i和$\Delta v_i(t)$发生变化时信息产生的根源。没有Δp_i和$\Delta v_i(t)$，信号就无法调制。而属性量和客体的特征量的本质，就是物理量。通常情况下，在心理物理学中，用I来表示，I就是一个特征量或者属性量。在心理物理学中，当I发生一个最小的可洞察的量ΔI时，满足韦伯定律（Weber' law）。即：

$$\frac{\Delta I}{I} = k \quad (17.5)$$

其中，k为韦伯常数（不同的神经通道，韦伯常数并不相同）。ΔI也就是差别阈限。但是，从信息的角度看，ΔI的本质就是Δp_i和$\Delta v_i(t)$。它的本质是信息源。因此，上式可以改写为：

$$\Delta I = kI \quad (17.6)$$

也就是说，建立在任意一个物理量I上面的信息变化ΔI的编码，都满

· 395 ·

足上述关系。因此，从本质上讲，韦伯定律揭示了人的感觉系统对ΔI的编码关系，即在感觉功能层次，人的各个感觉通道如何对外界物理世界的物理量进行编码。

17.1.5 感觉变换

根据韦伯定律，我们可以得到费希纳定律：

$$S = k \lg I \tag{17.7}$$

由于客体的物质属性量是多元的，所有属性量的变换均满足这一关系。客体及其事件变化的属性，又可以用矢量来表达（见上文属性量矢量）。根据对称性定律，物理的属性量变换为感觉量时，如果采用费希纳定律的变换形式，我们就可以得到以下变换关系：

$$\begin{pmatrix} S_1 \\ \vdots \\ S_i \\ \vdots \\ S_n \end{pmatrix} = \begin{pmatrix} k_1 \lg & & & \\ & \ddots & & \\ & & k_i \lg & \\ & & & \ddots \\ & & & & k_n \lg \end{pmatrix} = \begin{pmatrix} I_1 \\ \vdots \\ I_i \\ \vdots \\ I_n \end{pmatrix} \tag{17.8}$$

其中，I_i表示第i个属性量（或者物理量），S_i表示第i个感觉量，k_i表示第i个神经通道的韦伯分数。令：

$$T_F = \begin{pmatrix} k_1 \lg & & & \\ & \ddots & & \\ & & k_i \lg & \\ & & & \ddots \\ & & & & k_n \lg \end{pmatrix} \tag{17.9}$$

我们把T_F称为费希纳变换。这是一种对称性变换。在心理物理学中，还存在其他形式的心物变换关系，我们将不再展开论述。

综上所述，我们可以看出，韦伯定律揭示了感觉系统对信号的编码关系，而费希纳定律的本质则回答了"物理属性量"在转换为"感觉量"时的对称性关系。由于I_i是一个物理量，它源于中介介质对感觉器的作用，因此，它实现的是物理量向神经电信号的变换，它的本质是一个换能关系。

在换能中，又实现了对物理能量的编码，这由韦伯定律来揭示。这样，韦伯定律的数理本质也就揭示了，费希纳定律的数理本质也被揭示了。因此，我们将把韦伯定律称为"物理刺激编码律"，而把费希纳定律称为"感觉变换律"。

17.2 刺激驱动力

信息化的物理场景，构成了一个强大的信息源，通过中介介质，被调解到不同的神经通道。它也成为一个信息的动力源，驱动人的低级阶段的神经系统，对信号进行反应。从工程控制论角度看，低级阶段的神经系统，构成了一个自动化的反馈系统，对信息进行俘获，从而构成刺激驱动的信息闭环。因此，在反馈系统的基础上，理解人的低级阶段的动力问题，也就成为一种可能。

17.2.1 低级反馈系统

根据还原论方法，心理系统可以分解为子系统。这就需要考察心理系统和其子系统之间的逻辑关系。建立了这种数理逻辑关系，通过子系统的研究来恢复心理系统的功能和研究才有可能。

心理系统，可以分解为子系统。依据大脑神经通路，把大脑组成的神经系统区分为低级神经中枢、高级神经中枢（负责意识活动）和运动神经控制中枢，如图 17.1 所示。这也构成了心理加工的通道，包含刺激驱动的信息通道、心理驱动信息通道。

外界信息通过感受器等到达低级神经中枢，经低级神经中枢促发行为指令，驱动运动中枢执行运动指令，并促发效应器制动。这个通路，称为刺激驱动通路。来自低级中枢的信息或者高级中枢内部的信息，经高级中枢加工，对运动神经控制中枢发出指令，并诱发效应器制动，这个通路称为心理驱动通道。在上述通路中，如果效应器和感受器属于同一器官，则构成了闭环控制。如果效应器和感受器不属于同一器官，则构成了开环控制。

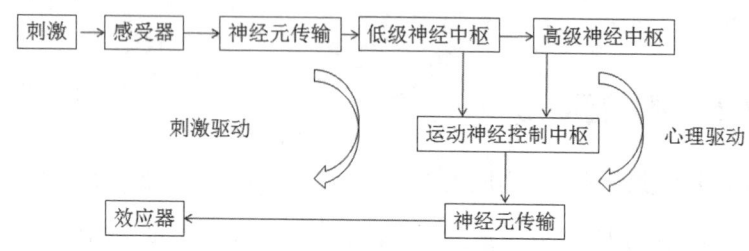

图 17.1 大脑对刺激反应的两种形式

注：把人脑分为低级神经中枢、高级神经中枢和运动神经中枢。信息传递路线分为两种形式：刺激驱动和心理驱动。

17.2.2 刺激驱动力

如果我们让客体及其事件的属性特征量或物理量发生微小变化，由费希纳变换，我们可以得到由于物理世界的客体及其属性特征量变化引起的感觉变化。这时，一个有趣的事实就显现出来，由于物质世界的信息的变化，引起了感觉的变化。也就是在人的低级加工阶段，物的变化是心变化的"根源"，也就是物决定了心。

$$\begin{pmatrix} \Delta S_1 \\ \vdots \\ \Delta S_i \\ \vdots \\ \Delta S_n \end{pmatrix} = \begin{pmatrix} k_1 \lg & & \\ & \ddots & \\ & & k_i \lg \\ & & & \ddots \\ & & & & k_n \lg \end{pmatrix} = \begin{pmatrix} \Delta I_1 \\ \vdots \\ \Delta I_i \\ \vdots \\ \Delta I_n \end{pmatrix} \quad (17.10)$$

在低级阶段，令 $\Delta S = (\Delta S_1 \cdots \Delta S_i \cdots \Delta S_n)$，$\Delta I = (\Delta I_1 \cdots \Delta I_i \cdots \Delta I_n)$。它们是一个空间矢量，任何一个维度的变化量，都会引起这个量的变化。对于低级阶段的反馈系统，ΔI 是信息的诱发源，ΔS 是心理的感觉量变化。这就意味着，在人的低级加工阶段的反馈系统中，会根据 ΔS 的变化，实时

第四部分 心理动力学

调整效应器，以实现对信息源ΔI反馈控制。这样，一个由信息源促发，并引起低级神经系统促发反应，引导效应器对ΔI对应的信息源进行响应的信息闭环就形成了，这是由物理客体（刺激）诱发引起的低级系统的动力响应，在心理学界，被称为"刺激驱动"。那么，低级反馈系统驱动效应器的动力，就可以表示为：

$$F=f(\Delta S) \quad (17.11)$$

由于ΔS和ΔI之间满足费希纳变换，上式又可以进一步表示为：

$$F=f(T\Delta I) \quad (17.12)$$

这个力，我们称为刺激驱动力。为纪念韦伯和费希纳的贡献，我们把这个力也称为"费希纳－韦伯"力。

例如，在人的视觉反馈系统中，当客体及其事件的属性特征值或物理量（如客体的位置）发生了微小变化（记为Δp_i或$\Delta v_i(t)$，在心理物理法中用I来表示）时，客体（作为其位置信息变化的物质载体）通过光学介质与感觉器发生相互作用，以在感觉器（眼睛）中完成信号调制工作。物理信号的调制遵循韦伯定律，也即物理刺激编码律：$\Delta I=KI$，此时在感觉器中完成了物理信号的调制工作。经调制后的关于客体位置发生变化的物理信号ΔI，随后在神经通道上进行数字化编码和载波。这一过程是外界物理量ΔI向神经电信号的变换，其本质是一个换能关系，在换能中，又实现了对物理能量的编码。编码后的物理信息经过神经传输，到达低级神经中枢。根据费希纳定律即感觉变换律：$\Delta S=T_F\Delta I$，我们可以得到由物理世界的客体及其属性特征值变化引起的感觉变化，即"物理属性量ΔI"被转换为"感觉量ΔS"。此时，低级神经中枢发出行为指令，以驱动运动中枢执行运动指令：$\tau(t)=f(\Delta S)=f(T_F\Delta I)$，通过神经元传输$\tau(t)$信号，触发效应器（眼睛）制动：$F=f(T\Delta I)$。因此，眼球便开始精确地进行运动（转动）某个角度 θ（眼球运动的角位移），最终稳定地停留（注视）到属性特征值或物理量发生了微小变化的客体及其事件，以实现对 I 的反馈控制。上述整个过程就构成了人的视觉反馈系统中的闭环控制，我们将低级反馈系统驱动效应器（眼睛）转动的力称为视觉系统的"刺激驱动力"：$F=f(T\Delta I)_s$。

根据 Westheimer（1954）提出的眼球力学模型，我们可以知道，眼球旋转过程中受到的力分为以下四种：眼球肌肉收缩产生的扭转应力 $\tau(t)$，肌肉被拉伸后的弹性恢复力 $k\theta$，眼球在眼眶中的黏滞阻力 $B\dfrac{d\theta}{dt}$，以及眼球的扭转惯力 $J\dfrac{d^2\theta}{dt^2}$。且满足数理关系：

$$J\dfrac{d^2\theta}{dt^2} + B\dfrac{d\theta}{dt} + k\theta = \tau(t)$$

以上四个力都是由于刺激驱动力而引起的，都是刺激驱动力的不同表现类型，这四个力合在一起，矢量叠加，就是刺激驱动力。也即找到了刺激驱动力与物理量 I（I 与 θ 可数学转换）或者心理量 ΔS（ΔS 与 $\tau(t)$ 可数学转换）之间的数理关系，也就是精神动力的数理表达的具体形式：

$$F = k\theta + B\dfrac{d\theta}{dt} + J\dfrac{d^2\theta}{dt^2} + \tau(t)$$

同理，在人体中的其他效应器中，也存在对应的刺激驱动力。即外界的客体及其事件的属性特征值或物理量 I 发生了微小变化，根据物理刺激编码律，编码为神经电信号，随后根据费希纳定律即感觉变换律，"物理属性量"被转换为"感觉量 ΔS"，产生刺激驱动力 $F=f(T\Delta I)_s$。即刺激驱动力与物理量 ΔI 和心理量 ΔS 存在对应的数理关系，也就找到了刺激驱动力的数学表达。

17.2.3　刺激驱动力意义

刺激驱动是心理系统中常见的一类动力，广泛存在于人的低级加工系统中。从属性中，我们都分离出了刺激的驱动动力因素。也就是说，通常意义上，我们所说的刺激驱动动力，对心理的贡献，在两个阶段都会起到作用，尤其是现场感知觉中。

（1）刺激的驱动力存在于感觉阶段；这个阶段，以刺激的属性驱动为主。

（2）在自然界中，所有自然现象（物理事件）发生，都有其物理动因，或者说都存在其因果的关系，牛顿定律揭示了这一基本关系。而这一关系，通过感知觉的变换，同样也被转换到人的感知觉系统中。也就是自然界的因果关系，被转换到了心理过程中。这也就提供了一种契机，即通过心理观察到的心理事件的因果律，推测出自然界的因果律。这再次说明，感觉系统对人的改造，导致的我们对自然科学规律的不可知的命题是不存在的。

由此，上述两种形式的刺激动力，第一次揭示了刺激在感知觉系统中，动力学的根源，是由事件的物理特性所决定的。这也说明，在心理学中，我们关于刺激特性的基本观察是合理的。

17.3 刺激驱动注意模型

在心理学中，除了刺激驱动力这一基本现象之外，还存在一类基本动力现象：无意注意现象，有时也称为刺激驱动的注意。关于注意的问题，一直是心理学中的核心问题，并形成一个专门的领域。对这一问题的理解，在注意研究的领域，也存在极大分歧。迄今为止，仍然是困扰学界的一个基本问题。

刺激提供了一种基本驱动力，驱动了感觉中感觉事件的演化。这一动力机制，暗示了一种基本的契机，刺激与注意之间，可能存在一种内在的关联性。我们将在刺激驱动力基础上，依据已经有的与注意有关系的经验发现，重新构造这一基本理论，提出刺激驱动的注意基本机制。

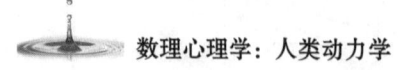

17.3.1 刺激驱动注意模型

在图 17.1 中，包含了低级阶段和高级阶段两个阶段的加工。要理解注意机制，我们需要根据这一功能结构，解决以下 2 个问题，分解为 3 个子问题：

（1）低级系统的动力问题。

（2）神经系统的信息控制问题。

17.3.1.1 低级阶段动力问题

根据图 17.1，在低级加工阶段，包含了两个基本的动力过程：

（1）刺激驱动感觉系统，实现物理事件向感觉事件转换的动力过程。

（2）中枢神经系统获得这一动力后，把效应器对准目标物的指向动力过程，这是一个行为过程（行为动力问题，我们将在行为部分，来讨论这一过程）。这个过程，是由低级中枢系统与运动系统共同来完成，构成了基本的运动过程。

从本质上讲，前者负责"物理事件"的俘获，后者负责行为系统的调整与指向，构成了一个完整的自动反馈的动力系统，来实现对目标物的"自动朝向"和锁定。

17.3.1.2 感觉信号过滤

低级阶段的生物系统，天然地存在信息过滤功能。这种过滤功能，是由人的生物系统本身的器件特性来决定的。

17.3.1.2.1 器件物理属性过滤

在感觉系统中，我们讨论了一个基本的器件特性，也就是任何感觉系统的生物器件，都存在一定的采集信号的范围。这个范围决定了，人的感觉系统，并不能无限制地采集某一变量所覆盖的所有范围，例如，视觉系统采集到的信号是光的可见光部分。从功能上讲，感觉器设置了第一层过滤功能：把不在感觉器工作范围之内的信号全部过滤掉。这一特性，是由感受器的物理器件的属性决定的，我们称为器件的物理属性过滤。

17.3.1.2.2 感受器功能过滤

感受器除了受制于器件特性，使信号发生过滤之外，还具有功能性的作用，导致信号的过滤。例如，人的视觉系统，是一个凸透镜组成的透镜组。这一光学组成，使得人的视觉系统具有光学的视敏特性。靠近中央窝的区域，看到的像比较清楚，而远离中央窝的区域，则成的光学像比较模糊。人的视敏度与视场之间的关系，如图17.2所示。视敏度在横向上随着视角变化，如图17.3所示（高闯，2012）。

这种生物器件的功能特性，在其他感觉器中，同样发现。这种生物的功能特性，是由感觉器本身的功能造成的。这种功能特性决定了：即使在满足信号在生物器件的采集范围之内，仍然由于功能性作用，会把一部分信号过滤掉，即发生了再次过滤信号的作用。

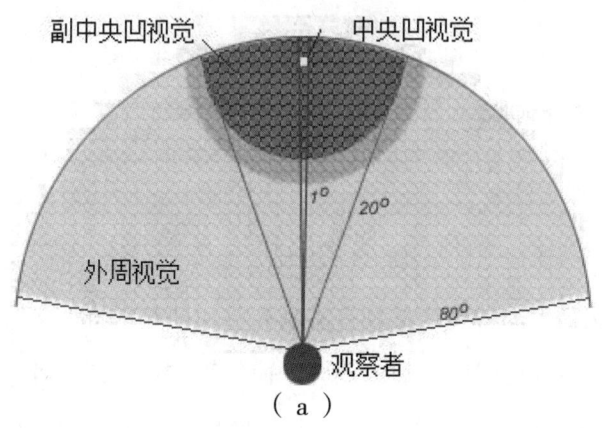

（a）

数理心理学：人类动力学

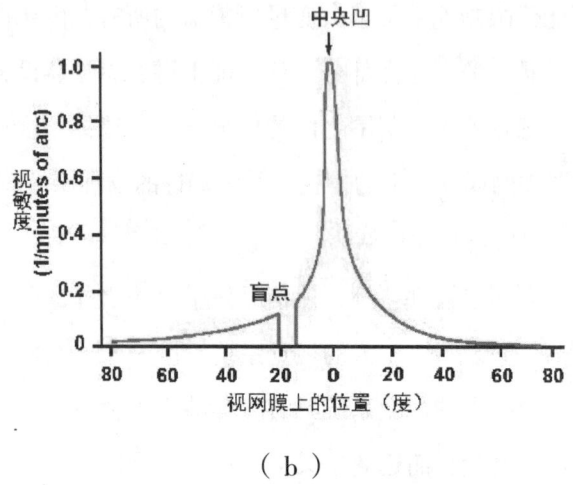

（b）

图17.2　视场与视敏度

注：（a）视觉区域划分，视角1°为中央凹视觉区，视角1°~20°为近中央凹视觉区，20°~80°为外周视野。（b）图a中对应的区域的视敏度。

图17.3　视敏度在横向维度变化

注：阅读英语单词时，在固视点，只有4到5个字母的宽度可以以100%的视敏度看到。固视点以外，视敏度依次降低。采自http://en.wikipedia.org/wiki/Eye_movements_in_reading。

17.3.1.2.3　感觉记忆过滤

感觉记忆最大的特性，是具有衰减和叠加的基本特性。即在时间上的系列信号，可以通过时间参数的调整，使信号被衰减掉或者进入人的后续的信号系统。也就是说，感觉记忆本身，也具有过滤信号的功能。

综上所述，感觉系统，具有的信号过滤特性，是生物系统具有的器件特性，在信息加工中，表现出来的基本特性之一。这些特性导致进入感觉系统的信号，不断受到过滤，从而使得进入人的信息系统中的信号是有限的。

17.3.1.2.4 感觉信号过滤特性

感觉系统的过滤特性，并不是某一个器件具有的过滤特性，它是感觉系统中，信息通道不同的环节，相互配合所表现出来的功能特征。主要表现为以下特征：

17.3.1.2.4.1 信息有限

经过感觉系统各个环节的过滤，进入后续系统的信号是有限的，而不是无限的。

17.3.1.2.4.2 信息选择

感觉系统的信号过滤，带来的选择性，应该包含两个层次的含义：

（1）过滤系统，把信号进行过滤，使得只有未被过滤到的信号，才能进入后续的系统，从而使感觉系统具有过滤的特性。

（2）新异性事件与稳定性事件，在时间上诱发的动力过程会存在不同，会导致新异事件招致俘获，而稳定事件很快适应时失去动力。信息选择性，也意味着动力的特异性，从而表现为新异刺激，在感觉中往往被俘获，而以往刺激会被丢弃而过滤。

17.3.1.3 刺激驱动注意模型

基于以上的分析，在人的低级加工阶段，我们做如下假设：

（1）刺激驱动注意的指向是：刺激驱动的动力与运动系统的行为动力共同作用，形成的对目标物的指向。

（2）刺激驱动注意的信号过滤与信息选择特性是：感觉系统信号系统具有的过滤特性。

（3）刺激驱动注意的功能结构满足图 17.1 中低级加工阶段的结构图。

如果效应器与感觉器连接在一起，则构成闭环的驱动；反之，则为开环驱动。

那么，我们就可以得到一个自然性的推论：在人的低级加工阶段，人的刺激驱动的注意，实际上是低级加工阶段的动力机制和信号过滤特性一起，所表现出来的一种"动力状态"特性。注意本身并不存在特殊的机制，即这三个属性合在一起表现出来的动力系统的工作状态：对目标物的指向、动力大小状态、滤波特性，我们定义为：刺激驱动的注意。

17.3.2 刺激驱动注意模型意义

关于低级阶段的注意问题，迄今为止，是一个备受争议的问题。它所蕴含的基本机制的独立性与否，也备受争议，并争吵不断。我们提出的刺激驱动的注意模型机制，具有理论和现实的双重意义。

17.3.2.1 过滤-衰减模型的统一

根据我们的模型，低级阶段就存在信号的加工问题。既存在信号的衰减，也存在信号的叠加。过滤是感觉系统表现出来的基本特性，这种特性的基本功能，前文已经论述。根据这一模型，我们将完全平息心理学界关于过滤与衰减理论名的两大争论。

17.3.2.2 Broadbent 过滤器模型

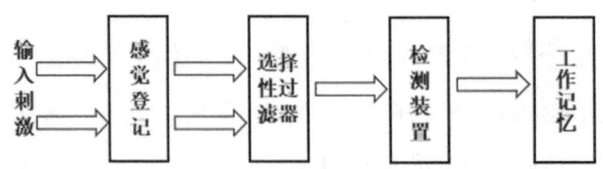

图 17.4　Broadbent 选择过滤器模型（Broadbent et al.，1958）

注：来自外界的信息是大量的，但个体的神经系统在同一时间对信息进行加工的能力是有限的，感觉信号经过信息系统存储，进入感觉系统，并经滤波器过滤，有限的信号才能进入高级阶段进行加工。

Broadbent（1958）在 Cherry 选择性注意工作的基础上，提出了过滤器模型。Broadbent 也是第一个采用信息加工的方式，来描述注意的心理学家（Fernandez-Duque et al., 1999）。

根据早期关于注意的研究，Broadbent 提出选择过滤器模型，如图 17.4 所示。该模型认为：人的信息加工能力是有限的，外界的物理刺激信号，具有物理特性，这些特性与感觉器相互作用，经感觉器存储后，传入滤波器，经滤波器滤波后，只有有限的信号，进入人的高级加工系统中。

17.3.2.3 Broadbent 模型局限性

根据我们的低级阶段的心理结构模型，Broadbent 暴露的局限性，也就不言而喻。

（1）根据我们的模型，感觉信号的过滤，从感觉器开始，就已经开始了。感觉系统的过滤特性是在感觉器件的生物特性、功能特性、感觉记忆功能特性等一系列加工的基础上，表现出来的综合特性。它不是由某一个器件来完成的。

（2）感觉系统不仅是一个信号存储的系统，它也参与了信号的加工和处理。而 Broadbent 模型，显然违背了这一原则。而采用业界统一的观念：感觉不参与信号加工。这在根本上与我们产生了分歧。

（3）尽管 Broadbent 模型，是在信息观念指导下，建立的信息加工模型，但是，我们必须注意到，信息加工模型必须建立在人自身的功能系统之上，而不能和基本的生理功能系统相违背。

（4）信息加工系统，是在人的神经系统中，神经系统的信息加工属性，是人的功能中，信息通信的属性，这一属性，并不意味着人的基本功能。

而我们的模型，恰恰在心理哲学公设的指导下，设定了心理的基本功能和结构，在这些结构的指导下，来研究所表现出的心理功能，并在物质基础上寻找载体。这是我们和这一模型存在的根本不同。

（5）Broca-sulazer 特性回答。这一特性，也回答了一个不依赖于意识而存在的特性，新异刺激可以瞬间激发动力，而超越已经适应的刺激，在动力性上迅速驱动低级系统完成目标朝向。

第四部分　心理动力学

第 18 章　思维惯力

人的动力系统，包括生理动力子系统、刺激动力子系统、精神动力子系统。这些系统以认知构成的功能信息系统为连接，并通过反馈回路，形成了具有自动监测、自纠错、自控制的动力系统。刺激动力、精神动力、生理动力在这个系统中起到的作用，也就自然地浮现了出来。但是，我们忽视了认知控制系统的运作，需要经验知识给出的各种指令。这一因素在这个系统中起到的确切作用，仍然没有给予数理意义的构建与说明。

在心理动力系统的反馈模型中，经验的作用已经显现。它驱动人类个体的知觉、推理、判断和决策。人的经验（知识）的功能，也就是知识在认知功能中所扮演的角色和功能。在功能结构模型确立的情况下，讨论知识所扮演的角色与功能，也就具有意义。

人的经验是由"概念"及其之间的关系网络组成，并形成知识体系。一旦被习得后，就表现出稳定性。任意概念都有描述对象，当"物质对象"的信息被感觉系统采集后，在经验驱动下，物质对象的信息在识别、推理、判断等认知环节中，也表现出了奇特的稳定性。在心理学中，已经大量发现了这些效应：功能附着、刻板现象、锚定现象等。

在这类现象中，物理客体或者事件信息与人的主观概念（观念）紧密粘连在一起，一旦发生，则难以分割，并表现出惯性，这是客观对象信息与人的知识观念之间相互作用的表现。概念及其关系与描述对象之间的连接性越强，意味着：当客观对象（事件及其要素）再次出现时，认知系统启动同一匹配概念，使得思维方式显现出前后的一致性。这是一种非常有趣的现象，也就是我们通常意义的"思维惯性"。由于它是一种相互作用，这就意味着一种新型力学作用关系。

它是人类群体和个体普遍存在的一种相互作用关系，本质上是客观世界与主观经验世界（知识）表征的作用关系。这一作用关系一旦被掌握，将极大推动我们对人的经验与思维的理解。

18.1 思维惯力

外界事件信息进入人的认知系统，从知觉开始的后续认知环节，都需要"经验"来驱动。确切地讲，是外界事件进入人的认知系统后，与人的经验知识发生相互作用。

这是一种新型的相互作用，也就意味着一种新的动力机制。在认知对称变换中，我们已经涉及这一领域，但是只考虑了它的信息加工功能，并未讨论这一动力机制。这仍然需要我们回到事件的基本概念上来，寻找外界信息与人的知识之间的相互作用。

18.1.1 认知事件

感觉系统把外界的物理事件信息，调制后进入人的认知系统。从知觉开始，在经验的驱动下，开始对事件的信息进行解码。

这时，就涉及我们如何来定义信息系统发生的功能性事件。从事件结构式看，物理事件的事件结构要素，我们用 $f_{i\text{phy}}$ 表示，i 表示第 i 个要素，

phy 是 physics 的缩写。而每个要素都要和经验知识发生作用，我们把该要素对应的知识记为 $f_{i\text{psy}}$，这些知识的本质是概念。在认知的知觉、推理、判断、决策的任意一个认知功能环节中，知识与信息发生的作用，就是 $f_{i\text{phy}}$ 与 $f_{i\text{psy}}$ 发生的相互作用，我们把这个事件表示为：

$$E = f_{i\text{phy}} + f_{i\text{psy}} + i\left(f_{i\text{psy}} \rightarrow f_{i\text{phy}}\right) + e\left(f_{i\text{psy}} \rightarrow f_{i\text{phy}}\right) + t + w_3 + c_0 \quad (18.1)$$

这个事件，我们称为"认知事件"。它的本质，是事件要素获得经验赋予的属性。它发生在知觉、推理、判断和决策的认知环节中，也就是把对应的概念赋予对应的要素。

认知事件表明，在认知中，任何一个认知功能的实现，都依赖于两个关键要素：经验知识和外界物理事件、社会事件的客观信息，也就是 $f_{i\text{phy}}$ 与 $f_{i\text{psy}}$ 发生的相互作用。

18.1.2　思维惯力

当有了认知事件之后，我们就可以根据"广义力"公式，来定义思维动力。我们把在认知过程中，人的认知的概念 $f_{i\text{psy}}$ 和物理信息 $f_{i\text{phy}}$ 之间的相互作用，称为思维惯力。它的大小为：

$$F = f_{i\text{phy}} \cdot f_{i\text{psy}} \quad (18.2)$$

这是第 i 个要素对应的思维惯力的大小。考虑到事件结构式有多个结构，而且每个结构是独立的，则思维惯力可以表示为：

$$F = \begin{pmatrix} f_{1\text{psy}} & & \\ & \ddots & \\ & f_{i\text{psy}} & \\ & & \ddots \\ & & & f_{n\text{psy}} \end{pmatrix} \begin{pmatrix} f_{1\text{phy}} \\ \vdots \\ f_{i\text{phy}} \\ \vdots \\ f_{n\text{phy}} \end{pmatrix} = \begin{pmatrix} f_{1\text{psy}} f_{1\text{phy}} \\ \vdots \\ f_{i\text{psy}} f_{i\text{phy}} \\ \vdots \\ f_{n\text{psy}} f_{n\text{phy}} \end{pmatrix} \quad (18.3)$$

其中，n 表示事件结构要素的个数。有了思维惯力的表述形式后，我们就要寻找到对应量的数学表示形式，才能进行思维惯力的计算。

数理心理学：人类动力学

由于任何一个事件的"客观属性量"，都会有对应的"心理量"，也就是一个特征量。这时，需要对客体的每个特征进行度量（物理属性评价和社会属性评价），每个要素的评价量，我们记为 A_i。这时，就满足以下关系：

$$f_{iphy}=A_i \qquad (18.4)$$

在评价中，心理量背后对应的是客观的属性量，人类个体在对客观属性认知中，往往形成个体化的认知模式，也就是行为模式，而行为模式是由稳定的概念驱动的。个体形成的概念和观念，就可以记为 c_i。而人类在对属性的认知上，又存在个体化的差异，也就是人格属性差异。我们把人格的差异量记为 p_i，则可以得到以下关系：

$$f_{ipsy}=p_i \qquad (18.5)$$

我们可以得到一个思维的矩阵，重写为：

$$F=\begin{pmatrix} p_1 & & \\ & p_2 & \\ & & \ddots \\ & & & p_n \end{pmatrix}\begin{pmatrix} A_{1phy} \\ \vdots \\ A_{iphy} \\ \vdots \\ A_{nphy} \end{pmatrix}=\begin{pmatrix} p_1A_{1phy} \\ \vdots \\ p_iA_{iphy} \\ \vdots \\ p_nA_{nphy} \end{pmatrix} \qquad (18.6)$$

由于任意一个独立事件结构要素的属性，可能具有多个，例如，客体的属性包括物质属性和社会属性。每个独立的社会属性都会对应独立"概念"和人格特质的差异，那么，这里的 n 就不再是"事件结构"要素的数目，而扩展为事件结构要素中所有属性的数量。这时，我们只需要计算出每个分量：$p_i \cdot A_{iphy}$，就可以计算出思维力，我们把这个分量记为：

$$F_i=p_i \cdot A_{iphy} \qquad (18.7)$$

当对应的外界属性的特征量进入人的认知系统后，由于人的社会性行为背后往往存在行为模式，这些模式受到对应概念的支配，模式往往表示为 $A_{iphy}=C_i$（C_i 表示第 i 种行为模式，在人类行为模式中，我们已经进行了大量讨论，见前文）。那么，由人的稳定观念，形成的动力可以表示为：

$$F=\begin{pmatrix} p_1 & & \\ & p_2 & \\ & & p_n \end{pmatrix}\begin{pmatrix} C_1 \\ \vdots \\ C_i \\ \vdots \\ C_n \end{pmatrix}=\begin{pmatrix} p_1 C_1 \\ \vdots \\ p_i C_i \\ \vdots \\ p_n C_n \end{pmatrix} \qquad (18.8)$$

这是，一种由人的稳定的思维观念驱动的思维动力倾向。在模式化的情况下，表现出较强的稳定性，我们称为"思维惯性力"。因此，由每个观念引起的思维的惯性力的分量可以表示为：

$$F_i = p_i \cdot C_i \qquad (18.9)$$

在这个表达式中，p_i 是一个特质量，反映了不同个体之间的差异。C_i 既是一个认知的观念量（心理量），也是人的行为模式。这样，人的思维内在动力、行为模式、认知观念、个体之间的差异关系就建立起来了。

这一算式表明，我们形成的稳定的思维观念，对人的模式化的影响。同时为我们研究思维惯性力提供了一个基本方向。这也从数理上说明了，在人类的认知经验体系中，人的观念如何在起作用，影响人的行为，并指导人的行为模式。自此，概念起到的动力学作用，也就显现了出来。

接下来的问题是，我们如何对惯性力进行测量和计算？在精神运动学中，我们已经对各类人格特质量和评价量进行了分类。如表18.1的社会结构和功能属性人格量及其对应的评价量，表18.2的人类个体的归因方式的社会属性量和评价量。这些量的测量，在心理学中已经发展出了一套专门的测量体系，如大五人格测量、九型人格测量量表体系。这一测量体系的奠基，使得对人类个体的思维惯性力的定量化表达，具有可实现的经验基础。

数理心理学：人类动力学

表 18.1 社会对象与事件描述量、心理量与特质量

社会量	心理量	特质量
$\begin{cases} bt(e_i) = t_{st} \\ mt(e_j) = t_{st} \end{cases}$	$A_{\text{achievement}}(t_{st})$	$p_{\text{achievement}}$
$\boxed{\text{system}}\begin{matrix}phy\\bio\\psy\end{matrix}$	A_{s-d}	$p_{\text{discipline}}$
$M(i) = M\left(\boxed{\text{system}}\begin{matrix}phy\\bio\\psy\end{matrix}\right)$	A_M	P_M
$e_{phy}(j) = f(w_1, w_2, t, w_3, c_0, i)_{phy}$ $e_{psy}(j) = f(w_1, w_2, t, w_3, bt, mt, c_0, i)_{psy}$	A_{logical}	p_{logical}
S_{entropy}	$A_{\text{deliberation}}$	$p_{\text{deliberation}}$
$\Delta CR_{\text{m-capacity}}$	$A_{CR-\text{capacity}}$	$p_{CR-\text{capacity}}$
$\overline{c(t)} = k \dfrac{\sum_{j=1}^{m}\sum_{i=1}^{n} s_{ij}}{\sum_{j=1}^{m}\sum_{i=1}^{n} t}$	A_c	P_C
$A \to \begin{pmatrix} B_1 \\ \vdots \\ B_i \\ \vdots \\ B_n \end{pmatrix}$	A_{sociable}	P_{sociable}
$P_{\text{rate}}(A) = \dfrac{\sum_{ABij} s_{Afmij}}{\sum_{ABij} s_{Afmij} + s_{Bfmij}}$	$A_{\text{assertiveness}}(A)$	$P_{\text{assertiveness}}(A)$
$d_n = z_n - R_\mu$	$A_{d-\text{seeking}}$	$P_{d-\text{seeking}}$
$p_{fmij}(+\ -)$	$A_{fmij}(+\ 0\ -) = C_{pn}$	p_{pn}

续表

社会量	心理量	特质量
η_m	A_η	p_η
$v_b = v_i - v_o$	A_{value}	P_{value}
C_{reason}	A_{reason}	P_{reason}
$i(A \longleftrightarrow B)$	$A_{cooperation}$	$P_{cooperation}$
$C_{capacity}$	$A_{ability}$	$p_{ability}$
$S(A \to B) = \sum_{i=1}^{n} s(f_i)$	$A_{honesty}$	$p_{honesty}$
$s(+\ -)_r$	A_{trust}	p_{trust}
$\Delta A_{cooperation}$	$A_{hostility}$	$p_{hostility}$
$\Delta F_{suppress}(t)$	$A_{suppress}$	$p_{suppress}$
Δf_{ij}	$A_{uncertainty}$	$p_{uncertainty}$
Δi	$A_{vulnerability}$	$p_{vulnerability}$
$\Delta A_{i-capacity}$	$A_{self-consciousness}$	$p_{self-consciousness}$
ΔA_{e-old}	$A_{depression}$	$p_{depression}$
ΔC	A_{need}	P_{need}
$\begin{pmatrix} w_1 \\ w_2 \\ \vdots \\ c_0 \end{pmatrix} \to \boxed{system}\ \begin{matrix}phy\\bio\\psy\end{matrix} \to e$	$A_{ider} = C_{ider}$	p_{ider}
c_i	A_{value}	P_{value}
$\begin{pmatrix} w_1 \\ w_2 \\ \vdots \\ c_0 \end{pmatrix} \to \begin{matrix}\boxed{system}_1 \to e_1 \\ \\ \boxed{system}_n \to e_n\end{matrix}$	$A_{fantasy}$	$C_{fantasy}$
$F(A_{society})$	A_f	C_f
E_{order}	A_{order}	p_{order}

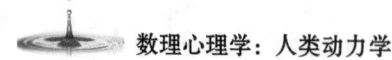

表 18.2　九型人格中的特质量和评价量

归因要素	归因评价量	归因特质量
w_1 或 w_2 的角色	$A_{a-poster}$	p_{leader}
C_{psy0}、C_{phy0}	A_{C0}	$p_{perfect}$
$c_0 = \begin{cases} T \\ F \end{cases}$	A_{T-F}	p_{T-F}
bt、mt	A_{bt-mt}	p_{gave}
$bt(A+B)$、$mt(A+B)$	$A_{bt+mt(A+B)}$	$p_{bt+mt(A+B)}$
$e' = F'(w'_1, w'_2, t', w'_3, bt', mt', c'_0)$	A_{I-F}	p_{I-F}
$\sum F = F + F_s$	A_{S-F}	p_{S-F}
e	$A_{e-result}$	$p_{e-result}$
$w = \int F \cdot de$	A_{dw}	p_{dw}

18.1.3 价值观念

由于物质客体的存在，例如，物理客体、生物客体、社会客体、人类个体等，才有了物质属性和物质关系（客体与客体之间的相互作用）。由于客观属性的存在，人类在认知世界的过程中，发展了一套和属性相对应的心理量，或者说是主观概念量。在认知对称变换中，这类观念和属性的关系得到了证明。由于观念的存在，它既影响到了人对客体属性的实时特征的评价，也影响到了人的人格特质的形成，并会最终影响人的精神动力体系。这个关系，通过 $F_i = p_i \cdot A_{iphy}$ 体现了出来。而任何一种评价，又对应着一类行为模式，它受个体的观念支配（见前文人的行为模式）。

为了表述的方便，我们把任何一类社会属性中，对应的稳定的观念统一记为 c_i，那么，按照物质的对象，我们可以形成下属几类观念的集合：

第四部分　心理动力学

$$C_{phy}=\{c_i\mid i=1,2,\cdots,n\}$$
$$C_{socity}=\{c_i\mid i=1,2,\cdots,n\} \quad (18.10)$$
$$C_{self}=\{c_i\mid i=1,2,\cdots,n\}$$

其中，第一类表示关于物理事件的观念，我们称为"自然观念"，第二类表示关于"社会观念"，第三类表示关于"人生的观念"。按照同样的方式，还可以得到其他形式的观念的集合。

而对各种对象的属性进行"评价"，形成稳定的价值评定模式，也就构成了人的行为模式。这时的评价模式，可以统一写为：$A_{iphy}=constant_i$。这个常量，我们简记为 $A_{iphy}=A(c)_i$。同样，我们会得到与上述对应的集合：

$$A(c)_{phy}=\{A(c)_ic_i\mid i=1,2,\cdots,n\}$$
$$A(c)_{socity}=\{A(c)_ic_i\mid i=1,2,\cdots,n\} \quad (18.11)$$
$$A(c)_{self}=\{A(c)_ic_i\mid i=1,2,\cdots,n\}$$

这类集合，我们称为价值观念。它代表了人类个体，在观念的基础上形成的稳定的价值判断。价值观念的集合不限于上述几类，在实际的生活中，可以根据对象的不同进行扩展。

18.2　思维惯性模式

客观世界的物理属性和社会属性，都会转换为个体经验具有的"个人化的社会属性"，受个人的主观概念描述并支配，并最终成为个人具有的行为模式的一部分。这是概念在模式中起到的重大价值。由于概念和行为之间建立的连接性，使得人的行为的稳定性，成为一个可以直观感知和度量的量。因人的差异性存在，个体的属性也就具有个人化的特质，从而成为特质量。而任意的社会属性及其特征，又需要个体心理的度量，从而具有了评价量。

思维惯力，给我们提供了一个基本的心理学的力学现象，即在人的概

·417·

念驱动下产生的一类力学现象，使得个体具有稳定性。思维惯性本身，也从来不是一个新的学术术语，它一直存在于我们客观的学术表达中。观念、评价量、人格特质等一系列精神运动学的数理概念的确立，把思维惯性力的数理本质确立了起来。这是一个非常有趣的进步。它把一个长期的生活概念，用活生生的数理方式表达了出来。

在这一力学机制指导下，我们可以讨论心理学中和思维惯性有关的系列经典发现，从而使得心理学中的经典实验发现，由于这一精神动力机制的揭示，而纳入理论的结构体系中，焕发新的生机。由此，我们就可以研究思维惯性力作用下，可能出现的思维惯性的表现形式、思维惯性力导致的特殊力学现象。

18.2.1 思维惯性表现形式

在概念量、行为模式、人格特质、思维惯力等知识体系下，就可以揭示经典心理学中，和思维惯性有关的力学现象。按照"事件结构式和因果律"，思维惯性主要表现为三类形式的惯性：

（1）客体物理属性和社会属性惯性；

（2）属性的心理度量惯性；

（3）对事件发生因果关系理解的惯性。

18.2.1.1 属性惯性

客体具有的物理属性、社会属性，可以通过概念与观念固化下来，成为一个常量，在对客体属性认知时，表现为一种稳定现象。我们把客体的属性记为 p_i，描述这一属性的个体的值，记为 c_i。对客体属性描述的概念，就构成了一个概念集合 $\{c_i\}$。这类常见的现象有功能附着、印象、刻板印象、锚定效应等。

功能附着现象，是对客体功能描述的一个固化概念，在客体出现时，表现出功能思维上的定式。

印象现象，是个体对人类个体形成的一个固化的属性概念，在某个个体出现时，对个体的属性描述的思维定式。

刻板印象现象，是人类个体或者群体，对某类社会群体形成的一个固化的属性概念，当这类群体或者个人出现时，对应的概念被赋予这个群体的现象，是一类典型的社会群体的固化思维惯性。

锚定效应，则是个体在其他个体形成固化前变向出的一种现象。一旦固化成功，并形成概念的定式，对应的概念就会被用于描述客体，也就是被锚定。

18.2.1.2　属性心理度量惯性

由于固化的存在，也就意味着，在人类的经验中，对任意一个"客体及其作用规则"，会形成一个固定的描述的属性的概念集合。它成为一个固定的参照。一旦和这个参照不一致，就会引起人的差异性洞察。我们把固化的这个概念集合，作为参考零点，记为 $\{c_i\}_{\text{reference}}$，它也是我们常规性形成的经验。如果任意一个客体对应的属性量 μ 与之形成差异，我们把差异量记为：Δ。则满足以下关系：

$$\mu = \Delta + c_i \tag{18.12}$$

人类个体对 Δ 一旦进行洞察，意味着一个属性量的特征量和 c_i 之间出现了差异。个体需要对这个差异进行评价，我们记为 A_Δ，我们称为反差评价。例如，我们观察到一个老年人在进行健美训练，很多人会感觉不可思议。这是我们的刻板印象造成的，刻板印象本身构成了一个参考系。这是人的知觉体系中存在的一个基本机制。在观察者效应和知觉中，我们已经接触过这一现象。

在心理学中，由于新近进入事件的属性的信息与已有经验信息不一致，导致的差异性洞察，在心理学的行为实验经典研究和电生理指标中，已经大量存在。

◎证据与案例

事件属性信息冲突的经典实验现象

在视觉单通道信息加工中，stroop 效应是事件的颜色属性信息和语义属性信息冲突的经典实验现象。Stroop（1935）用不同颜色字体的"颜色词"作为刺激，由于颜色词具有"语义"属性和字体"颜色"属性，当颜色词的词义与它的字体颜色不一致时，被试的反应时长于一致条件，正确率也低于一致条件。

在多通道信息加工中，麦格克效应（McGurk effect）、闪光错觉（sound-induced flash illusion）和橡胶手错觉（rubberhand illusion）是事件属性信息冲突的经典实验现象。"麦格克效应"是指：当事件的听觉的声音属性信息与视觉的属性信息不一致时，会出现错误的信息整合。当视觉通道是"ba"的口型，而听觉通道是"ga"的声音，听觉加工会受到视觉加工的影响，整合最后的声音是"da"（Mcgurk et al.，1976）。"闪光错觉"是指当视觉刺激是单次闪烁的黑色圆圈，而听觉刺激是多次的哔哔声，视觉加工会受到听觉加工的影响，人们会错误地认为视觉刺激多次闪烁（Shams et al.，2000）。"橡胶手错觉"是典型的视觉属性信息和触觉属性信息不一致的现象。让被试接收到橡胶手被敲击的视觉刺激，被试会觉得自己的手被敲击（Botvinick et al.，1998）。

第四部分　心理动力学

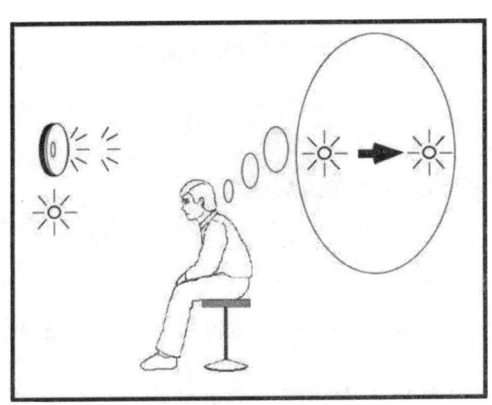

图 18.1　闪光错觉

注：当视觉刺激是单次闪烁的黑色圆圈，而听觉刺激是多次的哔哔声，视觉加工会受到听觉加工的影响，人们会错误地认为视觉刺激多次闪烁。

在电生理上，我们也可以观察到多通道信息匹配和非匹配证据。在脑电领域，事件相关电位中的失匹配负波（mismatch negativity，MMN）是一个在大脑前额和中央分布的负波。它存在于经典的 oddball 范式中，是偏差刺激的 ERP 减去标准刺激的 ERP 而得到的差异波。当偏差刺激的属性信息与前一试次中的标准刺激的属性信息不一致时，会引起被试的差异性洞察，这种差异性洞察反映在电生理指标上，即出现 MMN。MMN 与被试的注意状态无关，是大脑对偏差（新颖）刺激的自发反应，MMN 的波峰通常出现在偏差刺激呈现后的 150～250 ms 之间，是随着偏差刺激与常规刺激的差异量的变化而改变的负波偏转（RNäätänen et al., 1978；Risto Näätänen et al., 1979）。总之，这类常见的 MMN 电生理波的存在正是源于属性心理度量惯性。

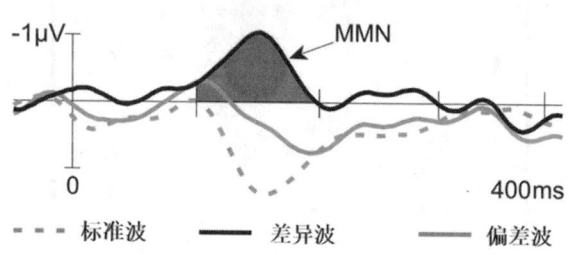

图 18.2　MMN（Winkler et al., 2014）

而在人格中，我们也讨论过"尝新"这一特质。它的本质，是人的固化思维对人在知觉新奇时的一种影响。利用这一参考效应，在美学中，可以创建很多美学的效果，并形成美学的一种创作机制。这一机制，在美学中，被称为"反差"。

通过这一机制，我们也就顺便回答了，在人的心理现象中，出现"尝新特质"背后的动力学原因。

◎ 证据与案例

反差美学

"反差"是现代派绘画的惯用手法之一，是绘画艺术中普遍的美学规则。即把两种对立的色调放在一起，故意造成触目惊心的视觉体验。摄影中的"反差美"，通常是指由影像的明暗差异和色彩浓淡对比等差异形成的视觉美感。由于反差的存在，才能产生形状、质感、立体感、线条等，照片中的物体才能可视化。

相对于个体习以为常的经验知识、生活场景，反差美学规则造就的艺术作品具有更强的心理震撼力，其所达到的艺术效果就是"美感"。其中，中国摄影师刘嘉楠的春节的摄影大片"女模特露大腿放鞭炮"就是这类反差艺术作品的体现，即观众接受的事件信息与知识经验中的信息的不一致性。

图 18.3 摄影中的反差美

注：中国摄影师刘嘉楠的春节的摄影大片"女模特露大腿放鞭炮"，由于观众接受的事件信息与知识经验中的信息的不一致性，反差产生美感。引自 https://www.meishu.com/news/11/2/1172.html。

18.2.1.3 因果归因惯性

人的经验知识的本质是"因果律"知识，这类知识遍布自然科学各个分支学科，也遍布社会科学的各个分支学科。因此，由于条件对应的概念、规则对应的概念的习惯性定式，会导致个体认知过程中，形成自己的归因性思维定式。这是一类很重要的思维定式。在很多学习现象和问题解决中，可以普遍看到这一类现象。例如，下面关于物理光路解决的问题，就是一类典型的思维惯性导致的思维障碍问题。

数理心理学：人类动力学

◎证据与案例

物理问题解决思维定式

在一块玻璃砖中，形成了一个气泡，构成了一个凸透镜的形狀。用一束平行光向玻璃砖进行照射，问平行光经过气泡后，光路属于哪种情况？如图 18.4 所示。

在学过物理学光路的相当大一部分学生中，选择了图 18.4（b）所示光路。这是一个光线在介质中传播的问题。从表面看来，给定的条件是：平行光线、形状和凸透镜相似的气泡，本质上也就构成了一个透镜。

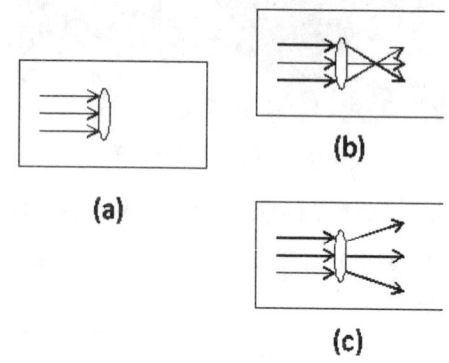

图 18.4 凸透镜成像思维定式

注：（a）玻璃砖中有一个气泡，平行光线入射气泡形成的凸透镜。（b）平行光线经玻璃气泡后汇聚。（c）平行光线经气泡后发散。

通常情况下，平行光线经凸透镜后，会形成聚焦效应。按照因果律来看，光线和透镜构成了两个客体，汇聚效应是光线和凸透镜相互作用产生的结果。光线穿透透镜时，则发生了相互作用。但是，它有一个前提条件（也就是初始条件），就是需要光线由光疏介质进入光密介质。选择（b）恰恰忽视了这个因果规则中，隐含的一个初始条件，而实际的答案则是 18.2 （c）所示。

这个案例，暗示了一个基本事实，在人的个体的归因分析中，存在一种思维惯性，它是由因果逻辑来决定的。

18.2.2 思维谐振

认知事件，揭示了认知过程中，人的信息加工中的相互作用关系。透过这一作用关系，我们可以窥视到人的思维过程中，外界信息与人的经验的作用，并由这一作用，我们得到人的思维惯力的数学表达、变量的含义和计算度量形式。这是一个数理意义上的突破。

有了这一理论的支撑，我们继续的问题是，在实验中寻找对应的证据。有趣的是，在心理学中，积累了大量的实践经验发现：两可图、知觉竞争、错觉等。它们是思维动力的直接反映。为此，我们将从思维惯力的角度出发，来揭示这些机制背后的动力机制。这将使得这一领域的研究，得到新的提升。

18.2.2.1 现场知觉惯性力

在揭示感觉事件与经验模式相互作用的动力机制中，知觉竞争是一类标志性研究。这类研究，通过感觉刺激中包含的物理构型中的多个含义，来诱发经验系统，赋予不同的含义，从而使得我们知觉到的事件，不断发生变化，或者说我们的知觉状态发生不断变化。这类竞争知觉包括物理现场竞争、语义竞争。

18.2.2.1.1 物理现场知觉状态

自然界物理事件的属性是用物理量来表达的。经感觉转换后，转换的感觉事件和心理物理事件，在心物空间和恒常性空间中表达。这意味着，物理空间中，任意客体及其属性，对应着心理空间的一个位置矢量。

在空间中，若客体及其属性的坐标记为 $(x_1, \cdots, x_j, p_1, \cdots, p_k)$，其中 x 表示位置空间，p 代表属性空间，则描述这一事件的心理状态量，

数理心理学：人类动力学

可以表示为：

$$r = (x_1, \cdots, x_j, p_1, \cdots, p_k)$$

$$v_p = \frac{dr_p}{dt}$$

$$a_p = \frac{d^2 r_p}{dt^2}$$

（18.13）

在只有三维空间（降维情况）的情况下，上式可以进一步化为：

$$v_p = i\frac{dx_p}{dt} + j\frac{dy_p}{dt} + k\frac{dz_p}{dt}$$

$$a_p = i\frac{d^2 x_p}{dt^2} + j\frac{d^2 y_p}{dt^2} + k\frac{d^2 z_p}{dt^2}$$

（18.14）

我们把运动速度量 v_p 和加速度量 a_p 作为知觉空间中，知觉事件的状态量。根据空间变换关系，上式可以进一步表示为：

$$v_p = i\frac{dx_s}{dt} + js_p\frac{dy_s}{dt} + k\frac{dz_s}{dt}$$

$$a_p = i\frac{d^2 x_s}{dt^2} + js_p\frac{d^2 y_s}{dt^2} + k\frac{d^2 z_s}{dt^2}$$

（18.15）

也就是说，通过物理空间中测得的物理事件的运动状态，就可以计算出知觉空间中，我们知觉到的知觉事件的运动状态。

18.2.2.1.2　Necker 立体动力

Necker 立体（Necker，1832）是一类典型的现场知觉竞争现象。这一现象，受到经验支配，如图 18.5 所示。在这个实验中，我们会一直感觉到虚线部分对应的点的空间位置的变化，或者说是位置坐标的变化，从而知觉到不同状态的立体。

第四部分 心理动力学

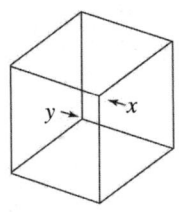 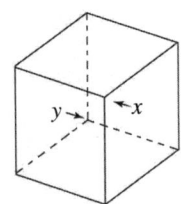 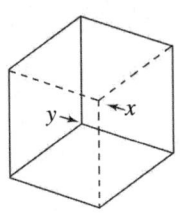

图 18.5 Necker 立体

注：1832 年，瑞士人 Necker 发表了视觉的一个错觉现象，在这个立体中，人的知觉在两个立体状态中（图中虚线对应的两个立体）反复切换。

在这个立体中，存在两种知觉的状态，每种知觉状态，对应的立体的空间矢量，我们分别记为：r_1 和 r_2。同时，这两个对应的位置，也是经验对应的两个空间位置。这两个位置是产生动力的两个力源，我们记为：$F(r_1)$ 和 $F(r_2)$。经验事件就在 r_1 和 r_2 之间进行切换。显然，知觉状态处于某一状态时，该状态对应的经验作用力就消失，而另外一个作用力起作用。这样反复进行，就形成了震荡的状态，如图 18.6 所示。从以上分析可以看出，心理状态受到的作用力，均指向力源。那么，这时经验构成的系统的合力可以写为：

$$F = F(r_1) - F(r_2) \tag{18.16}$$

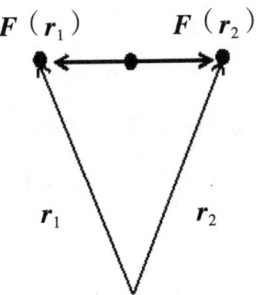

图 18.6 Necker 立体震荡模型

注：立体对应的两个知觉状态，构成了经验性的力源，诱发心理知觉状态从当前状态进入另外一个状态。反之，另外一个力源起作用，反复进行，就构成了一个不断往复的震荡状态。

·427·

数理心理学：人类动力学

这个合力的大小始终指向两个力源之间的某个位置点。这就构成了类似物理学中的谐振子震荡系统，从而具有了周期特性。

18.2.2.2 语义竞争动力

语义竞争，是另外一种经验参与的知觉竞争形式。感觉事件除了具有物理属性之外，还具有符号的功能，对物理刺激事件所具有的符号，赋予不同的语义，是另外一类竞争形态。

如图 18.7 所示，是一个杯子和人脸合成的一幅两可图。当我们知觉到杯子时，人脸就成了黑色的背景。反之，当人脸被知觉到时，杯子就成为两个人脸的背景。这说明，在两种知觉状态下，同一区域知觉到的语义是不同的。

例如，白色的区域是杯子与背景之间进行切换，而黑色的区域是人脸与背景之间进行切换。也就是说，这时的概念量 c_i 有两个值：脸（记为 f_a）和杯子（记为 g_l）。在个体的语义空间中，它对应着两个不同的概念，即 $c_i=f_a$ 和 $c_i=g_l$，这样，由同一符号产生的语义，就会产生两个概念诱发的动力源（两种情况下，人格差异量 p_i 相同）：

$$\begin{cases} \pmb{F}_1 = p_1 \pmb{f}_a \\ \pmb{F}_2 = p_1 \pmb{g}_l \end{cases} \quad (18.17)$$

在语义空间中，这是两个不同位置的力源，每个力源都会导致赋予这个图形一个含义。当这两个力源存在时，就导致这两个力源之间发生竞争行为。它们两个之间产生的竞争力可以表示为：

$$\begin{aligned} \pmb{F}_1 - \pmb{F}_2 &= p_1(\pmb{f}_a - \pmb{g}_l) \\ \pmb{F}_2 - \pmb{F}_1 &= p_1(\pmb{g}_l - \pmb{f}_a) \end{aligned} \quad (18.18)$$

如图 18.8 所示，这是两个方向完全相反的动力。在这两个方向相反的力的作用下，会产生震荡现象。

图 18.7　杯子和人脸

注：在这幅两可图中，我们可以知觉到两种不同的状态：白色的杯子和两个对视的人脸。

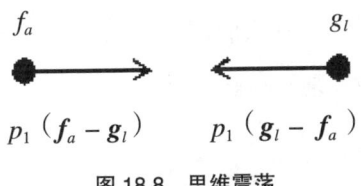

图 18.8　思维震荡

注：在两个概念之间，当知觉到任意一个语义概念时，另外一个语义就诱发相反的动力，反之亦然。这样，就会形成谐振的动力系统，使得知觉在两个语义概念之间发生震荡。

总之，从上述论述中，我们可以看到，在心理学中，两可图的最重大的意义在于：揭示知觉过程中，经验参与的动力机制。此外，这一机制，在美术界也被广泛使用，开辟了一个新的流派——"同构"，在艺术界享有非常高的地位，是这一基本心理学原理的应用。

18.2.3　行为偏好

思维惯力的产生，使得事件信息出现时，主观性概念和客观性信息之间，具有强烈的附着现象，从而表现出了稳固的特性。由于它产生于人的认知过程，这就会导致人的知觉、推理等，表现出了稳固特征，也就形成了某种偏好。人在社会知觉中，会形成自己的偏好或者偏向。例如，刻板印象、功能固着效应等，偏好是行为模式作用的结果。在知觉功能中，我们讨论了知觉的基本功能，就是识别事件并对事件的要素进行度量，度量本身就是评价。评价的稳定性就表现出了认知的知觉偏向。从事件的角度出发，我们认为认知的偏向，主要包括以下几种类型：

18.2.3.1 客体偏好

对客体认知的偏好，在第一节中已经讨论，包括功能固着、刻板效应。

18.2.3.2 时间偏好

个体在处理事件时，往往有时间方面的偏好，例如，有些人喜欢在晚上工作、熬夜，而有些人则不喜欢熬夜。

18.2.3.3 地点偏好

在地点上，也往往呈现出偏好。不喜欢陌生的环境，而选择自己熟悉的环境。例如，有人有择床习惯，出差时，就无法入睡。

18.2.3.4 条件偏好

在从事某项行为活动时，行为的个体可能对从事这项活动的光线条件、温度条件、坐姿等有各种各样的要求，从而表现出条件上的偏好。特别是在心理学中，我们经常观察到：左利手和右利手现象，这也是一类特殊的技能偏好现象。

18.2.4 推理偏好

推理（reasoning）与决策，是人的思维的基本形式之一。在哲学、社会学、逻辑学、心理学、人工智能领域中，都对这一形式进行大量研究，积累了大量经验发现。在逻辑学中，推理是思维的基本形式之一，是由一个或几个已知的判断（前提）推出新判断（结论）的过程，有直接推理、间接推理等。从心理学角度而言，是外界给定事件的信息与经验系统相互作用的基本过程。按照一般的动力理论，推理过程也就是与经验相互作用的过程。

推理是人脑思维具有的一项基本功能。通常认为，推理是利用新获得的信息，通过逻辑的方式，获取事件的意义，并有意识地建立和确证事实等。

知觉是对事件信息的组织，从而获得事件的信息。但是，在人所生活的世界中，很多事件的信息是残缺的。这意味着，我们仅仅依靠知觉无法完成对事件的整个认知，人还要通过推理降低这种不确定性。

从事件的定义式，我们可以把事件的非确定性归结为以下几类：

（1）客体与客体属性不确定性；

（2）客体相互作用的非确定性；

（3）客体作用效应（或者事件的结果）的非确定性；

（4）事件发生的时间的非确定性；

（5）事件发生的地点的非确定性；

（6）事件发生的行为动机和内部动机的非确定性；

（7）事件发生的条件的非确定性等。

也就是由于非确定性的存在，推理得以把非确定的信息，通过推理的方式，得到延伸。由于推理的存在，也就意味着"预测"的存在。

人在推理过程中，总是依据一定步骤，进行事件结构要素中非确定要素的预测。预测是推理的目的与目标。在推理过程中，表现出认知的偏向，也就是认知策略或者方法的偏向。这类偏向包括以下几类：

（1）同时加工和继时加工偏好；

（2）趋同与趋异性偏好；

（3）沉思与冲动的偏好；

（4）行为机能偏好等。

在人的经验知识系统中，具有一类很重要的知识：技能。它是一类重要的程序性知识，负责处理各类"行为事件"。在经验的支配下，从而表现为偏好，或者说是行为习惯偏好。它是人的技能的一部分。

◎知识链接

思维技巧分类[①]

归纳思维：从一个个具体的事例中，推导出它们的一般规律和共通结论的思维。

演绎思维：把一般规律应用于一个个具体事例的思维。在逻辑学上又叫演绎推理。它是从一般的原理、原则推及到个别具体事例的思维方法。

批判思维：一面品评和批判自己的想法或假说，一面进行思维。在解决问题的时候，历来都强调批判思维。批判思维包括独立自主、自信、思考、不迷信权威、头脑开放、尊重他人六大要素。

集中思维：从许多资料中，找出合乎逻辑的联系，从而导出一定的结论；对几种解决方案加以比较研究，从而导出一种解决办法的，就属于这种思维。

侧向思维：利用"局外"信息来发现解决问题的途径的思维，如眼睛的侧视。侧向思维就是从其他领域得到启示的思维方法。

求异思维：也叫发散性思维。同一个问题探求多种答案，最常见的就

---

① 文字来源于 https://baike.baidu.com/item/%E6%80%9D%E7%BB%B4/475?fr=aladdin。

第四部分 心理动力学

是数学中的一题多解或语文中的一词多义。

求证思维：就是用自己掌握的知识和经验去验证某一个结论的思维。求证思维的结构包括论题、论据和论证方式。几乎每个人每天都会用到求证思维。

逆向思维：从反面想，看看结果是什么。

横向思维：简单地说就是左思右想，思前想后。这种思维大都是从与之相关的事物中寻找解决问题的突破口。横向思维的思维方向大多是围绕同一个问题从不同的角度去分析，或是在对各个与之相关的事物的分析中寻找答案。

递进思维：以目前的一步为起点，以更深的目标为方向，一步一步深入达到的思维，如数学运算中的多步运算。

想象思维：就是在联想中思维，这是在已知材料的基础上经过新的配合创造出新形象的思维，是由此及彼的过程。

分解思维：把一个问题分解成各个部分，从每个部分及其相互关系中去寻找答案。

推理思维：通过判断、推理去解答问题。也是一种逻辑思维。先要对一个事物进行分析、判断，得出结论再以此类推。

对比思维：通过对两种相同或是不同事物的对比进行思维，寻找事物的异同及其本质与特性。

交叉思维：从一头寻找答案，在一定的点暂时停顿，再从另一头找答案，也在这点上停顿，两头交叉汇合沟通思路，找出正确的答案。在解决较为复杂的问题时经常要用到这种思维，如"围魏救赵"。

转化思维：在解决问题的过程中遇到障碍时，把问题由一种形式转换成另一种形式，使问题变得更简单、更清晰。

跳跃思维：跳过事物中的某些中间环节，省略某些次要的过程，直接达到终点。

直觉思维：一次性猛然接触事物本质的思维，它是得出结论后再去论证。这种思维需要平时对事物本质认识的积累。直觉思维由显意识→潜意识→显意识构成一个动态整体结构，以整体性和跃迁性区别于其他思维形式。

渗透思维：分析问题时，看到错综复杂的互相渗透的因素，通过对这些潜在因素关系的分析来解决问题。

统摄思维：凭借思维来把握事物的全貌，并统摄推论各个环节。它是用一个概念取代若干个概念，是一种高度抽象的思维。

幻想思维："脱离现实性"是它最主要的特点。幻想思维可以在人脑中纵横驰骋，也可在毫无现实干扰的理想状态下，进行任意方向的发散，从而构成了创造性思维的重要组成部分。因为幻想的脱离实际，也就无法避免错误的产生，但只要幻想最终能回到现实中来并加以现实的检验，错误就会被发现和纠正。

灵感思维：人们在创造过程中达到高潮阶段以后出现的一种最富有创造性的思维突破。它常常以"一闪念"的形式出现，是由人们潜意识思维与显意识思维多次叠加而形成的，也是人们进行长期创造性思维活动达到的一种境界。

平行思维：为了解决一个较为大型的问题，需要从不同的方向寻求互不干扰、互不冲突即平行的方法来解决问题的一种思路。它也是发散思维的一种形式。

组合思维：在思维过程中，通过对若干要素的重新组合，产生新的事物或是创意。组合法是根据需要，将不同的事物组合在一起，从而创造出新的事物。

辩证思维：以变化发展的视角认识事物的思维方式，通常被认为与逻辑思维相对立。运用辩证法的规律进行思维，主要运用质与量互相转化、对立统一和否定之否定三个规律。

综合思维：就是多种思维方式结合起来运用。很多问题光靠一种思维方式是不能解决的，必须有多种思维方式综合运用才能解答。

核心思维：就是对于事物只索取重点，不关心任何杂乱无章的东西，学识渊博的人才具有这种凝聚核心的思维方式，在他们看来这个世界都是裸露的。

第 19 章 动机作用力

　　从刺激驱动的动力过程到思维产生的动力过程，本质上是一个"自下而上"的过程。在这个过程中，人类认知系统，获取事件的信息。而人类的精神动力系统，不仅要对外界的事件进行认知，还要对未来的事件进行执行，也就是要基于某种目的，去实现事件。这类行为区别于刺激驱动、区别于概念与经验的驱动，是一类新的动力行为，也就是"动机"。

　　换言之，世界是物质的，物质的客体，总是具有某种功能，满足人类个体的某项需要。客体也就具有了价值。它是客体和个体之间，发生的基于客体功能获得建立的作用关系，也就是精神动力。

　　基于某种动机驱动的人类个体性行为，必然地受个人观念所支配，并诱发身体生物动力系统进行响应。换句话说，它必然连接了人类个体观念（经验系统）、个体之间差异、行为模式（行为与运动系统）、人体的供能（生理供能系统）。这是一个自上而下的过程。也就是说，从精神动力开始，我们将主要关注人的下行的过程。

　　精神动力学（psychodynamics），曾是心理学中最具生命力的领域之一。与精神动力性行为机制的揭示相对应，形成了很多关键性的理论成果，包含在人格心理学、社会心理学、文化学、生物学、社会学等学科中。弗洛伊德、马斯洛等是这一领域中的关键奠基者。除此之外，在中国古老的国学领域，在社会实践中，也总结了大量社会管理的经验，也成为心理动力的关键性证据，例如，兵法。因此，对人的精神动力的理解，将会使我们获得广域的证据。

在这一章，我们将根据前面掌握的关键性理论，和现代心理学取得的关键成果相结合，形成关于"动机作用力"的关键数理理论。

19.1 客体功能与需要

客体是事件的关键要素，也是事件发生的物质载体。客体具有的物质属性和社会属性，往往使得客体在从事某类事件时，表现出某种功能性。功能一旦被他人所需要，就构成了相互作用的社会事件。被他人所需要，也就具有了交往的内在动机和行为动机。这暗示着，我们在清晰地理解动机之前，首要的就是要搞清楚客体具有的功能，以及客体具有的功能和需要之间的关系。

19.1.1 客体的功能性

如何看待客体具有的社会功能性？这需要回到事件中来回答，这是因为任何客体具有的功能，必然地通过客体参与的事件来体现，也就是通过事件表现出来。有趣的是，在人类行为中，从人类个体与精神功能系统中，按照个体所从事的事件要素的维度，对其进行了分类。人所具有的社会功能的分类：

（1）社会角色功能。社会是有结构的，人类个体在从事社会结构中的某种分工岗位时，也就承担了相应的社会功能。

（2）社会交流功能。在社会结构中的个体，从事社会的角色，需要

按照社会的规则，在人际的适应性中，进行人与人之间的信息沟通，从而具有社会的人际交流的功能。

（3）社会关系功能。处于一定社会角色的人类个体，在进行人与人之间的交流时，就会处于一定的利益关系中，实现利益之间的互换，以达到社会结构的顺利运行。利益之间的互换包括物质的互换、精神层面的互换、信息方面的互换等。人际关系的功能的本质，是利益的体现，也就是个体具有通过人际关系实现利益的功能。

（4）社会反馈系统功能。人与人之间的交流与交际，从人类个体出发，个体和对方形成了一个互为反馈系统，从而在互动中，促动事件的进展。个体在社会互动中，构成了社会反馈系统中的重要一环。换句话说，人类个体担负了社会反馈系统的功能。

（5）认知系统加工功能。人类个体，要满足上述所有的功能，都是通过认知系统来实现的，认知系统是处理各类事件和要务的根本性信息系统。因此，认知功能是人类个体具有的一个功能系统。

（6）知识的归因功能。人的所有表现，都是知识驱动的结果。知识包括自然科学知识、社会科学知识。所有知识的本质都是"因果律"。因此，归因功能，是人类个体认知的根基。它构成了一个独立的功能系统。

综上所述，社会功能的实现，是以"人类个体"为物质载体，以"人类个体"的生物性存在的"保障物"为基础的。反过来讲，在社会系统中流通的物质存在物（包括人）也就具有两方面的功能：

（1）满足人类个体的社会功能性实现。能够提供社会功能的他人、办公用品、工具等。

（2）满足人类个体的生物性存在。例如，食物、水、居住条件等。而人类提供某种社会人力资源的功能，也是为了获得社会性存在物。

这样，人类个体及物质存在物的"社会"功能性也就体现了出来。从

第四部分 心理动力学

这种角度理解，人类行为模式及其功能性，其实我们已经在前文讨论过了。例如，我们在人的个体的社会属性中，讨论的社会属性的两个维度，本质上就是人类个体处于社会中，具有的处理社会功能的属性。这就是它的基本本质。而在讨论九型人格中，如果我们把人的社会属性归因，也是一种社会功能。人的社会功能属性也就清楚了。表19.1中是我们在人类行为模式中，讨论的表格。上述两个方向的属性划分的本质，是个体作为社会存在物的社会功能属性。

表19.1 社会属性的两个维度

结构与功能属性 精神动力属性	尽责性	外向性	宜人性	神经质	开放性
社会动机	成就动机	刺激寻求	利他	冲动性	尝新
社会相互作用	自律	热情的	顺从	愤怒和敌意	价值观念
社会事件因果	条理性	独断性	同理心	脆弱性	思辨
事件要素特征属性	责任感	积极情绪	信任	自我意识	感受丰富
事件要素特征值信息属性	审慎	悦群性	坦诚度	焦虑	想象
事件结果	能力	活力	谦逊	抑郁	艺术性

这样，我们对人格维度的划分的理解，又深入了一步。因为"物质的存在物"（人或者物体）具有了满足他人对社会功能实现，物质的存在物才被他人所需要。在这里需要说明的是，物质的存在物还包括由群体的人构成的"组织""群体""国家"等结构。

19.1.2 物质的存在物

从物质性来看，各类物质资源，必定以物质客体的形式体现出来。物质的客体，按照物质形态的不同，主要分为几类对象：（1）自然物质实体；（2）生物生命体；（3）社会结构（包括组织和国家）；（4）精神个体的人。

19.1.2.1 自然物质实体

我们生活的自然界，是一个物质意义的实体世界。在这个物质世界中，各类物质具有各种形式的资源价值，而不断被人所利用。例如，矿物、能源物质、材料等。通过不同形式的加工，而具有不同的功能，满足人类群体和个体需要。

19.1.2.2 生物生命体

在自然界中，生活着具有生命现象的生命体，包括植物、动物。这些生物，具有生命体特征，不断延续生命的繁衍。生命体的运行，源源不断地提供各类生命物质，满足人类的所需，例如，牲力、生物链改造、食物。植物和动物都有着长期被人类驯化、共生的历史，以适应人类生存、生活、娱乐等需求与需要。它是一类重要的人类需要品。

19.1.2.3 社会结构与角色

人类个体以某种关系连接在一起，就构成了社会关系。社会的演变，逐步形成了社会结构，每个个体在社会结构中扮演着不同角色。社会结构及其设定的角色、制度等，也是一类实体形态，对应着社会的权利、利益等。因此，社会角色也是人类个体或者群体追求的一类客体存在，在社会心理现象中体现明显。

19.1.2.4 精神个体的人

具有精神意义个体的人，是一种人力资源的载体，可以从事不同的社会角色，因此，具有一定能力、技能、各种偏好的人，往往作为一种物质存在的客体，而被他人所需要。在现代社会中，人力已经成为社会运作中，最为关键的要素之一。

19.1.3 客体功能分类：马斯洛需要模型

对客体功能的分类，在心理学中，已经存在经验的发现模型：马斯洛需要层次分类模型（Maslow's need model）。这就提出了一个有趣问题，我们可以从上述人的需要角度，来划分人的物质资源的功能。显然，这种划分，是从心理学角度的一种划分，由此，功能的划分也就具有了主观色彩。在清楚了上述社会结构与功能需要的基础上，我们就很容易理解，这个模型的本质。

19.1.3.1 马斯洛需要模型

亚伯拉罕·马斯洛（Abraham Maslow，1908—1970），美国人本主义心理学家（如图 19.1 所示），以需要层次理论著称。1943 年，马斯洛提出五层次需要模型，使用五种层次的需要描述了人类心理力递进的模式。这五种层次的需要从低到高分为五个层次，构成金字塔形状：生理的需要（Physiological needs）、安全的需要（Safety needs）、归属与爱的需要（Belongingness and Love needs）、尊重的需要（Esteem needs）和自我实现的需要（Self-Actualization needs）。马斯洛的需要理论把最大、最根本的需要放在了最底部，把自我实现的需要放在最顶端，越低层次的需要就越是基本。

在五层次的基础上，20 世纪 70 年代，在尊重和自我实现之间又增加了"求知需要和审美需要"，成为七级模型。90 年代，又增加了"超越需要"成为八级需要模型，如图 19.2 所示。

生理需要是指人类赖以生存的物理需求。例如，空气、水和食物是所有动物包括人在内生存代谢所必需的。生理需求被认为是最重要的，应当首先被满足。

数理心理学：人类动力学

安全需要是指对于自身安全的欲望和要求，包括个人安全、金融安全、健康安全和意外、疾病等不利影响。例如，防止生理损伤、疾病、意外事故及经济上的灾难等。

归属和爱的需要。这种需要在童年时期尤其强烈，是指个人渴望得到家庭、团体、朋友、同事的关怀爱护理解，是对友情、信任、温暖、爱情的需要。它与个人性格、经历、生活区域、民族、生活习惯、宗教信仰等都有关系，这种需要是难以察觉，无法度量的。

图 19.1　亚伯拉罕·马斯洛

注：心理学博士、教授。1908年出生于纽约市布鲁克林区。毕业于康奈尔大学，后到威斯康星大学攻读心理学并留校任教。1951年被聘为布兰戴斯大学心理学教授兼系主任。主要著作包括：《动机与人格》《存在心理学探索》《宗教、价值观和高峰体验》《科学心理学》《人性能达的境界》《人的动机理论》等。在《人的动机理论》中，提出需求层次理论。

自尊的需要。自尊体现了人们渴望被别人接受和重视。人们经常从事专业的工作或者活动来寻求认可，这些活动可以体现个人贡献和价值感。需要注意的是马斯洛的自尊需要有两个版本，分为"低级"版本和"高级"版本。低级版本体现的是需要别人的尊重和认可，这其中包括了身份、地位、名声和威信等。高级的版本则体现为自我尊重的需要。

第四部分 心理动力学

求知的需要。又称为认知和理解的需要,是指个人对自身和周围世界的探索、理解及解决疑难问题的需要。马斯洛将其看成是克服障碍的工具,当认知需要受挫时,其他需要的满足也会受到威胁。

审美的需要。对对称、秩序、完整结构及对行为完美的需要。审美需要与其他需要是相互关联不可截然分开的,如对秩序的需要既是审美的需要,也是安全的需要和认知的需要。

自我实现的需要。马斯洛描述自我实现就是要充分发挥一个人的潜能。他认为专注于这方面的需求非常明确。

马斯洛认为要理解这一层次的需要,人们必须达到这种需要,并且要掌握这种需要。

超越自我的需要。这是当一个人的心理状态充分满足了自我实现的需求时,所出现短暂的"高峰经验",通常都是在执行一件事情时,或是完成一件事情时,才能深刻体验到的这种感觉,通常都是出现在艺术家或是科学家身上。

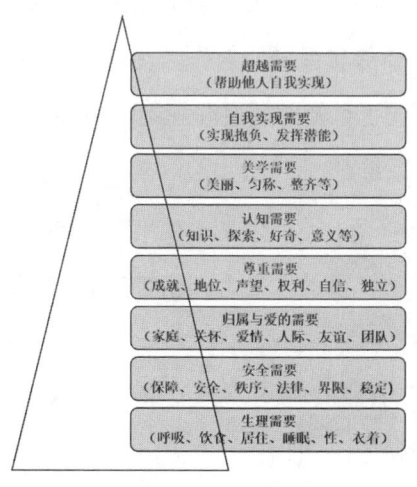

图19.2 马斯洛八层次需要模型

19.1.3.2 马斯洛需要模型数理含义

处于社会中的人类个体，处于多元化的系统中，具有多元化的属性。因此，它具有多系统的功能属性。

19.1.3.2.1 生物系统

人类个体是一个生物系统。依赖于生物活体的运作，人类个体从事各种人类活动，生物的存在是人类具有的首要要求。维持人类生物活体的存在，构成了人类个体的一种需要。

19.1.3.2.2 社会系统

人是社会中的人，它属于一定的社会群体，并承担了一定的社会职能，从而扮演了特定社会角色，来与社会之间发生互动。在社会群体发生互动中，得到社会群体的承认和地位的尊重。

19.1.3.2.3 信息系统

人类个体又是一个信息加工的系统，神经承担着信息的加工和处理，并构成了一个信息的网络，驱动人的感觉系统、经验系统、运动系统、供能系统，维持人的整个信息系统的运作。在信息处理中，条例事件发生的逻辑和规则，这就构成了认知的需要和规则的需要（美学的需要）。

19.1.3.2.4 精神系统

在上述三大系统中，人类个体又表现出个体的主观性，即按照某种目的去从事某项社会活动。目的性是人类精神的直接体现。它构成了人类需要的部分。

上述四大类系统的存在，要求人类个体的所有活动，都要维持这四个系统的有效运行，即满足：

（1）生物活体活动与安全存在。

（2）社会群体、社会社交圈与社会阶层性存在。

（3）信息加工、信息加工规则的存在。

（4）精神性存在：主观目的性实现与群体目标性实现。

与上述功能的维持相对应，就构成了个体的需要，需要和系统功能维持之间的对应关系，见表19.2。

表 19.2 人的系统、功能与需要之间关系

人的系统	系统的功能需要	需要功能分类
社会系统	社会角色生物维持	生理性需要
	社会权利与保障	安全性需要
	社会群体和社交圈存在	归属与爱的需要
	社会阶层存在	尊重的需要
信息系统	信息加工维持	认知需要
	信息加工的运作规则	美学需要
精神系统	主观目的性实现	自我实现
	群体目标性实现	超自我实现

功能是物质客体具有的属性之一，而功能的意义是用来满足个体和社会需要。要理解人类多样性的活动，也就是各种形式的需要的活动（或者说事件）。只有从心理角度进行功能划分，才有可能理解人类的多样性活动的"心理事件"。从这个意义上讲，马斯洛需要模型，尽管从心理学领域提出来，但是，它是对物质功能的一种分类，是连接"物质—功能—心理"的一个桥梁，没有这个桥梁，我们将无法解释物质对人的心理理解的意义。这样，就可以很清晰地理解"马斯洛需要模型"的意义。

（1）人类或者生物界的生存，都依赖特定的物质资源，资源是"生理性"生存与"社会性"生存的物质载体。

（2）马斯洛需要模型，从本质上讲，是对物质资源的载体，具有的功能的分类，这个功能就是满足人的各类需要。资源满足社会需要的功能，才是马斯洛需要模型的最为本质的数理含义。

（3）马斯洛模型提供的需要，是人的心理动力的来源，从这个意义上划分，需要又是对诱发心理动力的动因的划分。

数理心理学：人类动力学

（4）基于上述分析，可以看出，马斯洛需要模型，是联系需要"物质载体"与心理动力之间关系的一个桥梁，这个连接性，我们将在心理动力学部分来讨论。

综上所述，我们就得到了马斯洛需要模型的数理性本质。

19.1.4 社会功能需要存在物

我们在人类经验和模式中，就已经探讨过社会层次和结构，也就是金字塔管理结构。从管理角度看，在这个结构中，个人在这个岗位承担的功能，也就是社会角色。个体的角色有社会角色、组织角色、家庭角色等。以不同的角色和身份进行交往时，形成了不同性质的社会关系。

19.1.4.1 生物存在物

社会角色中的个体，首先是生物意义的活体。它要担负起社会的功能，首先要维持生物意义个体的生存，也就是维持社会个体的"生理活动"。即生物体作为一个生物开放系统，需要摄入生物体需要的营养素，并排出废弃物质，从而维持生物体正常活动。个体为了维持这一生理性活动，需要获得外界物质，这就构成了这一层次的物质需要。生物体存在，也包含了生物体延续，即繁殖的需要，才能对生物个体进行延续。上述两种形式的需要，是个体作为生物存在而具有的需要，称为生理性需要。我们把承担这类功能的客体，记为 $O_{physicality}$。

19.1.4.2 社会角色存在物

人的第二个存在是社会人的存在。它的含义是：个体是处于社会结构中的个体，具有各种角色，也就担负不同功能。社会角色存在与功能发挥，需他人对"社会角色"功能的承认与认知。这是一种功能性承认或者认同，它是他人和个人需要部分。我们把社会结构中的社会角色，作为一个客体，记为 O_{role}。对这一客体功能的需要，构成了"尊重的需要"。

社会角色的实现，是对组织而言的。也就是，社会个体，属于某个功能性的社会单位：家庭、组织等，都是功能性的社会单位（社会群体）。对社会群体的从属的认同，构成了个体的归属需要。我们把这一客体，记为 O_{unit}。个体对这一组织单位功能的认同，构成了一种需要，就是"归属的需要"。

在社会交往中，个体基于各种目的进行交往，形成价值利益关系。它是社会运行中，最为基本的关系。那么，对他人利益关注，是在整个人际关系交往中，最为基本的关系。这种客观存在属于一种交往功能行为，命名为"关爱行为"。在交往中体现出来，我们把交往中，表现出的双方客体，记为 $O_{interesting}$。上述这三种客体及其功能性行为，属于社会结构及其属性带来的。

19.1.4.3　认知存在物

人类个体具有三种存在形式：人的物质存在物、社会存在物、精神存在物。从信息处理角度看，精神活动本质：（1）具有目的性；（2）事件信息获取、处理与预测。所有"客体及其事件"，构成的信息，作为一类"客观物"，提供个体需要的信息，这需要人的认知系统来实现。认知系统及其功能构成了一类需要，也就是认知需要，我们把这类客体记为 $O_{information}$。而世界是有规则的，规则性意味着美学，这就构成了美学的要义。万物的规则性，也就是知识的规则性，也构成了一类需要。我们把知识的规则性，定义为一类客体 O_{order}。

目的需要是精神活动的根本，在事件结构式中已经体现出来。每个事件的目的都有所不同。但是，人类个体在从事每个事件时，都是自己社会角色功能的实现。对于未来事件，我们都需要一个自我的设定，也就是人的总目标的设定，这就构成了人类的需要。我们把这类客观存在物，定义为 O_{target}。

19.1.4.4 利益存在物

个体在社会中存在，会得到各种客体及其存在物。这些都构成了利益。任何一类利益，都有可能被侵犯，因此，对这类客体利益保护、对侵犯的判断，就构成了一类功能性需要。我们把提供这类功能的客体，记为 O_{safety}。这类需要，我们称为安全性的需要。

这样，我们通过社会结构的存在，人际交往抽提出了人的最为基本的客体和需要。也就是说，人的需要的本质是由社会存在的客观性来决定的。

19.1.5 资源的本质

人类所生活的世界，包含物质的客体和具有社会意义的客体，它们都承载着一定的功能，从而满足人的需求。因此，客体所承载的功能也就构成了人类个体的"需要"。

在某个地域内，具有的满足他人需要的客体及其功能物的富集程度，就构成了资源，包括物质资源、生物资源、人力资源、文化地理资源等。以占有客体及客体具有的功能为目的，就构成了精神动力的目标指向，也就是精神动力。

"资源"是指一定地区内拥有的物力、财力、人力等各种物质要素的总称，分为自然资源和社会资源两大类。通常，资源包括阳光、空气、水、土地、森林、草原、动物、矿藏等；社会资源包括人力资源、信息资源及经过劳动创造各种物质财富。也就是说，任意形式的资源，都具有其"物质存在"的形态。

有机体都是依赖一定的"物质"资源而生存的，这在生物界是一个基本性常识。因此，获取物质资源的竞争，而赢得生存的机会，在植物、动物、人类群体中，都可以广泛地观察到。例如，在深林里，植物的生长往往表现出分层次的结构，高大的树木，总是因为容易获得光能，而具有优先生长的机会，而越是靠近地面的植物，或难以获得光能，而生长矮小。光能是植物生长的竞争资源之一，如图 19.3 所示。

图 19.3　植物分层分布图

注：在深林中，为了尽可能地获取光能，植物按照其高度，表现出分层结构。

我们把任何一类资源和它的功能，都可以简化为"客体"和"客体的功能"，这是一个普适的、简化的"概念"。

功能是"物质客体"能够满足某种需求的一种属性。功能作为满足需求的属性便带有客观物质性和主观精神性两方面，称为功能的二重性。例如，座椅是一个物质的客体，具有物质性，它的基本功能是满足人的坐的需要，坐就是椅子具有的基本功能。

在椅子上，又可以附加很多功能，使之具有美学的样式，也可以做得非常有美感，从而使这一物质载体，具有美学意义。这时，这把椅子，又具有满足人的美学的需要，美感是一种精神性需要。甚至，在椅子上叠加文化符号，而具有特殊象征意义。如图 19.4 是宋朝时的方丈座椅，具有功能、文化的特征。

图 19.4　南宋佚名《五山十刹图》中的径山方丈椅子

注：椅子的基本功能是满足人坐的需要。同时，椅子可以做成各种不同的风格，满足人的美的品位的需要，也就具有了美学的功能。因此，物质对象在功能上往往具有物质性与精神性双重属性。

19.2　动机度量

物质客体具有的"社会功能"，可以满足人类个体或者群体的生理或者心理的某种诉求，这个功能就构成了人的需要部分。物质个体，就诱发了人类个体或者群体的心理制动的动力。需要与客体功能之间的关系，需要对应的心理量来表征，以描述心理动力发动中的这一关系。这需要两个心理量："目标物与目的"。

19.2.1　目标物

物质客体，是个体需要的某种功能的物质"载体"。要获得某种功能，也就是要获得这个"客体"。在社会化的物质场景与背景信息中，把需要的"客体"与其他客体分开来，并设定为我们需要的那个特指"客体"，这个特指"客体"，就是我们设定的、需要的"目标物"。或者人在主观上设定了某个目标物，而在现实中去寻找（自上而下）。

从这个意义上讲，我们通常意义上讲的"需要"，本质上是获得物质意义的"目标物"（客体）所承载的功能。即便是社会性需要，也满足这一基本规则。

19.2.2 目的

以获得"目标物"为指向的事件，结果往往还没有实现，属于未来事件。把获得"目标物"及其功能作为目标指向和"意愿"，就构成了我们从事某个事件的"目的"。所以，目的首先是一种"期望"。

换句话说，目的是我们预设的行为目标物和获取与否的行为结果。从这一意义上讲，目的具有两种基本属性：（1）获得目标物；（2）放弃或者抛弃目标物。这种目的，也就构成了行为驱动的内在目的。

19.2.3 动机事件

基于某种目的而要发动的事件，属于现在进行或者就要发动的事件（当前事件或者未来事件）。为了讨论方便，我们用 w_h 表示人类个体（h 是 human 的缩写），w_o 表示目标物，那么，这两个变量构成了事件结构式中的两个客体变量。mt_{wo} 表示内在目的（下标 wo 是目标物的缩写）。

这时，我们在事件结构式中，讨论的心理事件结构式的丰富含义也就暴露出来。在我们的结构式中，客体 wo 就是目标物，mt_{wo} 就是内在目的。那么，动机事件就可以表示为：

$$E = w_h + i\,(w_h \leftrightarrows w_o) + e\,(w_h \leftrightarrows w_o) + w_o + t + w_3 + mt_{wo} + bt + c_0 \qquad (19.1)$$

在这里，相互作用，我们用了两个指向，分别表示了两种性质的心理动力发动：（1）由目标物诱发的需要行为，这是一种被动性行为。（2）个体主动性寻找目标物的需要行为。例如，当我们看到西瓜时，可能诱发了"吃"的欲望。而反过来，当我们感觉到"渴"时，去买西瓜，则是一种主动性行为。同样都是对目标物"西瓜"的目标指向，但是，诱发的性质并不相同：前者属于西瓜诱发的，后者则属于个体诱发的。

从上述的论述中，我们可以看到，目的中包含了两个基本要素：（1）目标物，它是功能的承载物，也是需要承载的客体；（2）行为结果，获得或者放弃目标物承载的功能，也就是获得或放弃目标物。

◎科学案例

习得性无助

习得性无助（Learned helplessness），是美国心理学家塞利格曼（1967）研究动物时设计的一项实验。把实验狗关在笼子里，笼子的底部装上电极，中间放置一个隔板。狗可以从隔板一侧跳到另外一侧。箱子装有蜂鸣器，只要蜂鸣器一响，电极就通电。当只有一侧电极充电时，狗就会跳到挡板的另外一侧，躲避电极的电击，如图19.5。

但是，当蜂鸣器响时，如果两侧都同时通电，这就导致两侧都无法躲避电击。多次试验后，狗不仅不逃，而是不等电极出现，就先倒在地上开始呻吟和颤抖。这就是习得性无助行为。通常认为，习得性无助揭示了通过学习形成的一种对现实无望和无可奈何的行为、心理状态。

图19.5 习得性无助（Seligman et al., 1967）

注：在一个封闭的箱子底部，装上可以通电的电极，中间有一个隔板。当挡板一侧通电时，狗会从通电一侧跳往非通电侧。当两侧同时通电时，多次试验后，狗不再从一侧跳往另外一侧。

电极的笼子，具有一个基本功能：电击。这是对动物生理产生伤害的一项功能。它是一个物质意义的"目标物"，并承载上述功能。显然，这一功能不是狗需要的，或者说是狗需要放弃或者逃避的功能。因此，躲避电击箱具有的这一功能，成为狗的内在目的，这构成了它行动中追求的行为结果。

这一事实，在实验开始初期，很快得到验证，即狗从有电击一端跳跃到无电击一端。这是这一基本目标和需要驱动的结果。

但是，一旦两端同时通电，这时，无论哪一端都无法实现躲避电击。狗开始放弃这一躲避的目的，内在的心理动力丧失，则狗不再两端跳跃。前后两次的狗的反应，是行为作用的效应。用事件结构式来表达，就可以写为：

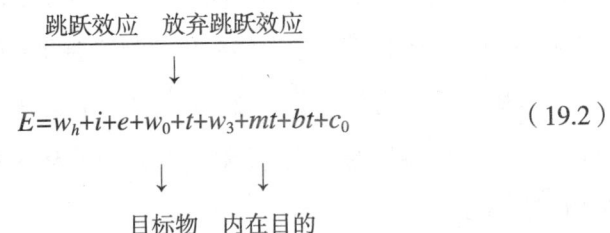

$$E = w_h + i + e + w_0 + t + w_3 + mt + bt + c_0 \quad (19.2)$$

也就是说，习得性无助，也恰恰验证了狗与客体（电击箱）相互作用中，由于内在目的发生了两种性质不同的变化时，出现了两种完全不同的行为结果，也同时验证了事件结构式的合理性。

19.2.4 需要度量：价值

目标物具有功能性，能够满足人的某种需要，这时，目标物就具有了价值。因此，价值就具有了心理意义。从心理学意义上讲，价值是目标物功能满足个体或者群体需要程度的一种心理度量。价值量也是一种评价量。

19.2.4.1 价值标准

在度量衡中，我们讨论了心理变量的标准："群体标准"。在测量学中，它可以通过建立大量的样本量，来消除个体的差异，也就是"常模"。也就是说，它是消除了个体差异的一个群体参照标准。价值的标准，同样需要这样一个标准。我们把这个标准，称为群体标准，记为 $v_{social-standard}$。同样，为了区分个体对一个客体的评价量，我们把个体的评价量记为 $A_{individual}$。

在马克思哲学中，价值被定义为：凝结在商品中的无差别的人类劳动（Marx et al., 1975; Livergood, 1967; Dunayevskaya, 2018）。这个定义，回答了价值产生的基本根源。即把客体作为一个客观物，客体在生产中，被赋予了功能，在生产中，对客体价值的度量标准，这个量我们称为价值客观量，它不以我们个人意志为转移，它的本质与 $v_{social-standard}$ 等价。那么，这个标准属于群体标准。而个体的价值判断会和群体标准出现偏差。我们把个体持有的标准记为 $v_{social-standard}$。这是由个体之间的观念差异引起的。在经济学中，某个客体的功能的价值，又通过价格的形式体现出来，它是价值的一种体现。

19.2.4.2 价值物分类

从心理学上看，凡是构成了人的需要的事件，都是有价值事件。承载这一需要的物质载体，可以有多种形式。也就是对价值进行物质化分类，主要包含几种形式：（1）货币；（2）实物；（3）人力资源；（4）精神存在物。

19.2.4.2.1 货　币

货币是经济活动中，直接度量交换物价值的介质。一般由国家直接进行公信背书，也称为法币。法币一般又和硬通币之间关联，成为公信的一部分。在商贸流通中，以货币作为中间媒介进行流通，货币就成为有价物品之一。

19.2.4.2.2　实　物

在自然界存在的物品，或者经过人类加工的物品，都可能用来满足人的自身发展需要，成为生活用品，这类物品，因为满足人的某种需要，就具有了存在的价值，成为有价物品。因此，实物也构成了有价物品之一。

19.2.4.2.3　人力资源

人力资源指在一个国家或地区中，处于劳动年龄、未到劳动年龄和超过劳动年龄但具有劳动能力的人口之和。劳动能力是对人的资源能力的一种总概括，也就是说，劳动中的人类个体，由于可以创造各种价值，从而成为有价值的资源之一。劳动力资源的种类包括：（1）技能；（2）人脉；（3）社会人脉；（4）社会角色与权力；（5）地位与声望等。

◎ 科学案例

长平之战

长平之战是秦、赵两国，在长平地区（今山西省晋城高平市西北）发动的战略决战。战争初期，赵国军队由老将廉颇带领，采用防守策略，抵挡秦军。后起用赵括，变更防御部署，组织进攻。秦国则暗中更换名将白起，并佯败后退、诱敌脱离阵地，进而分割包围、予以歼灭，最后，赵军40万人，被秦军坑杀，秦军获得战争胜利。从此，赵国元气大伤。

从人力资源角度看，秦国自张仪设定"击人"国策，本质上是：通过大量消耗对方的人力资源，借以消耗对方的物质生产和军队建设。人力资源是社会化生产活动中，有价值的重要资源。

19.2.4.2.4　精神存在物

人在社会活动中，会根据自己的经验和技术，创造性地发现、发明很多产物。这些物品，是人的精神产物，也构成了人类群体需要的有价物品之一。例如，艺术品、歌曲、文学作品、新的发明和技术（知识产权）等。

19.2.4.3 价值关系

在社会交往活动中，双方或者多方，都基于"目的"进行社会交往活动，我们以两者之间的交往，来讨论它们之间的利益交换关系。交往双方分别记为：A 和 B。双方的目的分别记为：b_At 和 m_At，b_Bt 和 m_Bt。交往的事件，就可以写为：

$$E=w_A+i+e+w_B+t+w_3+（b_At+m_At）+（b_Bt+m_Bt）+c_0 \quad (19.3)$$

交往的双方，都持有各自的"目的"进行交往，即从对方那获得自己的需要及其承载物。这时，就需要度量两者之间的利益关系。而目的是有其对应的利益承载物，对利益的心理度量，就转变为对应利益承载物的价值的度量。一旦交往行为得以完成，可能出现几种利益的价值度量形态。

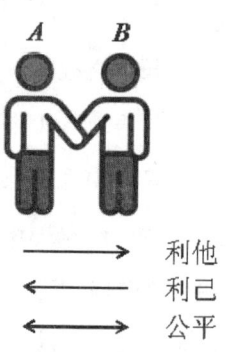

图 19.6　社交中利益关系

注：箭头表示利益输送方向，在交往中，交换的价值不同，会导致利益输送方向改变。以 A 为主体，利益向 B 方输送，则为利他；反之，则为利己。双方价值交换对等，则为公平。

19.2.4.3.1 利己关系

A 和 B 双方基于各自的目的进行交往，交往的目的是获得有价值的需要，需要的价值，分别记为：$V(b_At+m_At)$ 和 $V(b_Bt+m_Bt)$。我们以 A 作为利益主体。当利益互换时，$V(b_At+m_At) > V(b_Bt+m_Bt)$，这时，可以用以下关系式来表达：

$$V(b_At+m_At) - V(b_Bt+m_Bt) > 0 \quad (19.4)$$

这时的关系，以 A 为主体，A 获取的价值大于 B 的价值，总价值向 A 输送，称为利己关系。

19.2.4.3.2 利他关系

同样，如果在利益交换中，出现 $V(b_At+m_At) < V(b_Bt+m_Bt)$，这时，可以用以下关系式来表达：

$$V(b_At+m_At) - V(b_Bt+m_Bt) < 0 \quad (19.5)$$

这时的关系，以 A 为主体，A 获取的价值小于 B 的价值，总价值向 B 输送，也就是说，在交往中，A 出让了自己的利益，我们称为利他关系。

19.2.4.3.3 公平关系

特殊的，当利益互换时，$V(b_At+m_At) = V(b_Bt+m_Bt)$，这时，可以用以下关系式来表达：

$$V(b_At+m_At) - V(b_Bt+m_Bt) = 0 \quad (19.6)$$

这时的关系，以 A 为主体，A 获取的价值与 B 的价值等价，称为公平关系。利己、利他、公平的价值互换关系，在任何社会形态中，都可以观察到这些关系，并互存而共生。

19.3 动机作用力

需要诱发了人的精神动力，这在心理学界，已经达成了一个基本共识。但是，要理解人的潜在动力机制，就需要对人的动力系统机制，进行深入剖析。而人的动力系统，从表面上看来极度复杂。

数理心理学：人类动力学

从系统角度来看，我们分为三个系统：（1）生理供能与控制系统；（2）机械运动与控制系统；（3）认知动力与控制系统（精神动力系统）。一旦划分了这三个系统，人的动力性也就很容易阐述清楚。在这部分，我们首先讨论人的认知动力系统的动力。

在广义作用力中，我们给出了普适性的力的定义。这一定义的出发点，覆盖所有具有力学作用的自然现象和社会现象，这是由事件结构式的普适性决定的。

功能性的物质客体，与人（包括精神性的动物）发生作用，满足心理事件结构式。而事件的结构式，是人与其他客体的作用的高度概括，这就提供了"心理力"定义与讨论的数理性根源。这里，我们将不再采用"精神动力""心理力"等在心理学中模糊的、争议性的概念，而直接采用"动机作用力"概念，并在下文的讨论中，逐次给出它的数理操作定义、内涵和外延，讨论心理学中其他与之有关的心理概念，并在逻辑推理中，导出其他关联概念的含义，这将是又一次数理观念的有趣延伸和突破，在动力学领域再次展现出迷人的魅力。

19.3.1　心理空间与物理空间矢量

任何一种形式的精神动力，都是人类个体与客体之间的相互作用而诱发的。对功能的需要是动力诱发的根源性。物质客体，经认知系统采集后，以事件信息形式，进入人的信息系统，经心理进行表征。在"心理空间"中，我们已经找到了这个数学形式。

我们把个体的"中央眼"作为物理零点（在后文我们将论述中央眼的这一数理意义），建立物理空间。任意一个"客体"，在考虑到属性的情况下，可以用一组位置坐标来表示。

$$r_{\text{phy}}=(x_1,\cdots,x_i,\cdots,x_n) \quad (19.7)$$

第四部分　心理动力学

根据空间对称律，这个属性空间，会对应一个心理表征空间。在心理表征空间中，任何一个客体的表征，也可以用空间中的一组坐标来表示，我们把这个量记为：

$$r_{psy}=(x_1',\cdots,x_i',\cdots,x_n') \quad (19.8)$$

19.3.2　动机作用力定义

根据上述心理动机事件结构定义式，我们把机作用力定义为：目标物 w_o 与人类个体 w_h 之间发生的，由需要诱发的心理相互作用，我们称为动机作用力。在这里，我们需要说明的是，这里的目标物，既可能是实际的物质实体，也可能是抽象的目标物，如组织、国家。无论哪种形式的"目标物"，在心理空间中，该目标物必然有"目标物"的空间位置。

那么，在心理空间中，目标物 w_o 是这一心理事件的诱发客体（施力客体），人类个体则是这个精神动力的驱动客体（受力客体），而诱发的心理的动力又是有大小的。这时，我们就可以用一个数学的矢量表示动机作用力。

$$F(\Delta)_{ff} \quad (19.9)$$

下标 ff 是五因素（five factor）的英文缩写，以纪念大五和五因素模型。三角形表示具有某种功能的物质客体（也就是需要），它是诱发心理动力的施力客体。为了纪念马斯洛的贡献，我们把所有具有某种功能的物质力源，都统一记为 Δ，我们称为马斯洛三角形。它是一个由"中央眼"出发，指向客体的心理矢量，大小等于心理动力的大小。从这个定义中，我们可以看到动机作用力的几个基本要素：大小、方向、施力客体、受力客体（行为个体）。

在这里，我们需要说明的是，心理动力的诱发，包含两种情况：

（1）客体对个体进行诱发。这时，个体是受力的、被动型的。

（2）个体对客体主动寻求。这时，个体主动寻找客体，个体是主动的发动动力。

19.3.3 动机作用力指向性

方向性，是动机作用力具有的一个基本特点。与物理力的不同在于，动机作用力的指向性，包含了丰富的动机作用力学内涵，我们要从整个人的动力系统角度，才能逐步讨论清楚动机作用力的指向性。

19.3.3.1 动机作用力心理表征空间

在数理上，力是一个矢量，也就是具有方向性的矢量。它是一种内在的心理动力，也是一种心理知识（心理经验）表征。

在事件的结构式中与需求产生的动力性中，我们已经确立了几个基本的数理观念：

（1）客体是具有功能的；

（2）人的需求的本质是对功能的需要，由于客体是功能的物质载体，人的需要也就转变为对客体的获得。

（3）目的的心理本质也就是获得具有某种功能的目标物。客体能够诱发心理动力的内在数理根源。

而所有的实现，离不开外界事件在心理的知识表征。在心理空间几何学中，我们讨论了三种意义的心理子空间：心物空间、恒常性空间、符号空间。这些子空间一起，构成了心理空间的完备空间集。它是不同编码形式对应的心理数理空间描述。也就是说，无论哪种编码形式的事件中，每个事件的客体，都会有其对应的心理空间位置。或者说，外界事件对应的物理空间和心理空间之间存在对应性。心理操作实现了这种对称性操作变换。这种关系，可以表示为：

$$（物理空间）心理操作（心理空间）\qquad（19.10）$$

这就意味着，我们用矢量方式，来表示动机作用力，至少可以寻找到两种数学表述形式：一种是在物理空间中的表示，另外一种是在心理空间中的表示（也就是物理空间的经验表征表示）。它们之间的变换，满足对应空间中的数理变换（见心理空间几何学）。

例如，在物理空间中，建立物理坐标系后，空间中任何一个物体都会有自己的位置坐标。而物理空间对应的心理空间，是物理空间的一个映射，或者说是一种对称性变换。客体和个体都会被变换到心理空间中，存在对应的空间位置。

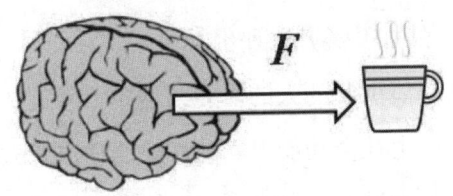

图19.7 动机力

注：需要的目标物的表征，在心理空间中，诱发心理驱动动力，产生对目标物的指向作用，它是一个矢量。

19.3.3.2 动机作用力矢量方向

根据上述矢量，在心理空间中，从个体位置指向"客体表征"的矢量方向，是动机作用力的矢量方向，我们把这个量的方向，用单位矢量 r_{psy} 来表示。这个矢量，在物理空间中，与之对应的方向，我们用 r_{phy} 来表示。

在这里需要说明的是，客观世界的物理存在物，可以用语言来编码。用语言表示的客观物，也是一类客体，它的"位置"存在于语义空间中，动机的矢量，就是指向语义空间中客体的位置。

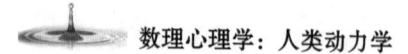

19.3.4 动机作用力大小

物质客体具有自己的功能（包括自带的功能和需要提炼之后具有的功能），人类个体对客体功能、属性的不同要求，产生了不同需要，度量需要的大小或者重要程度，就构成了"价值"，记为 v，这是一种心理评价量，也是一种度量。

在社会中的人类个体，从事社会活动中所调用和占用的系统包括：社会系统、社会反馈系统、认知系统、知识系统（见上文），从而表现为6个分类（表19.1中的5个大类，外加一类知识的归因功能）。表19.1中的5个大类又依据事件处理时的功能，分为6个小类。这就意味着，迄今为止，科学发现的人类个体对社会功能进行的评价，至少包含39类（表19.1中包含30类，外加9类归因评价）。

由此，由社会功能引起的人的需要，本质上就是由人类个体经验驱动的精神动力。由此，由社会功能引起的需要的动力的大小，就和思维惯力具有同样的形式。而在社会场景中，任何一个客体具有的功能是千变万化的。对于不同的目标物，它的评价量并不是一个常量。而对于同一个目标物，一旦评价稳定，也就成为一个稳定量，因此，由需要引起的动机的作用力，就可以表示为：

$$F(\Delta)_{ff-i} = p_i \cdot (C_i + \Delta c_i) \tag{19.11}$$

p_i 表示人格常量（见前文思维惯力），$p_i C_i$ 就是思维惯力，i 表示第 i 个分量。$A_i = C_i + \Delta c_i$。C_i 表示的是固有的观念，而 Δc_i 则表示不同场景中，对客体评价引起的差异量。A_i 则表示对客体具有的第 i 个功能进行的评价。因此，上式也可以表示为：

$$F(\Delta)_{ff-i} = p_i \cdot A_i \tag{19.12}$$

由于，在生活中，我们通常用价值量来表述，因此，$V_i = C_i$，$\Delta c_i = \Delta v_i$，

第四部分 心理动力学

则上式也可以表示为：

$$F(\Delta)_{ff-i} = p_i \cdot (V_i + \Delta v_i) \quad (19.13)$$

这三个表达式，从本质上是一致的。但是，却包含了不同的数理含义。在第一个等式中，我们可以看出，尽管客体促发的动力源于评价，但是却受到已有经验的影响，从而表现为"惯性力"$p_i C_i$。同时，它又受到现实场景的实时情况的影响，表现为 $p_i \Delta c_i$。第二个等式，则是动机作用力的一般表达式，动机的大小来源于实时的评价。第三个等式，用价值的形式表达出来，这符合我们平常的经济生活。该式表明，价值越大，产生的动机作用力也就越大，且动机作用力随时间发生变化。这就可以揭示我们心理的动态认知过程中，动态的心理过程。

在实际的过程中，评价是一个和时间有关系的动态量，因此，用 t 表示时间，则可以有以下关系：

$$A_i(t) = C_i + \Delta c_i(t) \quad (19.14)$$
$$= V_i + \Delta v_i(t)$$

和

$$F(\Delta t)_{ff-i} = p_i \cdot (V_i + \Delta v_i(t)) \quad (19.15)$$

从这一关系出发，我们就可以理解人在处理事件时的实时的动态行为。

◎科学案例

锚定效应本质

锚定效应（anchoring effect）也叫沉锚效应，是一种常见且重要的心理现象。它是指当人们评估某个事件时，某些起始值，会像锚一样，制约着估测值。在决策行为中，人们会不自觉地重视这些起始值。Tversky 和 Kahneman（1974）曾因该发现获得诺贝尔经济学奖。

# 数理心理学：人类动力学

哈佛商学院的 HammondJS 教授用一个简单的心理学实验来说明锚定效应，实验要求同一批不具备相关背景知识的被试先后回答以下两组问题。第一组问题："土耳其人口超过三千五百万吗？你认为土耳其人口是多少？"第二组问题："土耳其人口超过一亿吗？你认为土耳其人口是多少？"结果表明：随着每组问题中的第一问题所涉及的人口数增加时，被试在第二个问题回答上高估了人口数量，也就是说第一问题将被试进行了"锚定"设置。

锚定效应在判断与决策研究领域得到广泛的验证，在日常生活中，从销售领域，促销广告对购买数量的影响，到风险预测领域，评估股市变化；从博彩估计问题、价格估计问题、法律判断问题、一般知识性问题、协商谈判问题，到自我效能评估、软件评估问题等，研究者们沿用并发展了 Tversky 和 Kahneman 的研究方式，将研究扩展到真实情境和现场试验中，从不同角度证明锚定效应普遍存在且难以消除。

此外，在现实生活中商品价格锚定中，企业通过价格锚定来操纵人们对商品价值的评估，如星巴克的依云水。当人们发现一瓶矿泉水都需要二十几元后，会认为星巴克的三四十元一杯的咖啡就没那么贵了。显然，矿泉水的价格是锚定效应中的初始值。同样，苹果商店里几百元的手机壳和钢化膜，也是运用了价格锚定。而在化妆品中，无效低价会诱导客户选择花费更多的钱。如，同款同量的某面霜，一款是850元，另一款外加15毫升的赠品是880元。大多数顾客都购买了更贵的这款，显然850元抬高了顾客心理的价格锚点。

总之，锚定效应不仅在判断与决策研究领域中得到广泛的验证，而且在现实生活场景中的运用十分普遍，特别是在商品价格锚定中，企业通过价格锚定来操纵人们对商品价值的评估。也就是说，真实情境和现场试验都从不同角度证明理论锚定效应普遍存在现象，并且难以消除，

这一"锚定效应"现象的心理本质在于：让个体形成稳定的价值观念C_i，个体在C_i的基线上进行实时的动态评估，评估最后的结果记为$A_{(t)}$，满足$A_i(t)=C_i+\Delta c_i(t)$。

19.3.5 动机作用力与需要、目的的关系

从动机作用力产生的论述逻辑中，我们已经得到了一个基本的数理逻辑关系：物质客体具有某种功能，这项功能是个体可能需要的。需要是产生动机作用力的一个前提条件。一旦产生需要后，在个体把客体设为要获得的目标物后，心理动力才开始发动。因此，从这个意义上讲，动机作用力具有目的的导向性和目标物的指向性。

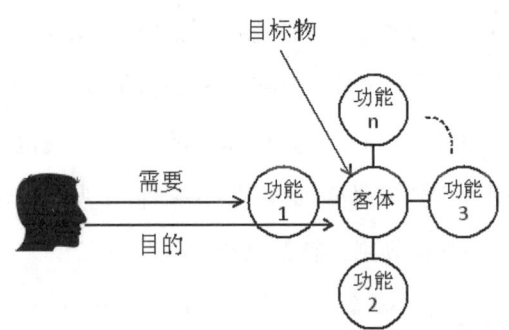

图 19.8　客体、需要、目标物、目的与心理力之间的关系

注：客体具有某种功能或者多种功能，是功能载体。个体为了满足自我的某种功能需要，将获得实物的载体——客体，设定为行为事件的目的，客体就成了要获得的目标物。这时，行为个体就具有了发动行为的心理动力。

19.4　动机叠加原理

由于有了心理空间作为数理支撑，动机作用力矢量也就成为一个数理意义的力学概念，这一概念把客体、功能、需要、价值、目标物、目的与目的指向等内涵，集中在一起，并整合了马斯洛需要层次模型，使这些知

识整合为一个基本概念,含义丰富而清晰。与之有关系的争议的根源,也就很容易凸显出来。

由此,这一力学观念的提出,也澄清了这些已有经典发现之间的数理逻辑,使动机作用力成为一个最为基础的数理力学概念。如果以数理性作为标志,这个概念提出,使得之前和之后的动机作用力学研究,在"数理"这一界限上发生了根本性分界,或者是一分水岭。以此为基础的矢量几何学,也就具有了进入心理学的天然通道和突破口。

在有了"动机作用力"概念之后,我们还要在这个基础上,讨论人类个体的"抑制性行为"。这是人类行为中普遍的行为现象。这需要我们讨论"抑制现象"背后的力学属性的本质,即抑制力产生的心理根源。

抑制力的产生,会导致动力和抑制力之间发生相互作用。这就需要我们探索二者之间的力学作用规则。为此,我们将根据矢量数学的基本原理,来讨论心理的力学原理,并确立相应的动机作用力学规范。在这里,我们重点建立动机作用力学的矢量叠加规则,并把它作为心理学中的基本矢量几何规则。根据这一几何规则,解释已有的经验发现。

19.4.1 抑制力

动机作用力,就其力学属性上而言,是推动个体进行各类运作的积极动力。但是,有可能出现一种和当前动机作用力指向相反的动机作用力。从数学角度看,它对当前的动力起到消减甚至抵消的作用,这种力,我们称为抑制力(suppress force),或者惰性力。抑制现象,是心理学中普遍观察到的一类力学现象。

抑制性也是一种功能性需要,存在于人体的自我保护、社会的自我保护、社会关系的制约、文化体系中,并最终内化为人的行为。

我们将主要讨论抑制行为发生的动力特性。我们认为,它的来源包含三个根源：（1）个体演化的生理性自我保护与避害；（2）群体演化的社会保护与避害；（3）社会性规范（基于统治的动机与群体设计），源于社会制度与秩序的保护。

从矢量关系上看，驱动力是对目标物的指向性，而抑制力对应的动机作用力矢量，则与目标指向相反。我们把抑制的动力可以表示为：

$$F(\Delta t)_{ffs-i} = p_i \cdot (V_{is} + \Delta v_{is}(t)) \quad (19.16)$$

为了和驱动动力做一个区分，我们把抑制力用下标 s 进行区分。

19.4.1.1 生理性约束

生理性生存和自身保护，是任何人类个体都需要具有的一项基本功能，并在个体行为的动力性中得到体现。

对自身生理进行保护，防止某种行为的过度发生，是产生抑制力的第一种可能。这类抑制力，当我们遇到危险场景时，可以抑制我们的某类行动，达到趋利避害的目的。按危害的来源，这类抑制力主要分为两类。

（1）外界危害因素避害。

外界因素，危害人的个体时，产生的自我避害的动力机制。当个体由于生理性需要，需要喝水时，就会驱动个体去获取水源。但是，如果这时水很烫，就会产生避害的评估，产生抑制的作用力，阻碍我们获取水源。这是对外在"有害"因素评估后，产生的一种自我保护的避害动力。

（2）自我危害因素避害。

除了上述外在有害因素之外，还存在一种来源于自我有机体的避害因素。例如，当个体处于高度劳累状态时，身体产生的自我评估，来抑制个体去做某件事，这构成了一种抑制动力的因素，保证个体不要"过度"使用个体资源。

上述，用来抑制某类行为发生，产生的抑制性动力，是个体保护自身的一类抑制动力源。

19.4.1.2 社会性约束

人类种群在繁衍与发展过程中，会进化出一类社会性约束机制，约束人的行为，使之适合种群的健康发展，起到保护种群的目的。这种约束，为社会的大多数人所接受，保持稳定，并以共同性的观念和规范保留在社会群体中。

（1）对社会个体生理行为约束。

在社会演化中，形成了对个体生理性需要进行约束的机制，约束整个社会群体行为的集体约定。

例如，性是个体意义的围绕生殖展开的性行为。这是双方意义的个体私密行为。对个体生理演化而言，"生理过度"一词，可以用来描述这类行为的抑制行为。

但是，当这类行为在公众场合散布时，公共社会行为需要对这类行为进行约束，我们认为，在语言学中，进化出了"色情"词汇，就是用来约束，在公共场所，性的散播，到达某种极限时的不可逾越性。

色情，是群体演化中，个体行为在公众散播时，进化的约束机制。在没有群体散播时，则没有这类机制。同样，这类约束，在很多语言的词汇中，都可以观察到。

（2）社会性行为约定。

除了个体的保护机制外，社会在演化的过程中，社会群体也演化了一套整体自我约定，用来约束社会中的每个个体的行为，形成社会性约束机制。往往以社会规范的形式而出现，并内化为社会行为个体的经验，对个体产生约束机制。

表 19.3　个体约束与群体约束的动力比较

行为分类	个体约束	群体社会约束	鼓励动力
吃	饱	铺张	节俭
性	过度	色情	多子多孙

这些约束机制，在整个社会演化过程中，沉淀为社会经验，并转换为个体意义的社会经验，对人类个体的行为产生推动或者约束作用力。又以不同的社会规则的形态表现出来，主要表现为以下几种形态：

（1）社会结构；

（2）意识形态；

（3）文化道德；

（4）宗教；

（5）法律。

这些心理驱动的动力因素与抑制因素的结合，又通过外在的社会的物质形态表现出来，反映在以下几种形态：

（1）社会的利益分配；

（2）社会结构；

（3）家庭结构；

（4）人权等。

这些生动活泼的人类学形态的背后，交叉了人的心理机制在个体与群体演化中的整个人类历史长河。

特别是这些社会性制度，在不同的社会发展历史形态中，又往往被统治者保护少数人的利益而利用，成为剥夺大多数人的利益的基本工具。统治者往往根据自己的统治需要，在社会统治过程中，确定一套利于统治的行为规范，这类规范成为抑制个体行为的基本抑制力，放弃反抗。"愚民"的本质，就是利用抑制力，来抑制个体行为，或者无法让人发动驱动行为的动机作用力。

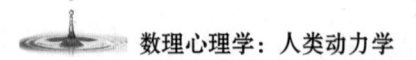

19.4.2 抑制力发生种类

生理性约束和社会性约束,是抑制力产生的社会性根源。从事件发生的条件角度讲,就对各种发生的事件的行为进行调控,在行为模式中,实际上,我们已经接触了对人的行为调控的6种方式,包含五大类六小类,它涵盖了人类行为的生活情境(见表19.1),也包含在人的归因场景中。那么,每类行为都应该存在对应的抑制力,来约束自我的行为,从而形成趋利避害的机制,这是一种安全性的需要。

19.4.3 动机作用力矢量叠加原理

在数学、物理中经常出现这样的现象:几种不同原因的综合所产生的效果,等于这些不同原因单独产生效果的累加。

根据上述动机作用力的动力属性,我们可以得到一个基本性的结论,任意一类行为,都有对应的驱动这类行为的驱动力,也有抑制这类行为发生的抑制力。由此我们提出动机作用力矢量叠加原理:

驱动某类行为的动力,其推动动力与抑制力,方向相反,并满足矢量叠加原理。推动心理的动力,是两者的合力。这个原理,我们称为"动机作用力矢量叠加原理"。无论抑制力还是驱动动力,我们都用符号 F 表示,它是心理空间中的一个矢量。

在心理动力系统中,如果有多种需要,则多种需要产生的力的综合相关等于这些不同需要单独产生效果的累加,即:

$$F（合力）=F_1+\cdots+F_n=\sum_{i=1}^{n}F_i \qquad (19.17)$$

在现实社会中,我们经常会观察到这样的现象,个体有某方面的心理需要,由于迫于社会规则(社会需要)产生的约束,而放弃这种需要。我

第四部分　心理动力学

们把这种由于社会规则产生的心理应力，称为"约束力"。显然，这种力具有相反的方向。因此，当心理产生的约束力和需要产生的应力达到平衡时（大小相等），而方向相反。那么产生的合力就是：

$$\sum F = F(\Delta t)_{ff-i} + F(\Delta t)_{ffs-i} \quad (19.18)$$

如果抑制力和驱动动力相互抵消，合力的结果为0，也就不会采取行为行动。这就揭示了在很多种情况下，行为的个体的内心所想并未通过行动全部表现出来的原因。

由此，也可以看出，动机和心理驱动力并不是一个完全等价的概念。这里，由某种需要产生的力，我们称为心理驱动力的分力。

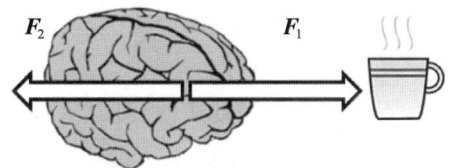

图 19.9　心理合力

注：F_1表示需要产生的应力，F_2表示约束力，两者大小相等，方向相反，合力得到消减，行动驱动力得到削弱。

19.4.4　心理合力现象与证据

由上述假设：驱动人的动作"行为"（行为学指标）的内在力量是心理驱动力的"合力"。当存在几种心理需要时，由该假设，可以得出这样的推论：

（1）当所有心理驱动力分力方向指向一致时，或者说目标一致时，心理驱动力相合成的结果是：合力驱动力得到加强，推动人的行为发生。这在动机联合现象中可以观察到。

（2）当心理驱动力分力方向指向不一致时，心理驱动的合力会得到削弱，驱动人运动的行为会得到削弱。

（3）当心理驱动力分力分量完全相反，大小相等，则无行为表现。这在有动机，但是无行为表现的现象中可以观察到。

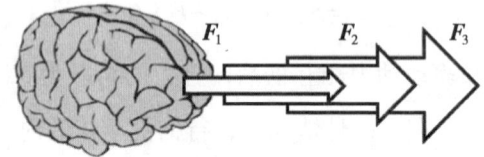

图 19.10　心理驱动力合力图

注：当心理驱动力分力指向一致时，驱动行为的总的合力将会得到加强，共同驱动人的动作行为的发生。

◎科学案例

动机联合与动机冲突现象

正是由于心理驱动力具有叠加的性质，所以我们通常会观察到两种特殊现象：心理驱动力方向一致（动机的联合）和心理驱动力方向不同（动机的冲突）。

1. 动机联合

当指向最终目标的几种驱动力基本一致时，它们将形成合力，联合起来推动个体的行为。强度最大的驱动力被称为主导动机。它对其他动机具有调节作用。这种调节作用主要表现为：

（1）主导动机有凝聚作用，将相关动机联合起来，指向最终目标；同时主导动机还决定个体实现具体目标的先后顺序。

（2）主导动机具有维持作用，将相关动机的行为目标维持在一定的目标上，阻止个体行为指向其他目标。非主导动机的影响力较小，但其作用也是不可忽视的。非主导动机可以增强或削弱这种动机联合的强度。

2. 动机冲突

当指向最终目标的几种驱动力相互矛盾或相互对立时，这些驱动力就会产生冲突，也叫动机的冲突。这些冲突包括：

（1）双趋冲突：当个体的两种动机分别指向不同的目标，只能在其中选择一个目标而产生的冲突。

（2）双避冲突：当个体的两种动机要求个体分别回避两个不同目标，但只能回避其中一个目标，同时接受另一个目标而产生冲突。

（3）趋避冲突：当个体对同一个目标同时产生接近和回避两种动机，又必须做出选择而产生的冲突。

（4）多重趋避冲突：当个体对两个或两个以上目标同时产生接近和回避的动机，又必须做出选择时产生的冲突。

◎证据与案例

祥林嫂悲剧

当一个人的所有心理驱动力的方向一致，或者说目标一致时，心理驱动力相合成的结果是：合力驱动力得到加强，推动人的行为发生。正如鲁迅先生的短篇小说《祝福》所描述的人物祥林嫂的悲惨遭遇。

起初，祥林嫂丈夫死后，狠心的婆婆要将她出卖到山里，以换取为二儿子娶妻的财礼。深受封建礼教思想毒害的祥林嫂被逼出逃，到鲁镇鲁四老爷家做佣工，受尽鄙视、虐待。不久之后，又被婆婆家抢走卖给深山里的农民贺老六。开始，虽抵死不从，然而婚后添了一子后，终于过上了安稳的生活。怎奈命运多舛，贺老六因伤寒复发而亡，接着儿子阿毛又被狼衔去。经受双重打击的祥林嫂，失魂落魄，犹如白痴。即使这样，人们还"鄙薄"她，说她改嫁"有罪"、"不干净"，对她进行嘲笑，要她捐门槛以"赎罪"，不然到了"阴间"要被"阎罗大王锯开来"分给她所嫁的两个丈夫。终于凑够钱，央求庙祝捐了门槛后，祥林嫂"神气舒畅，眼

数理心理学：人类动力学

光分外有神"。但是在"祝福"时，"四婶"仍不让其碰祭品，这让祥林嫂意识到自己依然摆脱不了人们的歧视，这让她遭受更大的打击，以致不能正常干活，被主人赶走，沦为乞丐，最后在鲁镇一年一度的"祝福"的鞭炮声中，惨死街头。

在祥林嫂的案例中，改嫁后内心所承受的压力，丧夫失子的打击，别人的嘲笑、鄙薄和歧视，都属于心理驱动力。这些驱动力同时指向祥林嫂，形成合力，挤压着她的内心，让她变得失魂落魄，变得麻木，变得早衰，失去了生的意愿，最后惨死街头。

◎证据与案例

阿特金森（J.W.Atkinson）于1963提出成就动机理论，该理论认为动机受到个体对目的的评价和对达到目的可能性评估的影响，并且成就动机和害怕失败之间会产生冲突。个体成就动机可以分成两部分：一个是力求成功的意向，一个是避免失败的意向。如果个体在一种特定的情境中，获得成功的需要大于避免失败的需要，那么他就敢于冒风险去尝试，并可能追求成功。

追求成功的意向乃是成就需要、对行为成功的主观期望的概率、取得成就的诱因值的乘积的函数，可以表示为：

$$T_S = M_S \times P_S \times I_S$$

其中，T_S表示追求成功的意向，M_S表示对成就的需要，P_S表示成功的可能性，I_S表示成功的诱因值。

避免失败的意向类似力求成功的意向的因素，可以表示为：

$$Ta_f = Ma_f \times P_f \times I_f$$

其中，Ta_f表示避免失败的意向，Ma_f表示避免失败的需要，P_f表示失败的可能性，I_f表示失败的消极诱因值。

因此，成就动机由力求成功的意向的强度减去避免失败的意向的强度，可以表示为：

$$Ta=T_s-Ta_f=M_s \times P_s \times I_s - Ma_f \times P_f \times I_f$$

阿特金森的成就动机理论模型是关于需要、期望，诱因价值的动机理论，并从数理角度进行描述，是对传统的动机理论的一次突破性进展。但这一理论模型并不完善，该理论只是对现象学层面的变量建立联系，无法解释成就动机的本质，动机发生与发展的条件，以及影响成就动机的变量。

实际上，如果把追求成功的意向 T_s 理解为需求动力，避免失败的意向 Ta_f 理解为社会抑制力，那么成就动机 Ta 就可以理解为个体的行为动力。而动机的本质，动机发生与发展的条件，以及影响成就动机的变量，都在本章节中得到阐释。

19.4.5 内驱力与外驱力

为了获取某种目标物发动的心理事件，原则上是个体心理动力的直接根源，或者说是个体的主观意愿，这一类动力，构成了人类活动的内驱力。但是，在现实世界中，我们又会发现，个体往往又不得不从事一些非自我愿意的事件，这些事件源于外部的压力。这就构成了外驱力。这表明，我们需要对内部发动的动力根源，进行性质的区分。

马斯洛需要模型，只是对需要进行了分类，这是一个巨大的进步。人类个体在从事各种事件时，根据社会结构的设计，每个人都担负了一定的社会角色，也就是从事一定的社会功能。例如，工人（从事工业化生产）、农民（从事农业生产）、教育（从事未来人才培育）等。

角色性的行为，需要我们对岗位的认同（评价），从而从事这一事件时，产生内在的驱动动力，这是一种内驱力。

一旦无法角色认同，也就是无法认同在从事某种岗位的功能性，从事

数理心理学：人类动力学

这一事件也就无法获得动力性评价，人类个体将无法获得积极的动力行为，评价量较低甚至为 0。

而外部的其他动因（压力），可能促使个体不得不从事这一事件。例如，生活所迫、生理性需要、安全性需要等。再如，强迫劳动的奴役劳工，其生产行为是一种强迫性劳动。在这种情况下，行为个体出于自身安全的考虑，而不得不发动心理动力，驱动指向目标物的行为，从而使得产生附加的动力。一旦这种附加动力和动因消失，人的动力性就会减弱，这是一种外驱力。

上述两种情况下的需要，从动力发动的根源看，性质是不同的。尽管两者都是通过行为个体的动机作用力，产生行为驱动的动力，但一个是个体主观的意愿，而另外一个则不是个体的主观意愿。这意味，对这两种发动的力源的性质需要进行区分。在前文动机作用力的定义中，我们已经明确区分了动机作用力的要素，施力客体是其中要素之一。

表 19.4　需要性质和力源关系

需要性质	动机作用力力源
主观意愿	内驱力
非主观意愿	外驱力

19.4.6　内在观念冲突

在动机的表达式中，我们可以看到一个有趣的现象，就是动力的合成现象。在驱动力和抑制力的叠加中，如果我们把该式进行展开，就可以得到下述表达形式：

$$\sum F = p_i \cdot (V_i + V_{is}) + p_i \cdot (\Delta v_i(t) + \Delta v_{is}(t)) \quad (19.19)$$

或者

$$\sum F = p_i \cdot (C_i + C_{is}) + p_i \cdot (\Delta c_i(t) + \Delta c_{is}(t)) \quad (19.20)$$

第四部分　心理动力学

在这个表达式中，C_i 和 C_{is} 分别是个体持有的两个观念，也就是价值观念，分别驱动个体的行为和抑制性行为。由于在事件中起到的作用效果是相反的，人类个体在行动中要对这两个观念进行协同评价和决策，就可能形成内在的心理冲突。

19.4.7　动机作用力意义

综上所述，我们已经得到了动机作用力的基本形式，这是一个非常有趣的阶段性成果。动机作用力的有趣性，在于它在几个方面实现了理论的连接性。

19.4.7.1　揭示人类观念在动力中的作用

人类的精神动力，源于人的知识观念，在人类的行为和心理学研究中，大量地观察到这一事实。动机作用力，揭示了人类固有的"观念"C_i 起到的关键性作用，即人的精神动力的活动受我们的价值观念所支配。

19.4.7.2　建立了动力与人类行为的关系

人类的行为模式，是观念驱动的结果。它是人的行为的稳定表现，在行为模式中，我们已经大量讨论了这个结果。观念量 C_i 的本质就是人的行为模式。因此，动机作用力把人类的行为动力和行为模式建立了关系，也就是把"力学量"和"运动学量"建立了关系。

19.4.7.3　建立了动力学关系

行为现象、人的特质差异、动力学量三个关系的建立，使得人类个体在从事事件时的行为的动力学关系建立起来了。在这种情况下，通过人的"观念"的测量、人格的测量、评价量的测量，人的行为动力也就可以进行预测。这样，一个预测人的行为的数理时代开始到来。

19.4.7.4 文化动力学

人的观念的形成,源于我们生活的文化。也就是在文化中,我们习得了各类生活观念,在观念的支配下,来从事各类行为。这样,从数理的、心理动力学角度,我们揭示文化动力学的突破口就找到了。

19.5 传统动机作用力回顾

动机作用力驱动的心理动力行为,具有目标指向性,我们称之为"行为目标"。而人是具有自己"主观意愿"的人,它源于我们对世界与自我的认知。这种主观意愿与行为目标关系,会影响人的动力。

而主观意愿发动的动力,必然和人的经验、推理有关系,这提示:还存在一个心因因素,影响人的动机作用力。这就是:心理事件的目的归因。因此,在继"抑制力""叠加原理"之后,还必须研究心因过程。这个过程,也必然是一个认知过程。

从表面看来,精神动力现象表面复杂,这也导致精神动力的现象学研究困难。精神驱动力开辟了一个途径,使我们对精神动力的理解归为"动因"(需要理论)。这将使意识的分析变得简单起来。意识的动力过程,就是精神动力作用下的过程。

但是,仅仅依靠"动机作用力"概念,无法解释精神动力过程的全部,因为动机作用力无法解释驱力发生的心因过程。

在心理学中,对心理学的归因过程的研究,比较有影响的是"TRA 模型"。在这里,我们将从我们的动力角度,重现阐述这个模型的基本含义,并使之具有更加丰富的含义。

19.5.1 TRA 模型

我们在动机作用力驱动下,去从事一项活动。根据事件的定义式,它是具有一定目的的事件,这个目的,我们也称为行为意向。意向和行为态度之间的关系,可以用 TRA 模型来解释,如图 19.11 所示(Fishbein, 1980)。行为产生的意向受行为态度和主观规范两个因素影响,共同作用,产生了行为的意向,由该意向促发行为。

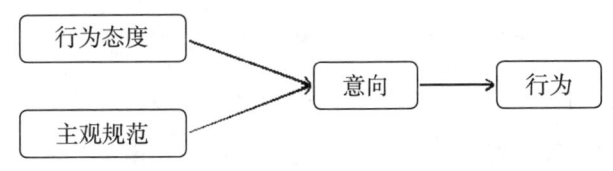

图 19.11 行为归因行动模型(TRA)

注:个体产生的行为的意向,一方面来自态度的影响,一方面受主观规范的影响,意向导致了最后的行动。

在这个模型中,引入了一个主观意向。主观意向,可以理解为制动行为发生的主观目的性的动机作用力。根据我们上述的论述,动机作用力包含两种作用的动力:驱动动力和抑制性动力。驱动行为的动力,是这两个动力的合力。

而促发动机作用力的动因,包含各种起源。主观规范是和人类社会制度有关系的各类行为规范,确切地说是各类行为模式。这类模式,影响着人的主观动机作用力的发动。也就是说,在这个模型中,包含了对动机作用力发动的朴素理解。但是,这个模型,并不能完全勾画出,我们提出的社会规范影响动机作用力的本质原因。

意向是个人动机作用力的主观性愿望,这个愿望本身就是动机作用力本身。或者说描述这个行为的制动本身,就是一种态度。所以,态度是一个显示的状态描述量,而不是动机作用力本身。所以在这个归因模型中,态度不是意向发动的根本原因,即不存在因果关系。这是这个模型错误的根本原因。但是,这个模型中包含的合理因素,应该引起业界的注意。

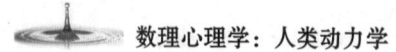

19.5.2 动机作用力概念争议

在心理学中，有很多与动力相似的概念，来描述心理驱动力。例如，驱力、压力、动机作用力等。同样，在同一概念下，也存在不同定义，例如，动机作用力就有很多不同的定义。这种状况，导致了在研究过程中的认知混乱。这需要在我们已经建立的动机作用力概念基础上，来重新诠释这些概念。动机作用力概念定义的多样化，是最为混乱的领域之一。我们首先考察"心理动机作用力"的定义。"动机作用力"定义有多种，这些概念如下：

（1）动机作用力，在心理学上一般被认为涉及行为的发端、方向、强度和持续性。动机作用力为名词，在作为动词时则多称作"激励"。在组织行为学中，激励主要是指激发人的动机作用力的心理过程。通过激发和鼓励，使人们产生一种内在驱动力，使之朝着所期望的目标前进的过程。

（2）动机作用力是引起个体活动，维持并促使活动朝向某一目标进行的内部动力。

（3）动机作用力是推动人从事某种活动，并朝一个方向前进的内部动力，是为实现一定目的而行动的原因。动机作用力是个体的内在过程，行为是这种内在过程的表现。

（4）促使人从事某种活动的念头。

（5）动机作用力是指由特定需要引起的，欲满足各种需要的特殊心理状态和意愿。

（6）动机作用力是指一个人想要干某事情而在心理上形成的思维途径。同时，也是一个人在做某种决定时所产生的念头。

（7）动机作用力是个人心理和行动一致的一大倾向，理念实施的组

第四部分　心理动力学

织源头。

（8）动机作用力是推动人从事某种活动，并朝一个方向前进的内部动力，是为实现一定目的而行动的原因。动机作用力是个体的内在过程，行为是这种内在过程的表现。

（9）动机作用力是激励和维持人的行动，并将使行动导向某一目标，以满足个体某种需要的内部动因。

（10）动机作用力本身不属于行为活动，它是行为的原因，不是行为的结果。

从上述论述及动机作用力的要素角度出发，上述动机作用力概念的定义的本质是从动机作用力的不同要素（或者属性）来描述"动机作用力"。但是，上述这些定义，忽视了"动机作用力"的要素的统一性，导致对动机作用力的方向、大小、施力方、受力方等认知不全面，导致了这一概念的混乱。

同时，也应该看到，在动机作用力的概念里，也涉及：行为目标与主观意愿一致性的讨论。这些讨论，是忽视或者未发现目标与意愿分离的情况下的一种必然。这些概念，也忽视了以下问题：

（1）表征。心理的动力，必须通过心理内部信号表达来实现编码。能够诱发心理产生动力作用的，必须是该目标物在心理空间中的表征来诱发。因为，任何目标物能够被大脑识别，必须经过大脑的表征。上述动机作用力概念，强调对目标物的指向，并没有指出，实际是对表征的指向。这是心理本质决定的。

（2）在心理空间中，对目标物的指向，心理动力是具有方向性的矢量。上述概念经过指出具有指向作用，但是缺乏心理空间概念，并不能定义动机作用力的"矢量"特性。

（3）动机作用力是具有大小的矢量，上述概念混淆需要和动机作用

·481·

**数理心理学：人类动力学**

力概念，无法确定和需要之间的关联，因此，无法定义动机作用力大小。

（4）动机作用力动力的双面特性。动机作用力不仅具有推动心理发动行为的动力特性，也具有抑制心理发动动力的特性。这一特性，我们将在后续中，进行论述。而上述动机作用力概念，忽视了这种动力的特性。

总之，动机作用力概念的多元，是动机作用力数理机制不清楚情况下的可贵探索。动机作用力力学矢量概念及心理动力发动中，动力意愿与行为目标分离的发现，将总体解释这一现象。

综上所述，动机作用力数理概念的确立、抑制力发现、行为目标与动机作用力并在数理角度确立一个数理的力学概念，将以往的所有动机作用力学概念综合起来。

第四部分 心理动力学

第20章 行为作用力

精神动力是心理的内在作用力,是人的行为活动的内在动力。在这一动力驱动下,促发人的生物机械运动系统,从而表现出行为制动的动作。行为制动的动力系统,在生物学领域,被作为一个独立系统,也就是"运动系统"。

人的运动系统,从生物、物理角度看,它是一个"生物机械动力系统",它接收来自刺激激发、精神动力激发的动力信号,因此,它又是一个"生物控制动力系统"。

在我们讨论清楚了刺激动力系统和精神动力系统的基础上,讨论这一系统的工作方式和功能机制,也就成为可能。

从精神动力出发,这一系统接收来自心理作用力的指令,驱动运动系统,进行机械的动力制动,由此,与物理世界和社会世界产生作用。这种关联性,使得人的"机械运动系统",表现出了精神特性,也就是在行为上表现出了目标指向性。它是人的精神与物理世界连接的一个窗口(另外一个窗口是感觉系统与物理世界的连接口)。

在精神动力学中,我们讨论了精神动力的指向性,它是人的表征空间中，个体对目标的指向性。

对于机械运动系统，由于执行精神动力的动力指令，也会表现出这一特性，这一特性我们称为"行为指向性"和"行为目标"。即它与物理世界、社会世界的作用，不是纯粹的物理活动，而是具有动机性质的活动。这与精神层次不同，它需要我们和机械系统的行为结合起来，讨论这一问题。

这是一个古老课题的研究，既会涉及当代的科学证据，又会涉及来自大尺度历史时期的证据。这也意味着这一研究的厚度和宽度，涉及的领域会极其广泛，例如，生物学、物理学、系统控制、心理学、社会学等。这也是这一领域爆发出生命力的原因之一。也正是这点，给我们提供了丰富的、广泛领域的经验结果，使得对这一问题的数理性质的讨论，成为可能。

20.1 行为制动与供能系统

生物意义的运动系统，也是生物机械系统。心理动力一旦发动，就要驱动人的运动系统，做出行为动作的制动动作。这依赖于人体的生物运动装置及其信号控制系统。从这个意义上看，它首先是一个"物理系统"。

从物理学看，运动是需要能量的，这也就意味着人体必须向运动系统及其维持系统源源不断地输送能量。供能是心理力发动的必然性结果，这就依赖于身体的供能系统来满足这一要求（当然，人的精神活动，也需要供能）。这意味着，人的精神动力的信号，也理应"同步"发送到供能系统，使得精神动力系统、生物机械系统等迅速得到能量补充。因此，供能系统，也成为心理动力物质外显过程中，必然考虑的问题。

20.1.1 人体生理系统

把人作为一个研究的黑箱，这是我们设定的研究公设。把人体作为黑箱，并拆解为基本功能单元，见于心理学、神经科学、医学等各个交叉领域。

第四部分　心理动力学

在生物学中，把人作为一个生物体意义上的生物结构体，拆解成很多独立单元，已经十分成熟。这种方式，遍及生物学、医学、神经科学。

人体可以被拆解为九大系统，分别是运动系统、消化系统、呼吸系统、泌尿系统、生殖系统、内分泌系统、免疫系统、神经系统和循环系统。若干个功能相关的器官联合起来，共同完成某一特定的连续性生理功能，即形成系统。

20.1.2　运动系统

人的运动系统由骨、骨连接和骨骼肌三种器官组成，以不同形式连接在一起，构成骨骼，支撑着人体活动需要的生物器官，并构成了人体的基本形态，也就是人体骨架。人体的骨架，也就具有几个方面的作用：支撑身体、保护脏器、行为制动。在这里，我们主要讨论它的运动动作的制动。

20.1.2.1　运动系统机械机构

如图 20.1 所示，人体的骨架是肌肉的附着物，在肌肉中，运动神经元深入肌肉内部，在运动神经支配下，进行伸展和收缩，做出各种复杂的制动动作。这时形成的动力作用，是物理意义的杠杆运动。骨架、肌肉、神经系统是人类运动赖以制动的物质外壳。三者共同构成了生物机械系统的动力控制系统，也就是平常意义的"运动系统"。

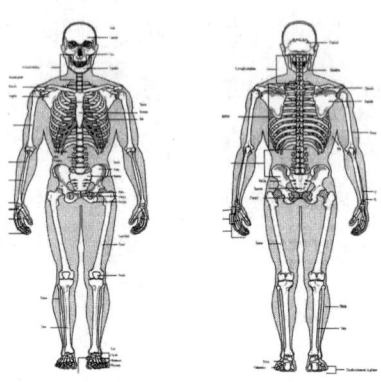

图 20.1　人体骨架

注：人体骨架，是人体的支撑机构，承担对人体脏器的保护、机械制动等作用。在人体骨架上，肌肉附着，运动神经元深入肌肉内部，发送运动指令，产生伸展和收缩，形成机械系统作用的动力，完成制动动作。

20.1.2.2　运动机械原理

在人体构成骨骼系统中，主要利用"杠杆原理"，完成机械动作，达到运动的目的。杠杆是整个人体中，最基本的机械装置。在人体的骨骼系统中，主要包含三类杠杆：（1）等臂杠杆；（2）费力杠杆；（3）省力杠杆。

20.1.2.2.1　等臂杠杆

人的头部运动时，做点头或者抬头动作，脊柱顶端形成支点，头颅的重力是阻力，在肌肉拉动下，支点前后的肌肉配合起来，有的收缩有的拉长形成低头仰头动作。动力臂和阻力臂近乎相等。这时，形成的杠杆作用，是一种等臂杠杆，如图 20.2 所示。

第四部分　心理动力学

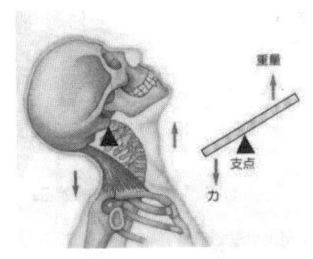

图 20.2　等臂杠杆

注：人做抬头和点头动作时，脊柱的顶端形成杠杆支点。在肌肉拉动下，做支点运动。这时形成的杠杆的两个力臂近乎相等，形成等臂杠杆。

20.1.2.2.2　费力杠杆

人的手臂绕肘关节转动，是一类典型的费力杠杆。在人的屈肘运动中，肘部成为支点，股二头肌提供的拉力，成为杠杆运动的动力。而在手中的重物，则构成了阻力。在这种情况下，根据物理学杠杆原理，动力臂小于阻力臂长度。这时，手臂做运动时，就比较费力。这时构成的杠杆，就成为费力杠杆。尽管如此，这种杠杆，却可以在极短时间内产生较大动作，提高了工作效率，如图 20.3 所示。

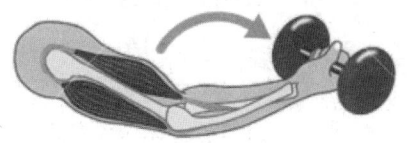

图 20.3　费力杠杆

注：人的手臂做屈肘运动时，肘部关节作为支点，股二头肌是动力，手拿的重物是阻力。这时的阻力臂大于动力臂。这种情况下，构成的杠杆，就是费力杠杆。

20.1.2.2.3　省力杠杆

我们走路抬起脚时，脚就是一个杠杆。脚掌根是支点，人体的重力就是阻力，腿肚肌肉产生的拉力就是动力。杠杆模型如图 20.4 所示。这种杠杆可以克服较大的体重。这时是省力杠杆，反之则是费力杠杆。

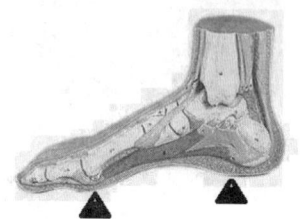

图 20.4　省力杠杆

注：人走路时，人的脚部前段是一个支点。人体的重力是阻力，腿部肌肉产生的拉力是动力。这时的动力臂小于阻力臂，这时费力。反之，抬脚时，脚跟是支点，这时省力。

20.1.2.3　运动系统功能

运动系统的主要功能是：在人脑指挥下，完成各种指令动作。从这个意义上讲，运动系统也是人的"外周机械行为系统"。它的功能主要包含三条：

（1）运动系统主要的功能是运动。简单的移位和高级活动如语言、书写等，都是由骨、骨连接和骨骼肌实现的。

（2）运动系统的第二个功能是支持。构成人体基本形态，头、颈、胸、腹、四肢，维持体姿。

（3）运动系统的第三个功能是保护。人的躯干形成了几个体腔，颅腔保护和支持着脑髓和感觉器官；胸腔保护和支持着心、大血管、肺等重要脏器；腹腔和盆腔保护并支持着消化、泌尿、生殖系统的众多脏器。

20.1.3　供能系统

人的社会化交往、生殖、生物活体存在、精神活动，都需要能量作为支撑，并维持这些活动。这就需要人体的几个生物系统，协同工作，完成人体的供能活动。它不是某一个生物系统进行支撑的。从功能角度出发，我们把人体的几个独立的工作系统，统一起来，称为供能系统。包括：

（1）呼吸系统；

（2）消化系统；

（3）泌尿系统；

（4）内分泌系统；

（5）循环系统。

这些系统存在，给人的社会化活动，提供了源源不断的能量与动力。供能是这些系统协同作用中的一个基本功能。

20.1.3.1 消化系统

在人体中，消化系统包括消化道和消化腺两大部分。消化道是指从口腔到肛门的管道，可分为口、咽、食道、胃、小肠、大肠和肛门。通常把从口腔到十二指肠的这部分管道称为上消化道。消化腺按体积大小和位置不同可分为大消化腺和小消化腺。大消化腺位于消化管外，如肝和胰。小消化腺位于消化管内黏膜层和黏膜下层。消化系统的基本功能是，通过对食物的分解和消化，获取人体需要的基本养分，并同时获得人体需要的基本能量。

20.1.3.2 呼吸系统

呼吸系统是由呼吸道、肺血管、肺和呼吸肌组成，通常称鼻、咽、喉为上呼吸道。气管和各级支气管为下呼吸道。呼吸系统的主要功能是进行气体交换，获得人体需要的基本氧气，并排出新陈代谢过程中产生的二氧化碳。

20.1.3.3 泌尿系统

泌尿系统由肾、输尿管、膀胱和尿道组成。其主要功能是排出机体新陈代谢中产生的废物和多余的液体，保持机体内环境的平衡和稳定。

20.1.3.4 内分泌系统

内分泌系统是一种整合性的调节系统。它是神经系统以外的一个重要调节系统。内分泌系统（The endocrine system）由内分泌腺和分布于其他器官的内分泌细胞组成，包括弥散内分泌系统和固有内分泌系统。其功能是传递信息，参与调节机体新陈代谢、生长发育和生殖活动，维持机体内环境的稳定。

20.1.3.5 循环系统

循环系统（Circulatory system）是生物体的细胞外液（包括血浆、淋巴和组织液）及其借以循环流动的管道组成的系统。

从动物形成心脏以后，循环系统分心脏和血管两大部分，叫作心血管系统。循环系统是生物体内的运输系统，它将消化道吸收的营养物质和由鳃或肺吸进的氧输送到各组织器官，并将各组织器官的代谢产物通过同样的途径输入血液，经肺、肾排出。此外，循环系统还维持机体内环境的稳定、免疫和体温的恒定。

20.1.3.6 免疫系统

免疫系统由免疫器官（骨髓、脾脏、淋巴结、扁桃体、小肠集合淋巴结、阑尾、胸腺等）、免疫细胞（淋巴细胞、单核吞噬细胞、中性粒细胞、嗜碱粒细胞、嗜酸粒细胞、肥大细胞、血小板）及免疫活性物质（抗体、溶菌酶、补体、免疫球蛋白、干扰素、白细胞介素、肿瘤坏死因子等细胞因子）

组成，具有免疫监视、防御、调控的作用。

20.1.3.7 神经系统

神经系统分为中枢神经系统和周围神经系统。中枢神经系统包括脑和脊髓，周围神经系统包括脑神经、脊神经和内脏神经。神经系统是人体结构和功能最复杂的系统，由神经细胞组成，在体内起主导作用。神经系统也是身体的信息系统，负责整个身体的信号传递和加工。

在供能系统中，主要参与的系统为自主神经系统，每个脏器都和自主神经相连接，接收来自高级运动的信号，对脏器进行加速运动和减速运动的指令的释放（见下文讨论）。

20.2 动力系统功能特征

人体运动系统、供能系统是生物动力系统，在生命存续期间，不断往复循环运作。循环往复，是动力系统的基本特征。这在事实上要求，系统具有"复位"的功能，即回到初始状态的功能，为下一轮动力激发，做好准备，从而使得动力系统，表现出周期性。

对人体动力性研究的资料，生物学、医学领域，积累了大量资料。我们将在这些资料的基础上，提出它的动力性功能模型，以此，来理解动力系统的物理工作机制。

20.2.1 动力循环系统

能够源源不断输出能量的动力系统，往往都是循环系统。这在物理学中极为常见，热机是典型的动力循环系统。

对于普通热机，包含四个冲程：吸气、压缩、点火、排气。通过四个冲程，热机又回到原来的初始状态。这样，热机就完成了一个循环，回到

数理心理学：人类动力学

了初始状态，进入下一次循环。经过一轮的循环操作，实际是功能的一次"复位"，如图 20.5 所示。

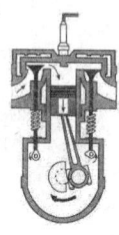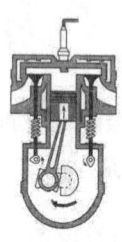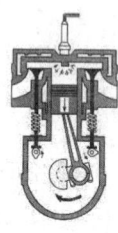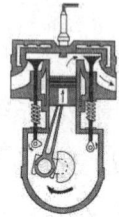

图 20.5　热机功能复位

注：热机是一种动力循环装置，通过曲轴连杆的不断复位，回到原初位置，进入下一轮循环。这是热机源源不断，转换能量，并输出动能的根源。

20.2.2　拮抗功能：功能复位

人体的运动系统、供能系统等，都是生理意义上的动力系统。在生命体存续期间，在正常工作条件下，这一系统不断往复、循环工作，使得人体，表现出动力上的节律和节奏。在人的行为模式中，已经讨论了这一动力性行为模式的特点。如何使得动力系统不断往复循环工作，是动力论仍然要回答的一个问题。

生物学的研究发现，人的动力系统是"拮抗系统"，即存在一种驱动系统运动的动力，也存在相反方向的驱动因素。

从数理上讲，拮抗性使得动力系统，既接受来自系统的正的动力作用，也接受来自系统的负的（反向）动力作用，来统一调控系统动力运作，拮抗性是动力系统的基本特征。由于拮抗性的存在，人的动力系统才能有效实现动力的收、发。这在客观上要求，必须在数理意义上，构建拮抗性的数理本质。在人体的功能系统中，我们分为三种情况，来考虑这种拮抗作用：（1）运动系统的拮抗性；（2）供能系统的拮抗性；（3）精神系统的拮抗性。

20.2.2.1 生理系统拮抗性

拮抗是一种物质（或过程）被另一种物质（或过程）所阻抑的现象。在人的生理系统中，大量发现这种拮抗的机制。人体包含了大量独立的子系统，这些子系统能够独立完成某些运动操作，往复循环，例如，心脏、肺等，都是拮抗系统。常见的运动系统，也是人体的基本动力系统，包含很多子系统，例如，眼动系统、四肢系统、面部动作系统、头部运动等。这些独立系统，可以独立完成某类动作，并进行复位。生物学发现表明，这类系统，是典型的拮抗系统。拮抗肌（antagonistic muscle）是人体肌肉中的一个部分，又称对抗肌。它是在原动肌（主动肌）收缩完成动作的过程中，位于原动肌（主动肌）相反一侧并同时松弛和伸长的肌肉。拮抗肌肉的存在，使得人体的生物机械系统，完成肌肉的拉伸后，仍然可以完成复原的动作。如图20.6所示，人体的手臂，原动肌负责把手臂进行弯曲，当弯曲之后，拮抗肌可以把弯曲的手臂拉回到伸直状态。这样，手臂构成的动力系统，可以不断往复运动。对于运动系统而言，拮抗性保证了运动系统不断做往复运动。

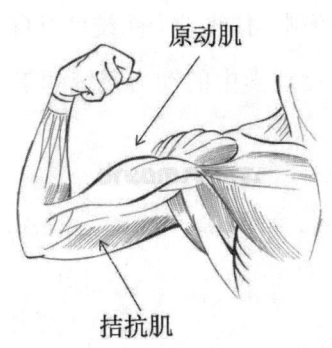

图 20.6 手臂拮抗系统

注：人的手臂是一个拮抗系统，手臂内侧的原动肌拉动手臂弯曲，外侧的拮抗肌则负责把手臂拉回到原来的位置。这样这一系统，可以不断做出各种动作。

20.2.2.2 供能系统拮抗性

在生理子系统的基础上,我们可以构成更大的系统,供能系统就是这样的系统。在人的供能系统中,依靠自主神经系统进行协调,自主神经系统又分为交感神经系统、副交感神经系统。

从生理学上讲,交感神经系统使心跳加快,皮肤及内脏血管收缩,冠状动脉扩张,血压上升,小支气管舒张,胃肠蠕动减弱,膀胱壁肌肉松弛,唾液分泌减少,汗腺分泌汗液、立毛肌收缩等。当机体处于紧张活动状态时,交感神经活动起着主要作用。而副交感神经作用与交感神经作用相反,其作用有三个方面:

(1) 瞳孔缩小以减少刺激,促进肝糖原的生成,以储蓄能源。

(2) 引起心跳减慢,血压降低,支气管缩小,以节省不必要的消耗。

(3) 消化腺分泌增加,增进胃肠的活动,促进大小便的排出,保持身体的能量。协助生殖活动,如使生殖血管扩张、膀胱收缩等,性器官分泌液增加。

无论如何,我们都可以看到一个基本的事实,拮抗性调节,满足了动力增强和降低时的双重控制,使得动力系统可以自由收发。

这种工作方式,和物理学中的动力系统的工作方式基本相同,如图 20.7 所示。

第四部分　心理动力学

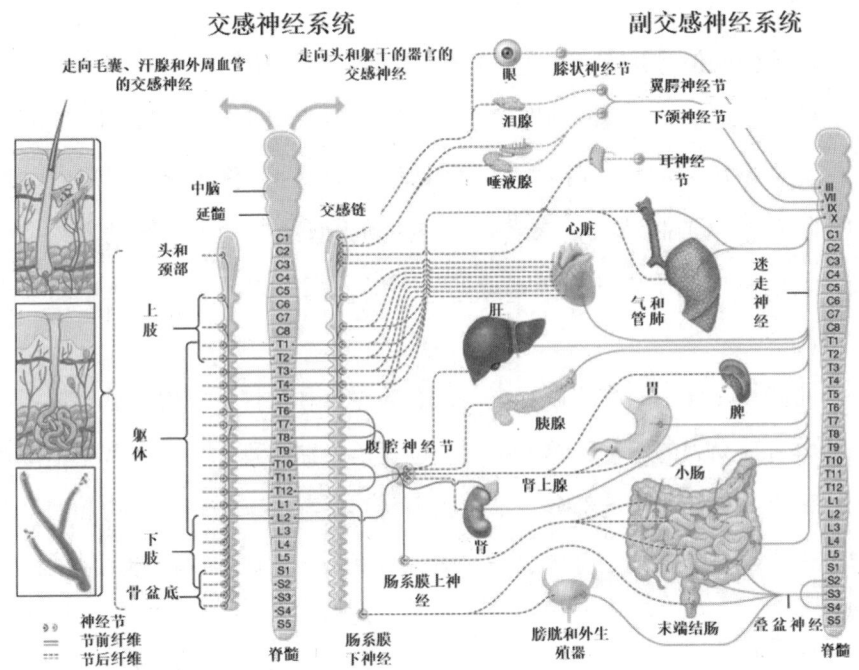

图 20.7　自主神经系统

注：人的自主神经系统分为交感神经系统和副交感神经系统。交感神经系统使得人的供能系统能量加快，反之，则副交感神经系统使供能系统能量降低，从而使能量系统的能力自由收、发。采自 https://kids.britannica.com/students/assembly/view/106793。

从数理上讲，拮抗性存在，是生物物理系统，无论是供能系统，还是运动的机械系统，都需要"功能性复位"。功能性复位是为了完成下一次功能性物理动作地再预备，才能使得动力系统、运动系统"周而复始"运作。

20.2.2.3　精神拮抗性：动力收发控制

生理系统控制，同时要接收来自人的精神系统的信号。这就意味着，精神系统的信号，也会存在两种性质信号，和生理的拮抗信号相对应。在心理结构和功能模型中，所有心理过程的信号，都会经过知觉中的"评价"。评价既接收来自感觉系统事件信号，也接收来自其他功能结构的反馈事件

·495·

信号。

而评价的信号是有正负的，评价的大小是可以度量的。这种性质决定了，精神系统里面存在两种性质不同的度量信号：正性评价和负性评价。

动机系统中，对"需要"的正性评价和负性评价，分别对应着动机的正性动机和抑制动机，构成人的精神动力系统的动力的驱动和约束机制。这里就构成了内在精神系统的动力的约束机制，这在动机中已经进行了讨论。

同样，在情绪的体验过程中，正性的评价和负性的评价，也构成了情感动力系统动力的驱动与约束机制。也就是，在心理动力学方程中，涉及正性评价和负性评价的部分，都构成了精神系统中动力驱动动力和抑制动力。精神系统的拮抗性，构成了"动力约束"，从而实现精神系统的"动力收发"。

功能复位和动力收发，是拮抗性在低级阶段和高级阶段的动力系统，表现出来的两个动力功能属性。

20.2.3 拮抗性功能发现的意义

拮抗性是生理系统和精神动力系统中，都具有的一种普遍性的动力系统属性。而拮抗性功能意义的发现，让我们脱离了某一具体系统的现象，在功能层次上，揭示这一基本功能现象。这两大发现，从根本上揭示了一个基本现象：它是人的动力系统，需要进行认知意义的控制，功能复位和动力收发，是认知系统控制的动力学根源。

（1）功能复位。人的生理功能系统，是人的所有活动物质基础。而这个功能系统，需要不断往复工作，才能不断实现周而复始的运作。"功能复位"使得动力系统完成这一基本功能。如果没有功能性复位，人的功能系统将不能重复使用。这一机理揭示，是生物动力性的需要，也是人作

第四部分 心理动力学

为物化的存在物不断运行的需要。

（2）动力收发控制。精神活动，既需要精神的驱动动力，驱动精神活动和运动系统运动，也需要对精神动力进行约束，使得动力得到控制，由此实现，精神动力的收放。这种动力收发系统，使得动力活动，能够实现控制，也就是认知系统的动力系统控制。

20.3 行为作用力

人体在供能基础上，就可以在精神动力的驱动下，驱动运动系统（生物机械系统），进行行为动作制动。

它的动力根源源于心理动力驱动（不考虑低级阶段的驱动情况下，如刺激驱动）。这就使得行为制动系统，具有目的与目标性，即为了完成心理的目标，而进行行为制动过程，也使得行为具有了精神特性，所以，我们将在这一特性下，来讨论行为系统的作用力。

20.3.1 行为作用力定义

运动机械系统，在心理动力驱动下，去实现个体的目标任务。它是心理动力驱动的行为系统与目标物之间的作用。由于行为系统是一个独立系统，我们把这一系统具有的目标性，用 bt 来表示，在事件结构式中，已经体现了出来。在行为系统中，行为指向的目标物，我们记为 bo。内在动机对应的目标物和行为系统指向的目标物，可以不同。我们将在后续中讨论这一问题。因此，我们把动机事件中，事件的结构式，重新修正为：

$$E=w_h+i\,(w_h \leftrightarrows w_o)+e\,(w_h \leftrightarrows w_o)+w_o+t+w_3+mt_{wo}+bt_{bo}+c_0 \quad (20.1)$$

根据广义驱动力公式，我们把行为作用力定义为：行为系统与客体（目标物）之间的相互作用。在这里，bt_{bo} 对应着行为系统动力指向目标。

20.3.2 行为力指向性

物质的目标物，存在于外界物理空间中，在行为系统中，以获取物质的目标物为目的，行为系统需要对目标物具有指向性。

我们把从行为系统出发，指向目标物的方向，作为行为动力指向。人的运动系统，又分为很多子系统，例如，眼动系统、双耳系统、双手、双脚等。我们人感知到的行为系统中，并未在每个独立的行为系统中，都设定一个初始的位置。由此，我们提出以下初始位置假设。

20.3.2.1 人体中心位置假设

在实时的现场事件中，人对外界事件客体的感知，是以自己身体作为中心的，这意味着动力的指向性，是以自己身体中心指向目标物的。由此，我们假设，人体的中心位置，是双眼的中心位置，即把双眼眼球的中心连成直线，该直线的中点，作为人体的中心位置。这个假设，我们称为人体中心位置假设。

20.3.2.2 中央眼数理本质：人体中心位置

人体中心位置的设置，决定了人脑在观察空间中，设置了一个相对稳定的绝对观察始点。这意味着，人体的各个神经通道中编码的事件信息，也必然地使用这一中心位置（参考零点）。这需要在对应神经通道的信息加工中，找到实证证据。

参与这一中心的感知系统，包括视觉、听觉等系统。每一个系统，都需要以身体为中心的指向。中央眼是在医学、心理学、神经科学广泛使用的一个概念。把两只眼睛的球心连接起来，在连接线的中央，放置一个假想的眼睛器官，就是中央眼。中央眼是一个假想器官模型，即把两个眼睛

第四部分 心理动力学

看成一个眼睛器官，如图 20.8 所示。中央眼被认为是视觉定向的重要依据。即视觉的方向，既不是左眼，也不是右眼，而是以自己身体为中心的，把中央眼的中央窝的正前方作为视觉的正前方（荆其诚，1987）。

基于上述假设，中央眼（Cyclopean eye）位置，也就是视觉通道中，作为心理力矢量的起点，连接目标物和中央眼的方向为心理力矢量方向。

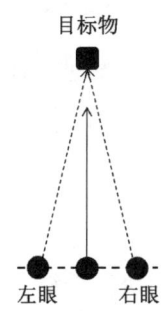

图 20.8 心理力矢量方向

注：在现实物理空间中，把人的两个眼球的中心连接起来，从连线的中心位置出发，指向目标物的方向定义为心理力的矢量方向。

20.3.2.3 人体中心位置假设意义

人体中心位置假设，确定了人的行为系统的力学矢量方向。它既是人的心理经验表征的一部分，同时也是连接精神系统与行为系统的基本桥梁。这是因为：

（1）自我中心位置既是物理性的位置，也是人的经验表征的中心。

（2）心理力首先是目标物朝向的。外界任意目标物都可以在心理中进行表征，也在自然物理世界中找到对应。

（3）上述两点，决定了从自我中心位置指向目标物的指向的矢量，既可以在自然物理系统中进行表示，也在心理空间中对应进行表征。由此，这一矢量的定义，把无法外显的内在精神动力，通过物化的形式显现出来，

·499·

从而使"心理力"这一抽象的数理概念，在物质形态上得以直接体现。

（4）人体中心位置假设，又顺便回答了人体神经通道中的一些基本模型的数理本质：中央眼是人体的中心位置，也就是人体心理力矢量的始点。它的功能意义是实现现场事件中，心理力的定向朝向。这一回答，在数理上，把心理力和其对应的物质形态对应起来。即在功能层次上，使得心理力具有了物质意义。即心理力方向的物质性，通过中央眼指向的物质性体现出来。而中央眼又是假想的模型，但又可以通过和双眼之间几何关系换算，在双眼指向的物质性中体现出来。

20.3.3 行为动力与决策

行为动力系统，是心理力的执行系统，或者说是心理力的外显系统。在前文，动机的作用力包括驱动动力、抑制作用力两种形式。这两个力叠加在一起的结果，就是驱动人的行为的动力，也就是二者的合力。因此，为了更加明晰这一含义，我们把行为驱动力用下标来标志，它的大小就可以表示为：

$$F_{bi}=F(\Delta t)_{ff-i}+F(\Delta t)_{ffs-i} \quad (20.2)$$

根据动机驱动力，上式可以写为：

$$F_{bi}=p_i \cdot F(V_i+\Delta v_i(t)+V_{is}+\Delta v_{is}(t))$$

$$=p_i \cdot (A_i+A_{is}) \quad (20.3)$$

其中，$A_i=V_i+\Delta v_i(t)$，$A_{is}=V_{is}+\Delta v_{is}(t)$。令 $A_{decision-i}=A_i+A_{is}$，则上式可以简化为：

$$F_{bi}=p_i \cdot A_{decision-i} \quad (20.4)$$

也就是说，在人的评价系统中，会存在一个评价量 $A_{decision-i}$，它决定了行为的制动，这个评价量，我们称为"决策评价量"。这就揭示了，在人的行为制动中，决策的机制。

心理力对目标物的指向性，通过行为系统的指向性显现出来。从这个意义上讲，行为系统动力与心理力之间存在映射关系。或者说是心理力的大小，驱动对应的供能系统。有什么样层级的心理力，就应该有对应层级的能量激发。

由此，我们可以假设：自主神经系统，接收来自心理力的信号，激发生理动力。不同的心理力，激发不同能量水平，使得行为的动力和心理力之间，表现出不同的激发水平。我们把能量唤醒水平记为 E_l，则满足以下关系：

$$F_{bi}=p_i \cdot A_{\text{decision}-i} \propto E_l \quad （20.5）$$

由于对于同一个体，p_i 是常量，上式可以简化为：

$$A_{\text{decision}-i} \propto E_l \quad （20.6）$$

在身心映射关系中，我们得到了能量激发的态度量 $A_{\text{decision}-i}$ 和自主神经与迷走神经调节心脏供能时的关系满足：$f_A=k_{pp}A_{\text{decision}-i}+b_{pp}$（见后文生理动力），其中，$k_{pp}$ 称为心动常数，b_{pp} 称为心动常数距。而人的精神动力满足：$p_i \cdot A_{\text{decision}-i}$。而在微小时间内，血液的能量密度为常数，则可以得到，能量的输出与 f_A 和心脏固有频率成正比。这时，我们就可以得到，$p_i \cdot A_{\text{decision}-i}$ 就与 f_A 和心脏固有频率之和成正比，就会得到 $F_{bi}=p_i \cdot A_{\text{decision}-i} \propto E_l$ 和 $A_{\text{decision}-i} \propto E_l$ 两个关系。

20.3.4 人格结构划分

在行为动力的表达式中，观念与人格量均作为独立量而显现了出来。这就为我们讨论人格的结构提供了一个基本的契机。在人类个体中，稳定的观念 C_i 是行为动力稳定的根本。观念连接 C_i 连接了人的行为模式、心

数理心理学：人类动力学

理动力。任意一种情况下的评价量 A_i 和 A_{is} 都有对应的概念量所支配。其中，C_i（或者 V_i）代表了人类个体对需求的稳定的价值倾向。它所产生的稳定的力 p_iV_i，代表了稳定的需求的倾向，或者需求的动力，也就是稳定的"需求"的行为模式。同样，也存在一个稳定的抑制的动力成分，受 p_iV_{is} 所制约。这一价值观念源于社会文化（包括法律、道德、约等规则），是受社会文化调节的一个量。

那么，在大量的人类个体的行为事件中，忽视所有事件中 $p_i(\Delta v_i(t)+\Delta v_{is}(t))$ 引起的波动性变化，最稳定不变的量就是：$F_{bi}=p_iV_i+p_iV_{is}$。这是在大量事件中观察到的稳定的动力行为。

如果，我们把 V_i 和 V_{is} 用两个集合来表示：$\{V_i\}\{V_{is}\}$，它就分别代表了两类稳定的行为模式，在个体之间就会存在差异，也就构成了特质性的差异，这样，$\{V_i\}\{V_{is}\}$ 就和两者人格成分相对应（见前文人格特质与行为模式关系）。前者我们称为本我（id），后者称为超我（super-ego）。而两者合成的结果，形成的行为动力的集合 $\{F_{bi}\}$，我们称为"自我"（ego）。在人的行为动力中，依赖人的"运动系统"，自我的稳定性，也就是行为的稳定性也就表现了出来。由此，我们把行为运动系统和内部动力系统之间的关联关系建立了起来。而上述现象，最早由弗洛伊德提出，为了纪念他的贡献，我们把关系式 F_{bi} 改写为 $F_{bi}(F)$，其中括号中的 F 是弗洛伊德的英文缩写。我们把上式称为"弗洛伊德人格关系式"：

$$F_{bi}(F)=p_iV_i+p_iV_{is} \qquad (20.7)$$

这个关系式，也就揭示了弗洛伊德关于人格成分论述的合理性，它的基本含义也就清楚了。

◎科学案例

人格结构

精神分析学家弗洛伊德（Freud）将人格结构划分为三个层次：本我（id）、自我（ego）、超我（superego）（Freud et al.，1978；Cherry，2016；Cherry，2018）。简单来说，本我就是人的本能，超我是我们的理想化目标，自我则是二者冲突时的调节者。如果将本我概括为"我想要"，那么自我就是"我能要"，而超我则是"我应该要"。

本我（id），具有很强的原始冲动力量，代表所有驱力能量的来源。弗洛伊德称其为力比多。本我只遵循享乐原则（pleasure principle），追求个体的生物性需求，如食物与性欲的满足。弗洛伊德认为，享乐原则在人的婴幼儿时期影响达到最大化，也是本我表现最突出的时候。

自我（ego），是指对"自己"这个意识的觉醒，是人类特有的自我探寻的开始。一个婴儿刚生下来只有"本我"，没有"自我"，但是当其开始探寻"我是谁"时，他才开始成为一名真正的"人"。"自我"主要调节本我与超我之间的矛盾，调节着本我，又受制于超我。它遵循现实原则（reality principle），弗洛伊德认为自我是人格的执行者。在自身和环境中进行调节，以合理的方式来满足本我的要求。

超我（superego），指的是泛道德和伦理角度的"我"。超我的对立面是本我。它包含了我们违背了自己的道德准则时所预期的惩罚（罪恶感）和我们为之努力的那些道德观念。超我的形成受外部环境的影响，尤其是道德规范、社会取向等。超我遵循道德原则（moral principle），它有三个作用：一是抑制本我的冲动，二是监控自我，三是追求完善。

数理心理学：人类动力学

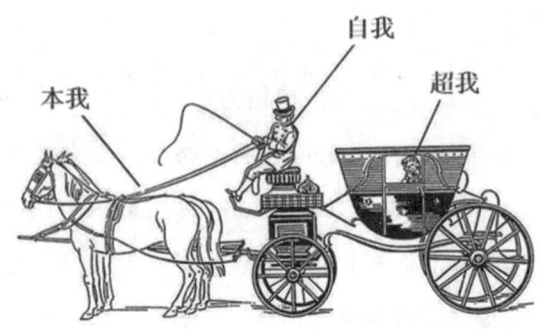

图 20.9 本我、自我和超我之间的隐喻关系，自我具有极其重要的意义

注：自我（ego）就像一个骑在马背上的人，必须抑制马的力量。因此，对动力途径的控制会转移到自我身上。如果骑士不想和马分开，他就必须带领马去他想去的地方。因此，自我习惯于将本我的意志转化为行动。人在动机的驱动下会产生动力，力分为动机作用力和社会抑制力，合成后是人表现出来的力。本我即动机作用力；超我靠道德部分（归因）调节，是社会抑制力；自我即人表现出来的合力，也就是行为动力。采自 https://eu.m.wikipedia.org/wiki/Berlina_(gurdia)。

个体的心理加工方式分为两种：自下而上加工和自上而下加工。自下而上加工描述的是刺激驱动力的过程（详见刺激驱动力章节）。自上而下的加工则是从动机作用力的角度的描述，即个体主观地想要获得某一特定的目标物以满足自身的需求。

由于外界的客体具有不同类型的功能，这些功能能够满足个体不同层次的需求。因此，个体需要获得目标物（客体），以满足自身的需求。而推动个体获取目标物的过程中的力，就是动机作用力。

在这个过程中，一方面，个体会对目标物的功能对自身需求满足的情况进行评价，也就是评估目标物对自己的价值。个体对目标物的评价，显然与个体本能的需求息息相关，属于"本我"部分。另一方面，个体在获取目标物的过程中，还受到社会规则、文化的制约，我们把这种抑制力命名为社会抑制力。超我受到外部环境，尤其是道德规范、社会取向等

第四部分　心理动力学

的影响，显然，社会抑制力与超我相对应。社会的道德规范等规则是整个社会群体为了满足群体生存最大化所制定的行为准则，经过世世代代的人类群体不断强化，使得个体对其评价形成稳定的价值观念。

因此，个体在获取目标物时，所表现出的行为的合力就是行为动力。"自我"主要是调节本我与超我之间的矛盾，它一方面受制于超我，一方面又调节着本我。它遵循现实原则（reality principle），在自身和其环境中进行调节，以合理的方式来满足本我的要求。显然，自我与行为动力对应。

然而，如果追溯 Freud 关于本我、自我和超我表述，我们可以知道，这是其对人格结构的划分。实际上，人格并不神秘，人格是个体的社会属性量。由于 Freud 受限于对力的数学定义、对事件结构式中内在动机和外在动机的认识不够充分，所以其提出的理论观念有其开创性和可取性，但也有其可修正的空间。

图 20.10　弗洛伊德，Sigmund Freud（1856—1939）

注：奥地利精神病医生，心理学家，精神分析学派创始人，被世人誉为"精神分析之父"，20 世纪最伟大的心理学家之一。他的学说极大地引起了人们对心理学的兴趣，而且自他提出之日就引起了热烈的争论。由于他的很多观点在过去和现在都存在着极大的争议，因此很难评估他在心理学的地位，但他仍不愧为人类思想史上极其伟大的人物。

数理心理学：人类动力学

至此，Freud 提出的人格的三个结构：本我、自我和超我分别与动力作用力中的需要动力、行为动力和社会抑制力一一对应，具体的数理表述见本章。因此，困扰学界多年的 Freud 的精神分析理论可证否的问题，也得到了美妙绝伦的收官。

20.4　目标分离原理

要真正理解心理力的基本含义和对整个人类社会生存的意义，就不可避免地来讨论人的"行为"。而担负这一任务的，就是运动系统。运动系统，是人的行为的执行系统，也是对外的事件发送信息的"事件编码"系统。

运动系统，接受来自动力合成的指令，促发行为动作，与外界发生物理性接触，形成行为事件。行为事件是显现出来的"心理力事件"。这个事件，我们称为"行为心理力事件"。这是物理与精神共同促发的事件。

运动系统和外界物理世界的作用，会形成一些功能性目的。这个目的，我们称为"行为目的"。行为目的对应的目标物，我们称为行为目标物。人的内在目的，也会对应着一个内在的目标物，这两个目标物可以相同，也可以不同，这就形成了一类特殊的分离现象，也就是行为目的与内在目的分离现象。

行为目的与内在目的，是人类个体和动物个体中，具有精神活动现象的个体，普遍存在的一个机制，它是"计策"的数理根源，也是人类社会形态与制度演化背后的心理根源（在文化制度行为模式中，我们已经讨论了内在目的的作用）。在人的"心理事件"结构式中，mt 与 bt 是这一机制的直接反映。

mt 与 bt 分离的基础特性以及合成的特性，形成了一类独立的心理机制，使得人类的精神活动，具有了一个特殊的功能：计策。并在人类的社会制度中，具有支配人类社会制度演进的功能，又在反面表现出虚伪功能。基于这种独立性的精神运作机制，我们把这一机制独立出来，而使之成为一种原理。这将是本节讨论的一个重点。

20.4.1 行为运动系统功能

运动系统，是行为的执行系统，即按照系列的制动动作，完成某项基本行为功能。运动系统，有两个基本功能：

（1）完成某种基本的物理动作，即运动系统，具有实现某种功能的物理制动动作的功能。

（2）动作本身，又具有符号的功能，即具有示意功能。严格地讲，运动系统是人类交流中，事件的编码系统，包含言语系统和非言语系统。这都是依赖人体的运动系统的编码来完成的。体态语是人体的分言语系统，通常与言语系统协同，达到示意目的。

20.4.2 行为运动事件

行为运动系统，在心理力促发下，进行一系列运动，形成行为运动的事件。也就是说，行为运动事件，是个体心理力驱动的事件。但是，行为制动本身又具有示意功能，或者说具有符号功能。行为事件本身，是在心理力驱动下的事件的执行系统。行为事件中表现出来的目的，也就是 bt；内在目的，则是 mt。这两项在事件结构定义式中，可以观察到。

20.4.3 行为目的与内在目的分离

行为心理力本质是通过行为的示意所传达的心理力与目的，即利用肢体的语言学含义，传递事件的基本心理力信息。这时，就发生了心理力的分离。

在动物界和人类个体，会大量使用行为系统具有的这一特性，传递特

数理心理学：人类动力学

殊的信息。

例如，猪鼻蛇从其出生开始，就天然继承了一种生物的特性，即利用行为系统，传递特殊的信号。在遭遇到危险时，则会把嘴巴张开，腹部朝上，摆出假死的状态。"死"的状态是行为系统表达的基本心理力。在这种情况下，内部心理力和行为心理力一致，用来传递"死"的信息，以达到欺骗对手的目的，如图 20.11 所示。

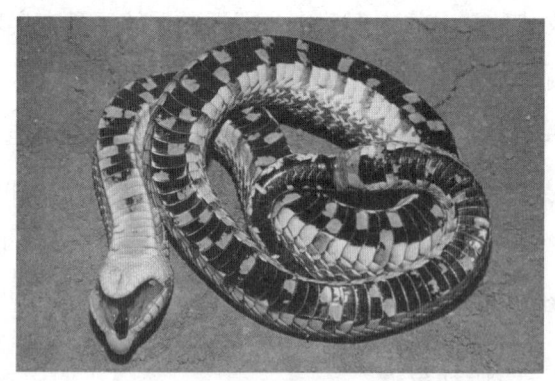

图 20.11 猪鼻蛇装死

注：猪鼻蛇遭遇危险时会将躯体膨大，并发出喷气音，有时也会采取攻击行动。若仍无法吓退敌人时则会把嘴部张开，并把腹部朝上假死。

但是，并不是所有的心理目标都是和行为一致的。例如，我们喝水，是一种行为形态的目标，但是，并不代表人是基于渴而去喝水，也有可能基于其他目标喝水。这时，就出现了内在心理力与行为心理力的分离。

20.4.4 计策心理机制

计策，是人类行为活动中普遍使用的一种心理方法。几乎每个正常的人类个体，都掌握了"计策"使用的技巧。或者说，计策是人的精神运作中的一项基本功能。在社会化交往、人类战争、外交礼仪等各个方面，贯穿了整个人类社会的始终。它的基本原理，就蕴含在目的分离的原理中。

在这里，我们分为两种情况讨论：（1）目标物分离的计策；（2）目标物非分离的计策。

20.4.4.1 目标物、目的同时分离的计策

在我们从事的事件中，可能会出现行为目的对应的目标物和内在目的对应的目标物不同的情况，我们把行为目标物、内在目的目标物进行区分，分别记为 w_{obt} 和 w_{omt}。这时事件的定义式，就可以分解为：

$$E=w_h+i+e+(w_{ob}+bt_{ob})+(w_{om}+mt_{wo})+t+w_3+c_0 \qquad (20.8)$$

在实际运作中，利用这两个的分离，可以在行为目的上，表现出对行为目标物需要的追求，并把行为目标物作为设定的目标。而在内在目的上，则是把内在的目标物作为获得的目标，即通过外在的行为目标和行为目的，掩盖内在的行为目标和行为目的，就形成了一类计策。

在人类战争史上，则利用行为心理力与内在心理力分离的这一特性，形成了很多的经典案例。在中国的兵法中，大量存在这类经典的案例。中国的《三十六计》中，围魏救赵、瞒天过海等，就是这一分离原理的典型应用，如图 20.12 所示。

典故围魏救赵，源于"桂陵之战"，发生在河南长垣西北。公元前354年（周显王十五年），魏围攻赵国都城邯郸，次年赵向齐求救。

孙膑认为：魏以精锐攻邯郸，国内空虚，于是齐军围攻魏都大梁，使魏将庞涓赶回应战。孙膑却在桂陵（一说山东菏泽，一说河南长垣）伏袭，打败魏军，并生擒庞涓。孙膑在此战中避实击虚、攻其必救，创造了"围魏救赵"战法。在该战役中，摆出攻击大梁的架势，是行为心理力，而内在心理力则是引诱赵军回撤，解邯郸之围，并在半路伏击魏军。

数理心理学：人类动力学

图 20.12　桂陵之战

注：魏国派军攻打赵国都城邯郸，国内空虚。齐军则利用这一机会，做出攻击大梁的行动，其目的是引诱魏军回撤，并在半路伏击魏军。围攻大梁是齐军的行为动机。而潜在动机则是：引魏军回撤，并伏击魏军。

在这一案例中，行为的目标物是"大梁"，行为目的是攻占"大梁"。而内在的目标物则是"邯郸"与"桂陵"，内在目的是"解邯郸之围"，并在魏兵回援的路上，以逸待劳击杀魏兵。通过第一个行为目标和行为目的，掩盖第二个事实，也就是内在的目的和内在行为目标。这一案例，是上述目标物和目的同时发生分离所产生的一类计策。

20.4.4.2　目的分离的计策

目标物与目的同时发生分离，是计策产生的一类心理机制。还存在目标物不发生分离，而内在目标发生分离的情况。这时事件的定义式，就可以分解为：

$$E = w_h + i + e + w_o + t + w_3 + bt + mt + c_0 \quad (20.9)$$

这类计策，在客观上要求，目标物需要具有两种形式的功能：

（1）承担行为目的所需要的功能。

（2）承载内在目的所需要的功能。

通过行为目的与内在目的的不同，实现设计者的策略，来达到掩盖内在目的与企图。这也形成了一类计策的形态。

在中国的《三十六计》中，"美人计"是这一类的典型代表。利用美女具有的姿色，让对方深陷其中，迷惑对方的心智，而达到内在的战略企图。

20.4.4.3 三方操纵的分离计策

人是处于社会关系中的人，计谋实施者，可以作为第三方的操纵，实现对自己的内在目的与行为目的的分离。如图20.13，A 与 B 是社会交往中的双方，若其中 B 是计谋实施者的内在需要的目标物，在行为上，可以通过操纵其与 A 的相互作用关系，来达到内在的目的。这里，行为目标和内在目标也发生了分离。

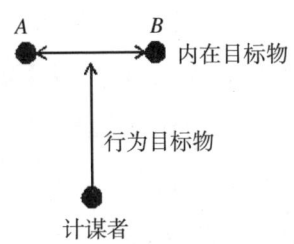

图20.13 三方操纵分离计策

注：计谋实施者通过 A 与 B 之间的作用关系的操纵，实现对内在目的的需要。行为目标和内在目标发生了分离。

在《三十六计》中，借刀杀人是这一策略的典型代表。即利用 A、B 之间的矛盾，制造或者加剧他们之间的矛盾，达到消灭 B 的目的。B 是内在目标物，A、B 之间的作用关系则是行为目标。这是这一机制的又一典型应用。

从上述的分析中，我们可以得到一个简单的事实：计策是行为目的与内在目的分离机制造成的一类精神功能现象。《三十六计》则是这一功能使用的经验发现与总结，并在军事领域中有效利用。

20.4.5 社会剥削与分离

行为目标与内在目标的分离机制，也经常被利用在社会管理中。在古代的社会剥削中，利用这一机制，安排管理制度，是常见的社会现象。

强迫性劳动剥削，是各类剥削制度下，存在的一类社会现象。受剥削者，在高压之下，被迫劳动。一旦不能屈从，则受到严格的处罚。强迫性劳动的工作，往往违背劳动者的意愿。这时个体往往不具备内驱力，驱动个体劳动的是对自我的保护。自我保护与生存，成了劳动的需要。因此，在行为上，劳动者表现出来的意愿和内在的意愿并不一致。

这种分离现象，在我们的日常生活、战争或者各类社会事件中，都可以观察到并被使用。例如，在二战中，日本在中国掠夺了很多中国劳工，从事重体力劳动，挖掘矿产。在这个行为事件中，挖矿行为是一种强迫性行为，劳工不具有挖矿的意愿。但是，在严格看管和惩罚之下，为了自身生存需要，驱动劳工从事劳动。这是内在需要和行为目标的典型不一致。

在剥削社会中，通过建立一套归因方式，对劳动者进行欺骗，实现剥削，也是一类很重要的方式。例如，维护统治者统治的行为方式往往得到鼓励。在宗教和男权社会中，曾经倡导妇女"从一而终"。遵循这一规范的妇女，往往被树立为典范，并建立各类牌坊，加以倡导。

20.5 有意注意模型

在刺激驱动中，我们讨论了刺激驱动的注意机制，也称为无意注意。

第四部分 心理动力学

它是低级阶段中，由于刺激的动力作用，导致的神经信息系统的自动反馈，由此诱发的一种特殊动力机制，以及与之对应的动力系统的状态现象。

在高级阶段的注意，通常被称为有意注意。它的基本机制，同样困扰学界，并在多个分支的实验学科引起困惑，例如，眼动领域、脑电领域等。在我们清楚了高级阶段的心理力作用力的机制后，我们就可以尝试构造高级阶段的注意机制问题，并建立有意注意的动力模型。

图 20.14 据史料记载，二战时期有多达 38 935 名的中国劳工被强掳至日本各地，被迫从事极其艰苦的劳役，遭受非人道待遇，其中 6 830 人被奴役迫害致死

注：上图是中国劳工被日方强迫开矿的行为，开矿的行为目标和劳工主观意愿发生了分离。采自 http://henan.china.com.cn/news/2015/0706/560585.shtml。

20.5.1 有意注意的特征

有意注意或随意注意是自觉的、有预定目的的注意。与无意注意不同，高级阶段的有意注意，是精神驱动的一个产物。已有的研究表明，有意注意具有以下几个基本特性。

20.5.1.1 目的指向性

有意注意是由目的、任务来决定的，由此表现出明确的目标指向性。

这种特性与无意注意完全区分开来。在无意注意中，诱发注意的事件，是具有物质意义的"客体"。客体的出现，导致信息系统信息的非平稳性，诱发驱动动力，从而诱发"目标指向"。这里的目标指向，确切地讲，则是"客体"指向。这种指向性的驱动，可以使感觉系统迅速俘获目标物（客体）。

而有意注意的指向性，则是"目的指向性"，即为了完成某种任务，具有的目的指向性。这个目的，可以是物质存在意义的"客体"，也可以是"价值的理念"。目的越明确、越具体，对完成目的、任务的意义理解越深刻，完成任务的愿望越强烈，就越能引起和保持有意注意。

20.5.1.2　选择性

在有意注意阶段，同样会存在各类信息，对信息的加工进行干扰，干扰物可能是外部刺激的分心物，也可能是内部的刺激干扰物。例如，疾病、疲倦、无关思想和情绪的自身机能状态。这时，有意注意也就表现出一定的信息选择性，排除干扰物的干扰，从而表现出信息的选择特性。

20.5.2　知觉过滤功能

知觉的最基本功能之一——合成事件，并整合不同感觉通道的事件。在知觉功能中，我们已经讨论了这些规则。即我们把时间、空间上具有逻辑关系的事件，按照时空规则拼合在一起，把不能整合的事件信息屏蔽掉。也就是说，知觉起到了过滤器的功能。在知觉的亚结构中，都可以得到体现。

20.5.2.1　跨通道过滤器

跨通道合成器，是知觉阶段的一个基本结构，根据时空特性规则，把时间、空间上一致的事件的不同属性拼合在一起，形成完整事件。或者把不同时空的事件，按时间先后拼接在一起。分耳实验，就是一个典型的跨通道事件的整合实验。也就是说，跨通道整合器，同时也是一个过滤器。

20.5.2.2 评价过滤器功能

根据我们构造的心理结构模型及其动力发动的心因过程，在高级阶段，来自外界的事件的信息和来自身体内部的事件的信息，都需要经过"评价和度量"。也就是说，经过评价的度量，各类事件的信息的"重要性程度"也就确定了。这意味着，评价的度量，把事件进行了区分。在这个意义上，我们可以提出一个基本的假设：

进入"评价"的信息，在经验的基础上，对事件的各类信息进行度量，从而区分出不同事件的重要性。对事件重要性的区分，就是一种信息过滤的功能。从这个意义上讲，在高级阶段，评价担负了"信息过滤器"的功能。这是评价与度量担负的功能之一。

20.5.2.3 推理过滤器功能

推理，是根据各种信息，来得到事件要素、属性、结果等的不确定信息，或者对这些不确定信息进行预测，把得到的结果，经评价而固化下来。对推理结果进行评价，也是一种事实上的信息过滤，区分重要与非重要信息。

20.5.2.4 信息通道容量

外界信息，进入高级阶段的信息通道，信息通道是有容量的。在心理学中，测得的结果是：7 ± 2 个组块。每个个体，信息通道的容量存在差异。信息通道的容量存在，使得超过信息容量以外的事件，无法进入信息通道。

20.5.3 有意注意模型

根据心理结构模型，心理力的目标指向，可以驱动三个方面的动力

数理心理学：人类动力学

操作：

（1）驱动运动系统，进行行为的制动动作操作。

（2）驱动推理过程操作，干预或者制动推理过程。

（3）驱动或者干预知觉的操作。例如，通过主动清空脑内的意念（精修），达到清修目的。

基于上述基础，我们做如下假设：

（1）有意注意的指向性，就是心理力的指向性。

（2）有意注意的过滤特性，就是知觉过滤特性、推理过滤特性和信息通道容量属性的整体产物。

那么，我们就可以得到一个自然性的推论：在人的高级加工阶段，人的有意注意，实际上是高级加工阶段的心理力作用的动力机制和信号过滤特性一起，所表现出来的一种"动力状态"特性。注意本身并不存在特殊的机制。即这三个属性合在一起表现出来的动力系统的工作状态：对目标物的指向、动力大小状态、滤波特性，我们定义为有意注意。

20.5.4 注意中的分离现象

在注意现象中，我们经常会发现"视而不见""听而不闻"的现象。在我们确立了心理力、行为动力的机制之后，对这类现象的揭示，也就变得容易起来。

（1）心理力与行为力是分离的。行为目标的指向和内心的动力指向并不一致。视而不见、听而不闻就是这种现象。

（2）心理动力系统和行为系统是分离的。行为目标的指向和精神动力的指向，在行为上可以分离。行为上的关注和内心的关注，并不能达到一致。

第四部分 心理动力学

第 21 章 生理驱动力

人的所有系统的运行，都需要建立在"供能"之上。只有在能量的基础上，才能完成精神活动和行为制动，因此，供能系统是人类个体运作的基础。要实现对人体各个部位的供能，满足人体的精神活动和社会化改造的活动，人体的供能系统需要与人的精神系统之间形成连接，以实现人的实时处理事件的需要。这就意味着，在人的系统中，需要存在一个独立的动力系统，来实现对人体的供能，并和精神系统，形成映射关系，实现身心运作时的"协同"。这样，人的运动系统身心协同关系，人的供能系统身心协同关系，都因为同源于心的共通性、协同性，也就实现了身心的协同性。这样，才能使得精神活动、行为活动、供能活动的步调一致。这是人类长期以来进化出来的精密控制系统。

21.1 心脏动力

人体的能量供给是通过循环系统来实现的。在这个过程中，人的心脏和肺构成了两个重要的动力器官，驱动人体的能量供给。人体的能量供给的情况会和心脏、肺的活动情况直接关联在一起。考虑到同步性，我们只需要搞清楚心脏的动力机制与过程，就可以确立心脏的动力与供能过程。

21.1.1 心脏动力

心脏是一个生物的弹性体。源于上一级的神经系统，通过电系统，对心脏进行动力控制。即源于自主神经和迷走神经的两个信号系统，通过神经的电脉冲、心脏上的神经核团，对心脏实现放电，促发心脏收缩，驱动血液流动，如图21.1所示。

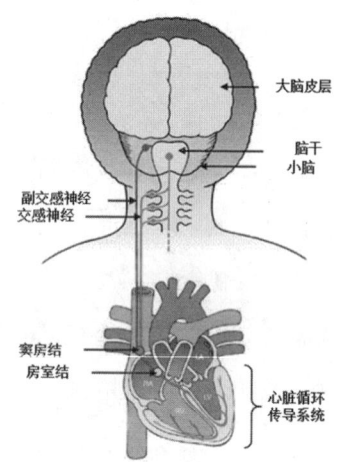

图21.1 心脏是一个生物弹性体，由四个腔室组成：左右心房和左右心室

（Gomes et al.，2005）

注：心脏的跳动受到神经系统的控制，神经系统中的电脉冲刺激心脏的收缩，使得心脏中的血液流动。血液在心脏中总是单向流动，心房接收血液，而心室将血液泵出。心脏不断地将血液输送到身体的不同部位以维持人体的正常运作，即心脏这个脏器起到人体的能量供应的作用。

从信息控制的角度看，心脏受到几个力的作用：神经脉冲促发的电力F_e、心脏弹性形变的恢复力F_{re}、推动血液时的阻力F_{blood}、心脏在体腔中的黏滞阻力F_{vi}。这些所有的力，构成了心脏的动力。我们把这些力的合力写为$\sum F$，则可以得到以下关系：

第四部分 心理动力学

$$\sum F = F_e + F_{re} + F_{blood} + F_{vi} \quad (21.1)$$

在医学与工程领域，根据对心脏构成的分析，提出了各种各样的参数，并建立模型，来研究心脏的动力学问题。例如，把左心室看成椭圆形，利用解析几何的方法，建立左心室模型。后来又出现了Simpsion（辛普森）方法（Furberg et al., 2002），计算的方法更加精确。后来A.Yong提出利用有限元模型来计算，则更加有效（Van Campen et al., 1994）。根据这些方法，可以得到心脏的几个关键的参数。

$$LVM = (V_{M-O} - V_{I-O}) \times \rho_m \quad (21.2)$$

其中，LVM表示心脏的质量，V_{M-O}表示心外膜体积，V_{I-O}表示心肌内膜体积，ρ_m表示心肌密度。用SV表示心脏每搏动一次左心室泵出的血液量，$V_{E-relax}$表示舒张末期左心室体积，$V_{E-contract}$表示左心室收缩末期体积。则上述数学量之间满足以下关系：

$$SV = V_{E-relax} - V_{E-contract} \quad (21.3)$$

这样，血液单位时间（每分钟）内输出的血量，就可以表示为：

$$CO = SV \times f_{heart} \quad (21.4)$$

其中，CO表示单位时间内输出的血量，f_{heart}表示单位时间内心脏跳动的次数（每分钟），也就是心率。人体通过血液的流通，把能量输送到身体的各个部分。

血液通过流通，带给组织和器官氧气，并携带营养物质，带回代谢物。我们把血液中单位体积内的能量，记为ρ_{energy}，也就是能量密度。则单位时间内，由心脏输出去的能量可以表示为：

$$p = SV \times \rho_{energy} \times f \quad (21.5)$$

其中，f表示心脏跳动的频率，该方程式可以进一步简化为：

$$p = (V_{E-relax} - V_{E-contract}) \rho_{energy} f \quad (21.6)$$

21.1.2 心脏活动能量调节

我们把心脏自发跳动的节律记为 f_0,在自发节律的基础上,来自自主神经的信号和迷走神经的信号,使得心脏可以加快或者减慢运动,它源于神经脉冲的变化。我们把来自迷走与自主神经的脉冲调节信号的密度记为 f_A。这样,单位时间内,心脏输出的能量就可以改写为:

$$P=(V_{E-\text{relax}}-V_{E-\text{contract}})\rho_{\text{energy}}(f_0+f_A) \quad (21.7)$$

f_0+f_A 的贡献与 F_e 相对应。在这种情况下,由于 f_A 的变化,会导致心脏跳动的频率发生变化,并导致单位时间内,血液循环系统对外输出能量的变化。

自主神经和迷走神经,分别表示对应着神经发放的加快和降低,并同时与人的高级神经相联系,因此,它必然成为身心控制的一个连接纽带,如图 21.2 所示。

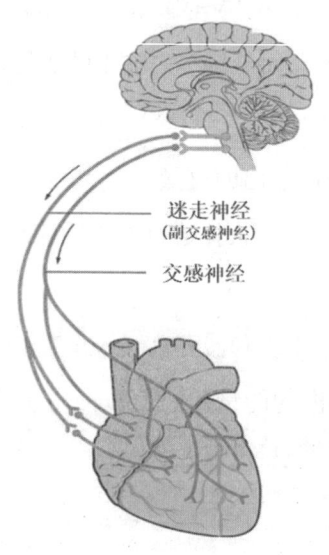

图 21.2　自主神经和迷走神经（Betts et al.，2013）

注：自主神经和迷走神经,分别对应着神经发放的加快和降低,并同时与人的高级神经相联系,因此,它们必然成为身心控制的连接纽带。

第四部分　心理动力学

同样的情况下，由于自主神经和迷走神经联系了人体的大部分脏器，这就使得来自人的高级阶段的神经信号能够协同，也就是所有脏器的功能活动，可以同步加快，也会同步降低，使得能量供应的输出同步得到加强，也可以是能量的供应同步降低。自主神经和迷走神经的拮抗性，也使得两个神经控制系统，不断对脏器进行功能性调节，使得脏器的活动可以在加强和减弱中相互转换，从而使得各个脏器的活动，不断得以往复运动。虽然我们仅仅通过心脏这一动力装置来分析人体的循环功能系统，由于它们之间的协同一致性，就可以通过对心脏活动的理解，来理解其他脏器的活动。

21.1.3　心脏弹性力

心脏是一个生物弹性系统，心脏的跳动过程必然存在心脏弹性力。由于心脏从形状上接近壳体，心脏弹性力的计算就可以用力学弹性理论中的板壳理论来做指导理论，也即计算心肌壁内外表面应力应变。医学界应用板壳理论计算左心室的切向应力，将左心室划分为一个个小的区域，将这些区域投影到其横切面上，即计算左心室的切向应力问题就转换为计算弹性力学的平面问题。

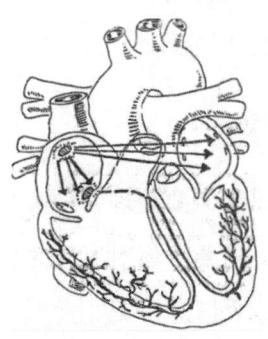

图 21.3　心脏结构示意图

注：心脏从形状上接近壳体，是一个生物弹性体，由四个心室组成：左右心房和左右心室。健康男性的心脏重 300～350 克，每分钟（弹跳）跳动 70 次。健康女性的心脏重量在 240～300 克之间，而心率是每分钟 78 次。

数理心理学：人类动力学

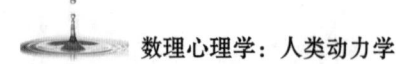

根据板壳理论，若某板型物体的形变分为正形变位 ε_x, ε_y 和切形变位 γ_{xy}。相应的，应力分为正应力 σ_x, σ_y 和剪应力 τ_{xy}。E 为弹性系数，v 为泊松比。那么该物体的弹性力可以用矩阵表示为：

$$\begin{pmatrix} \sigma_x \\ \sigma_y \\ \tau_{xy} \end{pmatrix} = \frac{E}{1-v^2} \begin{pmatrix} 1 & v & 0 \\ v & 1 & 0 \\ 0 & 0 & \frac{1-v}{2} \end{pmatrix} \begin{pmatrix} \varepsilon_x \\ \varepsilon_y \\ \gamma_{xy} \end{pmatrix} = D\varepsilon$$

其中，D 为弹性系统矩阵。心脏的弹性力的数学模型就可以通过力学弹性理论中的板壳理论来建构。

21.2 身心映射

心脏提供的动力系统，揭示了在心脏动力系统的驱动下，人体如何实现身体的供能，并在供能基础上，实现身体、精神性的活动。在心脏的动力系统的调谐中，自主神经和迷走神经，通过神经的编码，来调节心脏的能量供给。这就提供了一个基本性的契机，即迷走和自主神经提供的调节项，连接了精神活动与生理动力。这就意味着，我们只要建立了心理量和心动调节之间的关系，就可能打通这一环节。这将是一个巨大的突破。在这一节，我们将确立这种数理关系。

21.2.1 心动关系假设

从认知角度看，我们每天需要处理各种实时信息，并对未来事件进行处理和预判。事件的执行，需要个体对事件的执行进行评价，也就是对事件执行的决策量。我们把这个量记为 $A_{decision-i}$。不同的态度，也就意味着不同的精神动力（见精神动力学）。同等强度的精神动力，应该需要对等的能量激发来承载对应的事件。

由此，我们提出心动关系对应性假设：在事件执行时，对等的精神动

第四部分 心理动力学

力需要对等的能量激发，它们之间满足：

$$f_A = k_{pp} A_{decision-i} + b_{pp} \qquad (21.8)$$

其中，k_{pp} 称为心动常数，b_{pp} 称为心动常数距。考虑到态度评价具有正负性，态度的正性增加，身体能量应该增加，则调节频率 f_A 应该加大，那么，$k_{pp} > 0$。我们假设 $A_{decision-i}$ 的区间值为 $[A_{MIN}, A_{MAX}]$，且考虑到 $A_{decision-i}$ 的正负性，则 A_{MIN} 是负的最大值，A_{MAX} 是正的最大值。则应满足当 $A_{decision-i}=A_{MIN}$ 时，$f_A=0$。这时，心脏由于抑制作用，又回到初始状态。同样，当 $A_{decision-i}=0$ 时，也就是中性态度时，人的调节频率为 $f_A=b_{pp}$。当 $A_{decision-i}=A_{MAX}$ 时，f_A 达到最大值，也就是个体的最大调节幅度，如图21.4所示。

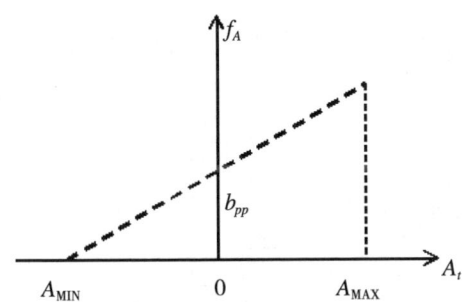

图21.4　调节频率和态度评价之间的关系

注：横坐标表示评价量，它是一个心理量，纵坐标表示自主神经和迷走神经对心脏调节频率。

在心动关系中，$A_{decision-i}$ 是认知量，属于精神的范畴，$(V_{E-relax}-V_{E-contract})\rho_{energy}$ 属于心脏的功能量，f_A 属于神经控制量。这样，精神、生理、神经控制之间的关系就确立了。在这一机制下，心脏输出的总能量，就可以表示为：

$$P = (V_{E-relax}-V_{E-contract})\rho_{energy}f_0 + (V_{E-relax}-V_{E-contract})\rho_{energy}(k_{pp}A_{decision-i}+b_{pp})$$

$$(21.9)$$

21.2.2 身心映射关系

当我们建立了心动关系之后，在从精神到身体的两个关键关系就确立了：

（1）精神与行为制动之间的关系。

（2）精神与能量激发的关系。

这样，就从两个层次分别回答了身心之间的关系，即在人的精神系统（或者说认知系统）的控制下，认知系统对行为系统发出行为制动的指令，并同时促发对能量制动的指令，实现人的身体系统在行为和能量供给上的一致。这些，都是通过人类个体的主观性评价来实现的。由于这两个系统是独立的，且同步协同的，这就意味着，人的行为制动的认知控制中，存在着对应的心理量，同时实现两个系统的协同控制，这个心理量应该是二维的。那么，这两个维度应该是：

（1）人进行行为的主观性意愿及其评价量。

（2）人的能量的激发的评价量。

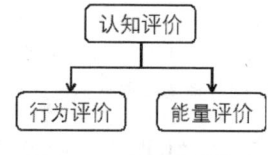

图 21.5　身心映射关系

注：人的认知系统对事件进行评价，包含两个基本成分：（1）对事件行为的执行意愿的评价；（2）对事件促发的能量的评价。这两类评价分别促发人的行为运动系统和供能系统，从而构成了两个独立的维度。这两个独立维度合在一起构成的心理量，称为"情绪量"。

在传统的心理学中，恰恰存在着关于这两个维度的经典发现。在 Ruselll 情绪环形模型中，情绪具有两个维度。其中，愉快和不愉快，激活水平的高强度－弱强度被作为情绪的两个维度。

21.2.3 身心映射的词汇学证据：情绪词

语言是人的事件编码方式之一。通过语言学手段，揭示心理学机制的方法，在心理语言学中十分普遍。在20世纪80年代，心理学家Russell利用统计方法，得到一个二维的描述情绪的空间维度模型，也称为情绪环形模型（Circumplex model）（Russell，1980）。在这个模型中，Russell提出两个维度：愉快 – 不愉快和觉醒水平的高低维度，来描述情绪，如图21.6所示。这个模型中，第一个维度显然对应着情感体验的维度，而第二个维度则对应着人体的能量激发。这是情绪两个动力系统的独立性所决定的。

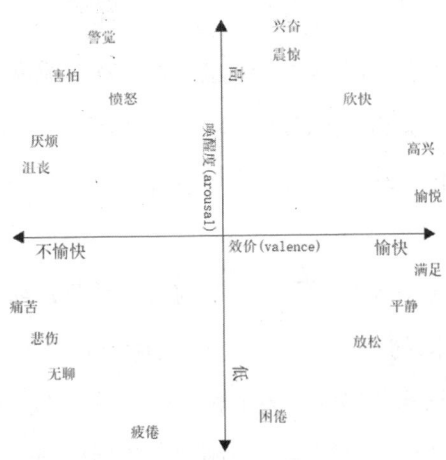

图 21.6　Russell 情绪模型

注：在 Russell 模型中，愉快和不愉快，激活水平的高强度 – 弱强度被作为情绪的两个维度。

横坐标代表情感的正负性，其本质也就是评价的正负性，反映了人类个体从事某件事的主观意愿。纵坐标表示能量的觉醒程度，从本质上讲就是能量系统的供给程度。这样，Russell 的情绪模型就天然成为个体的认知评价的两个基本成分在语义学层面上的有趣发现。它的纵坐标就和我们的心理评价量 A_i 相对应。详细的论述和对应关系，我们将在下一章论述。

数理心理学：人类动力学

第 22 章　心理反馈系统

　　从动力学角度看，刺激驱动、经验驱动、动机驱动、行为驱动、生理驱动是人的五大动力系统。从刺激驱动到经验驱动是一个自下而上的过程，而从经验驱动到动机驱动，再到行为与生理驱动，则是一个"自上而下"的驱动。

　　无论自下而上还是自上而下，所有的动力环节，都是围绕事件及其属性而展开。按照时间的序列来划分，则包括：历史事件、当前事件、未来事件。因事件的结构，串联了人的精神活动的全部。这是一个有趣的内在逻辑，并在信息的处理过程中，遵循"对称性原理""熵增原理""熵易原理"。

　　人类观念的固化，形成了人类的行为模式，并内化为人的特质。特质之间的差异性，构成了人格。社会的结构与功能，决定了人的行为模式，并决定了人的人格结构，也决定了人的经验的构成。经验的观念是驱动人的行为的内因，也是行为模式化的内因。这样人类的观念与人、人的行为动力、人的行为模式之间的逻辑就建立了。这就构成了人的整个精神动力系统。

这样，基于人的精神运作，就可以处理各类事件，而当前执行的事件，随着时间的流逝，必定成为历史事件，而未来的事件则成为当前事件。人类个体总能在事件的发展中，监控事件发展的信息，并调整对事件的执行。也就是，总是根据当前的事件，回溯事件中的历史信息，并修正自己当前的执行，修正对未来期望的判断。这就构成了一个信息的认知反馈过程。从另一个方面看，事件运行过程，又需要进行监控，即通过历史信息，与当前信息的汇集，形成比对，进行评价，从而形成纠错机制。

这时，一个工程意义的控制模型的雏形就显现出来。也就是说，人类个体的认知系统控制，是一个有着自反馈功能的自我纠错系统。人的信息认知反馈系统，也一直是科学界感兴趣的问题，并可能渗透到人工智能、仿生学领域。

这就在客观上要求，我们还有必要站在反馈的角度，重新来认知人的"评价机制"本质，而评价是有自己的发生对象的，也就是说，如果把评价作为心理量，它一定有对应的"客观量"。只有建立了"客观量"与"心理量"之间的对应关系，才有可能理解清楚它的本质。

在人的行为模式中，我已经大量讨论了"评价"，它已经构成了一个评价体系。但是，并未就评价本身进行专题性讨论。在人的认知反馈的监测中，我们需要一个新知识专题，来专门揭示这一数理机制。

22.1　社会评价

世界是物质的，既包含物质的客体，也包含社会的客体。客体之间发生相互作用，从而构成了事件。客体及其事件的物理属性、社会属性是一种客观量。当客观的属性量经过中介介质被调节进入人的信息系统后，就转换为人的认知系统表达的感觉量、知觉量等心理量。这些量最终，都是以评价量的形式来出现。

数理心理学：人类动力学

从心理动力角度讲，评价是对事件要素、结果、过程、因果关系等的属性变量及其现象的心理度量。评价量也是社会属性在"个体"上的体现。从数理意义上讲，它是对事件要素（人、生物、物）的属性变量、事件发生的结果、过程的变化中蕴含的变量，进行物理与社会正性、负性的性质，大小程度的主观性度量。

在以往的心理理论体系中，我们低估了"评价量"存在的理论意义。只有在动力学的体系下，我们才逐步看清楚了"评价量"的心理动力意义。

在人的经验知识中，我们已经讨论了各种社会现象中的客观量，并找到了对应的主观评价量，这使得我们讨论这一主题时，具有了先期的数理基础。评价具有正负性，这是它的数理特性之一。但是，它又是一个主观性尺度的变量，这导致它的正负性质，具有很深的社会性根源。在文化行为模式中，我们也恰恰讨论了社会模式的社会根源。在这一章，我们将把两个问题结合在一起，来讨论社会评价的根源。

22.1.1 个体社会属性集合

在经验行为模式中，我们把人类的社会经验，按照我们生活中面临的对象，分为六大类：社会角色模式、社会交流模式、人际关系模式、认知自控模式、文化归因模式、认知风格模式，并在考虑人的因果归因的方式下，又考虑了9类归因方式。

在每类模式中，都需要对人类行为进行心理度量，也就是心理评价。它是一种社会性评价量。我们把这一体系，汇集在一起，如表22.1所示。这是在人际交往中，个体对他人、对他人的行为进行的一种评价。从他人身上向自身映射，也就包含对自我的评价，二者是等价的。这些要素合在一起，也就构成了一个数学集合，它是对人的个人稳定属性描述的一个数学集，因此，我们也称为"社会属性集"（也是社会评价量的集合）。表

· 528 ·

示为：

$$p_s=\{A \mid A_i, i=1, \cdots, n\} \qquad (22.1)$$

其中，A_i 表示评价量。这里，我们必须说明的是，随着人类知识体系描述的增加，对社会变量评价的描述量，包括但并不只限于表 22.1 中所列的个数。

22.1.2　社会属性空间

在心理空间几何学中，我们虽然提起了社会属性及其空间问题，但事实上并未深入，尽管在语义学中，可以通过语义学方法，测度这些空间。在讨论完社会属性后，我们来建立社会属性空间的构想也就成熟了。

任何一个社会属性，本质上就是一个独立的变量，也是心理需要表征的独立变量，也就是有对应的心理量。任何一个变量的变化，就是人类个体的精神运动的变化。从这个意义上讲，在心理空间中，社会属性必然是心理空间的一个子集，或者说是一个子空间。根据表 22.1 提供的社会属性，我们把任意一个社会事件中，携带的社会属性的特征值，用一个列矢量或者行矢量来表示，则得到下式：

$$pp=(v_1, v_2, v_3, v_4, v_5, v_6) \qquad (22.2)$$

其中，v 表示每个维度的特征值。这六个维度，分别是：心理力学属性、社会关系属性、社会因果属性、事件要素特征值信息不确定性、事件要素特征值正负属性、能动属性。这也意味着，人类个体对任何一类社会功能结构属性评价，就是对上述事件结构属性的评价。那么，社会属性——尽责性、外向性、宜人性、神经质、开放性——在上述空间中，代表着一个点。连接零点和这个点的矢量就是 pp。它是一个具有长度的矢量，它的长度的大小，可以表示为：

$$|pp|=\sqrt{\sum_{i=1}^{6} v_i^2} \qquad (22.3)$$

数理心理学：人类动力学

基于上述分析，我们可以看出，进入人类个体的认知系统中事件的信息，根据事件的结构，每个社会属性，至少包含 6 个维度的信息，外加上该维度的社会属性的大小 $|pp|$（5 个社会结构属性），这就意味着，认知系统至少监测 11 种独立信息。

表 22.1　社会属性的两个维度

结构与功能属性＼社会事件属性	尽责性	外向性	宜人性	神经质	开放性
心理力学属性	$A_{achievement}(t_{st})$	$A_{d-seeking}$	A_{value}	$A_{suppress}$	A_{need}
社会关系属性	A_{s-d}	A_c	$A_{cooperation}$	$A_{hostility}$	A_{value}
社会因果属性	$A_{logical}$	$A_{assertiveness}(A)$	A_{reason}	$A_{vulnerability}$	$A_{idea}=C_{idea}$
事件要素特征值信息不确定性	$A_{deliberation}$	$A_{sociable}$	$A_{honesty}$	$A_{uncertainty}$	$A_{fantasy}$
事件要素特征值正负属性	A_M	$A_{fmij}(+0-)$	A_{trust}	$A_{depression}$	A_f
能动属性	$A_{CR-capacity}$	A_η	$A_{ability}$	$A_{Self-consciousness}$	A_{order}

22.1.3　社会常模与道德

在经验度量衡中（见第 17 章），我们讨论了群体度量的尺度。群体度量的尺度，设定了一个群体意义的标准，即对于任意一个度量的客观量，当客观量变化时，人的主观性评价会发生变化。由于主观性评价很难直接测量出来，就采取间接测量的方法，转换为频率的测量。根据统计学的原理，当测量的样本足够大时，就会得到一个正态的分布，这就是我们平常意义上说的常模。根据测量时得到的频率和性质，我们就可以根据频率和 A_i 的分布函数关系，得到该频率下对应的 A_i 值的大小。

社会性评价，都分为正性和负性。这时，就需要设置一个正负性的分界线。这样，评价就会出现正性评价和负性评价。这时，一个有趣的问题就暴露了出来：社会需要一个普遍认可的标准分解尺度。这就需要回到社会的本质中，来研究清楚这一尺度。

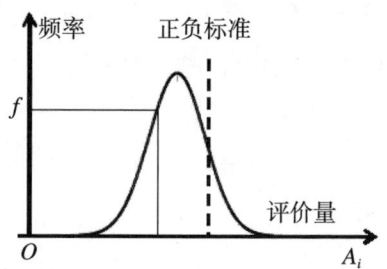

图 22.1 评价量和频率之间的函数关系

注：对于社会上存在的客观量，需要心理量进行评价，评价量无法直接进行测量，就采用间接的频率测量方式来代替。给定任意一个频率量，通过评价量和频率之间的函数关系，找到对应的评价值。在评价值设定上，需要设置正负属性，也就是要设定正负性的零点。这个零点，就是道德的标准分界线。

从行为本质上来看，正性的评价往往是包含鼓励的倾向，负性则包含抑制的倾向性。这就意味着，正负性实际上代表了行为的选择性。如果回到了这一本质上，正负性的分界线，实际上和道德的定义就暗合在一起，这不是一个巧合。因此，我们把这个标准的分界线，就定义为"道德标准"分界线。

道德标准的设定，由谁来设定，涉及社会学问题，在这里，我们就不展开讨论。但是，在社会学心理学中，这一尺度一定随时间而发生变化，也体现了社会的"包容程度"。

22.1.4 社会评价本质

物质意义上的事件，需要经过识别、推理、判断等，赋予事件以物理的属性。对社会性的事件，同样需要赋予社会的属性，而社会属性的值，是通过"社会评价"来实现的。从这个意义上来看，社会评价的本质是"社会性属性"。同时，在社会评价中，又包含了"正负性"属性设定，也就是道德属性，也就是行为的选择性（正性是鼓励的行为，负性属于不鼓励

数理心理学：人类动力学

的行为），由此，社会评价也就具有了"行为指向"。社会评价的行为指向，也就演变为了"社会态度"。这样，我们就找到了"社会态度"的行为指向的根源。

22.2 事件反馈评价

事件信息进入人的认知系统后，对事件物理信息、社会属性信息的识别，从本质上讲，是知觉、推理、判断等的参与，使得事件的实时信息得以不断确定。在经验系统中发展出来的概念，实际是对属性度量的信息和评价信息。在经验行为模式中的这类评价，是对事件进入认知系统后，上行信息的评价。

从时间尺度上来讲，事件分为：历史事件、当前事件、未来事件。未来事件，是我们在某个时刻设定的，并期望在未来发生的事件。个体所从事的事件，都是有目的的事件，在执行过程中，会存在各种各样的干扰因素，或者在运行时，会发现很多未考虑的因素，这在客观上要求，个体需要和期望中设定的信息进行比对，与已经发生的历史事件的信息进行比对，并实时监控当前事件，以对执行的过程进行纠错。

当前执行的事件，随着时间的流逝，会成为历史事件，根据历史事件和未来事件之间的比对产生的差异，就可以修正我们当前的事件的执行。在工程学上，就构成了反馈。这也间接表明，信息在自下而上的加工和自上而下的加工，是一体的。

反馈本身，需要我们与预设的参照进行比对，这就提出一个新的要求，参照比对的指标体系是什么？我们把这类指标体系，称为事件反馈指标评价体系。显然，这也是一类社会评价。必须说明的是，这类评价指标可能在部分与上行评价指标相同，但是承担的功能并不相同。它的目的是解决反馈中的评价问题。因此，反馈指标，是本节关注的基本问题。

22.2.1 控制系统模型

"反馈",出现于工程学的控制论模型。对于动力控制系统,控制论模型给我们提供了一个有效的理解动力控制系统的基本架构。

根据一般系统论创始人贝塔朗菲的定义,系统是相互联系相互作用的诸元素的综合体。这个定义表现了元素间的相互作用以及系统对元素的整合作用(King,1999)。基于这个定义,我们可以知道系统的三个特点:

(1)多元性,系统是由多种元素组成的。

(2)相关性,系统的各个元素之间是相互关联、相互作用的。

(3)整体性,系统是由多个相互作用的元素组成的一个复合体。

控制论的模型,包含控制者(控制部分)、受控者(受控部分)、输出信息、环境变化和反馈,如图22.2所示。

控制者与受控者之间构成了作用关系。控制者对受控者下发控制指令,指挥受控者进行事件的活动。在这个过程中,外界环境变化的信息,会对控制者和受控者产生影响。受控者在控制信息的指挥下,从事某一事件,事件变化的信息,会被控制者得到,由此,控制者根据自己预设的目标信息进行比对,并改进对受控者的作用,修正产生的偏差。控制者得到的被控者参与的事件的信息,也就称为"反馈信息"。

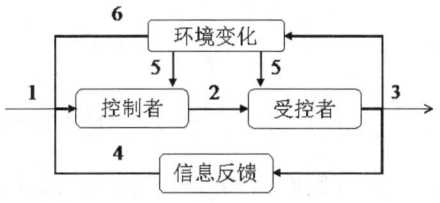

图22.2 控制系统模型

注:控制系统包含四个要素:控制者、受控者、环境变化和信息反馈。控制者通过控制信息,对受控者发生作用。控制者参与的事件,经信息反馈到控制者,控制者与历史设定的目标控制信息进行比对,修正控制指令,从而实现控制优化。其中:1.输入信息;2.控制信息;3.输出信息;4.反馈信息;5.干扰信息;6.前馈信息。

22.2.2 反馈的种类

人类个体处于社会中,需要不断处理各类事件,社会事件具有不同的独立属性。根据事件结构式、事件的力学,至少要对5类社会属性量(尽责性、外向性、宜人性、神经质、开放性)的变量进行监控。每类社会属性量,都具有6个子维度。

我们把执行这一事件的时刻记为:t。当前时刻为 t_0,未来的某一时刻记为 t_f,在 t_0 时刻之前的时间记为 t_h(也就是历史时刻),我们把事件按照时间先后,分为三类事件:历史事件 $E(t_h)$、当前事件 $E(t_0)$、未来事件 $E(t_f)$,由于未来事件是在历史的某一时刻中设定,并具有参照意义,我们也把未来事件标记为 $E(t_f)_r$(r是英文 reference 的简写)。那么,社会事件发生的社会属性特征量,就可以用不同时刻的特征值来表示:

$$pp(t_0) = (v(t_0)_1, v(t_0)_2, v(t_0)_3, v(t_0)_4, v(t_0)_5, v(t_0)_6)$$
$$pp(t_h) = (v(t_h)_1, v(t_h)_2, v(t_h)_3, v(t_h)_4, v(t_h)_5, v(t_h)_6)$$
$$pp(t_f) = (v(t_f)_1, v(t_f)_2, v(t_f)_3, v(t_f)_4, v(t_f)_5, v(t_f)_6)$$
(22.4)

后续,我们将讨论最简单的一种情形,就是对用来做参照的未来事件始终未有修正的情况下的反馈。

22.2.3 反馈矩阵

个体进行的活动,通过行为系统去执行,都可以理解为社会化活动。社会化的活动,也是一个可控的活动过程。这就需要从可控的角度,来梳理人的认知加工中,是否存在这一功能。即人的精神动力系统,是否是一个可控的动力系统。这就意味着,我们需要梳理人的精神动力(动机作用力)与可控之间的关系。

第四部分　心理动力学

从精神角度出发，我们进行的任何事件，都是有目的的，在这一目的指导下，我们进行社会活动，并从事这一事件。因此，在某一时刻对未来事件勾画，就形成了未来事件。未来事件是我们期望达到的事件的演化状态，也是事件结束时，我们期望达到的状态。

我们把执行这一事件的时刻记为：t。当前时刻为 t_0，未来的某一时刻记为 t_f，在 t_0 时刻之前的时间记为 t_h，我们把事件按照时间先后，分为三类事件：历史事件 $E(t_h)$、当前事件 $E(t_0)$、未来事件 $E(t_f)_r$。表示为：

$E(t_h)=w(t_h)_1+w(t_h)_2+i(t_h)+e(t_h)+w(t_h)_3+t(t_h)+mt(t_h)+bt(t_h)+c(t_h)_0$

$E(t_0)=w(t_0)_1+w(t_0)_2+i(t_0)+e(t_0)+w(t_0)_3+t(t_0)+mt(t_0)+bt(t_0)+c(t_0)_0$

$E(t_f)_r=w(t_f)_1+w(t_f)_2+i(t_f)+e(t_f)+w(t_f)_3+t(t_f)+mt(t_f)+bt(t_f)+c(t_f)_0$

（22.5）

随着时间变化，事件中，任何一个要素，都有可能发生变化，这在事件的历史发展中可以体现出来。任何一个要素发生的变化，都是事件演变中的一个"结果"。如何才能得到结果，我们把已经设定的事件 $E(t_f)_r$ 作为一个参照系，把已经发生的事件，和这个参照做对比，就可以得到"事件变化"的过程度量。我们把比对发生的时刻作为 t_0，为了表示方便，我们采用矩阵形式。

$\Delta E_{hp}(t_0)=E(t_h)-E(t_f)$

数理心理学：人类动力学

$$=\begin{pmatrix} w(t_h)_1 \\ w(t_h)_2 \\ i(t_h) \\ e(t_h) \\ w(t_h)_3 \\ t(t_h) \\ mt(t_h) \\ bt(t_h) \\ c(t_h)_0 \end{pmatrix} - \begin{pmatrix} w(t_f)_1 \\ w(t_f)_2 \\ i(t_f) \\ e(t_f) \\ w(t_f)_3 \\ t(t_f) \\ mt(t_f) \\ bt(t_f) \\ c(t_f)_0 \end{pmatrix} = \begin{pmatrix} w(t_h)_1 - w(t_f)_1 \\ w(t_h)_2 - w(t_f)_2 \\ i(t_h) - i(t_f) \\ e(t_h) - e(t_f) \\ w(t_h)_3 - w(t_f)_3 \\ t(t_h) - t(t_f) \\ mt(t_h) - mt(t_f) \\ bt(t_h) - bt(t_f) \\ c(t_h)_0 - c(t_f)_0 \end{pmatrix} \quad (22.6)$$

在这个表达式中，每个要素，都是一个独立要素，且每个要素都是和起始时刻进行比对。

对上述社会事件（这里指对社会性监测）的监测的本质，也就是对上述事件携带的社会属性信息的监测。而上述社会属性的本质，就包含 5 大类属性，考虑到事件的结构，事件结构中的社会属性信息，又合并为 6 个子维度，同时，考虑到 pp 矢量的大小。那么，上式就等价为下面两个等式：

$$\Delta pp_{hp}(t_0) = pp(t_h) - pp(t_f)$$
$$= \begin{pmatrix} v(t_h)_1 - v(t_f)_1 \\ \vdots \\ v(t_h)_6 - v(t_f)_6 \end{pmatrix} \quad (22.7)$$

同时，还需要监控，所有分量的形成和矢量的大小。和矢量的大小的差异表示为：

$$|\Delta pp_{hp}(t_0)| = |pp(t_h) - pp(t_f)|$$
$$= \sqrt{\sum_{j=1}^{6} \left[v(t_h)_j - v(t_f)_j \right]^2} \quad (22.8)$$

根据上述两个关系式，就意味着，人类认知评价体系中，至少需要 6 类评价指标来评价 Δpp_{hp} 的各独立分量，而至少有 5 类评价指标，来对差异量$|\Delta pp_{hp}|$进行评估（有 5 类 pp_{hp}）。这就意味着，我们需要在人的评价

体系中，寻找到11类对应的评价指标。

22.2.4 社会反馈评价分类

$\Delta pp_{hp}(t_0)$给我们提供了一个基本理论方向，人的评价反馈中，存在6类反馈的信息，需要我们进行评价，分别是：心理力学属性、社会关系属性、社会因果属性、事件要素特征值信息不确定性、事件要素特征值正负属性、能动属性。

在前文的行为模式中，上述6类变量，都具有自己的评价量，我们把这类评价量记为$A_{ij}(t)$（$i=1,\cdots,5$，分别对应着表22.1中的社会功能属性的5个分类）。那么，在事件执行的过程中，在t_f和t_h时刻，每个事件的属性的评价量，分别记为$A_{ij}(t_h)$和$A_{ij}(t_f)$。它们两个的差量可以表示为：

$$\Delta A(t_0)_{ij} = A_{ij}(t_h) - A_{ij}(t_f) \tag{22.9}$$

由此，我们可以得到Δpp_{hp}的数学表述形式：

$$\Delta pp(t_0)_{hp} = \begin{pmatrix} A(t_h)_{i1} \\ \vdots \\ A(t_h)_{ij} \\ \vdots \\ A(t_h)_{i6} \end{pmatrix} - \begin{pmatrix} A(t_f)_{i1} \\ \vdots \\ A(t_f)_{ij} \\ \vdots \\ A(t_f)_{i6} \end{pmatrix} = \begin{pmatrix} A(t_h)_{i1} - A(t_f)_{i1} \\ \vdots \\ A(t_h)_{ij} - A(t_f)_{ij} \\ \vdots \\ A(t_h)_{i6} - A(t_f)_{i6} \end{pmatrix}$$

$$= \begin{pmatrix} \Delta A(t_0)_{i1} \\ \vdots \\ \Delta A(t_0)_{ij} \\ \vdots \\ \Delta A(t_0)_{i6} \end{pmatrix} \tag{22.10}$$

由于是一个反馈系统，人类个体需要对所有的差异量进行评价，由于社会属性的功能子维度都是六维（属性相同），也就意味着，对于所有的社会动能属性，只要存在6种性质的反馈评价量，就可以监控反馈的过程。我们把这类评价量，记为A_{fbj-j}。它评价的对象就是：$\Delta A(t_0)_{ij}$，这个反馈评价量只和j有关。如表22.2所示的最后一列。

同样，根据$|\Delta pp_{hp}(t_0)|$的表达式，我们可以得到差异量的矢量的大小，表述为：

$$|\Delta pp_{hp}(t_0)| = \sqrt{\sum_{j=1}^{6}\left[A(t_h)_{ij} - A(t_f)_{ij}\right]^2} \quad (22.11)$$

由于 $i=1, \cdots, 5$，这就要求有 5 个对应评价量，来评价这个差量的大小，构成了对这个差量的大小的反馈评价，我们把这个评价记为 A_{fbi-i}，它所评价的对象是$|\Delta pp_{hp}(t_0)|$。则我们可以得到对应的 5 个社会功能属性的反馈评价量，如表 22.2 所示。

根据社会属性，社会性评价是一个具有正负值属性的量，它的正负性可以通过常模来进行测量。这个我们将在下节进行讨论。

第四部分 心理动力学

表22.2 事件的反馈评价关系表

结构与功能属性　社会事件属性	尽责性	外向性	宜人性	神经质	开放性	事件属性反馈评价 A_{fbi-i}
心理力学属性	$A(t_h)_{11}-A(t_f)_{11}$	$A(t_h)_{21}-A(t_f)_{21}$	$A(t_h)_{31}-A(t_f)_{31}$	$A(t_h)_{41}-A(t_f)_{41}$	$A(t_h)_{51}-A(t_f)_{51}$	A_{fbi-1}
社会关系属性	$A(t_h)_{12}-A(t_f)_{12}$	$A(t_h)_{22}-A(t_f)_{22}$	$A(t_h)_{32}-A(t_f)_{32}$	$A(t_h)_{42}-A(t_f)_{42}$	$A(t_h)_{52}-A(t_f)_{52}$	A_{fbi-2}
社会因果属性	$A(t_h)_{13}-A(t_f)_{13}$	$A(t_h)_{23}-A(t_f)_{23}$	$A(t_h)_{33}-A(t_f)_{33}$	$A(t_h)_{43}-A(t_f)_{43}$	$A(t_h)_{53}-A(t_f)_{53}$	A_{fbi-3}
事件要素	$A(t_h)_{14}-A(t_f)_{14}$	$A(t_h)_{24}-A(t_f)_{24}$	$A(t_h)_{34}-A(t_f)_{34}$	$A(t_h)_{44}-A(t_f)_{44}$	$A(t_h)_{54}-A(t_f)_{54}$	A_{fbi-4}
特征值信息不确定性 事件要素特征值 正负属性	$A(t_h)_{15}-A(t_f)_{15}$	$A(t_h)_{25}-A(t_f)_{25}$	$A(t_h)_{35}-A(t_f)_{35}$	$A(t_h)_{45}-A(t_f)_{45}$	$A(t_h)_{55}-A(t_f)_{55}$	A_{fbi-5}
能动属性	$A(t_h)_{16}-A(t_f)_{16}$	$A(t_h)_{26}-A(t_f)_{26}$	$A(t_h)_{36}-A(t_f)_{36}$	$A(t_h)_{46}-A(t_f)_{46}$	$A(t_h)_{56}-A(t_f)_{56}$	A_{fbi-6}
功能属性反馈评价 A_{fbi-j}	$\sqrt{\sum_{j=1}^{6}[A(t_h)_{1j}-A(t_f)_{1j}]^2}$	$\sqrt{\sum_{j=1}^{6}[A(t_h)_{2j}-A(t_f)_{2j}]^2}$	$\sqrt{\sum_{j=1}^{6}[A(t_h)_{3j}-A(t_f)_{3j}]^2}$	$\sqrt{\sum_{j=1}^{6}[A(t_h)_{4j}-A(t_f)_{4j}]^2}$	$\sqrt{\sum_{j=1}^{6}[A(t_h)_{5j}-A(t_f)_{5j}]^2}$	$\sqrt{\sum_{j=1}^{6}[v(t_h)_j-v(t_f)_j]^2}$

22.3 态 度

从工程学角度看，反馈机制是任意的自控系统具备的基本机制。在人类认知中，认知控制这一概念已经深入人心。从这一基本逻辑出发，我们得到了人的认知控制的反馈量，它是从事件结构式、社会属性、工程控制模型出发，得到的一个基本逻辑关系。有了这一机制，我们就可以讨论人类个体认知机制中，利用这一机制进行的行为控制。

22.3.1 态度集合

在反馈机制中，考虑到社会属性的共通性、社会属性的独立性，我们得到了反馈评价中需要描述的 11 个评价量。这 11 个评价量的数理本质是对独立社会属性量的差异量的评价。

差异量使得人类个体可以和预先的设定进行比较，以洞察已经发生的事件和预先设定的差异。而反馈的目的，并不是仅仅来发现前后之间的差异，要对差异本身评判后，给出下一步的行为的导向。这就是反馈评价量。换句话说，反馈评价量是一个连接性的桥梁，它是连接历史事件、未来预设事件、当前要进一步执行的事件的一个量，它需要我们根据差异量，来给出下一步执行的方向，即它是一个执行的预备。或者说根据我们预期的设定、已经发生的事件的信息，给出未来执行方向的"态度"量。因此，"反馈评价量"的数理本质，就是"态度"。因此，态度可以用一个集合来表示：

$$A_T = (A_{fbj-1} \cdots A_{fbj-j} \cdots A_{fbj-6}, A_{fbi-1} \cdots A_{fbi-i} \cdots A_{fbi-5}) \quad (22.12)$$

22.3.2 态度量的意义

根据反馈的差异进行的评价，具有正负社会属性，也就是态度的正负属性。它指导我们对下一步的事件进行积极的或者消极的响应和预备。此外，评价量也是一个具有大小的量，这就意味着，态度量不仅具有正负性，

第四部分 心理动力学

还具有大小。

由于态度量具有多个分量，它们的属性的含义也不相同，这就意味着，我们需要对态度量的任何一个分量给予描述，并给出大小的定标和测量方法。在表22.3中，我们给出了任何一个反馈评价量对应的两个相反方向（正负属性）的属性量。例如：A_{fbi-1} 对应的正负的两个值分别是顺从和服从。

对态度测量，在心理学中，已经有过专门的研究。L. Thurstone 和 F.J.Chave（1929）发表了《态度的测量》一书，提出了态度的测量方法后，R A likert 提出了更为简单的态度的测量方法，如图22.3所示。它把态度设计成5级和7级的形式，实现对态度的测量。我们把同意的一方作为正值，反对的一方作为负值，中立作为0值。态度量就转换为一个具有正负值属性的数理值。这样，在表22.3中任何的态度量的本质就代表着两个不同的正负方向。

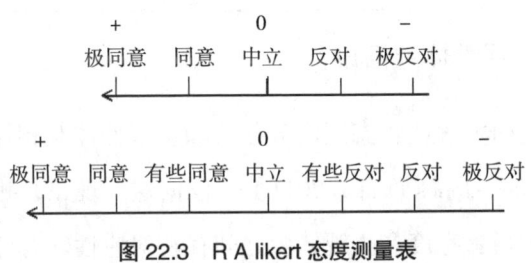

图22.3　R A likert 态度测量表

注：上图是5级态度测量表，下图是7级测量表。如果我们把态度中的同意作为正方向，反对作为负方向，中立作为0值，态度就转换为具有正负性的数理值。

表22.3　事件的反馈评价与语义、主观体验关系表

分类	评价维度	反馈评价量	态度量	主观体验量	Plutchik 模型
A_{fbj-j}	心理力学属性	A_{fbj-1}	顺从	兴趣	√
			服从	无聊	
	社会关系属性	A_{fbj-2}	合作	友好	
			竞争	敌意	
	因果关系属性	A_{fbj-3}	正确	庆幸	√
			出错	后悔	

数理心理学：人类动力学

续表

分类	评价维度	反馈评价量	态度量	主观体验量	Plutchik 模型
A_{fbi-i}	事件要素特征值不确定性正负属性	A_{fbj-4}	实现	乐观	√
			失败	悲观	
	事件因素信息不确定性	A_{fbj-5}	具备	顾虑	√
			不具备	发怒	
	能动属性（结果评价）	A_{fbj-6}	得到	开心	√
			失去	悲伤	
	尽责性属性	A_{fbi-1}	责任	信任	√
			无责任	厌恶	
	外向性属性	A_{fbi-2}	爱交流	合群的	
			独处	孤独的	
	宜人性属性	A_{fbi-3}	利他	尊重	√
			侵犯	恐惧的	
	神经质属性	A_{fbi-4}	真实	踏实的	√
			虚伪	顾虑的	
	开放性属性	A_{fbi-5}	能力强	谦恭的	√
			能力弱	蔑视的	

22.3.3 主观性体验假设

心理学大量研究表明：态度成分往往和主观性体验相伴生（Deonna et al., 2015; Harmon-Jones et al., 2011）。根据这一现象，我们提出态度与主观体验对应假设：态度和主观体验之间存在对应性。有什么样的态度，就会存在对应的情感体验。我们把情感体验量记为 E_f，则两者之间满足函数关系：

$$E_f = k_f(A_T) \tag{22.13}$$

其中，k_f 为情感函数。根据这一假设，我们可以得到一个推论：事件的运行，导致认知系统不断对历史事件、当前事件、未来事件之间的关系进行比对评价。评价诱发了不同的主观性体验，也就是情感体验。这意味着事件的反馈评价与主观性体验之间构成了因果关系。这就意味着，有多少评价的分类，就会出现对应的情感的分类，诱发不同的主观体验的成分。在

表 22.3 中，我们列出了对应的主观体验量。

人的主观体验的成分，也就是人的感情体验部分，或者说是被诱发的情感或者情绪。这就意味着，在人类个体的主观性体验的情绪成分中，会找到这种对应性。

对情绪成分的研究的模型有很多，标志性的有 Plutchik 模型（Plutchik，1958）。Plutchik 认为，人的情绪产生于人类个体在对外界适应过程中的信息反馈，并基于词汇的描述，给出了情绪的各个成分。我们发现，在 Plutchik 模型中，8 个成分和情感体验量存在对应性。但是，存在三个维度的缺失。由此，我们就可以得到一个结论：Plutchik 模型是不完备的。但是，从另外一个角度我们可以看出，Plutchik 模型的其他 8 个维度与态度、情感体验量之间的对应性，不是一种偶然，而是由背后的数理性决定的。另外，在情绪模型中，还存在其他几个形式的描述，我们将不再一一展开进行描述。

◎科学案例

Plutchik 模型的情感体验成分

几个世纪以来，从笛卡儿到现代，哲学家和心理学家已经提出了 3 到 11 种情绪作为主要或基本的情绪。所有的情绪集都包含了愤怒和悲伤，大多数都包含了喜悦、爱和惊喜。但没有一种明确的方法来确定关于情绪类型的精确的数字。

社会心理学家 William McDougall 在 1921 年注意到了情绪和颜色之间的相似之处，他写道："现在的颜色感觉，就像情绪一样，肯定存在各种各样的独立的颜色维度，以难以察觉的方式相互着色……" Harold Schlosberg 在 1941 年要求参与者判断一组标准的面部表情图片中的情绪，提出了第一个情绪的环形模型。布朗大学心理学家 Schlosberg 在情绪模型

数理心理学：人类动力学

中加入了强度维度。心理学家 Robert Plutchik（1958）根据上述理论模型和词汇学方法，提出了情绪的三维环形模型，最终确定了8种主要的情绪类型，分别是：愤怒、期待、喜悦、信任、恐惧、惊讶、悲伤和厌恶。

情绪的三维环形模型，描述了情感概念之间的关系。英语中有几百个带有情感色彩的单词，它们往往因相似度而归为一类。为了帮助心理学家理解情绪之间的关系，评分者被要求估计某些情绪对之间的相似程度，使用相似度缩放方法产生如图 22.4 所示的情绪排放位置（对立面的相似度排名为 -1.0，相同概念的相似度排名为 1.0）（Plutchik，2014）。

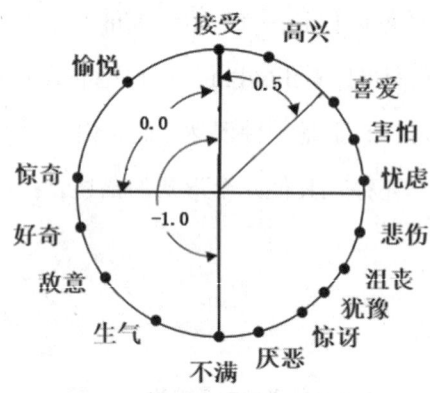

图 22.4　Plutchik 模型的情绪词的相似度

Plutchik 认为情绪概念类似色轮上的颜色，原始情绪可以用类似色轮的方式，把相似的情绪放在一起，相反的情绪180°分开，就像互补的颜色。还有一些情绪是基本情绪的混合物，就像有些颜色是基本情绪，而另一些颜色是由主要的颜色混合而成的，就像红色和蓝色合成紫色一样。Plutchik 认为自己已经把这个花环模型扩展到第三个维度，代表情绪的强度，所以整个情绪结构模型就像一个圆锥体。

如图 22.5 所示，在 Plutchik 的情绪三维环形模型中，花瓣代表情绪之间的相似程度，每个花瓣都有相反的情绪，处于花环的对立面上。悲伤的反面是喜悦，信任的反面是厌恶，愤怒的反面是恐惧，期待的反面是惊讶。

第四部分 心理动力学

没有颜色的情绪代表一种混合了两种主要情绪的情绪。例如，期待和快乐结合起来就是乐观，欢乐和信任就是爱。Plutchik 认为情绪通常是复杂的，能够识别一种感觉实际上是两种或两种以上不同感觉的组合是一种有用的技能。圆锥的垂直方向代表强度——当情绪从花环的外部移动到中心时，情绪会增强。

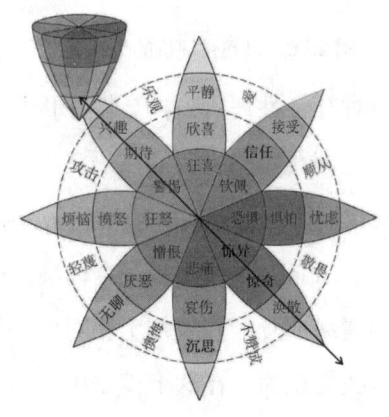

图 22.5　Plutchik 模型的兴趣性评价（Plutchik et al., 1980）

注：例如，斜线标注的变量，属于兴趣性评价。中心位置的两端代表这一变量的正性和负性，不同的等级代表不同的评价等级。

我们从事的事件或者即将从事的事件，都是基于某种意愿去从事的事件，也就是需要。需要是对目标物的功能性需要。而一个目标物可能承载多种需要，去诱发我们的主观性意愿。对主观性意愿进行监控和评价，也即对事件的心理力学属性的差异量的评价，就构成了对"事件"信息的一类监控。

对事件的心理力学属性的差异量的评价，数理表示为：$A(t_h)_{i1} - A(t_f)_{i1}$。这也就构成了态度量的一种类型，记为 A_{fbj-1}。态度量具有正负属性和大小，它指导我们对下一步的事件进行积极的或者消极的响应和预备。

从目标物的功能性质来看，应该包含两种性质的需要的诱发：（1）诱发个体的兴趣；（2）违背个人兴趣。对这一性质的评价，我们称为"兴趣性评

·545·

数理心理学：人类动力学

价"，也就是对事件的心理力学属性的差异量的评价，即态度量 A_{fbj-1}。对于兴趣性评价，显然存在正负属性和大小的差异，A_{fbj-1} 这一态度量，对应的正负的两个值分别是顺从和服从，如图 22.6 所示。

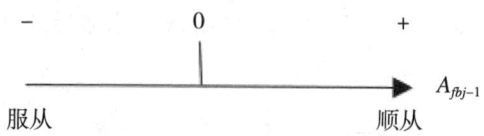

图 22.6　兴趣性评价的数理含义

兴趣性评价，是一种社会性评价，社会性评价是语义的，语义往往通过语言来编码和度量，这就意味着，我们在语义上能够找到这一评价量的对应语义标定。这需要我们回顾已有的心理学的研究和发现。

在情绪的模型研究中，Plutchik 模型是一个标准的模型，在这个模型中，用语义词标注了不同的情绪成分，并且每个相对的一组词，描述的是性质相反的一对情绪成分。我们认为，在这个模型中，斜线标注的变量，从本质上讲，是兴趣性评价，如图 22.5 所示。它的对立的两边实际是兴趣性评价的正性和负性。考虑到我们把评价量按照数理的数轴来标注，我们把这个独立变量的评价等级按照从小到大，从负到正的方向进行排列，就可以得到关于兴趣性评价的集合。

$$\{amazement,\ surprise,\ distraction,\ interest,\ anticipation,\ vigilance\}$$

（22.14）

从这个意义上讲，Plutchik 模型中，这一变量背后的数理含义，也就暴露了出来。这是这一模型的合理性根源所在。其他几个相对方向的评价与主观体验量之间对应关系，见表 22.3 所示。我们将不再展开。

从表 22.3 的对应关系中，我们可以得到以下几个基本结论：

（1）Plutchik 模型找到了 8 种情绪体验的基本成分，但是是不完备的，缺少了 3 种成分。

（2）Plutchik 模型标注了情绪的相反的属性，符合我们对社会属性的正负性的评价以及程度的差异。

（3）Plutchik模型的本质是找到了反馈评价量对应的主观体验的成分。

至此，我们已经论述了Plutchik模型中的8个对立方向的基本的数理含义。这也在客观上解释了这个模型内在的含义和它的生命力所在，也在客观上阐述了模型背后的基本原理。

所不同的是，从我们确立的社会评价的对象来看，每个评价量都对应着一个信息变量，而信息变量是独立的，这和事件结构要素的独立性紧密关联。这就意味着在Plutchik模型中的8个对立维度实际上是8个独立的变量体系，它们之间并不存在过渡的关系。而Plutchik模型中却认为它们之间是过渡关系。这在数理上，很难成立。

另外，根据事件的结构式和经验模式得到的表22.2中评价量，包含11个种类，而Plutchik模型并不包含这些全部的种类，也就是不完备的。这是这个模型的根本性缺陷。尽管如此，Plutchik模型在经验发现的巨大意义不可磨灭。

22.4 情绪过程

社会性评价，是处于社会之中，基于社会的标准，给予的一种评价方式。这种评价的方式，以概念的形式出现。由于事件具有共通性，即满足事件的结构式，这也间接导致了评价具有共通性。

从认知的角度讲，社会评价对应的知识，又以经验的形式，存储在人的知识系统中，驱动人的知觉、推理、判断与决策，在功能上形成历史事件、当前事件、未来事件的比对，从而驱动人类个体从事各种各样的人类活动。这就是人类认知系统功能的本质。

上行的信息系统和对比机制，又构成了反馈系统，使得人的信息系统，不断实现反馈和调整，并诱发个体的主观性体验。在人的认知反馈中，评

数理心理学：人类动力学

价、反馈性评价、态度、心理动力及其在心理过程中的数理性，逐步浮现了出来。这一机制也清晰暴露了出来。这是一个非常有意义的发现。

当我们把这些功能性问题拼合在一起的时候，讨论"动机与动力"和"情绪"之间的关系问题，也就暴露了出来，也就成为一种必然。动力的问题，我们在动机部分，已经进行了清晰的定义，并深入阐述了它的内在机制。

这时，一个核心的问题是：什么是情绪？情绪是心理学中一个核心的概念，只有在清晰地理解了情绪的基础上，我们才能讨论情绪和动机之间的关系。这个问题，我们称之为情绪过程。情绪过程，是一个基本心理过程。我们在心理结构模型中，已经初步涉及了这个过程，在这里，我们将从"心理结构与过程"这个基本理论支撑点，讨论结构之间的数理逻辑关系、控制关系以及这个过程运作中的基本动力关系，构造出情绪过程的动力机制，从而为各类经验发现的统一性奠定理论性的基础。

22.4.1 情绪过程模型

情绪是人类个体在适应社会发展过程中，基于实时动态信息、反馈信息，建立的一种心理动力现象。把什么定义为"情绪"？或者说什么才是情绪背后的机制？这是一个长期困扰的问题。

事件反馈的分类、评价、反馈性评价、心理动力机制等心理的数理机制的建立，奠定了一个全景式理解人的认知与动力的基础。尤其是在社会性评价的数理功能本质讨论清楚后，我们就可以从心理功能和结构中，来揭示"情绪"的基本过程。

如图22.7所示，个体与外界相互作用，从而产生行为事件。在与其他客体（或者个人）发生作用时，该事件又会被感觉系统采集到，进入人的认知系统。当采集到的事件被识别时（物理识别、社会属性识别等），就会和历史信息进行比对，并和未来的信息进行比对。比对的过程发生在感觉记忆中。在事件识别中，未确定的信息会通过推理和判断等，得到进一步提高（详见《数理心理学：心理空间几何学》（高闯，2021）的认知熵增原理部分）。根据比对的信息，个体会调整未来事件的执行方向，并把这些信息作为历史信息，反馈到下一次评价中去。未来事件则通过判断和决策的信息，进入执行中，诱发三类动力：行为动机、内部动机、抑制动机。形成合力后，促发人的行为系统进行制动，并同时促发人的功能系统给予供能。

这时，我们可以看到几个关键过程：（1）态度激发过程；（2）主观体验过程；（3）动机过程；（4）运动系统制动过程；（5）身体供能反应过程。我们把这几个过程合在一起产生的效应，称之为情绪过程。

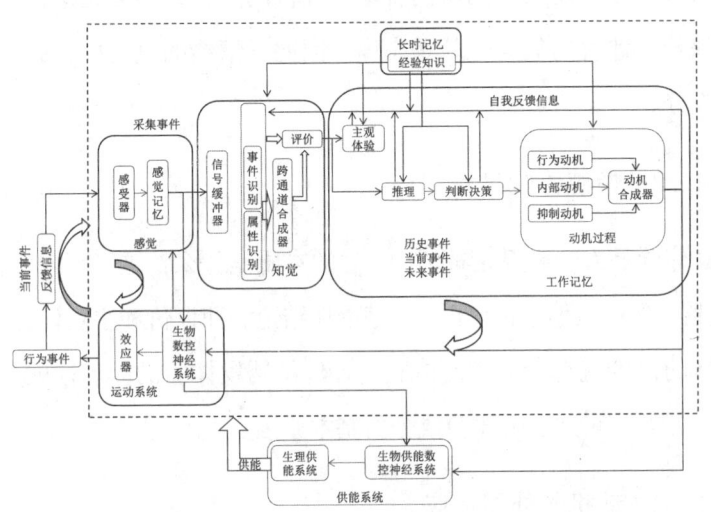

图 22.7 情绪过程

注：个体参与各种社交事件，这时的事件为当前事件，经感觉器采集后，进入认知系统。知觉对事件进行解码，获得事件的物理属性、事件结构要素信息，并给予社会属性，也就是评价。由评价诱发主观体验，被识别的事件经其他认知环节，继续提高信息量。在评价中，当前事件和历史信息比对，形成反馈性评价，并对执行的事件进行纠偏、纠错，经判断、决策后进入动力执行，促发行为制动和供能系统。这整个过程，就构成了情绪的过程。同样，人类个体还可以对自我信息进行监控，形成自我反馈的监控体系。

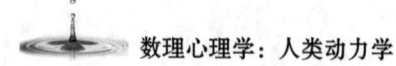

22.4.2 情绪过程模型理论意义

情绪的经验研究,分布在多个相关领域内,丰富而多样。由此,也产生了大量的争论。根据情绪过程模型,我们就可以对情绪过程的经验发现,重新进行梳理,巧妙地解释情绪研究过程中,发现的大量实验现象。

22.4.2.1 情绪与态度关系

在情绪过程中,我们往往发现情绪与态度是伴生的。从情绪过程模型中来看,这本质上是一个问题。情绪并不是一个独立的过程,实际是几个过程的联合过程表现出来的协同现象。评价的过程,实际是事件反馈过程信息的评价。评价的集合也就是态度。因此,情绪的过程中,必然包含有态度的成分。

22.4.2.2 情感体验过程

主观体验是人的高级精神活动,它的本质是什么?这一直困扰科学界。在主观性体验中,我们得到了一个基本性结论,即评价和主观体验相对应。有什么样的评价就有什么样的体验。评价是诱发体验的因。这就是在情绪过程中,可以监测到主观体验成分的基本原因。

22.4.2.3 动机与外周反应

当前事件经采集后,和认知系统中的历史事件进行比对,并对事件进行调整,形成未来事件进行执行,在执行中,就会诱发外周反应。情绪的过程,是评价反馈的过程,这个过程必然和外周反应联系在一起,也必然和动机反应联系在一起,使得我们观察到和动机一样的动力功能。

22.4.2.4 情绪与体验的先后

到底是先有情绪才有体验,还是先有体验后有情绪?这是理论界争议的问题。这需要从几个角度来揭示。从认知的角度看,情绪首先是一个评价产生的诱发过程,从这个角度上看,评价诱发情绪体验。而情绪过程又是一个反馈过程,相对于反馈回来的事件,这时的情绪在前,评价在后,就表现为先有情绪后有评价。因为反馈过程是往复循环的,因此,在这个过程中,讨论先后也就失去了意义。

22.4.3 情绪描述与度量

情绪过程的本质是一个反馈动力过程。社会评价在其中扮演了非常重要的角色,并影响着动机、生理功能系统、外周行为制动系统。因此,它既包含了认知成分,又包含了动力成分。这在客观上就要求,如何来描述人的情绪,这是一个非常有趣的课题。

语言是人的事件编码方式之一。通过语言学手段,揭示心理学机制的方法,在心理语言学中十分普遍。在20世纪80年代,心理学家Russell利用统计方法,得到一个二维的描述情绪的空间维度模型,也称为情绪环形模型(Circumplex model)(Russell,1980)。在这个模型中,Russell提出两个维度来描述情绪:愉快-不愉快和觉醒水平的高低维度,如图22.8所示。这个模型中,第一个维度显然对应着情感体验的维度,而第二个维度则对应着人体的能量激发。这是由情绪的两个动力系统的独立性所决定的。

在心理学中,横坐标被命名为"愉悦维",纵坐标表示"觉醒维",前者表示主观性体验,后者表示能量激发的水平。情绪的两个维度,最初由心理学家Russell提出,并迅速得到传播,这在心理学界,已经达到一种共识。

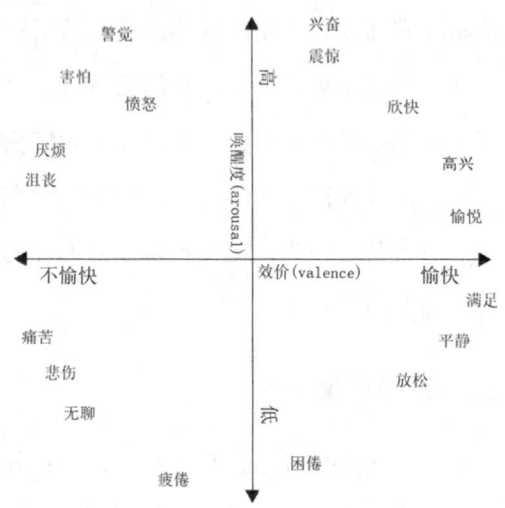

图 22.8 Russell 情绪环形模型

而从情绪矢量的定义中，我们可以更容易理解，这一语言学测量的意义，也从根本上解释了 Russell 模型的数理含义。

基于外在的客观性，人类个体对客观的社会属性信息进行评价，社会属性的客观性，决定了独立的评价维度和反馈评价的独立维度。这些独立性的维度，又反过来决定了人的态度的促发和主观体验的类型。由于态度，又决定了事件执行与否的程度，也就是动力激发的程度。这在前文身心映射中，我们已经进行了讨论。我们只要把 $A_{\text{decision}-i}$ 作为一个反馈的评价量，这样，人的反馈中的动力关系就建立了。

由于 $A_{\text{decision}-i}$ 和人的供能的激发相对应，A_T 则和社会属性相对应，它们之间是相互独立的关系。因此，在心理空间中，如果我们把 $A_{\text{decision}-i}$ 作为一个独立维度，就和 Russell 模型的纵坐标相对应。

A_T 的各个分量与 $A_{\text{decision}-i}$ 是相互独立关系，则在心理空间中，A_T 的各个分量与 $A_{\text{decision}-i}$ 相互垂直，如果在二维空间进行投射，则会存在一个与

第四部分　心理动力学

$A_{\text{decision}-i}$ 相垂直的维度，表示 A_T 的各个分量在上面的投射，且具有正负值，由于它和人的主观体验存在对应关系，这个维度反映了人类个体的"情感体验"的正负性，因此，这个维度称为"愉悦维"。这恰恰和 Russell 的另外一个维度相对应。这样，Russell 模型中两个维度的数理含义也就清楚了。

在现代的语义学研究中，通过情绪词的分离，得到的二维模型，更加证实了这一结果，如图 22.9 所示。在这个图示中，每个情绪词，投射到二维空间中，根据上述的论述，任何一个二维的词汇是一个具有大小和方向的二维向量。

$$A_{\text{emotion}} = \begin{pmatrix} A_{\text{decision}-i} \\ A_{Tt} \end{pmatrix} \quad (22.15)$$

其中，A_{Tt} 表示 A_T 在二维空间中投射的分量，A_{emotion} 称为情绪矢量。

通过语言学的方式，对情绪矢量进行度量，这样，我们就找到了情绪度量的二维测量方法。即通过语言学，生成语义空间，然后把情绪词、评价词放在这个空间中，进行二维的投射。采取某种度规，设定基本单位的值后，就可以对情绪的成分进行度量，得到情绪的度量值，如图 22.9 所示。语义技术的使用，为我们提供了一个基本的测量工具，通过这一工具的使用，可以实现对情绪的空间位置的定标。而评价词，是语言事件中，对情绪的度量词，一旦找到某个事件对应的情绪词，就可以通过词在空间中的位置的分解，找到情绪激发的两个评价量。从这个意义上讲，语义学提供了一个新的方法，可以用来测度我们的情绪量。

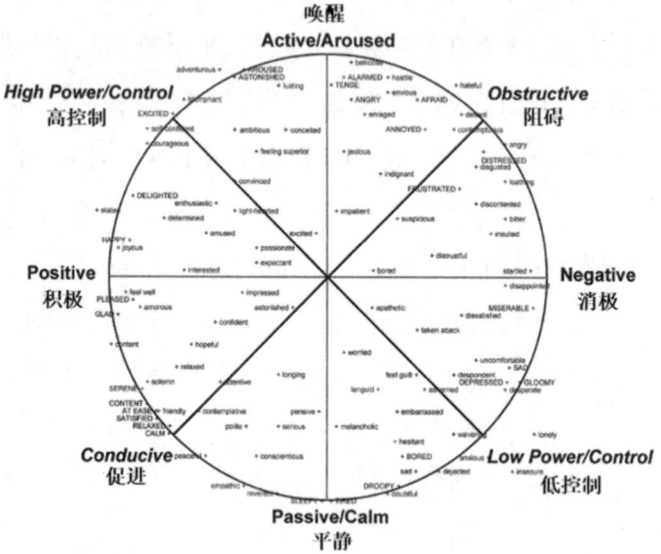

图 22.9 语义空间生成的情绪空间（Scherer et al., 2005）

注：利用语义空间技术，生成的二维情绪空间。在这个空间中，清晰地显示了两个基本的维度：愉悦维度和觉醒维度。

第四部分　心理动力学

第 23 章　心理动力过程

当我们回顾以往所有架构体系时，一个关于心理功能的全貌性架构基本上浮现了出来。从黑箱模型出发，把人作为精神特性的、功能性的、精神动力性的信息处理系统，它的基本工作逻辑及其数理性，已经展现在我们面前，这是前期大量奠基者的忠实贡献。

从公设性体系出发，利用"事件结构式""对称性"的基本公设，慢慢演绎出心理学的基本架构体系。通过这个架构体系，逐步把心理学已有的经验发现的成果，慢慢地关联，从而使之具有了架构体系和数理的表述体系。尽管如此，我们仍然有一个基本的推论没有回答，也就是从还原论哲学出发，精神的基本结构和功能体系没有回答。这需要我们根据以往的逻辑和结论，建立这一结构和功能体系。

人的动力控制系统，在基本逻辑上，包含了四个基本问题：（1）进入人的信息系统的"事件"的数理结构；（2）人的信息表征规则（心理空间）；（3）人的认知加工系统的功能逻辑；（4）人的动力反馈系统。这四个基本问题的回答，也恰恰是人的基本功能的构成。

功能性往往建立在结构的基础上，即功能和结构是一体的。这需要在功能基础上，确立人的动力系统的功能模型。

在"心理反馈动力"中，我们已经构架了心理结构的基本模型。但是，并未展开讨论。在我们清楚上述四个问题之后，就可以对心理功能的结构展开讨论。我们将把这一论题归结为以下两个子问题：

（1）人的结构与功能模型。

（2）人的基本动力过程。

这两个命题，将从整体意义上回答前期所有有关人类个体的功能与结构之间的数理逻辑关系。

23.1 心理结构模型

任何一种心理的功能，都是建立在心理结构之上。从信息加工角度出发，把人作为一种精神控制的功能系统，是心理学及其相关领域长期探索的问题，包含神经功能研究、精神功能研究、认知控制研究、精神动力研究、生理功能研究等。因此，在这些不同的交叉领域，也积累了大量的、关于人的结构性的经验发现，并在功能层次上，形成功能结构的数理模型，也就成为一种必然。标志性的研究包括生物结构模型、神经反馈模型等。

还原论为我们提供了一个基本方法渠道：把心理运作系统的黑箱，拆解为基本功能的结构单元，使之成为功能上平行的独立单位，共同完成心理加工功能。一般情况下，结构和功能是一体伴生的。

对心理功能结构研究的局部成果，分布在心理学科、神经科学等各类交叉的学科中，且分布于功能结构划分的不同层级中，要讨论清楚心理的基本功能结构、功能，是一个非常困难的问题。整合这些经验发现，并形成统一性的功能结构模型，也就成为可能。

23.1.1 心理结构构造方向

把一个箱体结构，首先建立在信息通信的基础上，在这一层次上，拆解为心理意义的"功能单元"，并不是无限制地向下拆解为分子和原子层级（这种理解在心理学上发生过）。把黑箱拆解为基本的"信息"处理的功能单元，是我们构造这一模型首先遵循的基本方向。

23.1.1.1 物质特性

人的结构，首先是一个信息处理的结构。心理功能的结构单元，首先是信息控制的功能单元。它是基于物质器官和神经基础的功能单位。心理功能结构单元，离不开物质特性和神经控制特性。在构造中，需要在这一层次，考虑它的结构构造。

23.1.1.2 动力特性

心理功能单元的系统，是神经作为通信网络的自动化控制结构，具有动力特性。动力性的存在，使得心理功能单位之间相互配合，形成功能性的心理活动。动力性是心理功能系统必须考虑的第二个特性。

23.1.1.3 精神特性

精神特性，本质上是人的经验特性，是人之所以成为人和社会的一个重要特性，心理的功能，也就必然在精神特性上表现出来。心理功能实现的特性之一，也必然是精神特性的实现。因此，心理功能的构造，必须考虑精神功能，或者说精神驱动的特性，才能使得人的精神活动具有完整性。

23.1.2 心理功能结构模型

人脑是一个"黑箱"系统，根据还原论公设和系统思想，需要拆解为功能单元。从信息加工与神经控制角度出发，我们认为，人脑的"黑箱"系统，它的基本功能结构单元，包括感觉、知觉、推理、判断与决策、经验与知识、动机等，如图 23.1 所示，其中，箭头表示心理活动时的信息走向。

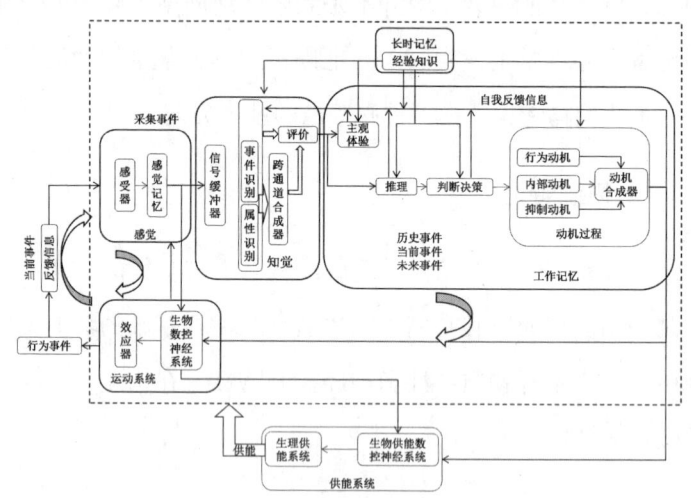

图 23.1　心理功能结构模型

注：在该模型中，外界刺激信号经感觉换能，经过信号的识别、推理，判断与决策获得精神动力，驱动人体行为反应。

23.1.2.1　感觉系统

感觉（sensor）是人具有的一项基本功能单元。通常认为，它对外、对内都承担采集信号、探测信号的功能，实现神经信息系统以外的信号向神经系统内部信号的转换，也就是把"外部事件"转换为"内部事件"。这个过程，通过外部的物质作用与神经发生作用。

我们认为，感觉系统包含三个基本功能结构单元：感觉器（也称为感受器）、感觉记忆、低级神经中枢。在感觉变换中，我们已经讨论了感觉系统的两个基本功能单元：感觉器与感觉记忆。我们得到两个重要的功能：

（1）感觉器的功能本质是：实现"事件信号调制"，即把神经系统外部事件的"属性"信号，调制到神经系统内部，实现事件的属性的信号变换。

（2）感觉记忆的功能本质是：实现信号的衰减和叠加。满足传入的信号在制备中，前后的信号不干扰、不失真（掩蔽效应），连续的信号形成事件，非连续的事件被衰减。从这个意义上讲，从感觉记忆开始，人类的信息系统，就开始了信号的制备，而不仅仅是信息的存储机构。

低级感觉中枢，是信号属性的合成机构，也是低级阶段人的感觉的反馈机构。也就是根据感觉合成的信号，实现对运动器官的控制（效应器）。这是一个自动反馈的结构。

◎知识链接

感　觉

感觉是心理学中一个非常重要的概念，通常定义为：客观刺激作用于感觉器官所产生的对事物个别属性的反映。

相对于人的躯体，感觉信号的来源分为两类：躯体外部信号和躯体内部信号。

躯体外部信号，通过躯体表面的感觉器——视觉、听觉、嗅觉、味觉和肤觉，探测外界信号。

躯体内部信号，通过躯体内部器官组织的感觉器，探测躯体内部信号，如运动觉、平衡觉和机体觉。

23.1.2.2　知觉系统

感觉系统实现了"事件信号"的调制，从而进入知觉系统。来源于感觉的"事件"及其结构要素和材料，需要完成"事件识别"。确切地讲，把事件的属性、结构要素识别出来，并合成为事件，是知觉的基本功能。它的功能本质是：

数理心理学：人类动力学

（1）实现事件的解码。也就是在经验的驱动下，实现事件要素属性的识别，并把同一要素的不同属性合成为同一个要素（这些信息来源于不同的神经通道）。

（2）合成事件。独立的某个要素不能称其为事件，这需要把所有的要素合并在一起，才能形成完整的事件。而知觉的研究也恰恰表明，知觉具有多个要素独立识别的能力。

（3）人的不同的感觉通道，采集了不同的"感觉事件"。在信息上，这些事件是分离的。这就需要人的知觉把不同的信息通道的事件，依据一定的规则，整合起来，使之形成一个"整体事件"。这就需要，存在一个"合成器"，把不同感觉通道的"事件"合成一个"整合事件"。

（4）对历史事件、当前事件、未来事件目标比对功能，也就是评价功能。把各类事件的信息与历史进行比对，发现差异，也就构成了"评价信息"。

由此，我们认为，在知觉中，至少具有四个独立的基本功能单元：物理属性或者社会属性识别、事件识别（合成事件）、跨通道合成器、评价。

例如，糟老头是对一个"客体——老人"的一种度量。在社会心理学中，称为评价。它是社会知觉的一种。所有评价的"集合"，就构成了态度集。从心理结构上来理解"评价"或者"态度"，这将是一个全新意义的数理概念。

23.1.2.3 推理、判断与决策

知觉提供了一个基本功能，根据感觉系统调制的物理属性信号，恢复出事件信号，也就是解调过程。这个过程中会出现信号的缺失，或者外界信号转换到内部信号时，外界信号出现对称性破缺，这需要推理、判断与决策等来实现。这些环节，我们在认知对称变换中，已经对这些问题进行

了讨论。

23.1.2.4　动机与合成器

人基于某种需要，推动人按照既定目标进行行动。按其动力性质划分，有些需要驱动人的运动系统进行行为活动，有的则抑制这些行为的发生。事件行动与否，就是这两类动力的合成结果（具体的动力机制，我们将在动机部分进行讨论）。这意味着，人的动机具有两类：执行的动机与抑制的动机，并存在一个合成这两类动机的结构，我们称为动机合成器。由此，我们认为，动机的亚结构包括：执行动机、抑制动机与动机合成器。

23.1.2.5　经验与知识与长时记忆

人的所有精神活动，都需要建立在已有的知识与经验之上，这些知识包括描述性知识与程序性知识，并存储在人的长时记忆中。描述性知识，也就是属性知识。程序性知识是做事情的基本步骤。经验知识外化，就成为行为模式，也就构成了人的行为的表征。在行为模式中，我们讨论了有关检验和知识的种类，这里不再展开。也就是说，经验与知识是人的心理结构中的基本结构。而人的经验知识又存储在人的长时记忆中。

23.1.2.6　行为系统

人体精神活动，经过动机，就存在了动力，可以驱动外周进行运动。运动是精神活动的一种外化与物化。行为系统，也就构成了一种重要的结构系统。从通信科学与神经科学看，这个系统包含两个基本亚结构：生物数控神经系统、效应器。

从神经科学看，效应器是为了实现某种功能的生物反应器件。例如，人的眼睛及其附属肌肉组织、运动神经元，就构成了一个效应器。人眼眼球由六条肌肉组成，使眼睛自如转动。这六条肌肉是：上、下直肌，内、外直肌和上、下斜肌，它们分别由动眼神经、滑车神经和外展神经所支配，如图 23.2 所示。

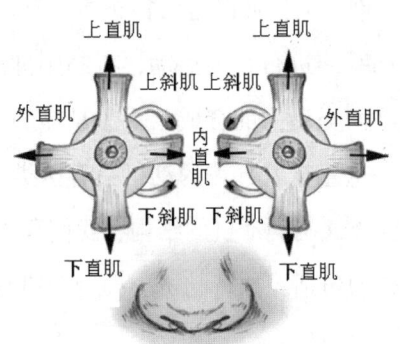

图 23.2 控制眼球转动的肌肉

注：人眼眼球有六对肌肉组成，使眼睛自如转动。这六条肌肉是上、下直肌，内、外直肌和上、下斜肌，它们分别由由动眼神经、滑车神经和外展神经所支配。

内、外直肌负责眼球向内或外转动；上、下直肌收缩时，眼球上转或下转，同时还使眼球内转；上斜肌主要使眼球内旋，同时还使眼球下转和外转；下斜肌主要使眼球外旋，同时还使眼球上转和内转。

眼球和其外围包裹的肌肉，构成了眼球旋转的机械系统。该机械系统受到的应力，包括眼动扭转力、肌肉弹性力、眼球黏滞阻力。眼动肌肉，相互配合，共同影响到眼球受力，实现眼睛运动。

眼球外部肌肉，其内部和肌肉神经相连接，这些神经称为运动神经元，如图 23.3 所示。运动神经元接收来自高一级的神经电信号，促发肌肉收缩，引起眼球动作。在这里，眼球、运动神经元、肌肉三者就构成了效应器，完成眼部动作。

第四部分 心理动力学

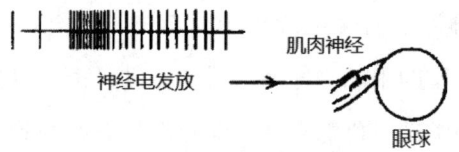

图 23.3 眼动的肌肉控制

注：眼动的动眼神经，接收来自上一级的神经发放信号，引起肌肉反应，拉动眼球运动。

脑干中 P 细胞和 B 细胞，分别促发和眼动相关的位置信号和速度信号，经图 23.4 所示的神经通路进行整合。

当眼球固视时，P 细胞工作，B 细胞停止工作，经过 NI 细胞传输给运动神经元的神经信号只有位置信号（阶持信号），眼球保持近似不动。当从当前固视点转向下一固视点，P 细胞停止工作，B 细胞工作，NI 细胞接收来自 B 细胞的速度码，并传输到运动神经元，眼球发生转动。到达新注视点时，B 细胞停止工作，P 细胞开始工作，NI 细胞把新位置的阶持信号传输给眼球。

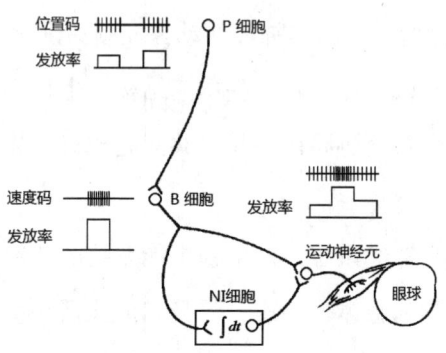

图 23.4 跳视神经回路

注：当人眼从一个固视点转向新固视点，P 细胞中的神经发放率从当前的发放率变换到新位置对应的发放率。在当前位置转向新位置，P 细胞停止工作，B 细胞工作，促发眼动的速度码，眼动结束时，P 细胞工作，促发新位置的神经发放编码。NI 细胞是一个积分器，把 P 细胞和 B 细胞促发的信号按时间先后进行求和，并把求和后的信号传输给运动神经元，运动神经元记录的信号是 NI 细胞积分信号。

数理心理学：人类动力学

神经支配的脉冲—阶持信号控制，适用于所有的眼动肌肉控制，由此，适用于所有类型的眼动。任何形式的眼动，都可以分解为水平方向的眼动和垂直方向的眼动。负责水平方向眼动的 P 细胞和 B 细胞位于脑干的 PONS 区，而负责垂直方向运动的 P 细胞和 B 细胞位于中脑。在脑干内部，以中央线为分界线，分别负责两眼的水平眼动和垂直眼动，并通过相互之间的神经回路的相互作用，完成双眼眼动。

如上所述，眼动控制的编码电路（位置与速度编码），就构成了眼动控制的"生物数控神经系统"。

生物的神经数控系统与效应器，共同完成眼球的制动动作，就构成了人的运动系统。

23.1.2.7 供能系统

人的大脑及其行为系统（运动系统），在活动过程中，需要消耗能量。人体的血液循环系统、消化系统、呼吸系统、泌尿系统等，共同构成了一个可控的能量供给系统，为人的神经活动与控制提供能量。

这一结构，我们认为存在两个基本亚结构：生物供能的数控系统和生理供能系统。这两个系统协同在一起，共同完成对人体活动过程中的供能控制。

我们认为，自主神经系统，是生物供能系统的"数控系统"。它主要分布于内脏、心血管和腺体。心跳、呼吸和消化活动都受它的调节。植物神经分为交感神经和副交感神经两类，两者之间相互拮抗又相互协调，组成一个配合默契的有机整体，使内脏活动能适应内外环境的需要。它的活动是在无意识下不随意进行的，故也称自主神经系统。医学中许多疾病都牵涉到自主神经系统，有些疾病则以自主神经损害为主。由于自主神经系统与全身各器官、腺体、血管，并与糖、盐、水、脂肪、体温、睡眠、血

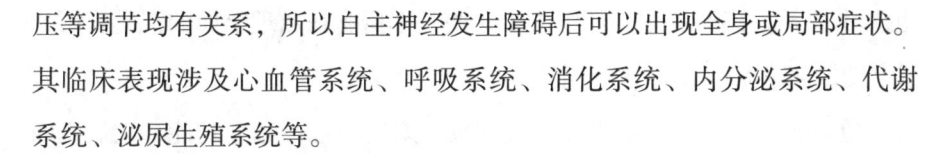

压等调节均有关系，所以自主神经发生障碍后可以出现全身或局部症状。其临床表现涉及心血管系统、呼吸系统、消化系统、内分泌系统、代谢系统、泌尿生殖系统等。

23.1.2.8 记　忆

人的心理过程的运行，需要记忆的机构来进行支撑。在心理学中，曾经有感觉记忆、工作记忆和长时记忆的区分。在不同的记忆部分，具有不同的功能。长时记忆用于存储人的经验的信息。感觉记忆用于存储和瞬间信息的过滤（我们将在后续章节中，讨论这一功能）。工作记忆则负责实现我们的推理、知觉、动机及其合成的任务，实现这些任务的暂存和实时的处理。它是信息任务赖以存在的物质基础。

23.2　心理功能结构关系

心理功能结构模型，为我们提供了一个基本的模型架构，来理解心理功能的基本构成。在这个基础上，我们就可以梳理已有的心理概念，并赋予数理与功能意义。这个讨论，我们分为两个部分：

（1）心理活动的性质与种类划分。

（2）心理过程。

在心理学界，存在一些共通性的概念，区分不同类的心理功能关系，并被广泛接受，也就是上述的第一个问题。

（1）心理的信息走向，例如，自下而上和自上而下加工。

（2）心理控制关系：开环控制与闭环控制。

（3）系统划分：低级加工系统与高级加工系统。

在不清楚心理结构模型时，确切定义这些概念是困难的。在讨论了人的生物学模型与心理学结构模型之后，我们就可以在模型基础上，讨论这

数理心理学：人类动力学

些基本关系，梳理清楚心理学关于这些基本概念在数理上面的混乱。第二个问题，我们将在下章进行讨论。

在功能关系模型中，各个功能单元，具有自己的独立功能，它们之间的联系，构成了它们之间的功能关系。我们用箭头指向，来表示信息的流向关系。从不同角度，对信息关系的理解，存在不同的分类。

23.2.1 动因诱发分类

在心理学中，从动因角度，对心理信息加工进行分类，包含两类：自下而上加工和自上而下加工。

23.2.1.1 自下而上加工

自下而上是认知心理学中提出的一个核心观念（Lindsay et al., 1977）。这类信息加工的流程是：从人的低级阶段逐步过渡到高级的精神活动，定义为"自下而上"的信息加工通路。

23.2.1.2 自上而下加工

同样，自上而下是和自下而上并列的另一核心观念（Lindsay et al., 1977）。在这里，我们把经推理、需要及动机发动、态度及情绪发动，进而促发动力合成器，诱发行为反应的通路，定义为"自上而下"的信息加工通路。

23.2.2 心理控制关系

从认知心理学、神经控制科学角度出发，对信息加工关系进行分类，包含两类：开环控制（open loop）和闭环控制。

第四部分 心理动力学

23.2.2.1 开环控制关系

为了简要说明开环控制和闭环控制，我们将图 23.5 的某些过程抽提出来，并在考虑上述生理结构基础上，来说明这个问题。我们把推理、动机、情绪到动力合成器，统一合并为"高级精神系统"，而把感觉展开为生理的结构模型（见上文），把行为制动也展开为生理结构模型（见上文），并不考虑"觉知"和"记忆"的功能。如图 23.5 所示。感觉器和效应器在同一人体器官上面，来自低级的信号，经过传入神经，达到低级神经中枢，经分析后，迅速经传出神经诱发效应器制动。由于感受器和效应器同属于同一人体器官，这种行为进一步会影响到感觉器的信号的采集，这种通路实质也是一个"反馈"通路，在低级阶段非常常见。这类信息活动，称为闭环控制。

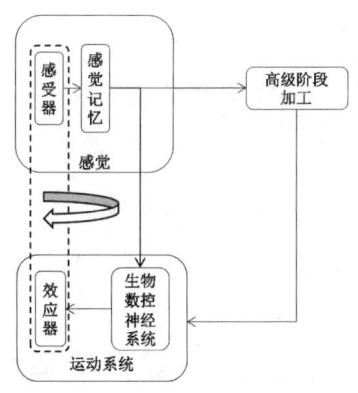

图 23.5 闭环控制

注：感受器和效应器同属于一个人体器官时，感觉信号经低级中枢加工后，促发效应器反应，就构成了一个闭环的神经反应的通道。

◎ 知识链接

视觉反射通路

人的视觉通路的低级阶段，就构成了闭环的反应通路。人眼的视网膜，

数理心理学：人类动力学

负责采集视觉的信号，也就是视觉通道的感觉器，而在眼球周围的肌肉、运动神经元、眼球则构成了效应器。视觉感觉器采集到的信号，传入视觉的低级神经中枢，经脑干、丘脑中的眼动水平控制中心和垂直控制中心，促发效应器反应。这就构成了闭环的反应通道。

23.2.2.2 闭环控制关系

与开环控制关系不同，感受器和效应器如果不在同一个人体器官上，这时，感受器采集的信号经传入神经传入，经低级神经中枢或者高级精神系统分析之后，经传出神经，诱发效应器反应。这类反应，感受器和效应器不在同一人体器官上，不构成信息采集的自动调整，效应器行为对感受器不构成直接影响。这类控制关系，称为开环控制关系。

23.2.3 心理系统

在上述控制关系中，无论开环系统还是闭环系统，我们把经感觉、运动系统的反射通路，统一定义为"低级加工系统"。

把低级系统的信号传输到高级加工系统，经高级加工系统加工后，又反馈到低级加工系统的加工系统，统一称为"高级加工系统"，也称为"高级精神系统"。

从这两个系统关系中，我们可以看出，这两个加工系统具有两方面特性：

（1）独立性。低级加工系统和高级加工系统是两个独立的加工系统，可以独立运作。这在心理学的众多实验发现中可以得到验证。例如，意外的光刺激可以迅速诱发眼动，而并不等到精神活动之后。再如，眼动研究发现，人可以做到视而不见，也就是说，低级系统可以获取信号，而高级系统可以处理自己的信号。

（2）关联性。低级系统的信号可以作为高级系统的输入信号，同时高级系统也可以把输出信号，反馈给低级系统，从而实现对低级系统的控制。同样，这在心理学的众多实验发现中可以得到验证。例如，我们的动机活动，就是一类典型的目标驱动低级行为反应系统的结果。

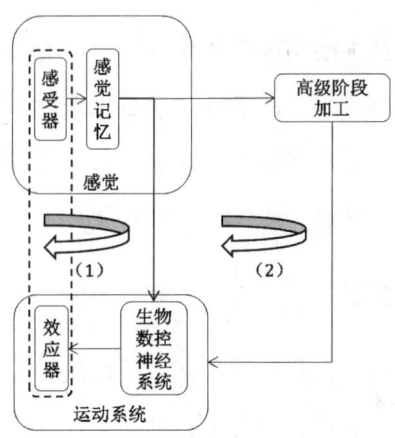

图 23.6　低级加工与高级加工划分

注：经感觉与运动系统的加工，定义为低级阶段加工，如上图中（1）所示。感觉的信号经高级阶段加工后，又反馈到应用端的加工，定义为高级阶段加工，如上图中（2）所示。

23.3　基本心理过程

心理功能结构模型，是对整个心理结构构成及其功能关系的统一性理解。在这个模型中，每个功能单元都具有自己的独立关系，同时综合后实现某种特殊功能，概括起来讲，实现心理活动的 5 个基本功能，对应着 4 个基本心理功能过程：刺激驱动过程、认知过程、动机过程、情感与情绪过程。

23.3.1 刺激驱动过程

刺激，也就是输入感觉系统的"事件"。它是人体的一个基本动力系统。通过这个系统，人的信息系统，获得各类信息，并对这些信息进行自动响应。

参与这个过程的基本结构包括感觉与运动系统，如图23.7所示。感觉系统接受来自外界的刺激信号的事件，经过低级阶段神经中枢的分析，直接驱动人的运动系统进行动作制动。在人的各个神经通道，都可以观察到这一过程。这个制动过程中，具有以下几个特征：

23.3.1.1 自动化反馈

刺激驱动的动力过程，只是通过低级阶段的神经中枢处理后，就直接驱动人的运动系统进行制动，是一个自动化的反馈系统。自动化反馈，保证了人类自身能对外界快速反应并制动。从生态学意义上讲，符合人的趋利避害。也就是说，这一系统的存在，是人类与自然界适应过程中，进化出来的一种有效的、快速对环境信息进行反应的高效方式。

23.3.1.2 无高级活动参与

心理结构模型，可以清晰地表明，这个过程无高级阶段参与，就能快速制动。这一自动化的结果，节约了人的反应时间，在时间上保持高效。感觉系统的信息在促发行为反应的基础上，也同时向高级阶段进行传递。

第四部分 心理动力学

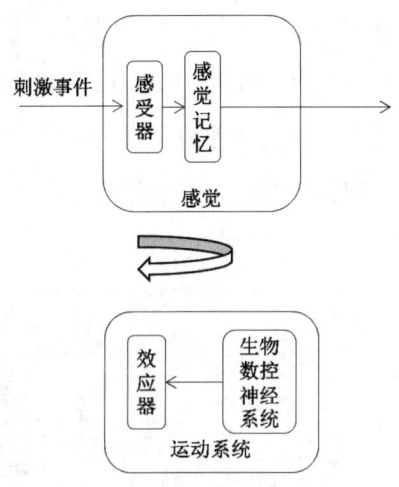

图 23.7 刺激驱动过程

注：刺激事件经过感觉系统处理后直接驱动运动系统进行制动，这个过程，称为刺激驱动的动力过程。

23.3.2 认知过程

把什么定义为认知，这是一个非常有趣的问题。认知被定义为：通过已有的知识、经验和意义，获得知识和理解（Von Eckardt et al., 1996; Blomberg, 2011）。通常认为，认知是人们获得感性认识和理性认识的过程，也是获得知识和应用知识的过程。从心理学意义上讲，认知是基于经验的，也就必定是经验参与的过程。

从心理结构模型出发，我们把认知过程理解为：感觉、知觉、记忆、推理、评价结构，共同参与表现出来的心理现象及其动态过程，也就是认知过程。如图 23.8 中，虚线框所示。

在这个过程中，感觉采集信号、知觉赋予心理意义、推理负责各种非确定信息判断、评价对各类信息进行度量，而这一切发生的基础，都建立在长时记忆中已有的经验。而上述的过程已有经验发生互动，形成学习现

·571·

象。认知过程中，又分为几个亚过程：感知过程、推理过程、决策过程、学习过程。认知中，不仅可以从经验中获取已有的信息，也会发生在新异信息组合中，新的经验产生，这就形成了新的事件与已有经验之间的相互作用，从而突破已有的知识与经验，形成学习过程，在本书中，我们并未展开讨论这一过程。

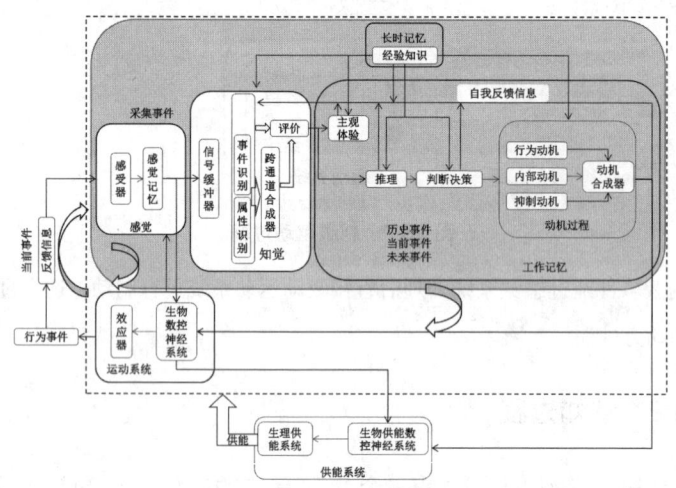

图 23.8　认知过程

注：感觉、知觉、记忆、推理、评价结构，共同参与表现出来的心理现象及其动态过程，也就是认知过程，如图中灰色区域所示。这个过程，建立在经验基础之上，同时又和经验发生活动，构成了学习现象的发生，虚线箭头表示学习过程。

23.3.3　动机过程

个体基于各种需要，驱动我们进行思考、推理、行为等。这个过程，我们称为动机过程，如图23.8中，动机过程的方框所示。动机提供的认知动力，包括：

（1）驱动人的推理活动。例如，我们可以通过我们的主观性控制，进行推理和非推理活动。

（2）驱动知觉主动性知觉。例如，知觉除了具有自动知觉之外，还可以通过动机过程，发生主动知觉性行为。常见的静坐打坐，是利用主观性控制达到的控制知觉、推理的一种行为。

（3）驱动运动系统进行行为制动。例如，动机指令可以驱动运动系统，进行主动性的行为制动动作。

23.3.4 情绪过程

人在评价的基础上，就会产生态度，从而产生情感。态度是事件属性、结构要素评价的总和。由于评价的存在，评价本身可以驱动动机系统直接运作。例如，我们确定了一件事情的好坏，就可以产生决策，从而使动机可以合成，驱动行为系统，从而产生伴随了运动系统的行为反应。

此外，评价自身又可以激发生物供能系统做出反应，从而使自主神经系统发生反应而为身体活动提供能量。如图23.9中，虚线框及虚线箭头部分所示。

由此，情感过程必然包含三种成分：

（1）认知成分。评价是这一过程中的核心，评价本身不仅可以驱动动机过程，也可以驱动生物供能系统。评价的集合就是态度。这就是在情感过程中，必然伴随态度成分的原因。

（2）外周反应。情感的激发，经评价促发的指令，驱动动机，进而驱动运动行为系统，从而具有外周的行为反应。

（3）情感体验成分。态度产生了情感体验，我们认为：没有态度就没有情感，或者说，没有评价度量就没有情感。

通过图23.9中的灰色区域的功能结构模型，就可以解释清楚，在当代心理学中，对情绪成分的理解，是上述几个心理结构同时参与的结果。

数理心理学：人类动力学

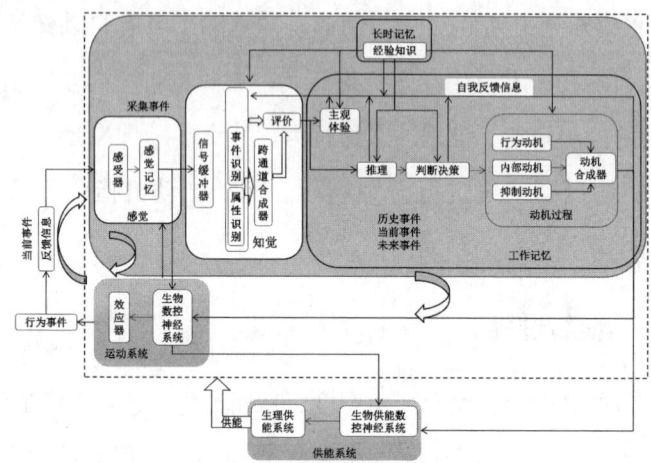

图 23.9　情绪过程

注：情感过程包含情感体验、生物供能系统激发、外周运动系统行为反应、态度成分。它是多个结构共同参与的结果。

此外，我们必须说明的是，在人的低级加工阶段，也会同时存在另外一个激发情绪反应的通道，如图 23.10 所示。经感觉系统的信息事件，有可能是外界诱发的紧急事件或者其他类事件，这类事件直接诱发了人的自主神经系统，并诱发躯体反应。这部分信号也会后续被知觉和评价，诱发情绪的其他成分。这样，低级阶段和高级阶段诱发的情绪关系，也就十分清楚了。

在学界，存在先有躯体反应后有情绪反应还是先有情绪反应还是后有躯体反应的争论。从功能结构模型上来看，这两种情况都有可能发生。也就是说，通过我们的功能结构模型，可以同时平息这两种性质的争论。

第四部分 心理动力学

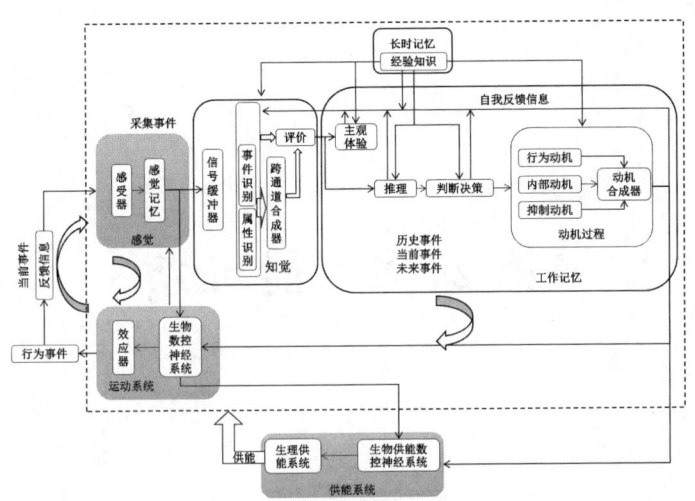

图 23.10 低级阶段诱发的情绪体验反应

注：在低级的自动反馈阶段，感觉系统接受到外界刺激事件，自动诱发反馈反应，可直接诱发自主神经系统，并诱发生理性供能。这部分信号又通过感觉系统，把信号向高一级传递，接收到紧急信号后，并后续激发知觉与评价，诱发其他情绪成分反应。

数理心理学：人类动力学

第 24 章　能与劳

人类个体不仅具有认知世界的能力，也具有改造世界的能力。心理空间几何学与人类动力学，回答了人的精神系统的结构与功能具备的基础能力。基于这一能力，人的主观能动性得以发挥。人的主观能动性，通过人的行为系统与物质世界的作用，物化为个体推动的事件变化，从而实现对物质世界的改造。个体具备的能力与活动能量得以体现了出来。

这样，就提供了一个基本研究方法的路径，即通过物质世界的物化物、事件的变化，建立"变化"与人类个体的能动参与之间的逻辑关系。那么，人类个体对物质世界的能动改造及其效果，就通过物化过程显现了出来，并可通过对物化过程变化的度量，建立它们之间的逻辑关系，从而使人的主观能动性得到度量。因此，度量人的主观能动性，就成为本章关注的核心问题。

24.1　功与劳

人类个体对物质世界的能动改造作用，通过人类个体的行为系统与物质世界发生作用，实现对物理世界的物质性改造。它包含两个基本力学过程：

(1) 物理做功过程。它通过人的行为系统，与其他客体发生物理作用，遵循物理的做功规则。

(2) 心力的"操劳"过程。物理的做功过程，也是人的心理力不断驱动"做功"事件的过程，也就伴随着心力的操劳过程。

这是个体参与的事件中，两个并发的过程，或者说是人在改造物质世界中的两个并发过程。前者是物理过程，后者是精神过程。二者之间存在关联关系，且前者满足物理学的做功过程，这就为我们理解心力的操劳过程并建立它的数理机制提供了一个基本契机。

24.1.1 物理功

在人与其他客体发生物质作用时，物理性相互作用，是其中最为基本的作用形式之一。它以体力的消耗为代价，例如，农民的农业活动。根据物理学规则，若个体对其他物体施加的力记为：$F(t)$，引起其他客体的位移为 dr，则根据物理学的功，得到以下关系：

$$dw = F(t) \cdot dr \tag{24.1}$$

其中，dw 表示客体发生微小位移 dr 时做的功。如果我们需要知道一段时间内，对物体做的功，就需要对上式进行积分，则得到以下关系：

$$W = \int_{t_0}^{T} F(t) \cdot dr \tag{24.2}$$

其中，t_0 表示初始时刻，T 表示结束时刻。

24.1.2 心理劳

人在做事情的过程中，对其他客体进行作用，施加给其他的物理的力，是诱发的事件效应之一。物理的功，是人类个体参与的做功事件中，由于位置的变化（位移效应）诱发的事件效应之一。但是，它并不是事件效应的全部。在前文中，我们实际已经涉及事件的效应的变化。

数理心理学：人类动力学

以某一时刻的事件为参照（假设以我们未来期望的事件为参照），则该时刻可以记为 t_f，如果 t_h 是相对于 t_f 发生的一个微小的事件的变化的小量，则可以得到事件的变化的效应。

$$de = E(t_h) - E(t_f)$$

$$= \begin{pmatrix} w(t_h)_1 \\ w(t_h)_2 \\ i(t_h) \\ e(t_h) \\ w(t_h)_3 \\ t(t_h) \\ mt(t_h) \\ bt(t_h) \\ c(t_h)_0 \end{pmatrix} - \begin{pmatrix} w(t_f)_1 \\ w(t_f)_2 \\ i(t_f) \\ e(t_f) \\ w(t_f)_3 \\ t(t_f) \\ mt(t_f) \\ bt(t_f) \\ c(t_f)_0 \end{pmatrix} = \begin{pmatrix} w(t_h)_1 - w(t_f)_1 \\ w(t_h)_2 - w(t_f)_2 \\ i(t_h) - i(t_f) \\ e(t_h) - e(t_f) \\ w(t_h)_3 - w(t_f)_3 \\ t(t_h) - t(t_f) \\ mt(t_h) - mt(t_f) \\ bt(t_h) - bt(t_f) \\ c(t_h)_0 - c(t_f)_0 \end{pmatrix} \quad (24.3)$$

从这个表达式中，我们可以看到，如果上式中，dr 的位移效应的变化，实际是上式中的一个子项，满足：

$$dr = w(t_h)_3 - w(t_f)_3 \quad (24.4)$$

也就是客体在空间的位置上发生的效应变化。而事实上，事件发生的效应的变动，并不仅仅是物理位置的变化，还会存在其他事件的独立结构属性的变化。在这个过程中，我们把指向目标物的心理力记为 $F(\Delta)_{ff-i}$，在心理空间中，它是一个矢量，而 de 也是一个矢量。由此，我们定义个体在做某个事件时，付出的"心力"，表示为：

$$dw_l = F(\Delta)_{ff-i} \cdot de \quad (24.5)$$

其中，dw_l 表示客体发生微小事件变化 de 时，付出的心力，我们称为"劳"。如果我们需要知道一段时间内，由于个体做事，所付出的"劳"，就需要对上式进行积分，则得到以下关系：

$$W = \int_{t_0}^{T} F(t)_{ff-i} \cdot d e \qquad (24.6)$$

其中，t_0 表示初始时刻，T 表示结束时刻。如果我们把"功"理解为是一个物理过程的话，它是由于物理作用力的作用，产生的功。那么，"劳"则是由于心理力的作用，诱发事件的变化，产生的一个积累过程。

从这个意义上可以看出，在人参与的事件中，往往伴随有物理的过程，使得事件的发生，既有物理的功的付出，也有"心力"的付出。也就是有"功"，也有"劳"。前者是物理的，后者是心理的。这就很容易理解，我们通常说的口语，"没有功劳，也有苦劳"，即在没有功的情况下，也可能付出了大量的心力。

24.1.3 事件效率

在物理学中，我们把单位时间内，对物体做的功，定义为功率。它的定义式表示为：

$$\eta = \frac{dw}{dt} = \frac{F(t) \cdot dr}{dt} \qquad (24.7)$$

当有了"劳"之后，我们就可以定义个体做某个事件时的效率。我们定义，人类个体在单位时间内所做的"劳"，表示如下：

$$\eta_l = \frac{F(\Delta)_{ff-i} \cdot d e}{dt} \qquad (24.8)$$

该式表明，个体处理事件效率的高低，既和付出的心理力的大小有关，又和引起的事件的变化有关。当心理力和 de 变化方向的投影越大，发动的事件的变化的效应越明显，个体处理事件的效率也就越高。

24.2 资源守恒律

人类个体与其他客体发生相互作用，在这个过程中，个体付出了"劳"。

数理心理学：人类动力学

对于他方客体而言，由于作用效应，使得客体属性发生了变化（物质属性或者社会属性变化），也就是功能属性发生了变化。在社会学意义上，功能属性为其他需要方所需要，因而具有了资源特性。这就意味着，作用前后的变化，使得客体的资源性发生了变化。这就意味着，我们需要寻找"劳"与资源特性之间的数理关系。

24.2.1 能（capacity）

人体与其他客体发生相互作用，并诱发事件发生了某种效应，这也就意味着个体具有了改变事件的某种能力。这就需要我们对人类个体的能力进行定义。

根据事件结构式与因果关系式，任何事件的发生，都需要具有一定的"条件""事件的规则"，才能促发某类事件，如下式所示。

$$\left.\begin{array}{c} w_1 \\ w_2 \\ t \\ w_3 \\ bt \\ mt \\ c_0 \end{array}\right\} \rightarrow \boxed{\text{system}} \begin{array}{c} phy \\ bio \\ psy \end{array} \rightarrow e \quad (24.9)$$

在因果律中，我们已经讨论过这个式子。这就意味着个体具有的事件发生的条件的要素、掌握的规则，都构成了事件促发的一种资源条件。只有这些条件与规则满足的情况下，个体才具有促发事件的能力。这些资源表现为，个体具有的物质资源条件：

（1）个体掌握的事件发生的条件的资源；

（2）个体掌握的事件发生的规则的资源。

个体掌握的资源，并不一定是仅仅满足当前事件的，因此，资源往往作为一种储备的形式而存在。我们把第一类资源，称为事件发生的条件的资源，由于它往往和事件发生的结构要素联系在一起，我们将每个要素用 f_i 来表示，那么，满足事件发生的各个条件要素的资源，就可以用一个集合的形式表示出来，记为：$[f_i]_{\text{resource}}$。

同样，人所掌握的规则，往往是以人的知识的形式而存在的，例如，物理规则、生物规则、社会规则等。在心理学中，度量每个学科掌握的知识能力的大小，又可以用心理得分的形式来表示。无论哪种形式，我们对自然科学统一用 IQ 来表达，而社会知识，则统一用 EQ 来表达。则这两类知识，代表了两类人力的智力资源，记为：$[IQ\ EQ]_{\text{resource}}$。那么，个体具有的能力，实际是围绕事件，进行资源调度能力。我们把这种资源能力，命名为能（capacity），用 Q 来表示。则 Q 就构成了一个集合：

$$Q=\{[f_i]_{\text{resource}},\ [IQ\ EQ]_{\text{resource}}\} \qquad (24.10)$$

同样，对于非精神性的客体，由于它能够满足人类个体的某种功能性需要，也就具备某种功能性能力，那么，它的能（capacity）也可以用上式来表示。只是 IQ 与 EQ 理解为 0（非智能性物品，智能性物品在仍然满足上式）。

24.2.2　劳能关系

人类个体，与其他个体发生了相互作用，也就是做了功和劳，使得客体诱发的事件发生了变化。事件发生的物质效应，使得他方客体的物质资源性发生了改变，例如，工厂的工人，通过对产品器件的加工，使得器件功能性能发生变化，也就是资源性发生了变化。与他人发生相互作用，则他人的人力资源性也就发生了变化，也就是 Q 值的变化。因此，根据"劳"的定义式，对"劳"进行积分，则可以得到：

数理心理学：人类动力学

$$W_l = \int_{t_0}^{T} F(\Delta)_{ff-i} \cdot de \qquad (24.11)$$
$$= Q(T) - Q(t_0)$$

这个关系，我们称为"劳能关系"。这一关系的本质，建立了"劳""能""资源"之间的关系。资源性发生了变化，可以通过价值量 v（或者评价量）来进行度量（资源的价值大小，用价值量来度量）。

24.2.3 资源守恒律

根据上述"劳能关系"，由于"劳"的付出，在其他客体上对应的资源性改变也在增加。如果没有心理力的作用，这时 $F(\Delta)_{ff-i}=0$。则可以得到：

$$Q(T) = Q(t_0) \qquad (24.12)$$

在 $F(\Delta)_{ff-i} \neq 0$ 时，$W_l \neq 0$。这时，个体做的功与劳，会引起其他客体的能与资源的变化（也就是功能的变化），这个变化，我们记为 Q_i。则根据"劳能关系"，我们就可以表示为：

$$Q(t_0) + Q_i = Q(T) \qquad (24.13)$$

在相互作用过程中，如果 Q_i 是对其他客体产生资源的增加，如商品的生产过程，个体参与生产的活动中，商品的价值发生了增加。

同样，Q_i 也可以是负值，例如，个体使用某个客体，造成了其他客体的功能性的消耗，也就是"折旧"。这时，客体的资源发生了消耗，价值降低。

在经济学中，存在一个重要的定律："资源守恒律"（Hobfoll, 1989）。物质具有的资源，经过一段时间使用后，剩下的资源是总资源减去用去的资源。我们用 Q_{left} 表示剩下的资源，Q_{resource} 表示总资源，Q_{used} 表示使用掉的资源。则这个关系表示如下：

$$Q_{\text{left}} = Q_{\text{resource}} + Q_{\text{used}} \qquad (24.14)$$

这个关系的本质，实际是上述关系的一个变形。这里的 Q_{left} 与 $Q(T)$ 等价，Q_{used} 与 Q_i 等价，Q_{resource} 与 $Q(t_0)$ 等价。这样，资源守恒律背后的数理本质就找到了。

24.2.4 意志过程

功与劳、劳能关系、资源守恒律，建立了人类个体在做事件时，对事件推动的价值贡献及其社会关系，它的本质是人类社会运作的"经济关系"。这一关系，把人的精神动力、社会经济之间运作的一个基本关系建立了起来，来回答社会运作中，人的最为底层的一个价值资源关系。实际是心理力学量在事件发生过程中，在事件变化效应上的叠加效应。对于力学量，还需要知道心理力学量在时间上的累加效应。

心理力，是一个具有目标指向的力学量，当对某一目标长期指向时，就会产生长时期的时间上的积累。我们取一个时间上的小量，则心理力的时间积累量，可以表示为：

$$\mathrm{d}\boldsymbol{m}=\boldsymbol{F}(t)\cdot \mathrm{d}t \qquad (24.15)$$

I 称为意志量，由于 $\boldsymbol{F}(t)$ 具有各个分量，我们把每个分量记为 $F(t)_i$。而 $F(t)_i=p_i A_i$。p_i 表示对应的人格分量，A_i 表示对应的评价量。代入上式，就可以得到：

$$\mathrm{d}m_i=p_i A_i \cdot \mathrm{d}t \qquad (24.16)$$

这个量是心理力在一个微小时间内的时间积累量，既和心理力的大小有关，也和持续的时间有关，因此，我们把这个量，称为"注意状态量"。对上式进行积分，可以得到：

$$I_i=p_i\int_{t_0}^{T} A_i \cdot \mathrm{d}t \qquad (24.17)$$

其中，T 表示心理力终结的时刻，t_0 表示心理力发动的时刻。一般的情况下，

数理心理学：人类动力学

A_i 在某个时间内是一个稳定的值，我们把在时间 $[t_0, T]$ 区间内，$A_i(t_1)$ 表示这一评价观念持续了 t_1 时间的长度，$A_i(t_i)$ 表示这一观念持续的时间长度是 t_i 时间长度。则上述式子就可以简化为：

$$I_i = p_i A_i(t_1) t_1 + \cdots + p_i A_i(t_i) t_i + \cdots \qquad (24.18)$$

在式子 $p_i A_i(t_i) t_i$ 中，既和力学量有关系，又和时间长度有关系。它反映了个体对目标物注意的水平和维持的时间长度。在人类个人的价值体系中，往往会存在价值观念的驱动，这类观念往往不受外在各类信息的干扰。假设 $A_i(t_i)$ 的某一观念由很多价值观念构成，表示为：

$$A_i(t_i) = c_1 + \cdots + c_i + \cdots + \Delta c_i \qquad (24.19)$$

其中，c_i 表示某一价值观念，Δc_i 表示由于各种变动信息导致的个体出现的评价的差异性。如果在各类的 $A_i(t_i)$ 中，都分离出某类评价的共同项目 c_i。c_i 就可能成为支配某类个体的长期的最为核心的价值观念构成，例如，事业观念、家庭观念、国家观念等。这就意味着，在上述的时间构成中，就会存在一个最为稳定的动力过程，最长时间限度地贯穿在事件发生的过程中，我们把这一项，表示为：

$$I_{\text{will}} = p_i c_i \Delta t \qquad (24.20)$$

这是一个由观念支配的意志过程。它是人类个体在处理事件时，最为顽固、坚持的一种力量维持过程，它反映了人类个体的坚韧程度。

第四部分 心理动力学

第 25 章 社会科学统一性

到现在为止,"数理心理学"的基本数理架构已经呈现了出来。且这一理论的实质架构,在事实上,已经将"自然科学"和"社会科学"用知识的逻辑整合在一起,以人类的"人造物"的形式,纳入人类思维与知识体系,并把"唯物"与"唯心"的哲学之争,在心理的数理机制中体现出来。

尽管它是以"心理学"的面貌来出现,但是,它的知识体系更像是"人类学"的知识体系,即在解读"人"的角度,来立体化地认知"人"类个体自身。因此,它的知识体系的广泛性,已经超越了心理学本身。

确切地讲,它从三大理学(物理学、生物学、心理学)之上角度,来理解人的自身科学。涵盖这三个理学及其以下的分支:神经科学、信息科学、对称性、社会学、艺术学、文化学、数学、哲学、逻辑学、语言学等。在这些学科的综合上,才能系统地理解和形成"数理心理学"。这样,以数理心理学整合理论科学的局面开始出现,并可能造就一个人文科学与自然科学理论体系的"统一性"命题与思潮。

基于此,就需要我们在构造完成"数理心理学"体系之后,在更广阔的领域内，重新认知"数理心理学"体系。虽然，这只是这一学科推动的一个小小进步，当这一逻辑体系形成后，仍然会存在大量问题亟待进行下一步推进、争论。这种探索将极富意义，也会为后来者提供进步的参考。

25.1 规律的规律

在所有科学之上，构造一门数理科学哲学，也就是规律的规律。这不是一个新话题，也不是一个新课题。

自文艺复兴以来，实证思潮逐步兴起，以实证为根基建立了科学理论体系。以研究对象为区分的科学分支逐步分离为三大理学：物理学、生物学、心理与社会学。三大理学是科学的最为根本基石。在三大理学之上，又以"科学"为对象，分离出"对称性"哲学，揭示科学自身的规则，指导人类科学规律发现。理学与对称性科学，均是人类的"人造物"，即是"人"的主观精神产物。

在"数理心理学"理论体系慢慢开启时，一个理论轮廓开始浮现：就是在所有科学之上，研究"规律"的规律的全景式逻辑开始凸显出来。即"数理心理学"要取得成功，必须在所有科学之上，构建"人造物"的数理理论体系，来回答精神运作的数理规则，才能成为真正的心理学。

人类的科学体系，本质上是人的知识经验体系。要在所有科学之上，研究规律的规律，就是人的知识的统一表达形式。这就需要回到人类知识的心理本质，也就是人类知识表征的本质。在数理心理学中，已经回答了这一本质，即所有的科学知识体系的四个规则。

25.1.1 客体律

任何一类科学知识，都有自己的表达对象，这类对象不是某一个具体物，它必然是一类对象的抽象物，或者具有某种共同性属性的抽象物。这就使得客体必然是一个对象的集合。集合的范围越大,包括的范围也就越广,以客体为表达对象的知识体系的普适性也就会越强。例如,在物理学中,"质点"是一个客体对象,它是具有质量,而无大小的一个点。任何形状的物体,都可以看成一个质点。这就使得质点运动学和动力学的研究必然地包括了所有有质量的物质对象。这一规定,也就决定了围绕这一客体构造的物理理论的普适性。由于它是所有知识体系构造都需要遵循的规则,因此,客体构造也就变成了一个律,称为"客体律"。

25.1.2 事件结构律

事件结构式,是所有信息进入人的信息系统的基本数理表达,分为物理事件、生物事件和社会事件。它们唯一的不同,在于是否具有主观目的性,它是人区别于物的根本性差别。

$$E = w_1 + w_2 + i + e + t + w_3 + c_0$$
$$E = w_1 + w_2 + i + e + t + w_3 + bt + mt + c_0 \quad (25.1)$$

在整个"数理心理学"体系中,这一结构式贯穿始终。它的重要意义不在于我们找到了普适性的信息表达形式,而在于我们生存的物质社会(物理世界、社会)中,任何一类个体之间相互作用时,产生的事件结构本身具有的普适性。它是物质世界的信息结构的普适性,也是物质世界知识体系表达中,普适性形式之一。这就意味着,事件结构式不再是一个数理的结构表达式,而是在所有科学知识体系构造与发现中,都需要遵循的一个"结构"规范。那么,它是各类知识体系应该遵循的一个规则,也就是一个定律。因此,事件结构式,也就转变为"事件结构律"。

25.1.3 因果律

所有知识体系的本质，都是因果规则的表达，即回答客体与客体之间发生相互作用时，条件、规则和结果之间的逻辑关系。自然物质世界、社会物质世界的规则，都遵循这一逻辑体系。也就是，所有科学研究的探索，都是在寻找客体和客体之间相互作用时的"因"与"果"之间的逻辑体系。因此，物理世界的因果规则、社会世界的因果规则，是所有知识体系探索中，都需要遵循的规则。它是指导知识发现的必然规范。因此，它是所有科学知识探索遵循的律，也就是因果律。

$$e_{phy}=f(w_1, w_2, t, w_3, c_0, i)_{phy}$$
$$e_{psy}=f(w_1, w_2, t, w_3, bt, mt, c_0, i)_{psy}$$
（25.2）

25.1.4 对称律

对称律包含诺特律和居里因果对称律，我们统称为对称律。它是检验规律能否称其为定律的一种检验方式。即所有规律能称为定律，需要满足对称律。在自然科学中，爱因斯坦把对称性引入物理学，建立了相对论理论，对称性理论也取得巨大成功。

在心理学中，从感知觉，经推理、判断决策等，人的认知系统，都参与了事件信息的加工，逐次提取历史事件、当前事件、未来事件的信息。在整个加工过程中，每次认知变换，认知系统都试图保持外界输入的信息的对称性，即实现信息的"对称性"表达。对称性是每次功能性变换中，都满足的一个基本规则。而每次新功能的出现，又弥补原有功能的对称性破缺。根据对称性定律，每个对称性，都对应着一个守恒律。这就意味，在认知的对称性变换中，每个对称性变换背后，都对应着一个"认知的守恒律"。例如，视觉的感觉变换，就对应着颜色守恒（颜色恒常性）、明度守恒（明度恒常性）。这个通过心理空间的对称性变换，可以得到这一守恒律。在视觉变换中，外界客体被识别，客体在空间中的大小、形状、相互之间的距离、方向都保持守恒，它的本质可以通过空间坐标的变换得到证明，本质上是空间关系的守恒，在心理学的恒常性研究中，同样可以发现这些现象（例如，大小守恒、形状守恒、距离守恒、方向守恒），这些守恒规则，如表25.1所示。这也意味着，其他的每个认知变换中，也对应着对应的守恒律，这是我们未来的研究方向。尽管有很多守恒律亟待我们去发现，但是对称性给我们指明的方向不容忽视。

表25.1 认知变换操作与守恒律

感觉变换	属性守恒	颜色守恒
		亮度守恒
知觉变换	客体守恒	大小守恒
		形状守恒
		距离守恒
		方向守恒

对称性，保证了人类个体检验物质世界的规则的客观性与普适性。而认知对称律则保证了人类自身不仅可以客观地表达物质世界，并逐步逼近物质世界真实。这是对称性理论引入人的认知科学的又一巨大成功，即保证了人类知识体系（自然科学与社会科学知识）的客观性与普适性。

这样，我们把自然科学中的对称性与认知对称性统一，都提示了对称性的普适性，它是人类知识体系认知的又一次扩张，因此把自然科学与社会科学都遵循的基本规则，统一称为"对称律"。

25.1.5 心理表征本质

上述的四个律，统一概括了人类知识体系的各个分支，都需要遵循的基本规范，也就是规律的规律。而这些知识体系，又是人的知识表征的一部分，这时，人的心理表征的本质也就凸显了出来。

即把人看成一个信息控制系统，实际是在经验（知识）驱动下的一个控制系统。经验既具有精神意义，也具有信息意义。这和把人理解为控制系统并不矛盾。因此，人的系统也就是多个系统协同工作的结果，包括行为系统（运动系统）、供能系统、认知系统、反馈控制等。正是它们的协同工作，从而产生了表面看似复杂的人类行为。

在人类经验知识驱动下的人类个体，所获得的知识表征体系的本质，也就是"客体律""事件结构律""因果律""对称律"构成的知识体系。它是所有知识体系的内在逻辑，也是人类社会化活动的基石。

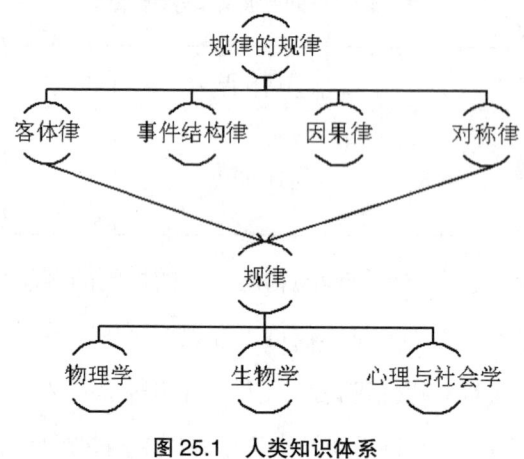

图 25.1 人类知识体系

注：物理学、生物学、心理与社会学是三大理学，是整个社会科学派生的基础。在三大理学之上，又以这些知识为对象，建立了规律的规律的科学。

25.2 唯物与主观能动统一

唯物与唯心的论争，贯穿在人类的发展史。物质性与精神性之间的关系始终是一个谜题，即始终未在科学的发现中，以科学的形式进行出现或者展现。唯因对人心的科学理论与发现，始终未能建立科学的体系架构，物质的科学与精神的科学也就难以建立关联。唯物与主观能动的统一性的数理性难以进行展现。而"数理心理学"的理论架构恰恰证实了物质第一性,并确立了这一连接的桥梁。

25.2.1 物质性与精神性的对称性

物质性是一种客观性。自然世界的物质性、社会世界的物质性,都是一种客观性存在,从数理上表现为"物理属性"和"社会属性"的独立性与客观性。而这两种属性,构成了物质空间的"几何学",同时在心理上产生对应映射,构成了"心理空间的几何学"(也就是心理表征部分)。

它们之间构成了数理的"对称性"。人的认知功能构成了数理意义上的功能变换,并具有完备性。这时,由"物质客观性内容"决定"主观认知内容"的前提,也就成为一种必然,且人的认知功能天然的完备性,又使得人类认知的内容无限逼近"真实",也就是"熵增原理"。"认知对称性原理""熵增原理"是"物质性"与"精神性"在数理上的一次统一。关于人类认知世界、无限逼近真实世界的哲学命题,也就成为一个"数理"意义上的必然原理。

25.2.2 社会运行基础:唯物性

由物质世界决定的人认知内容的论题,使得人的认知的主观内容、经验、信息结构,都具有了客观性的参照。它不是一个仅仅依赖于"个体精神"存在的"抽象物"。人类认知的任何一个内容、任何一个符号的表达,都不是抽象意义的、神秘意义的表达物,都是由"物质对象"来决定。数理心理学构建的任何一个理论概念和符号,均坚持从"物质对象→物质属性→心理属性量"的路径中,才最终找到了数理性整合的路径,这不是巧合。

这一路径,使得任何心理经验的体系、心理加工的功能体系,都围绕

"物质性"来展开。人的心理加工的内容，都以"物质性"作为唯一参照，这样，人的主观内容也就具有了客观性。这一客观性的存在，使得人与人之间的信息交流，具有"参照系"。人与人之间交流的内容因为"对象物"的一致性，才能在交流和交互中得以相互理解，建立在信息交流基础上的社会运行得以进行。

25.2.3 主观能动性与开放性

主观的能动性，源于人类认知功能结构不断的自我肯定性与否定性。认知功能的任何一级新功能出现，都源于上一级认知功能的破缺，从而进化出了更高一级的认知功能，直至达到认知的完备性。使得人类个体不断认知世界，并不断否定已经认知的结构·结果（例如，创新）。因此，人的主观能动性，表现为对世界认知的不断再打破和再造。

在对事件处理的过程中，历史事件、当前事件、未来事件的信息，通过反馈整合在一起，不断修正执行的路线，指导对未来的再造。因此，人的认知系统的"对称性""认知功能的完备性""反馈自控系统"是人的主观能动性的物质基础。使得人类个体自身的系统，构成了完整的"开放系统"。

25.2.4 可知论推论

可知与否，是困扰人类哲学的一个哲学命题。其充要理由是人类感知到的信息是"被扭曲"的信息。这一哲学论争，是一个数理禁区。

"对称性理论"回答了操作变换的"对称性"、操作变换下的"因果不变性"。这一理论在自然科学中取得了巨大成功。在人的认知研究中，对称性也被成功地引入，而表现为"认知对称性"和"熵增原理"。它成功地揭示了人的认知变换下，满足对称性，从而使得人类认知的物质世界的信号，保留了对称性和因果性。这就使得人类可知世界成为可能。这时，进入人的心理的信号的可知性与否，均来自人的"创新性"与"发现"的个人主观能动性。可知论对于人类而言，将是一种必然，对于个体，可能是一种偶然。可知论将成为"认知对称操作"下的必然推论。

25.3 力学作用律

人体构成的系统，包含三重属性：物理性、生物性、精神性。因此，它也具有不同性质的动力属性，物理动力作用属性、生物动力作用属性、精神动力作用属性。在数理心理学中，通过统一的事件结构式，可以得到广义力的概念，从这一概念出发，来研究人的动力学属性。这是一个有意义的尝试。对人的系统而言，它是多个动力系统共同作用的结果。

25.3.1 力学作用律

在动力学中，主要包含刺激驱动力，它是由事件的物理属性驱动的动力，并不决定与人的精神作用。而动机作用力、行为驱动力、思维惯力，则具有精神意义，也就是经验驱动。我们把这些力放在一起，就构成了一个力学的方程组：

这时，只要我们把任意形式的力记为 F（合力或者单一的力），把任意一个维度的人格常量记为 p，评价量记为 A。上述所有的方程，都可以统一表述为：

$$F = pA \tag{25.3}$$

$$A = C + \Delta c \tag{25.4}$$

而某一个评价量，又受某个稳定观念支配，在变动的社会场景中，又以 Δc 来调节，从而观察到变动的行为和不变的观念。第一个关系式称为"力学律或力学方程"，第二个关系式称为"行为律或行为模式方程"。它们成为理解心理运作的最高动力规则。

又由于人类的观念 C 和 Δc 是价值观念。因此，C 和 Δc 可用 V 和 Δv 代替，上式改写为：

$$F = pA \tag{25.5}$$

$$A = V + \Delta v \tag{25.6}$$

V 表示价值。对物品功能的价值可以用社会常模来测定。

25.3.2 力学作用律意义

在人的心理力学中，力学律回答了心理力、人格、评价之间的基本关系，行为律则回答了人的行为模式、经验、行为差异之间的关系。它是人的所有动力的基本根源。在心理学中，我们大量考察人类的归因差异，也就是考察人的评价产生的根源，从而在人的根源性上，解决人类的心理动力问题，这在心理咨询行业已经成为一个惯例。

影响人的精神动力的另外一个原因是人格差异。从本质上而言，它表示的人类个体在某类动力上的"质"的差异，它是对人类个体差异的一种度量。在人格心理学中，有观点认为，人格具有动力特性，这一公式也在根本上回答了人格动力的数理本质。必须说明的是，新的经验增加、新的行为模式的出现，都可能出现新型的人格量，也就出现新型的心理动力。

25.4 科学统一性

统一性，一直是一个科学信仰。在不同的学科中，都在追寻统一性表达的数理道路，在科学上，统一性的层级，也在逐级进行提高。它同时也成为一种困扰，在很多学界作为一种哲学意义的论争而作为长期的议题，物理学、生物学、心理学皆不例外。在"数理心理学"具有了一个基本雏形之后，它提示了另外一种逻辑路径，值得分享和探索。

25.4.1 规律的统一性

物理学、生物学、心理学构成了科学的三大理学。它们是人类科学的自然科学、生物科学、人类学的三个基石。

客体律、事件结构律、因果律、对称律，构成了上述三个理学的更上层次的哲学规则，从而成为规律的规律。这就使得人类的知识体系之间的逻辑关系性，被建立了起来。这样，物理学追求的统一性，是以物理为根基的自然科学内部的统一性。以生物学为根基的生物科学的统一性，是以生物学为根基的生物科学内部的统一性。以心理学为根基的统一性，则是以人为对象的人类学的各个分支科学的内部的统一性。由于规则哲学规范的建立，人类学的各个分支学科的统一性的时代可能到来。

25.4.2 数理心理学延展的统一性

从数理心理学确立的基本规范为始点，我们可能确立几个理论统一性的基本原点，从这些原点出发，是我们未来延展统一性理论的新的起点。

25.4.2.1 个体心理学统一性

数理心理学的本质，是从个体的认知出发，建立的个体心理加工的心理统一性理论架构。在这个基本架构中，包含了：（1）心理空间几何学；（2）认知对称性与熵增原理；（3）行为模式与运动学；（4）心理力学。

以公理体系为出发点，确立了数理心理学的基本原理和数理表述，演绎了心理学的关联关系和架构体系，涵盖了心理学的局部领域的关键性理论和发现，从而实现了个体心理机制的整合和架构搭建。

25.4.2.2 数理美学

人类的所有认知,均是对外界物质性的表达,也就包含对物质属性的表达、物质因果律的表达。客观地讲,包括物质的属性规则和物质的运动规则。这些规则性的"表达",我们定义为"美学"。那么,美学的产物(人造物)就会成为人类个体"认知对称性"的必然产物。从这个意义上理解"美学"的发现和"美学"的再造,以及美学源于生活和高于生活,就构成了美学研究的"数理"部分,我们把这一未来研究的分支,称为"数理美学"。

数理美学的出现,将使得我们重新审视美学的研究成果,并可能:

(1)确立美学的基本数理机制;

(2)建立预测美学发展走向预测的"数理机制"。

可以预见,未来"数理美学"的核心理论构成将包括:

(1)数理美学的现象学;

(2)数理美学的基本机制;

(3)数理美学的再造;

(4)数理美学的预测机制。

25.4.2.3 数理文化学

人类所有的行为,一旦固化,都是模式化行为。而模式化的行为又和人类的行为支配观念相对应。由固化观念驱动的人类的行为及其产物,也就构成了"人造物"。文化也就成为基于某种目的而长期保存下来的"人类行为模式集"。这样,我们就在数理心理学中,找到了文化的"数理性"。这样,文化的数理描述,也就回到了数理心理学的理论根源,这样派生的文化学,我们称为"数理文化学"。数理文化学必定是数理心理学统一性中的一个分支。

数理文化学的理论体系，从数理性上应当包括：

（1）文化现象学。即用"行为模式"的方法，来描述人类文化现象及其文化产物。

（2）文化动力学。即行为模式背后的"动力"与"动机原因"。

（3）中国文化数理模型。即寻找中国文化背后的数理描述模型与演进，也就是中国文化背后的动力根源性。以此模型为基础，确立文化数理模型的普适性。

这样，在世界范围内的、文化多样性背后的统一性机制，也将被揭示出来。这样文化学的多样性的统一将达成。

25.4.2.4 数理语言学

语言是心理的编码，也是人类个体对物质世界的心理编码。事件结构律确立了物质世界相互作用的信息编码的普适性，从而使这一物质性，决定了语言表述的唯一性，即无论何种形式的语言，都是以物质世界的"事件结构"的唯一性来决定其信息结构。这就揭示了"天生语法"的数理性，即由物质世界造就了人类信息结构的相同性。以此为前提的语言学，将具有统一性的前提。这样，语言的统一性也就具备了。这样的学科，我们称为"数理语言学"。其包括：

（1）语言的结构和功能。

（2）语言的认知对称性。

（3）语言的心理动力性。

25.4.2.5 数理认知经济学

以人类评价为基础的心理运作，是人类心理动力的根源，也是人际关系建立的根源。在人际关系中，利益与经济关系是基本的关系。在人类动

数理心理学：人类动力学

力学中，揭示了这一基本关系产生的心理动力机制。在经济学中，价值量是一个基本的评价量，它是经济活动运作始点。在人类经济活动中，围绕价值量、价格构造的人类的经济学，是心理学介入的切入点，也是经济成为"心理学"分支的一种必然。以这一切入点为基石的经济动力机制，构成的经济学，我们称为"数理认知经济学"。这是数理心理学研究理论延展的必然。

25.4.2.6　数理心理法学

人类的行为模式，基于观念的驱动，都会存在一定的边界性，一旦超越界限，就违背道德或者社会法律规范。社会的法律和公共道德，是对普适性的人群，约定了行为的边界、动机、相互作用的性质的约定性和规范性。这就使得道德和法律可以转换为用事件结构来编码的具有边界的数理的行为集合。这样，法学和道德也就成为数理心理学必然的分支。

25.4.2.7　数理社会学

群体的人构成了社会，社会中的人类个体之间发生相互作用，构成了人际关系。从个人的心理机制推广到群体的人际作用，也就有了基础。即用个体的动力学机制来揭示群体的动力学机制的本质，也就是把单体机制转换为多体作用的机制。这也就成为一种可能性。这样，对社会学的研究，也就必然地转换为"心理学"的研究。这一数理机制，我们称为"数理社会学"。

25.4.2.8　数理认知神经学

人的精神活动系统，如果从还原论角度出发，将分为几个系统的层次：
（1）精神功能层次（本书的研究层次就属于功能层次），也就是精神功能单元的层次。

（2）神经功能单元层次。任何精神功能的单元背后，必然对应着对应的神经结构，来支撑精神功能的实现。H-H方程是这一类功能的典型代表。

（3）细胞层次。神经功能的实现，必然建立在细胞生化机制之上。细胞生物学是这一类型的典型代表。

（4）基因层次。细胞复制与代谢需要进行信息的控制，基因负责实现这一机制。它是生物学层次的最基本单位。

数理心理学在精神功能的回答，奠定了一个基本基础的走向，即在宏观层次的一个限制和约束，使得亚层次的功能必然地表现为宏观功能上的一致性。这样，数理心理学精神功能的统一性成果，就建立了一个神经与功能理解的桥梁。它的进一步的目标是：寻找认知神经层次的功能结构，来支撑精神的功能。而神经的H-H方程及其传输方程，又建立了神经的数理机制，这样，建立神经与精神功能的连接性工作也就产生了。因此，神经科学的走向将渐变为对神经领域的整合性研究：

（1）精神功能单元的解剖学整合研究，这一研究成为精神功能单元的结构与功能的亚结构研究，包括精神功能单元生理解剖学、神经通路的结构。

（2）神经通路电路方程和传输方程整合研究，就是要建立电路的通信功能与精神功能的联系。它的性质属于信号控制。

（3）神经通路的信号控制整合研究。即作为通信结构的神经，如何实现神经的编码机制。

这样，一个新的神经科学的整合领域将呈现出来，这个领域将用数理的机制，来建立这一领域的基本数理体系。这一领域，就构成了"数理认

数理心理学：人类动力学

知神经学"。总之，由于数理神经科学取得的进展，这一领域将会出现新的局面。

综上所述，基于数理心理学提供的基本机制，进行的社会科学的研究，将由于这一基本的发现，在数理意义上纳入一个统一性的理论体系中。这将是社会科学的一次大统一。因此，更多意义上的学科统一性，我们将不再逐个进行论述。

自文艺复兴以来，社会的主要推动的根源性，源于自然科学的根本性发展诱发的技术革新、社会革新和社会改变。而社会科学的统一性，将极大推动以心理学为基础的人类学的统一性，推动人的智能技术应用并可能导致社会革新与社会改变。

参考文献

[1] Geeraerts D. On necessary and sufficient conditions [J]. Journal of semantics, 1986, 5 (4): 275-291.

[2] Markus M L, Robey D. Information technology and organizational change: causal structure in theory and research [J]. Management science, 1988, 34 (5): 583-598.

[3] Kunda Z, Miller D T, Claire T. Combining social concepts: The role of causal reasoning [J]. Cognitive Science, 1990, 14 (4): 551-577.

[4] Hilton J L, Von Hippel W. Stereotypes [J]. Annual review of psychology, 1996, 47 (1): 237-271.

[5] Hamilton D L, Sherman J W. Stereotypes [M] // Robert S W, Thomas K S (ed.). Handbook of social cognition. New York: Psychology Press, 2014: 17-84.

[6] West M A. The psychology of meditation [M]. New York: Oxford University Press, 1987.

[7] Wallace R K, Benson H. The physiology of meditation [J]. Scientific American, 1972, 226 (2): 84-91.

[8] Acabchuk R L, Simon M A, Low S, et al. Measuring meditation progress with a consumer-grade EEG device: Caution from a randomized controlled trial [J]. Mindfulness, 2021, 12 (1): 68-81.

［9］Hamlyn D W. The psychology of perception：A philosophical examination of gestalt theory and derivative theories of perception（eBook ed.）［M］. London：Routledge, 1957：88-89.

［10］Metcalfe J, Wiebe D. Intuition in insight and noninsight problem solving［J］. Memory & cognition, 1987, 15（3）：238-246.

［11］Segal E. Incubation in insight problem solving［J］. Creativity Research Journal, 2004, 16（1）：141-148.

［12］罗劲. 顿悟的大脑机制［J］. 心理学报, 2004, 36（2）：219-234.

［13］Felleman D J, Van Essen D C. Distributed hierarchical processing in the primate cerebral cortex［D］. Paper presented at the Cereb cortex, 1991.

［14］Fröhlich E. The Neuron：The Basis for Processing and propagation of information in the nervous system［J］. NeuroQuantology, 2010, 8（3）：403-415.

［15］Newton I S, Shapiro A E. The principia : Mathematical principles of natural philosophy［J］. Physics Today, 2004, 35（3）：665-667.

［16］Dijksterhuis E J. Archimedes［M］. Princeton：Princeton University Press, 1987.

［17］Rexroad C N. General psychology for college students［M］. Stuttgart：Macmillan, 1929.

［18］Zimbardo P G, Ruch F L. Psychology and life［M］. 9th ed.Illinois：Scott Foresman, 1975.

［19］冯云章, 等. 中国古代兵法四书［M］. 济南：山东友谊出版社, 1997.

［20］汪丽君. 建筑类型学［M］. 天津：天津大学出版社, 2005.

［21］陈永明, 罗永东. 现代认知心理学 人的信息加工［M］. 北京：团结出版社, 1989.

[22] Godin O. Transmission of low-frequency sound through the water-to-air interface [J]. Acoustical Physics, 2007, 53（3）：305-312.

[23] Thomson W, Tait P G. Treatise on natural philosophy [M]. New York：Cambridge University Press, 1867.

[24] Morse P M, Feshbach H. Methods of theoretical physics [M]. New York：McGraw-Hill, 1953.

[25] Rogers W S. Social psychology [M]. Open University Press, 2011.

[26] 常利. 牛顿运动定律 [M]. 北京：北京教育出版社, 1987.

[27] 彭聃龄. 普通心理学 [M]. 北京：北京师范大学出版社, 1988.

[28] 曹茂盛, 张炳前. 物理学 [M]. 哈尔滨：哈尔滨工业大学出版社, 1994.

[29] 李为香. 中国古代跪拜礼仪的基本形式与内涵演变 [J]. 中南大学学报（社会科学版）, 2014（5）：237-242.

[30] 陈琦, 刘儒德. 教育心理学（第2版）[M]. 北京：高等教育出版社, 2011.

[31] 韦伯. 韦伯方法论文集 [C]. 张旺山, 译. 联经出版事业股份有限公司, 2013.

[32] Sokolov A V. Information：Concept, categories, and ambivalent nature. Philosophical essays [J]. Scientific and Technical Information Processing, 2010, 37（2）：102-114.

[33] Noether E. Invariante variationsprobleme [J]. Nachrichten der Königlichen Gesellschaft der Wissenschaften zu Göttingen, Mathematisch-Physikalische Klasse, 1918：235-257.

[34] Salgues B. Society 5.0：Industry of the future, technologies, methods and tools [M]. John Wiley & Sons, 2018.

[35] Bayes T. LII. An essay towards solving a problem in the doctrine of chances. By the late Rev. Mr. Bayes, FRS communicated by Mr. Price, in a letter to John Canton, AMFR S [J]. Philosophical

transactions of the Royal Society of London, 1763 (53): 370-418.

[36] De Raad B. The Big Five Personality Factors: The psycholexical approach to personality [M]. Hogrefe & Huber Publishers, 2000.

[37] Roccas S, Sagiv L, Schwartz S H, et al. The big five personality factors and personal values [J]. Personality and social psychology bulletin, 2002, 28 (6): 789-801.

[38] Cobb-Clark D A, Schurer S. The stability of big-five personality traits [J]. Economics Letters, 2012, 115 (1): 11-15.

[39] Schmitt D P, Allik J, McCrae R R, et al. The geographic distribution of Big Five personality traits: Patterns and profiles of human self-description across 56 nations [J]. Journal of cross-cultural psychology, 2007, 38 (2): 173-212.

[40] Soldz S, Vaillant G E. The Big Five personality traits and the life course: A 45-year longitudinal study [J]. Journal of Research in Personality, 1999, 33 (2): 208-232.

[41] McCrae R R, John O P. An introduction to the five-factor model and its applications [J]. Journal of personality, 1992, 60 (2): 175-215.

[42] Wiggins J S. The five-factor model of personality: Theoretical perspectives [M]. Guilford Press, 1996.

[43] Costa J R, Paul T. Of personality theories: Theoretical contexts for the five-factor model [J]. The five-factor model of personality: Theoretical perspectives, 1996, 51.

[44] McCrae R R, Costa P T. Validation of the five-factor model of personality across instruments and observers [J]. Journal of personality and social psychology, 1987, 52 (1): 81.

[45] Digman J M. Personality structure: Emergence of the five-factor model [J]. Annual review of psychology, 1990, 41 (1): 417-440.

[46] McCrae R R. The Five-Factor Model across cultures [M]. Praeger/

ABC-CLIO, 2017.

[47] Morozova I A, Popkova E G, Litvinova T N. Sustainable development of global entrepreneurship: infrastructure and perspectives [J]. International Entrepreneurship and Management Journal, 2019, 15(2).

[48] Qutoshi S B. Phenomenology: A philosophy and method of inquiry [J]. Journal of Education and Educational Development, 2018, 5(1): 215-222.

[49] Shabana A A. Computational Dynamics (Vol. 2nd ed) [M]. New York: Wiley-Interscience, 2001.

[50] Stere E A, Popa I. Regards on the actual stage of the sustainable development [J]. Electrotehnica, Electronica, Automatica, 2018, 66(4): 127-17.

[51] Weisman A. Countdown: our last, best hope for a future on Earth? [M]. Boston: Little, Brown and Company, 2013: 719-720.

[52] 陈世清. 从对称经济学视野看中国"主流经济学家"沉浮录 [J]. 宁德师范学院学报（哲学社会科学版），2013（03）：63-67.

[53] 陈世清. 经济学的形而上学 [M]. 北京：中国时代经济出版社，2010.

[54] 陈世清. 对称经济学 [M]. 北京：中国时代经济出版社，2010.

[55] 彭聃龄. 普通心理学 [M]. 北京：北京师范大学出版社，1988.

[56] 彭漪涟，马钦荣. 逻辑学大辞典 [M]. 上海：上海辞书出版社，2011.

[57] Ade P A, Aghanim N, Arnaud M, et al. Planck 2015 results-xiii. cosmological parameters [J]. Astronomy & Astrophysics, 2016(594): A13.

[58] Edgar R S, Green E W, Zhao Y, et al. Peroxiredoxins are conserved markers of circadian rhythms [J]. Nature, 2012, 485(7399): 459.

[59] Edwards R B. What Caused the Big Bang? [J]. Rodopi, 2001 (115).

[60] Feuerbacher B, Scranton R. Evidence for the Big Bang [EB/OL]. (2006-01-25) [2020-09-01]. http://www.talkorigins.org/faqs/astronomy/bigbang.html.

[61] Hines T M. Comprehensive review of biorhythm theory [J]. Psychological reports, 1998, 83 (1): 19-64.

[62] Kondratova A A, Kondratov R V. The circadian clock and pathology of the ageing brain [J]. Nature Reviews Neuroscience, 2012, 13 (5): 325.

[63] Nestler E J, Hyman S E, Malenka R C. Molecular neuropharmacology [M]. A foundation for clinical neuroscience: McGraw-Hill Medical, 2001.

[64] Vitaterna M H, Takahashi J S, Turek F W. Overview of circadian rhythms [J]. Alcohol Research and Health, 2001, 25 (2): 85-93.

[65] Wollack E. Cosmology: The study of the universe [M]. Universe 101: Big Bang Theory. NASA. In, 2010.

[66] 顾颖, 李亚东, 姚昌荣. 太阳辐射下混凝土箱梁温度场研究 [J]. 公路交通科技, 2016, 33 (2): 46-53.

[67] 牟重行. 太极图的制作原理源于二十四节气观测数据 [J]. 中华医史杂志, 2011, 41 (4): 195-199.

[68] 沈志忠. 二十四节气形成年代考 [J]. 东南文化, 2001, 1: 53-56.

[69] 怀超玺. 浅谈中国古代历法之二十四节气 [J]. 中国新技术新产品, 2009 (9): 254-255.

[70] Park J. 风能及其利用 [M]. 孙云龙, 译. 北京: 能源出版社, 1984.

[71] Baker D. Effects of the Sun on the Earth's environment [J]. Journal

of Atmospheric and Solar-Terrestrial Physics, 2000, 62 (17-18): 1669-1681.

［72］Ehrlich P R, Holdren J P. Impact of population growth [J]. Science, 1971, 171 (3977): 1212-1217.

［73］Frederick J, Snell H, Haywood E. Solar ultraviolet radiation at the earth's surface [J]. Photochemistry and Photobiology, 1989, 50 (4): 443-450.

［74］Hui C. Carrying capacity, population equilibrium, and environment's maximal load [J]. Ecological Modelling, 2006, 192 (1-2): 317-320.

［75］白光润. 地理科学导论 [M]. 北京: 高等教育出版社, 2006.

［76］郭全其, 薄发扬. 风车·木鞋·郁金香——荷兰掠影 [J]. 中学地理教学参考, 2002 (3): 5.

［77］申文瑞. 地理 人类生存的环境 [M]. 郑州: 郑州大学出版社, 2014.

［78］Upes E C, Christal R E. Recurrent personality factors based on trait ratings [J]. USAF ASD Tech. Rep, 1961, 60 (61-97): 225-51.

［79］Goldberg L R. The structure of phenotypic personality traits [J]. The American Psychologist, 1993, 48 (1): 26-10.

［80］O'Connor B P. A quantitative review of the comprehensiveness of the five-factor model in relation to popular personality inventories [J]. Assessment, 2002, 9 (2): 188-203.

［81］Goldberg L R. From Ace to Zombie: Some explorations in the language of personality [M] //Spielberger CD, Butcher JN (eds.). Advances in personality assessment. 1. Hillsdale, NJ: Erlbaum, 1982: 201-210.

［82］Norman W T, Goldberg L R. Raters, ratees, and randomness in personality structure [J]. Journal of Personality and Social Psychology, 1966, 4(6): 681-691.

[83] Peabody D, Goldberg L R. Some determinants of factor structures from personality-trait descriptors [J]. Journal of Personality and Social Psychology, 1989, 57 (3): 552-67.

[84] Peabody D, Goldberg L R. Some determinants of factor structures from personality-trait descriptors [J]. Journal of Personality and Social Psychology, 1989, 57 (3): 552-67.

[85] Saucier G, Goldberg L R. The language of personality: Lexical perspectives on the five-factor model [M] //Wiggins JS (ed.). The five-factor model of personality: Theoretical perspectives. New York: Guilford, 1996.

[86] Digman J M. Five robust trait dimensions: development, stability, and utility [J]. Journal of Personality, 1989, 57 (2): 195-214.

[87] Bagby R M, Marshall M B, Georgiades S. Dimensional personality traits and the prediction of DSM-IV personality disorder symptom counts in a nonclinical sample [J]. Journal of Personality Disorders, 2005, 19(1): 53-67.

[88] Karson S, O'Dell J W. A guide to the clinical use of the 16PF (Report) [M]. Champaign, IL: Institute for Personality & Ability Testing, 1976.

[89] Krug S E, Johns E F. A large scale cross-validation of second-order personality structure defined by the 16PF [J]. Psychological Reports, 1986, 59 (2): 683-693.

[90] Cattell H E, Mead A D. The 16 Personality Factor Questionnaire (16PF) [M] //Boyle G J, Matthews G, Saklofske D H (eds.). Handbook of personality theory and testing. Volume 2: Personality measurement and assessment. London: Sage, 2007.

[91] Costa P T, McCrae R R. Age differences in personality structure: a cluster analytic approach [J]. Journal of Gerontology, 1976, 31 (5):

564-570.

[92] McCrae R R, Costa P T. Validation of the five-factor model of personality across instruments and observers [J]. Journal of Personality and Social Psychology, 1987, 52 (1): 81-90.

[93] McCrae R R, John O P. An introduction to the five-factor model and its applications [J]. Journal of Personality, 1992, 60 (2): 175-215.

[94] Adams R N. Energy and structure: a theory of social power [M]. University of Texas Press, 1975.

[95] Eagly A H, Wood W. Social role theory [J]. Handbook of theories of social psychology, 2012, 2: 458-476.

[96] Hammer L, Thompson C. Family Role Conflict [EB/OL]. (2003-05-12) [2020-09-01]. https://wfrn.org/wp-content/uploads/2018/09/Work-Family_Role_Conflict-encyclopedia.pdf.

[97] Merton R K, Merton R C. Social theory and social structure [M]. Simon and Schuster, 1968.

[98] Murdock G P. Social structure [M]. Stuttgart: Macmillan, 1949.

[99] Ossowski S. Class structure in the social consciousness (Vol. 102) [M]. Taylor & Francis, 2003.

[100] Pleck J H. The work-family role system [J]. Social Forces, 1977, 24: 417-427.

[101] Sklar L. Space, time, and spacetime (Vol. 164) [M]. Univ of California Press, 1977.

[102] Carré J L. Tinker, tailor, soldier, spy [M]. London: Hodder and Stoughton, 1974.

[103] Yao W-M, Amsler C, Asner D, et al. Review of Particle Physics [J]. Journal of Physics G: Nuclear and Particle Physics, 2006, 33 (1): 1.

[104] 张华葆. 社会阶层 [M]. 台北: 三民书局, 1987.

[105] 成钢. 管理10日谈 [M]. 上海：上海交通大学出版社, 2005.

[106] 陈少华. 人格判断 多维的视角 [M]. 广州：暨南大学出版社, 2013.

[107] Cary M S. The Role of Gaze in the Initiation of Conversation [J]. Social Psychology, 1978, 41（3）：269–271.

[108] Boyle G, Smári J, Biology P B. De fem stora och personlighetspsykologins mätningsproblem [J]. The Big Five and measurement problems in personality psychology, 1997, 112（231）：48–58.

[109] Brooks W D. Speech communication [M]. Iowa：Wm. C. Brown Publishers, 1971.

[110] Chen Q L, Wei C S, Huang M Y, et al. A model for project communication medium evaluation and selection [J]. Concurrent Engineering-Research and Applications, 2013, 21（4）：237–251.

[111] Cobley P, Schulz P J. Theories and models of communication（Vol. 1）[M]. Walter de Gruyter, 2013.

[112] Hollnagel E, Woods D D. Joint cognitive systems：Foundations of cognitive systems engineering [M]. CRC Press, 2005.

[113] Israeli N. Review of Mental Growth and Decline. A Survey of Developmental Psychology [J]. Psychological Bulletin, 1928, 25（6）：366–368.

[114] Kirman B. Developmental Psychology [J]. British Medical Journal, 1970, 1（5694）：485.

[115] Scheflen A E. Body Language and the Social Order：Communication as Behavioral Control [M]. New Jersey：Prentice Hall Direct, 1972.

[116] Shannon C E, Weaver W. The mathematical theory of communication [M]. Urbana, IL：University of illinois Press IL, 1949.

[117] Shannon C E. A mathematical theory of communication [J]. The Bell System Technical Journal, 1948, 27（3）：379–423.

[118] Specht, Karsten. Neuronal basis of speech comprehension [J]. Hearing Research, 2014, 307（1）: 121-111.

[119] Sturm A J, Buenning S R. Global Communications [J]. Opportunities for Trade and Aid, 1996, 16（16）: 35-66.

[120] Thibaut J W. The social psychology of groups [M]. Routledge, 2017.

[121] Verdü S. Fifty years of Shannon theory [M]. Paper presented at the Information theory, 2000.

[122] Watson D, Clark L A. Extraversion and its positive emotional core [M] // Robert Hogan, John Johnson, Stephen Briggs（ed.）. Handbook of personality psychology. Academic Press, 1997: 767-793.

[123] Wiggins J S. The Five-Factor Model of Personality: Theoretical Perspectives [M]. New York: The Guilford Press, 2002.

[124] 黄希庭, 郑涌. 心理学导论 [M]. 北京: 人民教育出版社, 2015.

[125] Ashton M C, Lee K, De Vries R E. The HEXACO Honesty-Humility, Agreeableness, and Emotionality factors: A review of research and theory [J]. Personality and Social Psychology Review, 2014, 18(2): 139-152.

[126] Barrick M R, Mount M K. The big five personality dimensions and job performance: a meta-analysis [J]. Personnel psychology, 1991, 44(1): 1-26.

[127] Black E. The second persona [J]. Quarterly journal of Speech, 1970, 56（2）: 109-119.

[128] Davis M H. Empathy: A social psychological approach [M]. Routledge, 2018.

[129] Ellwood C A. An introduction to social psychology [M]. New York: Wentworth Press, 1917.

[130] Glaeser E L, Laibson D I, Scheinkman J A, et al. Measuring trust [J].

The quarterly journal of economics, 2000, 115 (3): 811-846.

[131] Graziano W G, Eisenberg N. Agreeableness: A dimension of personality [M]//Robert Hogan, John Johnson, Stephen Briggs (ed.). Handbook of personality psychology. Academic Press, 1997: 795-824.

[132] Graziano W G, Tobin R M. Agreeableness [M]//Leary M R, Hoyle R H. Handbook of individual differences in social behavior. New York: The Guilford Press, 2009: 46-61.

[133] Jensen-Campbell L A, Graziano W G. Agreeableness as a moderator of interpersonal conflict [J]. Journal of personality, 2001, 69 (2): 323-362.

[134] Lenski G E. Power and privilege: A theory of social stratification [M]. UNC Press Books, 2013.

[135] Merchant J. Persona (Jung) [M]//Zeigler-Hill V, Shackelford T. Encyclopedia of Personality and Individual Differences. Oklahoma: Springer, 2016.

[136] Treiman D J. Industrialization and social stratification [J]. Sociological inquiry, 1970, 40 (2): 207-234.

[137] 汪祚军, 李纾. 行为决策中出现的分离效应 [J]. 心理科学进展, 2008, 16 (4): 513-517.

[138] Anderson R C. Educational psychology [J]. Annual Review of Psychology, 1967, 18: 129-164.

[139] Bandura A. Self-efficacy [M]//Weiner B I, Craighead E W. The Corsini encyclopedia of psychology, New Jersey: John Wiley & Sons, 2010.

[140] Hazlitt V. General Psychology for College Students [J]. Philosophy, 1930, 5 (18): 305-308.

[141] Larsen R, Buss D M. Personality psychology [M]. McGraw-Hill Publishing, 2009.

[142] Liberati S, Maccione L. Lorentz violation: motivation and new constraints [J]. Annual Review of Nuclear and Particle Science, 2009, 59: 245-267.

[143] Kazdin A E. Encyclopedia of Psychology [M]. Washington: American Psychological Association, 2000.

[144] Roccas S, Sagiv L, Schwartz S H, et al. The big five personality factors and personal values [J]. Personality and social psychology bulletin, 2002, 28(6): 789-801.

[145] Schachter S, Singer J. Cognitive, social, and physiological determinants of emotional state [J]. Psychological review, 1962, 69(5): 379.

[146] Wiggins J S. The Five-Factor Model of Personality: Theoretical Perspectives [M]. New York: The Guilford Press, 2002.

[147] Cremmins E T. Value-added processing of representational and speculative information using cognitive skills [J]. Journal of information science, 1992, 18(1): 27-37.

[148] Drucker J, Nowviskie B. Speculative computing: Aesthetic provocations in humanities computing [J]. A companion to digital humanities, 2004, 431-447.

[149] Hogan R T. Personality and personality measurement [M]//Dunnette M D, Hough L M.Handbook of industrial and organizational psychology. California: Consulting Psychologists Press, 1991: 873-919.

[150] Judge T A, Higgins C A, Thoresen C J, et al. The big five personality traits, general mental ability, and career success across the life span [J]. Personnel psychology, 1999, 52(3): 621-652.

[151] Larsen R, Buss D M. Personality psychology [M]. McGraw-Hill Publishing, 2009.

[152] Roccas S, Sagiv L, Schwartz S H, et al. The big five personality factors and personal values [J]. Personality and social psychology

bulletin, 2002, 28（6）：789–801.

[153] Sibley F. Aesthetic concepts[J]. The philosophical review, 1959, 68（4）：421–450.

[154] Wiggins J S. The Five-Factor Model of Personality：Theoretical Perspectives[M]. New York：The Guilford Press, 2002.

[155] Witkin H A, Goodenough D R, Karp S A. Stability of cognitive style from childhood to young adulthood[J]. Journal of personality and social psychology, 1967, 7（3p1）：291.

[156] 倍智人才研究院. 大五人格心理学[M]. 北京：企业管理出版社, 2015.

[157] 彭聃龄. 普通心理学[M]. 北京：北京师范大学出版社, 1988.

[158] 全国十二所重点师范大学联合. 心理学基础[M]. 北京：教育科学出版社, 2002.

[159] 叶奕乾. 现代人格心理学[M]. 上海：上海教育出版社, 2011.

[160] Empereur J. The Enneagram and Spiritual Culture：Nine Paths to Spiritual Guidance[M]. Bloomsbury Publishing USA, 1990.

[161] Moore J. New lamps for old：The Enneagram Débâcle[J]. Religion Today, 1992, 8（1）：8–12.

[162] Hook J N, Hall T W, Davis D E, et al. The Enneagram：A systematic review of the literature and directions for future research[J].Journal of Clinical Psychology, 2020.

[163] Demir A, Rakhmanov O, Dane S. Validity and Reliability of the Nile Personality Assessment Tool Based on Enneagram for English-Speaking People[J]. Journal of Research in Medical and Dental Science, 2020, 8（4）：118–123.

[164] Demir A, Rakhmanov O, Tastan K, et al. Development and validation of the Nile personality assessment tool based on enneagram[J].Journal of Research in Medical and Dental Science, 2020, 8（4）：24–32.

[165] 高闯. 眼动实验原理：眼动的神经机制、研究方法与技术 [M]. 武汉：华中师范大学出版社，2012：38.

[166] Broadbent D. Perception and Communication [M]. London: Pergamon Press, 1958.

[167] Fernandez-Duque D, Johnson M L. Attention metaphors: How metaphors guide the cognitive psychology of attention [J]. Cognitive Science, 1999, 23: 83-116.

[168] Westheimer G. Eye movement responses to a horizontally moving visual stimulus [J]. AMA archives of ophthalmology, 1954, 52 (6): 932-941.

[169] Stewin L. The concept of rigidity: an enigma [J]. International Journal for the Advancement of Counselling, 1983, 6 (3): 227-232.

[170] Davis S F, Palladino J J. Psychology [M]. Pearson Prentice Hall, 2007: 318.

[171] Zhao Y f, Tu S, Lei M, et al. The neural basis of breaking mental set: an event-related potential study [J]. Experimental Brain Research, 2011, 208 (2): 181-187.

[172] Necker L A. Observations on some remarkable optical phaenomena seen in Switzerland; and on an optical phaenomenon which occurs on viewing a figure of a crystal or geometrical solid [J]. London and Edinburgh Philosophical Magazine and Journal of Science, 1832, 1 (5): 329-337.

[173] Stroop J R. Studies of interference in serial verbal reactions [J]. Journal of experimental psychology, 1935, 18 (6): 643.

[174] McGurk H, MacDonald J. Hearing lips and seeing voices [J]. Nature, 1976, 264 (5588): 746-748.

[175] Shams L, Kamitani Y, Shimojo S. What you see is what you hear [J]. Nature, 2000, 408 (6814): 788-788.

[176] Botvinick M, Cohen J. Rubber hands 'feel' touch that eyes see [J]. Nature, 1998, 391 (6669): 756-756.

[177] Maslow A H. A theory of human motivation [J]. Psychological Review, 1943, 50 (4): 70-396.

[178] Schacter D L, Gilbert D T, Wegner D M. Introducing psychology [M]. Worth Publishers, 2009.

[179] Vohs K D, Baumeister R F. Handbook of self-regulation: Research, theory, and applications [M]. Guilford Press, 2011.

[180] Fishbein M, Ajzen I. Belief, Attitude, Intention and Behavior: An Introduction to Theory and Research [J]. Contemporary Sociology, 1977, 6 (244).

[181] Ajzen I. From intentions to actions: A theory of planned behavior [M]. Springer, 1985.

[182] Sheeran P, Webb T L, Gollwitzer P M. The interplay between goal intentions and implementation intentions [J]. Personality and Social Psychology Bulletin, 2005, 31 (1): 87-98.

[183] Orsborn C. Inner Excellence [M]. SanRafeal, CA: New World Library, 1992.

[184] Benabou R, Tirole J. Intrinsic and extrinsic motivation [J]. The Review of Economic Studies, 2003, 70 (3): 489-520.

[185] O'Neil H F, Drillings M. Motivation: Theory and research [M]. Routledge, 2012.

[186] Iso-Ahola S E. Toward a social psychological theory of tourism motivation: A rejoinder [J]. Annals of tourism research, 1982, 9(2): 256-262.

[187] Nicholls J G. Achievement motivation: Conceptions of ability, subjective experience, task choice, and performance [J]. Psychological Review, 1984, 91 (3): 328-319.

[188] Fishbein M. A theory of reasoned action: some applications and implications [J]. Nebraska Symposium on Motivation, 1980, 27: 65-116.

[189] Maslow A H. A theory of human motivation [J]. Psychological Review, 1943, 50 (4): 370-396.

[190] Seligman M E, Maier S F. Failure to escape traumatic shock [J]. Journal of experimental psychology, 1967, 74 (1): 1.

[191] Marx K, Engels F. Marx & Engels Collected Works Vol 01: Marx: 1835-1843 [M]. London: Lawrence & Wishart, 1975.

[192] Livergood N D. The Difference Between the Democritean and Epicurean Philosophy of Nature in General [M]//Activity in Marx's Philosophy (pp.63-76). Springer, Dordrecht, 1967.

[193] Dunayevskaya R. A 1981 View of Marx's 1841 Dialectic [M]//Marx's Philosophy of Revolution in Permanence for Our Day (pp. 49-52). Brill, 2018.

[194] Tversky A, Kahneman D. Judgment under uncertainty: Heuristics and biases [J]. science, 1974, 185 (4157): 1124-1131.

[195] Atkinson J W. Effects of ability grouping in schools related to individual differences in achievement-related motivation [M]. Michigan: Michigan Publishing, 1963.

[196] Maslow A H. A theory of human motivation [J]. Psychological Review, 1920, 50 (4): 370-396.

[197] Schacter D L, Gilbert D T, Wegner D M. Introducing psychology [M]. Worth Publishers, 2009.

[198] Vohs K D, Baumeister R F. Handbook of self-regulation: Research, theory, and applications [M]. Guilford Press, 2011.

[199] Fishbein M, Ajzen I. Belief, Attitude, Intention, and Behavior: An Introduction to Theory and Research [M]. Massachusetts: Addison-

Wesley, 1975.

[200] Ajzen I. From intentions to actions: A theory of planned behavior [M]. Springer, 1985.

[201] Sheeran P, Webb T L, Gollwitzer P M. The interplay between goal intentions and implementation intentions [J]. Personality and Social Psychology Bulletin, 2005, 31(1): 87-98.

[202] Orsborn C. Inner Excellence [M]. SanRafeal, CA: New World Library, 1992.

[203] Benabou R, Tirole J. Intrinsic and extrinsic motivation [J]. The Review of Economic Studies, 2003, 70(3): 489-520.

[204] O'Neil H F, Drillings M. Motivation: Theory and research [M]. Routledge, 2012.

[205] Iso-Ahola S E. Toward a social psychological theory of tourism motivation: A rejoinder [J]. Annals of tourism research, 1982, 9(2): 256-262.

[206] Nicholls J G. Achievement motivation: Conceptions of ability, subjective experience, task choice, and performance [J]. Psychological Review, 1984, 91(3): 328-320.

[207] Freud S, Strachey J, Freud A. Conferencias de introducción al psicoanálisis (parte I y II) [M]. Amorrortu, 1978.

[208] Cherry K. The id, ego, and superego [M]. Verywell Mind, November, 6, 2018.

[209] Cherry K. The Id, Ego and Superego: The Structural Model of Personality [M]. About. com, 2016.

[210] 荆其诚. 人类的视觉 [M]. 北京: 科学出版社, 1987: 119-120.

[211] Scherer K R. What are emotions? And how can they be measured? [J]. Social Science Information, 2005, 44(4): 695-729.

[212] Furberg C D, Wright J T, Davis B R, et al. Major outcomes in high-

risk hypertensive patients randomized to angiotensin-converting enzyme inhibitor or calcium channel blocker vs diuretic: the Antihypertensive and Lipid-Lowering Treatment to Prevent Heart Attack Trial (ALLHAT) [J]. Journal of the American Medical Association, 2002, 288 (23): 2981-2997.

[213] Van Campen D H, Huyghe J M, Bovendeerd P H M, et al. Biomechanics of the heart muscle [J]. European journal of mechanics series a solids, 1994, 13: 19-19.

[214] Russell, A Circumplex model of affect [J]. Journal of personality and social phycology, 1980, 39 (6): 1161-1178.

[215] Scherer K R. What are emotions? And how can they be What are emotions? And how can they be measured? [J]. Social Science Information, 2005, 44 (4): 695-729.

[216] King I M. A theory of goal attainment: Philosophical and ethical implications [J]. Nursing Science Quarterly, 1999, 12 (4): 292-296.

[217] Landau I D, Lozano R M. M'Saad, Adaptive control [M]. London: Springer, 1998.

[218] Thurstone L L. Theory of attitude measurement [J]. Psychological Review, 1929, 36 (3): 222.

[219] Deonna J A, Teroni F. Emotions as attitudes [J]. dialectica, 2015, 69 (3): 293-311.

[220] Harmon-Jones E, Harmon-Jones C, Amodio D M, et al. Attitudes toward emotions [J]. Journal of personality and social psychology, 2011, 101 (6): 1332.

[221] Plutchik R. Section of psychology: outlines of a new theory of emotion [J]. Transactions of the New York Academy of Sciences, 20 (5 Series II), 1958: 394-403.

[222] McDougall W. Belief as a derived emotion [J]. Psychological Review, 1921, 28 (5): 315-327.

[223] Schlosberg H. Stereoscopic depth from single pictures [J]. The American Journal of Psychology, 1941, 54 (4): 601-605.

[224] Plutchik R. Section of psychology: outlines of a new theory of emotion [J]. Transactions of the New York Academy of Sciences, 20 (5 Series II), 1958: 394-403.

[225] Van Praag H M, Plutchik R, Apter A. Violence and suicidality: Perspectives in clinical and psychobiological research [J]. Clinical And Experimental Psychiatry (Vol. 3). Routledge, 2014.

[226] Scherer K R. What are emotions? And how can they be measured? [J]. Social science information, 2005, 44 (4): 695-729.

[227] Russell. A Circumplex model of affect [J]. Journal of personality and social phychology, 1980, 39 (6): 1161-1178.

[228] Barbara V E. What is cognitive science? [M]. Massachusetts: MIT Press, 1996.

[229] AB Blomberg O. Concepts of cognition for cognitive engineering [J]. International Journal of Aviation Psychology, 2011, 21 (1): 85-104.

[230] Lindsay P H, Norman D A. Human information processing [M]. New York: Academic Press, 1977.

[231] Hobfoll S E. Conservation of Resources: A new attempt at conceptualizing stress [J]. American Psychologist, 1989 (44): 513-524.

[232] Hastings M H, Maywood E S, Brancaccio M. Generation of circadian rhythms in the suprachiasmatic nucleus [J]. Nature reviews. Neuroscience, 2018, 19 (8): 453-469.

[233] Borbély A A, Achermann P. Sleep Homeostasis and Models of Sleep Regulation [J]. Journal of Biological Rhythms, 1999, 14 (6):

559-570.

[234] Gomes, T. Fisiolog í a del Sistema Nervioso Aut ó nomo (SNA) [M]. Hospital del Mar-Esperanza, 2005.

[235] Betts J G, Desaix P, Johnson E, et al. Anatomy & Physiology-OpenStax [M]. Rice University; Houston, TX, USA, 2013.

[236] Plutchik, Robert. Emotion: Theory, research, and experience: Vol.1. Theories of emotion, vol. 1 [M]. New York: Academic, 1980.

[237] Winkler I, Denham S L, Escera C. Auditory Event-related Potentials [M]. Encyclopedia of Computational Neuroscience, 2014.

数理心理学：人类动力学

致 谢

"数理心理学：人类动力学"是"数理心理学：心理空间几何学"的姊妹篇。它同步成形于"心理空间几何学"。因各种原因，而延迟发表于"心理空间几何学"。而整个数理心理的系统性构思，却首先成形于"心理力学"的精神动力学部分。

这一部分的成形，得益于特殊的人生经历中的点滴，并最终在点滴联系之间，成形为"心理力学"部分，并反向拉动"心理空间几何学"的成形，这是一个奇妙过程。

这个稿件，历经 8 年，在中美间的学术穿梭，多地域、多场合、多学科交叉探索，得益于多位专家的无私交流，使得这个过程中物理学、生物学、社会学、心理学、神经科学、数学、通信科学等知识不断融合。回顾它的发生、发展的关键事件的逻辑，总是和特定的关键人与事联系在一起，成为可以追溯的事件轴，并值得给予启迪和反思。这一过程中，有诸多的关键人值得感谢。

数理心理学的统一性思想，直接产生于物理学对自然世界的理解统一性，并对心理学的研究传统、演化进行剥离和批判，确立简单、统一的科学美学思想。而自科学心理学创立以来的研究传统，受唯象学研究方法禁锢，心理学唯象学的多样性、纷繁性，使得复杂性、非统一性主导心理科学领域。

致 谢

数理心理学在这一领域的突破，首先得益于博士期间的科学训练，中南民大脑认知实验室杨仲乐教授，是我博士期间的导师之一。他的物理学、生物学、心理学、神经科学的深邃理解与洞察，能在自然科学研究传统、心理科学研究传统中，寻找到它们之间的共通性，使我获得心理学研究的天然的哲学方法学。这为笔者多年之后，数理心理学体系的确立奠定了方法学基础，衷心感谢杨仲乐教授。

基于对本人专业能力的信任，华中师范大学"心理学基础"课程负责人王伟老师，邀我进行普通心理学的授课，这是一项挑战性的工作。在战战兢兢中，第一次接触系统的心理学体系，这为多年之后数理心理学理论爆发，铺平了基石。并从动机的描述中，窥视到了精神力学与物理力学的共通性，由此撕开了心理力学建构的入口。这一看似偶然的事件，在回溯中令人百般唏嘘，致谢王伟老师的知遇。

心理动力学中的核心参量：评价与价值，产生于纷繁的社会设定的文化价值观念的数理表达。文化的多样性、独特性、地域性、历史穿透性、设定性是数理表达的天然迷雾。芬兰东部大学（University of Eastern Finland）洪建中教授，对文化模型的把握、对文化多样性的独特理解，使我与之进行为数很少的几次关键交流，就迅速切入了文化的数理本质，并把文化参量加入心理力学中。这样，行为模式、弗洛伊德精神动力等也就自然地成为数理心理学演绎的一个推论，衷心感谢洪建中教授。

人格与情绪的解释是人类动力学中最具挑战的工作之一。它既涉及事件结构、社会对象物，同时又涉及对象物属性与之的对应性。马安然参与其中，对两个构思提出疑问。对这些疑问的回答，加快了这一理论的成熟。这具有建设性，值得在发现中记录、记忆。

心理力学在构造中遇到的核心困难，是数理矢量空间问题，这是去美国访学的基本动机。在美国访学期间，大量的时间花费在"语义"空间的学习中，使我得以学习到"语义空间"技术，并从这一路径出发，扩充到了"现场物理空间""属性空间"概念。几年之后，这一结果则直接促成了心理力学完成。感谢在美国访学期间，孟菲斯大学胡祥恩教授的指导和可贵的讨论。胡老师是本人在学术研究生涯中，迄今为止遇到的能够在物理、数学、心理学、计算机等几个领域中穿梭交流而无障碍的人。

"数理心理学"开始了心理学由实验传统向理论传统的转变。实验开辟的心理研究传统为现象学复杂、多样、非统一思想所占据，并深受其扰。而理论传统则倡导规律的简单、统一性，并视其为美学。这一思想的取得，得益于对心理学研究传统本质的逐次深入的理解。它首先产生于"脑电－眼动联合实验室"的创立，这直接和周宗奎教授、郭永玉教授的全力支持相关，并同期受益于郭永玉教授力挺本人进行的心理统计学授课。这就使得本人抓住了"实验心理学"最为本质的命脉。这一核心理论知识的蓄积，为脱离心理学实验传统，铺平了天然的基石。

感谢我的妻子魏薇女士，一直默默付出，并在负重中牺牲自己，并给予无形的各种支持。她的数理性理解，能直达数理心理学的底层。她对数理心理学持有的特殊批判态度，使我具有源源不断修正的动力。

感谢我的儿子 Daniel，饱含热情的一句"爸爸，加油"，即便在极度疲惫中，也能让我看到眼动明眸中科学的至纯，并具有了坚持科学纯粹的冲动。它是上帝赐予的最为人性纯净的可贵，脱了喧嚣和功利的净。

总之，这是一个复杂的、整理思想的过程，有趣而有意义。尽管这个过程不因这本书的定稿而结束，但却有一种暂时释放责任的轻松。当这个思想发生的基本历史被澄清时，需要致谢的人也就跃然纸上。

感谢出版社在本书的统稿中，做了大量的更正、建议、讨论工作，这是本书成形的根本性保证之一。再次感谢所有支持该书出版的人。

华师南湖

2021 年 5 月 31 日